自 我 提

聪明人是怎样管理时间的

卜兴丰◎编著

吉林出版集团股份有限公司
全国百佳图书出版单位

图书在版编目（CIP）数据

聪明人是怎样管理时间的 / 卜兴丰编著 . -- 长春：吉林出版集团股份有限公司, 2021.3

（自我提升）

ISBN 978-7-5581-9706-2

Ⅰ. ①聪… Ⅱ. ①卜… Ⅲ. ①时间 – 管理 – 通俗读物 Ⅳ. ①C935-49

中国版本图书馆 CIP 数据核字 (2021) 第 036312 号

前　言

生活中，从来都是付出才有收获，有苦才有甜，苦尽才能甘来。没有什么轻松的收获，没有毫无困难的一帆风顺的路。我们要认识到这一点。

很多时候，我们之所以抱怨困难，或者认为困难阻碍了自己，是因为我们没有认识到，生活中出现困难是最正常的事，没有困难才是不正常的。

事实上，所有的提升、所有的成长，都是在克服困难的基础上才获得的。我们唯有把生活中出现的困难当作正常的事去对待，认识到每一个不顺、困难都是通向提升和成长的台阶，才能从容以对。也因此，很自然地，我们只有通过努力才能登上那由困难、不顺铺就的通向更好生活的台阶。

当我们认识到这一点，心中就没有不平，没有抱怨，没有内耗，唯有向上成长的勇气、力量和行动。

我们常说，要接纳生活中的所有。而接纳的重要基础，就是我们必须从内心认识到，发生的一切都是正常的。对于正常的东西，我们自然不会再排斥，不会再对抗，也就没有了内耗。由此，我们才能以更好的心态去提升，去成长，去创造更好的生活。

生活中没有克服不了的困难，只有供我们提升与成长，走向更好生活的台阶。我们需要做的就是甩开胳膊，迈开腿，干起来，登上去。

改变与进步需要你摒弃旧思想，吸纳新观念和新思想，还需要坚强的毅力。要想取得大进步，你要有决心坚持自己的做事风格，如果你仍然没有获得应有的财富、健康，没有处理好各种人际关系，没有获得自由和成功，那么你必须尽快努力改变，从而慢慢进步。

如果坚持并实施这些步骤，你也不难迎来预期中的蜕变。

目　录

第一章　发现时间价值

第二章　树立时间观念

第三章 拥抱完美生活

第四章 调整生活天平

第五章 确立明确目标

第六章 制订行动计划

第七章 向着目标迈进

第八章　一事能狂，便是英雄

第九章　活在当下，即是幸福

第一章
发现时间价值

时间只是标定生活坐标的一个维度：床头的闹钟、桌前的台历、手机中的备忘录、电脑里的计划表，无一不在提醒我们该做的事情，往事不会重来，时光不会倒流，生命只有一次。时间是世界上最短缺的资源，你必须重新审视时间，发现时间的价值，才能珍惜分分秒秒，在有限的生命中活出自己的精彩。

时间的特征

对于常人而言，时间就是钟表的嘀嗒声，就是每天的24小时，就是每年的365天，是日复一日、年复一年的没完没了的日子。很少有人会思考时间到底从哪里来，又要到哪里去。时间没有形状，没有味道，没有颜色，但它又无所不在地充斥着我们的生活。它好像就在我们的手中，但又让人抓不住、摸不着。

有这样一个故事：

在一个鸡棚中，公鸡病得很厉害，人们不指望它在第二天早上起来打鸣了，母鸡很忧郁，担心如果公鸡第二天不打鸣，太阳就不会升起来了。

因为母鸡认为，太阳是公鸡叫出来的。第二天，它们的担心消除了。尽管公鸡病重，没起来打鸣，太阳依然升了起来。没有什么因为公鸡而改变。

太阳不会因为公鸡是否打鸣而起落，时间也是一样，从来不曾为某一种想法而停留而驻足，更不会仓皇离去。它在岁月的流淌中无声无息地远去，留下的有成功的足迹、有失败的印证。它就那么不紧不慢地流淌着，时间就如泉水，淡然无味，但是渴急了的人却感到它是如此的甘甜。只需换一种心情，换一种处境，本来索然无味的也许会变得更精彩。

世界上最长的莫过于时间，因为它永无尽头；最短的也莫过于时间，因为它如白驹过隙，稍纵即逝。有人说时间就是生命，有人说时间就是金钱，有人说时间就是速度，有人说时间就是财富，有人说时间就是知识……要给时间下个定义，并不容易。

时间是运动着的物质存在的一种客观形式，“时间是人类的发展空间”，这是人类长达几千年艰辛的摸索和探索过程中，才获得的正确认识。目前物理学的前沿是统一场论，试图将20世纪物理学的两大支柱——广义相对论与量子论统一起来。科学家发现时间在这两种理论深处所扮演的角色很不一样。“时间是什么”仍然是今日物理学家所面临的难题。目前，我们只能说，时间是有生命指向的一个坐标，时间是有广阔空间的一个对应，是有限的一个无限。

时间是运动着的，我们摸不到也抓不着。总体来说时间具有如下特征：

1.流逝性

时间是看不见摸不着但却能感觉到的一种永恒流动，这种情况不受任何条件的限制。人们常常把时间比作河流，但河流可以堵截，河水可以储蓄，时间却无法停留，它总是顺着未来的方向从容地流动。因此时间是一种不可替代、不可再生的资源，有无法用金钱衡量的价值，所谓一寸光阴一寸金，寸金难买寸光阴。因此，对时间只能加倍珍惜，对时间只能充分利用。

2.不可逆转

机不可失，时不再来。时间的流逝一去不复返，过去的将永远过去。你每天24小时，用与不用，都不再为你存在，所以成功的人士都意识到时间的宝贵。有人问托马斯·爱迪生，世界上最重要的东西是什么，爱迪生的回答是时间。发明家、作家兼政治家本杰明·富兰克林说得更好：“你热爱生命吗？那么，别浪费时间，因为生命就是由时间构成的。”

3. 对每个人都是均等的

人们之间的差别不是他们拥有时间的多少——因为每人每天都只有 24 个小时——而是如何利用时间。世界上最公平的一种东西就是时间，尽管人生有长短，但每一天拥有的时间绝对公平。时间的均等必然为人们提供均等的机会，但由于人们对时间的态度不同，在相同的时间里创造的价值和得到的收获则大不相同。爱因斯坦说：“人的成就和差异常在业余时间。”充分利用时间是成功的一个重要前提。

每个人对于时间的理解会有所不同，但它总是以自己的方式存在并延续着。

生命是时间的存在形式

生命是时间的存在形式，没有时间，生命就无从谈起，是时间串起了生命，诠释了生命。时间把我们生命中的片段堆积成一个个的快乐、痛苦、失败、成功……时间，体现在人生进程中，它就是一种生命力的象征。即使你长命百岁，你的人生也是一天一天、一分一秒度过的，每个人都只活在当下。如果你的人生只剩下最后一天，你必定会过得饱满；如果你的人生是第一天，你必定会充满欣喜。

时间赋予生命展现的机会，生命回报时间绚丽的色彩。时间与生命相依相存：注意力的天平往往向生命的时间上倾斜，有谁注意过时间的生命呢？万物有灵，时间何尝不是如此。而且时间是每时每刻都在新陈代谢，在更新着，它有着最旺盛的延展力与盎然的生机。每一寸光阴诞生于这世上，它期待着你对它的把握。时间是否尊重生命，要看生命是否珍惜时间。时间是生命的另一种表达形式。在这个世界上，只要你活着，你就拥有时间。富兰克林说过："你热爱生命吗？那么别浪费时间，因为时间是构成生命的材料。"

时间是用来生活的。人们不能给生活更多的时间，却能给时间更多的生活。在我们每个人的生命中，因为有了时间，我们才有了生命的长度，才能利用属于我们的生命时间去生活。是时间赋予了我们享受生活的权利。

时间记载着生命，最令人触目惊心的一件事，是看着钟表上的秒针一下一下地移动，每移动一下就表示我们的寿命已经缩短了一点。再看看墙上挂着的可以一张张撕下的日历，每撕下一张就表示我们的寿命又缩短了一天。因为时间即生命。没有人不爱惜他的生命，但很少有人珍视他的时间。如果想在有生之年做一点事，学一点学问，充实自己，帮助别人，使生命有意义，不虚此生，那么就不可浪费光阴。这道理人人都懂，可是很少有人真能坚持不懈地利用好他的时间。一个人在临终之际，不会再珍视金钱、名誉，而是希求时间，希望生命能够再延长一点。

总而言之，对于你来说，这个世界上没有任何东西比时间更加重要了。

与时俱进，赢得人生

时间永远向前行，永远不会转弯，不会返回。历史可以拐弯，而时间不喊停。一个随时间而漂流的人，不仅流失了时间，也流失了人生；一个与时俱进的人，不仅赢得了时间，也赢得了人生，甚至可以再造一个人生。

世界上最公平的法官就是“时间老人”了。不管你是贫是富，是贵是贱，是男是女，是老是少，他每天给你的时间都是24小时，不多一分也不少一秒。你请求照顾多得一些，他不批准；你声明不要或少要，他也不会答应。从这个意义上来说，时间是个常量。

每个人一生中的时间都有一个固定的数量，只是他事先不知道自己生命的始止日期罢了。但在使用时间这个珍贵资源的时候，时间又是一个变量，善用则多，不善用则少。对于珍惜它的人，一分钟劳动，就是一分钟成果。时间是物质的存在形式，它是客观的。

然而，人们对它的体验却相当主观。对同一段时间，每个人对它的长短体验不同，同一个人在不同的情景下对其长短的感觉也不一样。对于那些不珍惜时间的人，时间给予他的报酬也很少，甚至是零，或是负数。

日本作家池田大作说：“生命的充实感不同，对时间长短的感觉也有很大不同。人生感到处于能动状态时，同是一小时的物理时间，相对地感到短些；相反，生命的活动处于缓慢、被动的状态时，恐怕就会感到长一些。但是，后来回想起来，生活充实的时间会感到长些，空虚的时间往往就接近于零。”

我们对时间流动速度变化的意识是主观的。我们之所以能够测定时间，是依靠在空间范畴为我们的意识所能把握的指标。比如，我们通过对空间现象的感知而体会昼夜变化和四季更迭，通过天数和年数的变化感知时间之箭的移动。影响我们对时间感知的因素有以下几个：

1.年龄因素

随着年龄的增长，我们会感觉时间的移动速度越来越快。我们都有这样的感触：小时候总盼望着时间过得快一点，自己可以快点长大，而时间偏偏又过得很慢。而等到我们长大了，又会感慨时间飞逝，岁月如梭，我们想让时间放慢脚步，害怕自己眨眼之间就变老。这样的感觉是因为主观上的时间内容，是由过去对时间的记忆形成的。

2.心态因素

如果你以积极的态度迎接时间，每天都充分地利用时间，那么你会感到时间流动得很快。如果你总是消极怠工，每天都在虚度光阴，那么你就会觉得时间很难熬。

3.环境因素

你所处的环境（你所从事的事情）直接影响你对时间速度的感知。如果你在从事自己喜欢或感兴趣的事情，你就会感觉时间一闪即逝。但如果你在干自己不喜欢或非常枯燥的事情，你就会觉得时间像蜗牛一样爬行。比如说你在等人，你总盼望着他快点来，而他迟迟不来，你会觉得时间过得好慢，等十分钟就像已经等了一个小时。

如果说时间之箭有它自己要去往的方向，那就是笔直的前方。它不被任何人操纵，不为任何人转弯或停留。但它没有固定的飞行速度和穿越内容，我们有权利留给自己不同的体悟，为它谱写不同的篇章。

时间管理是一门缜密的科学

时间是一切，时间是人生最大的资本。对于抢占阵地的战士来说，时间就是生命；对于精明能干的商人来说，时间就是金钱；对于辛勤劳作的工人来说，时间就是财富；对于运筹帷幄的军师来说，时间就是胜利。

美国电影艺术家卓别林说："时间是伟大的作者，她能写出未来的结局。"时间填充了生命，为人生涂上了色彩。它能医好所有的创伤，能创造一个又一个奇迹。时间是给予人类的最贵重的礼物，它使人们变得更聪明，更美好。

一个人之所以会成功，就因为他在24小时当中跟我们做了不一样的事情。如果我们想要成功，就必须把时间管理做得更好，提升做事的效率。

时间管理是一门缜密、严谨的科学，它的目的是让我们实现快乐而现实的成功人生，不是让我们去应付时间，而是让我们去亲近时间，热爱时间。

人们常说，花了多少时间去做某件事。而实际上，时间恰恰比任何商品都更有价值，因为它是"有限的"，你无法创造，也无法花钱去买，只有不断减少和失去。

因此，如何利用有限的时间，就决定你的生命是否丰富和有价值。如果你充分有效地利用了时间，那么你的人生也将丰富多彩。如果你虚度光阴，那么你的人生也会是一片空白。我们和爱因斯坦有一样多的时间，但他发现了相对论。你的一天，和莎士比亚的一天，同样是24小时，然而，他却完成了《哈姆雷特》，而你呢?

很多人总是抱怨时间不够用，然而却不懂得珍惜时间，不懂得有效地运用这一去不复返的资源。

很多人总是闲话家常、游手好闲、无精打采、言之无物。

很多人也可能浪费时间在无谓的应酬和芝麻绿豆的小事上。

要让人生充实，就要认识到时间对于人生的重大意义。时间对于人生来说，是最大的资本，它是人所能拥有的最贵重的东西。

时间的价值

“时间”这个对于人们来说是无价之宝的稀有物品，因为看不见又摸不着，常得不到人们应有的尊重。如果有人偷走了你珍藏的书或珠宝，你一定会生气地跑去报警，可是丢掉时间甚至连行为不检都算不上。除非你是律师、会计师或心理医生，你才会学着把自己的时间标上价钱。不过即使你向客人收费是以钟点计算，你可能还是将计费的钟点贴上“生意”的标签；至于工作以外的时间，对你而言就没有价值了。

被誉为推销员的经典之作——《我为什么拥有成功的销售技术》的作者弗兰克·贝特格，原来是人寿保险公司的一个推销员。他刚开始从事推销员工作时，业绩一直不好。有一次，他把他的年收入和访问客户的次数相除，结果发现，他只要访问一次客户，就有5.4美元的收入。所以，不论他多么善于推销或垂头丧气地被拒之门外，都不如他勇敢地按下客户的门铃，因为每访问一个客户，就有5.4美元的价值产生，当弗兰克·贝特格了解到这个数字之后，便更加刻苦地奋斗，终于成为美国收入极高的推销员。贝特格的成功，是因为其发现一次访问所带来的金钱价值。

我们从小都接受了“时间就是金钱”的观念，可是这个观念对一般人并没有产生实质的压力，因此无法改变忽视时间的行为。

主要原因是“时间就是金钱”这个观念，无法以具体方式深入脑海，成为时时左右我们行为的习惯。为使个人重视时间管理，首先就要加强“时间就是金钱”的观念，让这一观念更具体化地深深影响我们的行为。

大家应该会好奇，人们为什么热衷于股票市场、彩票、麻将等金钱往来游戏，愿意投入全部的心力，日夜为其疯狂，而不觉得疲惫。

在牌桌前有人连续几天几夜不休息也不觉得累，兴趣浓厚，精神良好。是什么原因导致这种结果？如果用这种精神从事工作，相信效率必然大增，成就必然非凡。

其实主要是因为这些活动可立即感受到金钱输赢，其刺激性深深吸引人们的注意力，因为在金钱上有输赢，带给人们无穷的希望与失败的压力，自然而然，人们的注意力会放在这种刺激性的活动中，行为因此而改变。

有的人其实在日复一日、年复一年地白白浪费时间，却还毫不感到可惜。其原因是他们不懂得时间的价值，不了解时间是人类最宝贵的财富。一切节约归根结底都是对时间的节省，时间便是人们个人能力发展的地盘。“时间就是金钱”讲的正是这个道理。尤其是在现代化建设突飞猛进向前发展、世界新技术革命日新月异的年代，时间显得尤其重要。

“时间就是金钱”只能说明时间的使用价值，但时间不仅仅是金钱。世界上大多数地方，都是以“时间就是金钱”为基本规则，其他一切则由此衍生。工人以小时来计算工资，律师按分钟来收费，在电视台黄金时段做广告是以秒来计算的。通过一种很奇特的智力演算，文明的头脑把最隐晦抽象的无形东西——时间——浓缩成可见的宝物：金钱。把时间和产品放在同一个价值天平上时，就有可能衡量一部电视机的价格相当于多少个小时的工作。

20世纪90年代，希尔顿饭店曾主持过一项有关时间价值观的全国性民意调查，结果显示，三分之一的调查对象都表示，他们情愿减薪，来换取减少工作时间。这种以金钱来换取时间的意愿，不分性别、年龄、种族、教育背景、经济状况而普遍存在。

“时间就是金钱”这句话只是在有限的范围里面才有用。它有可能妨碍家庭和社会生活的价值的实现。有些时候，如在家庭中的时间，与配偶、子女相处的时间，为自已锻炼身体所花的时间是不能以金钱来计算的。

树立“时间就是金钱”的观念，会让你在有限的时间里赚取更多的财富。但不能成为时间的“拜金主义者”，要认识到：时间不能完全被金钱充斥，否则，时间对于你，就成了金钱的等价物，不再具有丰富的价值。

有效地利用时间

我们知道，时间有虚实长短，关键看你赋予它什么样的内容。有人曾经说过，假定有家银行每天早上提供你86400美元的信用额度，到晚上就将没用完的部分取消，我们称这家银行为“时间银行”，而美元就是“秒”。每天早上，“时间银行”给我们86400秒，每晚都将我们所有未提出使用的部分宣告无效，余额无法继续存储。“时间银行”一年有365天，但没有透支，也没有结转余额，每天银行都为我们开一个新户头，但到晚上就将白天的交易记录销毁，也不能预支明天的额度。

在我们使用之前或浪费之后，时间都没有价值可言，现在这一刹那时间是有价值的，在这之前只能说它有潜在的价值，而在这一刹那之后时间也将失去所有价值，除非它的使用为我们创造出价值。

时间是不可变的，每人每天24小时；时间又是可以改变的，善用则长，不善用则短。

“时间有限”是现代人每天必须面对的压力。虽然我们不能创造时间，可是能有效地利用时间，有效的时间管理则能将时间压力转换为达到目标的原动力。

生活中，人们常常发现自己非常紧张，总感觉时间不够用。但是等到人们回想的时候，发现其实自己并没有做多少有意义的事。

仔细地思考一下，你会发现让你手忙脚乱的原因，是你没有合理安排自己的时间。如果你想生活得轻松自如，首先应该学会安排好自己的时间。做到分清轻重缓急，学会照顾全局。

每天考虑一下，你一共要做几件事，列一个任务表，并且按照优先次序对各项任务进行时间预算或分配，这样做会对你十分有益。然而，许多时候人们花费的时间往往与他们任务的重要性成反比。

人们的时间很少花费在他自己想要花费的地方。这种想法捉弄了时间的主人，使得人们错误地认为，自己的时间正用于应该用的地方，并没有认识到他现在的行为是在白白地浪费时间。

所以，我们认为在做任何事情之前，做一些必要的安排和准备，一般来说比事后补救的措施更为有效。小洞不补，大洞吃苦。防患于未然，避免发生意外的最好办法就是预料那些可能发生的意外事件，并为之制订应急措施。

善用时间才能获得更多的时间。时间这个软尺的长度就在你的掌握之中。

第二章
树立时间观念

你是自己时间的主人，有权为自己做决定。当然，如果在做选择前就能考虑得足够清楚，即使和自己的时间、精力有冲突，心态也会积极得多。工作中的意外的确让人不舒服，但抱怨之后，看看除了没得到预期的结果之外，自己到底有没有收获？相信认真完成一件工作，总会有所得的。不愿浪费时间是件好事情，说明你想成就自己。无论现在的状况怎样，你都可以利用工作中的收获，并且学会选择如何利用，被你浪费的时间将会越来越少，握在你手里的时间将会越来越多。

“忙”是一种心态

为什么我们总在抱怨没有时间？事情是不是真的很多？可能是，但是为什么有的人能够做成很多事情，还能有“闲庭信步”的机会？也许问题的关键还在于我们是否懂得管理自己的时间。知道吗？“忙”也是一种心态，一种会变成不良习惯的心态，它因缺乏时间管理能力而形成，这个能力就是“时商”。只有提高你的时商，即提高理时能力，你才会突然发现，原来，我们要完成一定量的事情并不需要搭进一大堆时间，只是因为我们不会使用时间才觉得“忙”，甚至忙得一塌糊涂。

要改变这种现状，你先要做的是：树立时间观念。一个人具有什么样的时间观念，取决于他们的时间和成就欲。时间感是人们对时间的各种感觉，或快或慢，或白天或黑夜。成就欲是人们想获得成就的欲望，它驱使人们获取某种成就，经过百折不挠的努力，克服重重阻碍，达到目的。成就欲的满足，不但在于获得成就后所享受的物质上和精神上的满足，而且在于为取得成就而奋斗的整个过程。

现代人从事企业工作，重要的是时间的管理，很多上班族十分辛苦，每天早出晚归，疲于奔命，但如果加以认真研究，仍可发现，许多工作是在白白浪费时间。结果，大事抓不了，小事也抓不到。企业人应有自己的时间安排，抓住关键，掌握重点。作为一个管理者，经常开会，讲话既多又长，并非优点。日本一位著名企业家认为，在走廊上碰个面，也可起到开个会的作用。“文山会海”无疑是浪费了自己的时间，也浪费了别人的时间。这些时间，本来可以生产很多产品，这就是会议的成本。应该计算一下，有效益的会当然可以多开，如果没有效益，还是应该减少这样的会议。

时间观念已成为现代管理的重要观念，浪费时间，就是浪费金钱，就是降低效率。

有了对时间的紧迫感还不够，必须树立正确的时间观念。因为，错误的时间观念不仅于事无补，很可能会让你“碌碌无为”。

今日的生活方式，变成了分秒必争的紧张状态。不仅是非做不可的工作量急速增加，同时，我们对于时间的感觉也加速了。

在这种讲求速度的时代，无论是学生、上班族，还是家庭主妇，都必须绞尽脑汁计划——如何在很短的时间内，做完更多的事情，以便创造自我改善的机会，增加为团体以及家庭服务的时间，甚至提高收入，增大产出。

时间并不像金钱以及其他生产资料，可以预先蓄积。不管你喜欢或者不喜欢，每分钟都只有六十秒的时间供你消费。你只能立刻消费。也就是说，你只能消费现在这个时刻。

那么对管理者来说，什么样的时间观念才是正确的呢？这是一个见仁见智的问题。许多时间管理专家都指出：时间是与生俱来的，它像空气那样支持人们的生存。因此，只要管理者不对时间抱任何成见，或加诸任何价值判断，而视之为中性资源，则可能对它做出比较有效的运用。

在今天这个高速发展的时代，“时间就是金钱，效率就是生命”已成为人尽皆知的名言。而效率的高低，又是和时间的节约与否密不可分的。争取了时间，就能创造更多的价值，获得更高的效益。因此，讲求效率，实际上反映的是人们对时间更加重视。不讲究时间和效率的社会，只能是死气沉沉的社会。消沉、懒惰、贪婪，会使一个民族退化甚至消亡！因此，珍惜时间应该成为人们必备的一种素质。

时间无限，生命有限。在有限的生命里能倍增时间的人就拥有了做更多事情的资本。

时间是组成生命的有机材料。没有时间，生命就无法衡量，一切将失去意义，一切生命将黯淡无光。时间就是生命，这绝不是空头的理论。

控制和利用时间

一寸光阴一寸金，很多人明白这个道理，却没有控制时间、高效利用时间的良好习惯和艺术，结果还是任时间白白流逝。我们都深知时间的重要性，可又不得不无谓地浪费掉很多宝贵的时间，真像有些人说的那样“没办法”吗？其实不然，关键是你没有真正掌握控制时间和利用时间的艺术。

由于每一天都是一次性的，所以，无所谓“失去的”日子。有时你也许会想就在例行的事务中混下去，打发光阴，消磨时间。但是没有任何一天是“多余”意义上的徒劳，也没有哪一天可以如此糟糕地度过。千万不要睡懒觉，要心怀感恩地开始每一天。

那些在金融机构、企业财团工作的许多经理，以及高级职员们，多年来都养成了掌控时间的本领。有很多实力雄厚、深谋远虑、目光敏锐、吃苦耐劳的大企业家，都是以沉默寡言和办事迅速、敏捷而著称的。他们所说出来的话也是句句都很准确、到位，都有一定的目的。他们从来不愿意在这里头多耗费一点一滴的宝贵资本——时间。当然，有时一个做事简捷迅速、斩钉截铁的人，也容易引起别人的不满，但他们绝对不会把这些不满放在心上。为了在事业上有所成就，为了恪守自己的规矩和原则，他们不得不减少那些和他们的事业没什么关系的人际来往。

浪费时间是一种坏习惯，要改掉这个坏习惯，需要付出一定的努力。

首先，你得找出自己有哪些浪费时间的坏习惯。对有些人来说，会在早上醒来后，在床上赖一小时。但早上却是精力最旺盛的时候，所以试着强迫自己醒来，穿好衣服开始工作，不要再继续赖床。当你这样做以后，会发现自己的工作效率大幅提升。

对你来说，浪费时间的坏习惯可能有很多，如看电视，上网或煲电话粥。

你应该立即着手找到你浪费时间的习惯，把你一定得改正的坏习惯列在清单上，用命令式的语气写下自己该根除的恶习。举例来说，如果拖拖拉拉就是你浪费时间的坏习惯，那么你就该在清单上这样写："别再拖延了。"

把这张清单放在你经常看得到的地方，如：你面前的墙上或是你自己的告示板上，或是贴到门上也可以。不然的话，也可以把清单放在抽屉里，只要每天都可以看到它就好。当你看到这张清单时，就不断地提醒自己要避免这些恶习，同时要把自己浪费时间的行为纠正好。过不久，你就会发现自己有很大的进步，可以在更短的时间内做完更多事情。

与时间化敌为友

我们很容易把时间看作敌人，不论是在一步步跳动的钟表指针上，还是在一下下闪烁的电子表屏幕上，时间都在无情地前进，准确无误地迈过最后期限。要做的事，一生一次的经历和重要的决策时刻，时间从不考虑形势，也绝不同情人们。我们感到沮丧，我们感到焦急，我们希望时间停止、放慢或加速，但是我们无能为力。我们没有办法改变时间的脚步，时间一分一秒地不断前进。

时间似乎是无情的，它总是带走美妙的时刻，总是让我们感到日子紧张。

视时间为敌人的人，经常将时间当作超越与打击的对象。这种人的行为特征为：

（1）自己设定难以完成的时限，以便“打破纪录”或“刷新纪录”。例如这种人开车上班，喜欢寻找捷径，以便创造纪录。对这种人来说，节省下来的一点时间好像能积蓄下来似的。

（2）在任何约定时间的场合，因早到而感到“胜利”，因迟到而感到“沮丧”。这种“胜利”或“沮丧”的感觉，是针对时间的早晚而产生，并非针对时间的早晚所导致的后果而产生的。例如有些人开会总是早到，然后等候其他与会者的来临。还有一些人因约会时迟到一两分钟而感到沮丧，他们是因自己与时间打输了一场仗而感到沮丧。

视时间为敌人的人一个最大的长处，便是洋溢着突破障碍的竞争精神。但他也将难以生活在当下，因为他的心摆在了下一场的战斗上。管理者视时间为敌人，就是重效率而不重效能。“效率”是一种“投入—产出”的概念。当管理者能以较少的“投入”获得较少的“产出”，或是以较多的“投入”获得较多的“产出”，甚至以较少的“投入”获得较多的“产出”时，则被视为富有效率。

过去我们总说时间是挤出来的，但以后能使你成功的，却是如何灵活地与时间做朋友的能力。

视时间为敌人的缺点是显而易见的。首先，与时间竞赛的人，是注定要失败的。其次，当一个人的心理经常处于竞争状态，他将难以充分体会经验、成就或喜乐。最后，重效率而忽视效能，人们常常因为目标无法实现而导致严重的资源浪费。

不要再与时间战斗，与时间化敌为友吧。这是不战而胜的法宝。

把握生命的每一分钟

时间是世界上最短缺的资源，你必须珍惜分分秒秒，才能成就大事。

有一位著名的教育家威斯特曾经接到一个青年人的求教电话，他与那个向往成功、渴望指点的青年人约好了见面的时间和地点。

当那个青年人如约而至时，威斯特的房门大敞着，眼前的景象却令青年人颇感意外——威斯特的房间里乱七八糟，一片狼藉。

没等青年人开口，威斯特就招呼道："你看我这房间，太不整洁了，请你在门外等候一分钟，我收拾一下，你再进来吧！"一边说着，威斯特轻轻地关上了房门。

不到一分钟的时间，威斯特又打开了房门，并热情地把青年人让进客厅。这时，青年人眼前展现出另一番景象——房间内的一切已变得井然有序，而且有两杯刚刚倒好的红酒，淡淡的酒香在房间里荡漾着。

可是，没等青年人把满腹有关人生和事业的疑难问题向威斯特讲出来，威斯特就非常客气地说："干杯，你可以走了。"

青年人手持酒杯一下子愣住了，既尴尬又非常遗憾地说："可是，我……我还没向您请教呢……"

"这些难道还不够吗？"威斯特一边微笑着，一边扫视了一下自己的房间，轻声细语地说，"你进来有一分钟了。"

“一分钟……一分钟……”青年人若有所思地说，“我明白了，您让我明白了一分钟可以做很多事、可以改变许多事情的深刻道理。”

威斯特舒心地笑了。青年人把杯里的红酒一饮而尽，向威斯特连连道谢后，开心地走了。

的确如此，只要把握好生命的每一分钟，也就把握了工作的本质。所以，谁也没有理由一分钟又一分钟地去为工作而烦恼和忧虑。如果你因为自己的悲伤而掩面，那么，一分钟便从你的手指缝中匆匆地溜走了。

时间的流逝和金钱不一样。有时候，钱用了就用了，但一点一滴地存起来并用于投资，长年累月地坚持，其效果却是相当惊人的。如果每月坚持挤出1000元用于投资，假设年均收益率为10%，坚持30年，实际投资的36万元可增值到226万元。时间也是一样，它是一分一秒地被浪费掉或被利用起来的。谁要是觉得一分钟无所谓，那他将丢掉很多时间，最后沦为时间的乞丐。

和时间赛跑

谁能够抓住时间，谁就能够抓住生命中的一切。

要想获得成功，你就必须保持百倍的警惕，不要让时间窃走了你的生命。

对于时间的紧迫感是你快速奔跑的动力。

时间正从你的生命中悄悄地流逝。在思考问题的一刹那，光线，确切地说是时间，从你的眼角、你的手指缝里无声地滑过，而在这一刻，你没有任何付出，当然也没有得到任何回报，你生命的一小段将被无情地抛弃。

时间对任何人来说都是公平、无私的，每个人都能用自己的方式扮演自身所投入的角色。不管他的角色是多么精彩或是多么落魄，时间之手轻轻一挥，便将这些一一抹杀，留下来的只有对往事的记忆。往事是那些印证时间存在过，却不能被我们任何一个人所拥有的东西。当我们回忆往事，那字里行间闪烁的只是想象的光芒，这光芒是虚幻的、不可把握的。往事不会重来，时光不会倒流，生命只有一次。

谁的时间都不多，时间对任何人都是既吝啬又公正的。你想拥有更多的时间，那就要学会挤时间。这一点，恰如鲁迅先生所说的："时间就像海绵里的水，只要愿意挤，总还是有的。"时间对任何人都是公正的。有志者，勤奋者，善于去挣，去挤，它就有；闲人，懒汉，不去挣，不去挤，它就没有。鲁迅是这么说的，也是这么做的，他的整个人生都在跟时间赛跑。他每天给自己定任务，要写完规定的字数。他一生多病，工作条件和生活条件都不好，但他每天都要工作到深夜。实在困了，就和衣躺到床上打个盹，醒后泡一杯浓茶，抽一支烟，又继续写作。

如何具体去挤时间呢？有一种广为流传的“5分钟学习法”，它源自一个真实的故事：

多年前，有个少年叫邦德。12岁时，父母给他聘请了一位家庭教师，主教钢琴。

有一天，老师突然问邦德：“你每天花多长时间练琴？”

邦德说：“大概三四个小时。”

老师又问：“你每次练习时，时间都很长吗？”

邦德说：“是的，我想这样才好。”

“不，不要这样！”老师说，“将来你长大了，每天不会有那么长的空闲时间。所以你要从现在养成习惯，一有时间就5分钟5分钟地练习，比如上学之前、午饭以后、晚上睡觉之前。坚持下来，把小的练习时间分散在一天里面，弹钢琴就会成为你日常生活的一部分。”

老师的话，邦德似懂非懂，当时他也没有放在心上。

多年后，邦德成为了哥伦比亚大学教授。有一段时间，他很想兼职从事文学创作——只是想想而已——因为上课、开会、备课占据了他的全部时间。以至于两年多过去了，他没有写下一个字，甚至坚持数年的钢琴也业已荒废。

忽然有一天，邦德想起了钢琴老师的话。一星期后，邦德开始了亲身实践——只要一有时间，他就坐下来写作，哪怕只是短短的5分钟，哪怕只是写短短的几行字。几个星期之后，邦德惊喜地发现，自己居然创作了上万字！后来，邦德用这种积少成多的方式创作、发表了几十万字的作品，他的钢琴演奏水平也达到了9级。

钢琴老师的教导与邦德的成功，从侧面告诉我们这样一个道理：珍惜时间，就要珍惜每一分每一秒，即使是那些零星的“下脚料”，如果能够毫不拖延地充分加以利用，照样可以提升自我。而无视时间，只会让我们在一无所成之际，抱怨自己“没有时间”。

的确，5分钟对于一天24小时来说实在是微不足道，可是事实证明，短短的5分钟却蕴含着巨大的能量。按照美国时间管理大师温斯·帕奈拉的理论计算，如果坚持每天投入5分钟，用以改善你生命中任何领域的0.5％，你就能够使自己在该领域的能力呈现指数级的增长速度：1年300％，2年1000％，4年10000％……

很显然，每个人其实都能够每天投入5分钟，但是，不是每个人都能得到这种丰厚的回报。原因很简单：在很多时候，即使是最简单的事情，真正行动起来也非常困难。因为很多人往往无法突破自己的固有习惯和自我限定的框架。管理时间同样如此。一开始，人们也许会激情满满地切实执行，可是如果让一个人每天至少花5分钟，每周至少保持5天，并不断地持续下去，可就太难了。用功并不难，难的是如何在成长过程中保持耐心。对于这个被成功人士称为“5分钟的循序渐进成功法”的秘诀，坚持不懈是关键。如果做不到坚持不懈，并且确保每周努力5天的话，那么你极有可能是在原地踏步。生活中，很多人习惯说“我没有足够的时间”。其实，作为普通人，我们每个人每天都有200个以上5分钟的时间，而“5分钟的循序渐进成功法”所需要的只是其中之一。这只不过是相当于一个电视节目的开头，或者中间插播的一段烦人的广告的时间。想到这些，你还有什么借口吗?

当然，这多少还是有点儿泛泛而谈。一位北大学霸曾经说过：“应用这一法则的要点在于拉一张清单，然后想想今天我们应该感谢什么? 应该承担什么责任? 应该为哪些事情而激动? 今天我们最希望得到什么? 从而找出其中最重要的事情，这只需要花掉5分钟的时间，而我们得到的回报却经常大到令人难以置信的地步。正常情况下，每周至少会有5天的时间，我习惯于在吃早点的时候反省一下自己最近的所作所为，以及短期的、长期的目标。这大概需要5分钟时间。在接下来的将近15个小时的日常杂务里，它足以使我保持镇定，并成功地取得我所有希望达到的目标。”

让每一分钟都更有价值

格鲁夫认为："在所有的批判家中，最伟大、最正确、最天才的是时间。"富兰克林的名言是："时间就是生命，时间就是速度，时间就是力量。"

因而，他们大多惜时如金，"一寸光阴一寸金，寸金难买寸光阴"就是他们的时间观念。

爱迪生在隆重的婚礼仪式上因突然想起一种解决自动电报的办法，竟撇下新娘和宾客直奔实验室；福楼拜经常为了写出文学精品，整夜不眠，致使塞纳河上的渔夫和轮船船长们都习惯地把那整夜通明的窗口作为前进的灯塔……

商业人士最可贵的本领之一就是让自己的每一分钟都更有价值，所以，在与任何人进行来往时，他们都能简捷迅速，这是一名成功者要具备的通行证。一个人只有真正认识到时间的宝贵，他才有意志力去防止那些爱饶舌的人来打扰他。在美国现代企业里，能以最少时间产生最大商业效力的人，首推金融大王摩根。

摩根晚年之时仍然是每天上午 9 点 30 分进入办公室，下午 5 点回家。有人对摩根的资本进行了计算后说，他每分钟的收入是 20 美元，但摩根自己说好像还不止。

摩根总是在一间很大的办公室里，与许多职员一起工作，他不像其他的很多商界名人，只和秘书待在一个房间里工作。摩根会随时指挥他手下的员工，按照他的计划行事。如果你走进他那间大办公室，是很容易见到他的，但如果你没有重要的事情，他绝对不会欢迎你。

摩根有极其卓越的判断力，他能够轻易地判断出一个人要来洽谈的到底是什么事。当你对他说话时，一切转弯抹角的方法都会失去效力，他能够立刻猜出你的真实意图。具有这样卓越的能力，真不知道使摩根节省了多少宝贵的时间。有些人本来就没有什么重要事情，只是想找个人来聊天，而耗费了工作繁忙的人许多重要的时间。摩根绝对无法容忍这样的人。也正因如此，他才能取得如此巨大的成就。可见，要想获得成功，你必须善于管理你的时间，让你的每一分钟都更有价值。

时间是成功赖以生存的土壤，是验证我们智慧和毅力的试金石。每个人都知道时间的珍贵，但只有很少的人在行动上珍惜时间的价值。

第三章

拥抱完美生活

对于生命中的痛苦，我们既然无法改变，就接受下来，然后忍耐过去，总之，不要泄气，也不必恐惧。时间这把无敌之斧，会替你披荆斩棘，让你重回正轨，重返安详，重拾愉悦。相信时间，也是相信自己。快乐时勿失态，痛苦时勿沉沦，所有的所有都会归于平静，如同条条溪流，殊途，然而同归。无论好的，还是不好的，一切都会过去。

保持生活的平衡

生活平衡包含两个层面：首先，要保持身体、大脑、心灵和灵魂四个方面需求的平衡；其次，生活中各个角色间要保持平衡。

我们先来介绍第一个层面。每个人都有四个部分，即身体、大脑、心灵和灵魂。其中，身体的需求主要是生理方面的，例如健康、经济保障等；大脑的需求是学习和智力的成长；心灵的需求更多的是情感方面的，例如被尊重、被信任、被爱、被认可等；灵魂的需求是精神方面的，例如明确的价值观及目标、服务、贡献等。如果我们能够全面满足身体、大脑、心灵和灵魂这四类需求的话，我们就是一个完整的人；反之，我们只是部分人。

生活平衡的另外一个层面就是角色平衡。

在时间管理中，我听到的最多的痛苦便是某人成功扮演了某个角色却忽略了其他的（甚至是更重要的）角色，例如，某人在公司里成功扮演了经理的角色，但在家里却是一个失败的父亲。角色代表着某种责任、人际关系以及需要做出贡献的领域。

你可以反思一下，是不是有些角色占用了你大部分的时间和精力，而其他角色却没有得到关注？

在谈角色间的平衡时，有一个问题是至关重要的：你是否觉得每天的时间是有限的，如果在一个角色上花了时间，就无法在其他角色上花时间了？很多人都会给出肯定的回答。他们之所以这样回答，是因为他们认为每个角色间是彼此独立的，是一种非此即彼的关系。他们觉得自己在工作中和在家里的表现互不相干，自己的私人生活和公众生活是彼此分离的。有这样想法的人并不少见。事实并非如此，正如世界上的任何事物都不是孤立存在的一样，生活中的各个角色也是相互依赖的整体，它们是相互影响的，正如甘地所说："你不可能在生活的某个领域成功而在其他领域行为失当，生活是一个不可分割的整体。"你是一个怎样的人，你在生活中各个领域的表现就是怎样的。你所扮演的任何一个角色的成功与失败都影响着其他角色及你的整体生活质量。

我们知道扮演每个角色所需要的能力是不同的，但所遵循的原则是相同的，例如，培养员工和教育孩子的原则是相同的，建立高效能团队的原则同样适用于建立幸福美满的家庭，它们所遵循的原则都是信任、真诚、公正、爱等。所以，当我们专注于原则时，不同的角色就不是相互独立的了，它们成了协作增效的团队。

当我们真正接受了角色间相互依赖这个事实时，就可以在扮演各个角色时做到协作增效。例如，同样是带儿子去游泳，从个人成长的方面来看是锻炼身体，但从扮演父亲的角色方面来看就是培养父子关系。如果要拜访客户，还要培养员工，那么就可以把与下属一起拜访客户作为训练员工的机会。

通过问题搁置，打破原来顺序

太固执于一时无法解决的难题，容易产生垂直思考的弊害。举个水平思考解决问题的例子：

有一位债主向债务人讨债，逼迫他说："不还钱没关系，拿你的女儿来抵债！"说着，便从地上黑白交杂的石堆里捡起两颗石子来，狡猾地笑着说："来吧！我两手中有一边是白石子，代表你的债务，一边是黑石子，代表你的女儿，你选择哪边？"债务人并没有说选择左手还是右手，而是说："我认为你两手中的石子都是黑色的。"债主一听，便不自觉地张开双手想看个究竟。结果他的狡猾计划泡汤了。

而解决工作上的问题也是同样的道理，在垂直思考之外，也要加进水平的思考才能找出解决办法来。所以，为了避免陷入垂直思考的僵局，在碰钉子的时候，不妨暂且搁置问题，让头脑冷静下来。切忌应付了事。

我们来把前面所提的事项做个整理：

①遇上一时无法解决的难题时，不妨把它记录下来，暂且搁置一旁。

②把问题"存档"于潜在意识中，可以从别的事物上意外地得到解决的线索。

③切忌当场随便找个方法应付了事。

第一项的"记录问题"不仅可以留待日后找出好的方法，还有一项效用：当你把问题详细记录下来之后，由于不必担心忘记它，便能很放心地把它暂时从记忆中完全清除，把脑子清理出一大片的“净土”，如此才得以安心地全力去做另一项工作。否则，虽然是搁置问题，但因为无法暂时遗忘而心有旁骛，做起其他的事来势必效率不彰、事倍功半。

据说，即使是已达上乘悟境的禅僧，打坐时仍不免会有若干杂念产生。许多禅僧因此在打坐时随身备妥纸笔，一旦杂念浮现便立即画一笔出来。画此一笔便不会为杂念所限，而能继续打坐。

为解决难题而撇下手边的其他工作是最不明智的举动。建议你把它记下来，让脑筋重回白纸的状态，以便全力进行其他的工作。

让难题存于潜意识中

虽然表面上不处理这个难题，但在潜意识里要注意这个问题，在做其他事情的过程中偶尔想想，有时就会触类旁通，说不定会灵感突至，难题迎刃而解。其实，现实中很多难题就是这样解决的。

从其他角度考虑这个难题

由于难题已经存在于你的潜意识当中，在不经意的时候，你可能会发现原来可以从其他事物上或从其他角度意外地找到解决问题的线索。例如，从正面很难解决的问题，可以从反面思考解决。还可以征求别人的意见，启发自己的思路。有时，别人一句不经意的话就会使你茅塞顿开，顺利地解决问题。

通过暂时搁置问题，可以打破原来的顺序，把一些难办的事情往后拖延，当然这种拖延只是暂时的，一旦发现解决问题的方案，应该立即着手解决。

生活需要消遣与娱乐

我们的最终目的还是要生活得健康、愉快、多姿多彩。因此人们常会把休息、娱乐和人际关系都看作完满生活的重要组成部分。

工作的压力越大，经常消遣与娱乐的需要也越大。在美国历史上很多总统都很重视娱乐，艾森豪威尔爱打高尔夫球，肯尼迪则喜欢水上运动。办公时的庞大压力使他们在操劳国事时要维持最佳的精神状态。如果你注意看成功者的照片，通常都会发现生活照还多于埋首工作的照片。

重点在于再度找出职业外的自我，并安排时间去享受。培养一些兴趣与爱好，至于何种兴趣或爱好倒不重要，只要你能乐在其中，即可获得身心的解放。例如打网球、集邮或收集矿石。时间管理专家史蒂芬在写作或学习时，发现“50/10 制”很有效。在一小时里写作或看书 50 分钟，休息 10 分钟。如果超过一小时而未休息，他会心情烦闷，而且把握不住工作质量。做其他工作时，他倒很少觉得需要中途休息。多尝试几种方法，找出最令你舒适的一种，以获得最佳的工作效率。

有些人非常勤奋，自我要求很高，他们或许真的不需要消遣和娱乐，认为这是浪费时间，但休息还是必须的。他们当中的很多人都是等自己筋疲力尽时才被迫停下来稍息片刻，其实他们应该明白，如果能在疲劳之前就停下来休息，那么真正意义上的疲劳就不会出现。

美国陆军曾经做过多次实验，发现即使是经过多年军事训练的强壮年轻士兵，如果不带背包，而且每小时休息10分钟的话，就会走得更远更持久，所以司令部总是要求士兵们这样做。每天从你的心脏流过的血液，足够装满一节火车车厢。它在24小时内所供应的能量，足够把20吨煤铲到1米高的台子上。你的心脏能完成这么令人难以相信的工作量，而且可以持续50年、70年，甚至90年。它怎么能承受得了呢？哈佛医学院的瓦尔特·坎农医生解释说："绝大多数人都认为，心脏整天都在跳动。事实上，在每一次收缩之后，心脏都有一段完全静止的时间。当心脏以正常速度每分钟跳70次时，它一天24小时实际只工作了9小时，它每天休息了足足15个小时。"

休息有很多种方式，躺在床上睡大觉是一种，到户外散散步也是一种，去音乐厅欣赏一场歌剧也是一种。之所以提倡适当地消遣与娱乐，而不仅仅是休息，主要是因为疲劳的日子与乏味的生活都容易让人产生焦虑，乃至抑郁。同时，这也是幸福生活的重要组成部分。

中医也好，西医也罢，每一个医学院的学生都会肯定地告诉你，疲劳会降低身体对一般感冒和上百种其他疾病的抵抗力；精神病专家也不断告诫世人，乐观的情绪能提升人对忧虑和恐惧的免疫力。所以，我们不仅要学会休息，还要学会快乐地休息，也就是适当消遣和娱乐。

汽车大王亨利·福特80岁时，有人问他为什么这么精神饱满，秘诀何在？他说："能坐着我绝不站着，能躺着我绝不坐着，躺够了我就去娱乐。"

空客销售主管约翰·雷义，凭借一己之力，将空客的市场份额拉到了50%，让波音头疼不已，波音连续换了8位销售总监，也未能夺回市场份额。雷义是如何做到的呢？用他自己的话说："卖产品就是卖自己。"他认为他之所以可以签下这么多订单，在于首先做好了自己，时刻保持最好的状态，做一个有感染力的人。没有人愿意和一个萎靡不振，看上去无精打采的人做生意。这就是能量管理。为了保持精力饱满的状态，他从不喝酒，饮食以清淡为主，每天健身 1 小时，娱乐半小时，不管多忙都坚持如此。

各国的成功人士都喜爱度假，休闲娱乐两不误，这对奋斗中的年轻人来说过于奢侈，但你可以让自己每天都度个小假，只要不违法，只要能让你身心安定，不再疲于奔命就行。

倾听心灵的声音

你是不是发现有时候竟陷入了做白日梦的光景？不必急着叫醒自己！干脆就完完全全沉浸在其中。好好地坐在一张椅子里，让自己呆坐上15～20分钟。不要看书，也不要翻报纸、织毛衣。就只呆坐着，无所事事，让自己随意享受这段完全安静的时间。这样过15～20分钟之后，你就能蓄势待发，再重新投入工作之中了。

对那些志在成功的人来说，安静的时间也许是人生最重要的时间。许多人之所以会忽略心灵的声音，注意不到自己的真实感觉，很重要的一个原因便是太忙碌了，步履匆匆，而大脑里又塞满了各种各样琐碎的想法，"灵感"进不来。

按照一般观念，成功的人士应该永远上紧发条，始终保持警惕，时刻紧盯着自己的事业，但就很多行业巨头来说，情况并非如此。他们每天花不了几个小时处理日常事务，但却永远保持着清醒的头脑和稳定的心态，随时准备尽最大的努力处理新的问题。他们之所以有着充沛的精力，是因为有一个共同的特质——张弛有度。

身体的彻底放松常常可以让思想信马由缰。发明家更是如此，他们经常能够在放松的时候设计出绝妙的机器。我们绞尽脑汁也记不起来的人名，等我们不再想的时候，却突然蹦了出来。

充满热情地投入工作与消极倦怠地面对工作，两种结果是截然不同的。在工作效率低下的时候，一定要调整自己的心态，在疲劳的时候不要因为时间有限而继续消极、麻木地工作，这样做不仅容易出错，而且也不会有任何创新。单调的重复性工作只会吞噬你所有的激情，因此，给自己放松一下，换一个心情，然后再去积极地工作。

有时，宁静只需要三分钟。美国的一位著名企业家有一个持续了多年的习惯，那就是在做任何决定之前，他都要先把眼睛闭上两三分钟。当人们问他为什么要这样做时，他回答道："把眼睛闭上之后，我就能够获得更多的智慧。"他这是在等灵感出现。

花一些时间为你的灵魂加油吧！

人们每周都要花一天为自己的心灵、情感加油，如此才能充满活力。在星期天找一个属于你的沉思天地，重新为你的积极心态加油打气。在宁静的沉思中，充满创意的构想会来到你的脑海里，因为在沉思之中，你的潜意识不会受到多余、沉重的干扰。

休息和运动一样重要

有很多人总是强迫自己无休止地工作，他们对工作沉迷上瘾，正如人们会对酒精沉迷上瘾一样。他们被称为“工作狂”。他们拒绝休假，公文包里塞满了要办的公文。如果要让他们停下来休息片刻，他们会认为纯粹是浪费时间。这些人都成功了吗？没有，他们中很多人不但没有成功，反而使自己身心交瘁，有的甚至疏远了亲人，造成家庭的破裂。

休息和运动一样重要。如果缺乏休息，身体会积劳成疾，甚至出现重大危机。因此，我们把休息称为对身体的充电。

每当电池快没电时，我们就要及时充电，如此才能确保它会继续正常工作。人也一样，经过一天的持续工作之后，我们需要补充能量，否则恐难在第二天保持旺盛的精力。

我们要学会休息，以便确保自己能有充沛的精力去工作，以及承担自己对于一些事物的责任。当有人感到心力交瘁时，可能会导致自己的健康状态不佳以及工作能力停滞，做出言行不合时宜的举动来。此时你的身体就像一个耗掉大部分电力的蓄电池，无法再如平时一般正常运转。

什么是正确的休息方法呢？一般人可能会认为，最有效的休息方法就是充足的睡眠。许多人因为工作过度繁忙而长期睡眠不足，因此对于自己的疲倦感到无能为力。但事实证明，睡眠并不是唯一的休息方式。

当一个人工作太久了，疲惫和压力就会产生，厌烦也逐渐侵入，如果不改变一下工作的步调，很可能会造成情绪不稳定、慢性神经衰弱以及其他的毛病，这时需要调节一下。调节不一定需要休息，从脑力劳动转换去做几分钟体力劳动，从坐姿变为立姿，绕着办公室走一两圈，都可以迅速恢复精力。

另一方面，人的心灵需要安静、独处与平和的时间，以利于忘记竞争的压力。因此，不妨在自己繁忙的时间表上，安排几分钟或十几分钟静坐默想的时间，以获得内心的平静，让自己摆脱竞争的压力和工作的忙碌，退一步看看自己究竟在做什么。

当然，小睡也是一种有效的休息和恢复精力的方法。小睡与正常睡眠不矛盾，它因人而异，有时打个盹儿就能起到作用。通常正常的睡眠以能恢复体力即可，不可贪睡；而白天的小睡则是一种既不多占时间又可以有效地恢复体力的休息方法。

深呼吸是你能做的最简单、最方便的休息方法。它只需持续两分钟，你所要做的就是把空气直接吸入胸腹部，让自己切实感到胸腹部随着吸入的空气而膨胀起来，再缓缓将气呼出即可。

我们虽然一直在呼吸，但是由于匆忙，由于不断增强的压力，呼吸变得很浅，因此根本无法获得足够的氧气。

要想克服这种缺氧带来的副作用，你只需要如上所说，慢慢地深呼吸两分钟，每天重复三四次甚至五六次。

休息是为了获得更好的状态，掌握了有效休息的方法，你的工作效率也将大大提高。

保卫好你的星期日

星期日是隔开两周最好的界限，它划分开你的生活，给你调整休息的时间。有些人抱怨星期日没地方去洗车或是购物(在德国，周末商店是要关门的，这是为了保证售货员的休息，防止商业竞争)。不过用星期日来划分你的生活还是很重要的。保卫好你的星期日，如果有人胆敢占用这宝贵的时间，你一定不要妥协。

生活幸福的秘密其实很简单，它就在于一周中难得自由的星期日。因为工作永远不会自动停止，你必须自己停下工作休息一下。这就是休息日最重要的意义所在。

如果你周日的日程表是一片空白，那这是一个很好的现象。

怎样有意义地度过你的周末？我们为你提供几个方案。

双休日方案一：做你喜欢的事

问问自己，你的双休日都是如何度过的：睡觉、打牌、逛街，或者看看电视？而把那些虚掷的双休日累计起来是否已能圆你的梦，或者至少离你的梦想可以近一大步？目前许多城市都开设了各种内容的双休日兴趣班，如声乐、播音、舞蹈、绘画、缝纫、烹饪等，不要小看双休日的学习，它可以延续你的兴趣爱好，使你的生活更加充实多彩，在关键时刻还能为你的工作与人际交往助一臂之力。当然重要的是做到持之以恒，把它当成另一项事业来经营。

双休日方案二：拓展人际关系

现代人职业生活忙忙碌碌，许多人除了同事外已把交际圈缩小到了最小的范围，无形中失去了不少与人交往的乐趣。就是从“功利”角度来说，也不利于自身事业的开展。

在与人交往中，既能增长见识、开阔视野、提高自身素质，又能为今后的发展铺路搭桥——不一定是短期见效，但可能为你今后的成功埋下一个伏笔，如果等到事到临头再去联络感情是难以奏效的。因此，利用双休日积极交往，不失为忙碌的现代人开拓人际关系的一个良策。只是交友不要盲目，而应选择那些品行端正、志同道合的朋友，否则会适得其反，耗费大量不必要的精力。

双休日方案三：为自己充电

随着行业分工的日益精细化与专业化，接受再教育已成为要跟上时代发展的现代人的大趋势。目前许多培训班都是结合双休日而办的，年轻人可以利用双休日为自己加能充电。

让你的思想任意漫游

很多时候，当你突然安静下来时，发现自己已经好长时间没有产生新的想法了。

你的创造力呢?

其实你一直在思考。只是，你的想法很零散，且一闪即逝。

你的智慧、你的知觉和你的创造力在意识思维的表层下面，你只是没有时间去倾听它们。

你几乎拥有无穷的发明创造力，但是当你陷入时间的陷阱里，你就没有时间留给思考，而思考正是产生洞察力火花的根源。

创造一些宁静的时间，让自己平静下来。静静坐下，每天都有这样一小会儿的时间，让你的思想任意漫游。

美国人德鲁克在《卓有成效的管理者》一书中写了一段很有意思的小故事。说的是某个杂志刊载的一幅漫画，画中一间办公室的玻璃门上写着“某某公司业务经理史密斯”，办公室的墙上贴着一个字：“想”。画中的经理，双脚搁在办公桌上，面孔朝天，不断向上吐着烟圈。办公室外有两位员工小声嘀咕：“天晓得史密斯在想什么!”德鲁克的评点写得很到位：的确，谁也不知道一个领导者在想些什么。“想”正是领导者的本分。

这对于时间管理者很有启迪，如果你过于忙碌地工作而没有时间去思考你所做的事，那么你将无法充分施展你的才能。减少工作量，留出一定的思考时间来反省已做过的事情，如

“这有什么意义?”“怎样做才能更好?”同时还让你有时间思考是否有其他的方式，以及如何增加配合的紧密度等，也许会收到意想不到的效果。

思考在现实生活中有着举足轻重的地位，它不是在浪费时间，而是在帮助我们赢得更多的时间，避免盲目地生活，所以我们必须三思而后行。

但是思考行为必须是一种带有目的的思考，而且必须成为行动的前奏。毫无意义的思考是对时间的浪费，也是一种坏习惯，这种“思考”不管持续多久，都会使人一事无成。所以思考虽然非常重要，但并非花越多时间就越好。就比如一把刀，明明只要两三下就可以磨好了，但你却反复磨了许久，反而把刀刃磨得太薄而容易断裂。

沉思是一种好习惯。很多成功者都有沉思的习惯，他们有时候是通过散步、饮茶、读书来进行沉思，有时候则是通过睡觉来进行沉思。丘吉尔的习惯是每天早上醒来后在床上躺着，喝着咖啡，看着报纸，盘算着一天乃至一年的事情，此时即便是女王也很难让他从床上下来。毛泽东的习惯是以看古籍、散步和睡觉的方式放松自己、寻找灵感，在这些时候，是不可以打搅他的。

一位心理学家说过：“一个人的思考能力之所以会经常受阻，主要是因为个人的思考能力往往受到个人经验和思维定式的限制，而事实上，这些‘故旧’往往正是阻碍你的灵感跳过来的栅栏。”也正是从这种意义上说，爱因斯坦多次强调：“一个科学家应该始终有一颗童心，因为童心较少受世俗和偏见的束缚。”

第四章
调整生活天平

人生几十年，光阴似箭，最珍贵的是时间，最重要的是心境，最关键的是抓住今天，用好今天。我们要奋力用好每一分、每一秒。具体说，第一，要做自己喜欢的事，第二，让每一天都在快乐中度过。人生的目标就是要最大限度减少生命中的遗憾。

你是如何花费时间的

生活平衡一直是我们的一个大问题。即使现在，当大多数人都更容易想到什么才是生活中最重要的东西的时候，我们所说的最重要的东西，同我们为之实际付出的时间和金钱之间仍然存在着差距，有时这种差距还相当巨大。

认真审视一下你的时间的“货币价值”，回顾一下你是如何花费时间的，这也许能显示出你的生活缺少平衡性。按一个星期计算，你的工作时间是多少？用于陪伴家人和朋友聚会的时间是多少？用于自己的休闲、运动、健身活动的时间有多少？用于精神层面享受的时间又是多少？你是否忙得不可开交，以至于一旦面临危机时就只能手足无措，或失魂落魄、一蹶不振？

如果你想知道在你自己的生活中这种差距有多大，可以用一个简单的方法快速计算出来。拿出你的计划或日程表，再拿出你的支票簿或信用卡对账单。看一看过去几周内你的时间和金钱都用在了哪些方面，这些是否的确就是对你最重要的东西。

遗憾的是，许多人对这个问题的回答都是否定的，而且其后果也清楚地体现在他们的生活中。

大多数人能在人生的几个重要的组成部分获取平衡并受益匪浅，这几个重要的组成部分为：家人和朋友、健身运动、个人自我发展、职业或事业、精神领域的享受。

显而易见，职业或事业在大多数人的生活中占有最大的比重。但是在生活有规律的基础上，留出时间与朋友和家人相聚、参加健身运动、精神领域的享受、自我发展也是同样重要的。记录时间日记，能让你看清楚你的时间是如何失衡地分配的，也能让你明白你的生活究竟在哪里失去了平衡。如果你过去对自己的生活状态都不清楚，那你永远也无法掌握或调整生活的天平。

不同的人对生活重心的认识不同，总体来说有以下几种观念：

1. 工作重要

工作远不只是从事某项职业。工作是高质量生活的根本性要素，关系到我们如何维持自己和家人的生活，如何表达自己的爱，如何发挥自己的作用，以及如何塑造内心崇高而有创造力的自我。

2. 家庭重要

家庭是个人幸福的根本要素，也是社会不断发展的根本要素。最重要的“成功”，是在家庭中取得的成功，一代更比一代强是我们为整个社会做贡献的最佳方式。

3. 时间重要

时间是价值的体现，是生活平衡的反映。我们可以随心所欲地高谈阔论，可以有梦想，但最终决定我们是否与众不同的，是我们在每天的生活中做了什么事情以及没有做什么事情。我们使用时间的方式，反映了我们能否持之以恒地关注和实现我们的首要目标，能否将最重要的东西体现在日常生活的决策之中。

4. 金钱重要

金钱也是价值的一种体现，金钱是我们的时间和精力所具有的价值的具体体现，也是我们认为可以购买的“东西”所具有的价值的具体体现。花钱就是用过去努力的成果或预支将来的时间作为交换，以改善我们自己和他人现在和将来的生活质量。个人理财可能是我们确定生活纪律、形成生活特质最有用的工具之一。

有关人士在研究这些严峻而深刻的生活平衡问题时发现，有一个特点已经越来越明显：工作、家庭、金钱和时间绝不是相互孤立的领域，人们不能仅凭在其中一个领域不断努力就获得巨大的成功。这些领域都是互相关联、高度复杂的系统的必要组成部分。虽然经济滑坡和战争威胁等可能会影响人们关注的重心，使人们的注意力从一个方面转移到另一个方面，但是较长时期内的总体形势和我们自身的经验都证明：工作、家庭、金钱和时间是非常重要的方面。如果不能在以上每一个重要方面都取得一定的成功，就不可能长期保持较高的生活质量。

消除生活压力

很显然，工作压力对我们有很大的不良影响。我们能否消除现代工作生活所带来的压力？有的人认为这是一件好事，所以我们不用消除。在生活中我们需要一定的压力。压力可以刺激我们采取一些行动，挑战我们自身的能力，帮助我们达到自己认为不可能达到的目标。问题就在于我们怎么处理、对待和缓解工作中的压力，从而不至于因为压力过度而垮掉。

由于心理压力在人们的心理乃至整个健康中起着非常重要的作用，所以我们必须重视它。

压力是一种行为习惯。它并非来自外界，而是内心世界对所处环境中某一事件的反应。

一旦遇事，你就会发现内心的压力在慢慢膨胀起来。至于这种压力是正面的还是负面的，则要取决于事情本身和你怎样理解这件事了。正面压力往往来自某种渴求，不过经常会被某种自我控制感调和。你知道某件事是必须做或必须面对的，而你自信有能力应付。正面压力此时不仅能把压力自身转变为较大的动力，而且还可以提高身体的机能。这种压力能帮助你在很短的时间内尽快完成任务，并取得较大成绩。

那么什么是负面压力呢？这种行为习惯来自你对某件事情的理解，这件事情也许会使你失去控制，引起挫折感、愤怒、沮丧、恐惧、压抑或者综合上面所有的感觉。至于这种失控和由此引起的情感是轻是重，则要从该事情本身来看了。如果不加以控制，随着时间的推移，这种事越来越多，所造成的影响也会越来越大。长此以往，可能就会导致你丧失信心、情绪沮丧、失眠，甚至由于免疫力下降而使你的身体垮掉。

那么，你的压力从何而来呢？

1.工作压力

激烈的竞争和庞大的工作量会让我们感到压力。

工作压力的产生，与我们所从事的工作的性质有着直接的关系。比如，在流水作业线上工作的工人，每天反复做同一种动作，面对的只是产品单一的零部件，自然会感到单调和乏味，体会不出工作的创造性和创造产品的满足感。此外，如工作责任不清、工作目标不明、工作难度太高、工作危险性太大、工作报酬太低等，都会造成工作压力。

如果工作环境和工作条件不好，也会造成工作者的工作压力。像噪声太大、空气污染严重、光线不充足、空间太小或太大等，都可能使工作者产生工作压力。此外，工作时间太长、工作分量太重等，也会影响工作者的心态，产生心理压力。

2.人际关系

对工作中出现的竞争处理或把握得不好，往往会造成人际关系的紧张。而人际关系的好坏或紧张与否，直接影响到一个人对自己工作的满意程度，如果由于其人际关系不好而导致其对工作失去兴趣和满意程度降低，那么也会给工作者带来不同程度的心理压力。

3.金钱

金钱也是一个非常有趣的压力源。它好像是我们所有问题的答案及大部分问题产生的原因。生活中几乎所有人在金钱的问题上都产生过负面压力。对金钱的看重已经渗入了我们社会的方方面面。孩子从小就会受到压力，要在学校拼命学习，长大后能考上大学，然后找个好工作，以使自己衣食无忧；夫妻经常因为经济原因吵架，甚至离婚；父母则担心是否有能力帮助他们的孩子读完大学；而那些临近退休的人，只要想到他们后半生的财产安全，就会产生负面压力。

4. 家庭

对于大部分人来说，最后一个很有可能导致压力的日常压力源是我们的家庭。你怎样看待父母对自己的期望？怎样看待孩子的行为习惯？怎样看待配偶或对你来说意义重大的人的行为？如果家庭成员中有人病了，你怎样看待由此产生的另一种压力？

生存压力普遍地存在于人们的生活中，它来源于生活的各个方面。但所有这些压力都不取决于压力源本身，而是取决于你怎样看待它们。

有效管理压力

要想有效管理压力，首先要有觉察。面临压力时，很多时候我们是处于无意识状态的，任由长期养成的习惯来产生一系列的本能反应模式。有效管理压力的第一步是要有觉察，要建立一个对付压力的预警系统。好好想一下，当你受到压力时，身体和情绪上会有什么样的反应？然后锁定这些反应，以后每当你要进入这些习惯性的反应状态时，就马上在心里暗暗向自己发出警告。这是压力管理的第一步，它将赋予你强大的力量，帮助你减少压力。为什么呢？因为它就像你在对抗压力这场战争中的雷达一样，提高你对压力的敏感度。当你对压力有所觉察后，就会有意识地控制自己不陷入压力。经过长时间的磨炼后，会大大提高你的控制力。当你能够控制住自己时，每当面临压力，你会把自己置于一个行为习惯的岔路口，可以有意识地选择自己的反应模式。这将使你成为压力的主人，而不会沦为它的奴隶。

对抗压力的第一步就是找到压力源。思考下面的问题：

1.什么是引起压力的压力源？

2.我是怎样感到受压的？

3.可能发生的最糟糕的情况什么样？

4.我怎样或能否面对这种压力源？

5.我怎样能消除、减少、避免或控制这种压力源？

6.我怎样轻松快乐地处理压力？

我们除了节假日和每天的固定休息，诸如午餐和下午茶外，在完成了一项任务转换另一项任务之间，也需要一些短暂的时间喘息，欣赏一下周围的环境，做一个白日梦换换心情，在投入紧张工作之前重新调整自己的思维。我们还需要一些在确实处理完来往公函之后可以消闲的日子，以便重新整理档案系统，浏览参考目录，准备在经济紧缩之前预购新的设备。这种短暂的间歇时间，对抵抗压力有着不可估量的价值。倘若没有属于自己的、可以静下心客观思考工作及工作方式的时间，我们会觉得自己掉入深渊、不能自拔。

我们还需要从不断的战斗到应对最后的期限过程中做短暂的休息。我们有时需要压力和固定的安排来激发工作积极性。然而，没有人需要每时每刻都处于紧张状态之下。巴尔扎克在债主威逼之时惊人的文学创作是个例，然而这远不是说他总是在这种被迫状态下写出伟大作品的。还清债务后的间歇时间里，他总要停住笔去进行一次奢侈的狂欢。我们并非提倡巴氏的生活方式，但它确实证明了工作之余我们多少需要放松一下自己。

作为个人来说，无论人们在一起工作得多么出色，缺少交流渠道常常是压力的潜在来源。

交流渠道不通所产生的后果常常是决策之时缺乏准确事实，重要的内容没有传到相应的地方，对事情的控制能力减小。造成这些后果的罪魁祸首可能是一个不称职的部门经理，或是职业本身就是有把人分散到不易接近的位置的特性。然而，它却能使一个原本直截了当的给予或接受信息的简单任务变得复杂而令人压力过大。

以自由为出发点

要让时间掌握在自己手中，便要以自由为出发点。不接受勉强或不愿做的事，也不让自己有被监视般的压迫感。

所谓自由的典型之一，就是在睡梦中渐渐忘记时光流逝的状态。有点像是彻夜长谈，回忆从前的寄宿生活，都是能让时间不知不觉流逝的方式。

虽然不是真的时时刻刻盯着钟表，但实际上我们都是整天配合时间行动的。尽管对于他人和自己的时间都很重视，但有时会无视它的存在，忘记一切，专心埋首于某件事情；若能做到这点，也可以称得上是种不错的时间运用方式。

虽然有些规则可言，但有时时间超过或被打乱了，结果反而能多空出一些自由。不过若把时间当作游戏，那么其中代价将是非常昂贵的。

然而，这并非强调应长期处在兴奋、紧张状态中，完全忘记自己的存在。以从容的态度工作，处理完公务之后回家休息，就算寂静的气氛支配一切，也能过得充实。

留点时间什么也不做，是非常聪明的生活技巧。

心理学家布鲁斯·A.鲍德威罗列了几组关于放松身心的非理性观念和校正后的理性观念。

放松是对辛勤工作的回报。

校正：放松是健康的保证。

工作总是做不完，没有时间休息。

校正：工作永远也做不完，因此你应该适当调整节奏，劳逸结合。

如果让自己休息，与生俱来的懒惰就会油然而生。

校正：你并不懒，你只是累了。你必须放松一下，就像其他人一样让情绪充一下电。

养成凡事提早行动的习惯

不匆忙、不奔跑、不大声喧哗，应该是你为自己立下的“三不政策”。

欲速则不达。如果能力不可及的话，就不要同时做两件事情。

人生虽长，但着急匆忙会使寿命缩短，应该将眼光放远。

与人有约时，不管对方是谁，都不可让对方枯等。

养精蓄锐，从容等待时机。

像这样决定了各项与时间相关的原则后，心情自然变得特别愉快，并且容易养成凡事提早行动的习惯，而这也是充分利用时间的正确做法。

搭乘火车或长途客车提前30分钟到达，这并非表示你是个急性子，或是特别杞人忧天。提早到达只是为了让自己的时间更加宽裕，行动更加方便，或者避免造成他人的不便。

你刚开始工作时，自然而然就会想要让同事开心，因此，你会答应别人提出的截止日期。其实，你鼓励自己要接下这么紧急的工作，因为你认为把工作做快一点就表示你能把工作做好。

随着年岁增长和经验累积，你就会明白两个道理。首先，许多截止日期根本就是人定的，只要你提出要求延后，并不会让客户对你产生负面的印象。其次，有更多时间把工作做好、做对，比光用做得快来让客户对你印象深刻要好得多。举例来说，程序写得快并没有用，对客户来说，他们要的是符合使用者需求、可靠性高又没有错误的程序。所以，如果你需要更多时间来做好工作，那就提出要求吧。对客户来说，做好工作才是真正的服务。匆忙中把工作做完，不能算是服务。

享受自然的节奏

一种趋势往往是从它的对立面中发展而来的。在效率越来越被强调的当下，有勇气放慢速度、抛弃速度观念等也值得提倡，少点工作不仅可以更有成果，而且能更好地决策。

“慢”已经变得越来越重要，空闲和宁静再次受到重视，人们必须重新学会享受自然的节奏和支配个人的时间。

童话《小王子》里有这样一个故事：

一个商人在卖一种止渴丸。

“您好”，小王子上前说。

“您好”，商人说。

“一个星期吃一颗止渴丸，那么你一个星期内就不用喝水了。”

“为什么你要卖这种药？”小王子问。

“它可以帮助人们节省很多时间”，商人说，“专家已经计算过了，一个星期吃一颗药丸，他们可以省出53分钟来。”

“那么这53分钟用来做些什么呢？”

“随便他们做什么……”

“如果我有53分钟的空闲，”小王子说，“我就会悠闲地逛到清冽的泉边。”

显然加快速度终究会达到极限。回归正确的时间限度和自然的时间节奏将会在“慢”与“快”之间达到平衡。时间平衡理念在早期曾受到人们的嘲笑，而如今，它在管理领域得到越来越多的认可。

古往今来，在时间的利用上人类表现得异常谦逊，经常陷入深深的自责：永远检讨自己不够努力，以致光阴虚度。整整12个月、365个日日夜夜，都干了些什么？总觉得应该做更多的事，走更长的路，赚更多的钱，但没有。

是谁让时间严重缩水，让我们觉得生命苦短、脚步匆匆？其实，年月日、时分秒和以往一样长短，并没有什么黑客能偷藏劫掠。只不过我们坐上国际“过山车”，身不由己地高速冲刺，前俯后仰，过瘾地放肆尖叫。是的，现代人无法抵御速度的诱惑。行有高速公路，食有快餐鸡腿，沟通有电子邮件。过去几日甚至数月才能了结的工作，现在只需轻敲键盘，用手机拨个电话，开车跑一趟即可完成。但脚步迅捷，心情并不轻松。

我们只顾匆匆赶路，而忘记了生活的真正意义，在高速度的快感中失去了享受的权利。

真实地感受生活

在繁忙的生活中，我们忘了停下脚步来考虑这个根本的问题，我们中的很多人都在忙着用生命去赚钱，却很少有人去规划一个值得拥有的生命。如果你也是这样，也许就会像下面这个故事中的狐狸一样——忙来忙去，到头来还是一场空。

有一只狐狸想溜进一个葡萄园里大吃一顿，但是栅栏的空隙太小，它钻不进去。在狠狠地节食了三天后，它总算能钻进去了。但是当它大吃一顿以后，却又出不来了，只好在里面又饿了三天，才出得来。这只狐狸感慨地说："忙来忙去，到头来还是一场空。"

当你一个人静下来的时候，有没有问过自己："每天忙来忙去，我到底在忙什么？我真正追求的是什么？"研究发现，约有93%的人不清楚自己的价值观是什么，他们不知道自己忙来忙去究竟要到哪里去，如同水面上的浮萍一样，糊里糊涂地过了一生。他们的生活可以用三个字来概括——"忙、盲、茫"。

有一幅画作，画面上是繁忙的街道，高速的车流，每个人脸上都露出忙碌的表情。在这一繁忙景象之中，有一个人弯着腰，样子很失望。他在街道上逆行。这个孤独的人下面有一行字："寻找昨天。"许多人都像这个弯腰的人一样把精力耗尽了，老是想着过去犯过的错误和失去的机会，唏嘘不已，又或者空想未来。这两种心境都是极浪费时间的。达格·哈马舍尔德说过：“不要回想，也不要做未来的梦。逝去的不会回来，白日梦也无法实现。你的责任、你的奖赏和你的命运是此时此地。”

只有真实地感受生活的人才是幸福的人。有人忙忙碌碌一生，却忘了真正去活，这是人生最大的悲哀。

保持有规律的生活习惯

我们必须保持有规律的生活习惯，避免生活与工作步伐的零乱，尤其是不足的睡眠及即兴的狂欢，最易让我们精力流失，让工作效率下降。一个晚上的狂欢，可能让我们两三天精神不振。

所以，我们要养成定时就寝与定时起床的好习惯。尤其每天早上做运动，更可以保持充沛的精力，带给我们美好的一天。养成运动的习惯，又可以让我们睡得更好，辗转循环，在拥有充沛的精力的状况下，我们自然能保持应有的效率。

有些人习惯在白天工作，有些人则是到了夜晚精神特别好，每一个人的生理时间是不尽相同的。建议你花一个星期的时间，观察与记录自己每天的精神状况，以了解自己在一天当中哪一个时段最有精神，也就是在一天当中精神最好、工作最起劲的时段，我们称它为“核心时间”。

我们要试着空出自己的“核心时间”用来处理重要的事，如做重要的决策、需要用头脑的创意工作等。千万不要在每天最疲惫的时段做重要的事项。

要提升工作效率，最好能养成每天下班前，安排好第二天的作息时间和工作计划，不但可以让我们安心返家休息、睡觉，还不会在第二天因被一些杂七杂八的琐事缠身，而忽略了重要的事。了解自己的生理时钟，妥善安排适当的工作，加上规律的生活，相信必能让效率发挥到最高。

一天之计在于晨

清晨的时光是美妙的，谁浪费或虚度了这段时光，谁就是时间的罪人。一天过得怎么样，通常都是由早上的心情决定的。如果早上的心情很糟，这一天的感觉都不会好。这就好像穿衣服，如果扣错了第一颗纽扣，剩下的也会跟着错下去。好的开始是成功的一半。不要把你宝贵的早晨用来争吵家事，或是教训家人。早晨应该用来和家人愉悦地共进早餐，最好是大家都坐在一起闲聊家常。如果你喜欢运动，早上的光阴再适合不过了。朝气蓬勃地跑或放开步伐大步走，都有益于一天的开始。事实上，唯有健康的身体才易保有积极健康的心智。不习惯运动的话，刚开始别太猛，慢慢来。

不管你是不是这样认为，我们之中大多数人都是属于“早晨型”。就生理机能而言，大部分人在早上的警觉性要比下午来得高。如果你预计要在一段较长的时间内，全神贯注地投入某一项工作，那么将这项工作安排在早上的效果会比在下午好。

早晨起床对于很多人来说都是一件痛苦的事情。怎样才能改变这样的状态呢?

你有这样的习惯吗?不要刚醒就急着从被窝里爬出来，而是在床上活动预热一下。你可以从外到内地活动：抬起胳膊，转动手腕，上身还舒服地躺在被窝里，两腿抬起来乱蹬两下，然后再闭上眼睛休息一下。想象一下，今天会发生的最美妙的事情是什么呢?告诉自己，如果今天一天都顺利将是多么幸福啊！

现在要为起床的最后一个动作做准备了，动动胳膊动动腿，起来啦！不要急着往卫生间跑，做个美美的伸展运动，让肩背部的肌肉都活动一下，深呼吸几下，好了，现在可以进去洗漱打扮了。

早晨起床后出去呼吸一下新鲜空气也是个不错的选择。

观察一下，你是不是总第一个起床，然后有一段独处的时间呢？如果这时候推开家门出去走一走，呼吸一下新鲜空气，对于你一天心态的从容平和都有很大的帮助。这一安静的私人时间可以让你感觉无限好，不要担心你的小小“失踪”会耽误其他人起床后的安排，你溜出家门十分钟也没什么大不了的。不过要注意别在路上耽误时间，比如有什么东西掉了要返回去找，有人停下来跟你没完没了地聊天，或是常走的路线今天有了点麻烦。

你还可以时不时地变换一下路线，一个月起码要换一次吧。你早起出门后，可以去买全家人都爱吃的面包，或是一束带着露珠的鲜花，这会给全家人带来多大的惊喜啊！他们会说：“今天没有人过生日吧？”

一天之计在于晨。如果你有了一个心情愉快的早晨，就让这种喜悦持续下去吧。你可以在阳台上吃一顿美美的早餐，如果做不到，起码应该把窗户打开透透气。即使早餐只有短短几分钟，但它能带来的好心情却能使你整整一天都感觉到幸福。

第五章

确立明确目标

在你的脑海里是否一直有一个梦想，却像一座难以攀登的山，让你踌躇不前？事实上，如果你不努力，你的梦想也会衰退。梦想需要专注，而专注最简单的方法就是每天让出一小部分时间集中注意力在你希望实现的梦想上，在每一个可见的小小的进展下，你将完成一个伟大的突破。

把焦点集中在梦想上

何常明在《用好时间做对事》一书中设定了这样两个实验：

如果我给你一个球，让你打中离你 5 米远的一堵 3 米高的墙，你能做到吗？当然没问题！可是，如果我把你的双眼蒙住，带你向后走 5 步，然后再转 10 圈，那你还能轻松地打中那堵墙吗？

将一面放大镜对准一堆树叶，请把透过放大镜的太阳光汇聚到一点上，很小的一点，不要移动，你知道最终会发生什么事吗？

以上的案例和实验只是想说明一个问题：目标很重要。在第一个实验中，你知道要击中自己看不见的东西是很困难的，而要击中自己根本不知道的东西是不可能的，所以你很清楚地知道制订目标很重要。在第二个实验中，放大镜最终会点燃树叶。目标可以像放大镜一样帮助你把焦点集中在梦想上，从而实现梦想，所以你很清楚地知道制订目标很重要。

人的精力是有限的，如果朝三暮四，没有做事的明确目标，就会白白浪费宝贵的时间。所以，我们在把一生的时间当作一个整体运用时，首先要考虑用在哪，就是说首先要定好目标。目标是成功的起点，时间管理的目的是让你在最短的时间内实现更多你想要实现的目标。

但是如果没有目标，我们就会像无头苍蝇一样乱撞，让时间从我们的生命中偷偷溜走。只有不足 3%的成年人会写出自己的目标，并据此目标为每天的工作制订计划。当你坐下来写出自己的目标时，你就可以跻身于这3%的奋斗者之中了，而且你很快就能取得与他们不相上下的成就。

没有目标是时间管理的最大禁忌，同时也是最容易被忽略的。目标越明确，注意力越集中，你就越容易在时间的选择上做出明智的决定。在最重要的事情上投入的时间越多，你取得的进展就越大，而得到的回报也会更多。成就越大，你的自我感觉就会更好，会有更多的自我肯定，同时准备自我超越的欲望也就越强。这样，你将会处于一个不断上升的螺旋轨道上，不断地向一个又一个更高的目标攀登。

目标是时间管理者做事的导航灯。没有目标，我们就不会努力，因为我们不知道为什么要努力。没有目标，我们几乎同时失去机遇、运气和别人的支持。因为不知道自己到底想要什么，也就没有人能帮助你；就像大海里的航船，如果不知道靠岸的码头在哪里，也就不明确什么风对你来讲是顺风。成功，在开始仅仅是一个选择。

设计目标计划

若使整个人生获得成功，就必须画一幅生活蓝图，进行时间设计。只有这样，今天的付出才会取得明天的成功。

设计个人年度目标计划时，我们建议你把健康、成绩、人际关系、个人价值以及生命角色方案作为出发点，找出你的目标。

健康：打算怎样合理饮食，适当休息，保持健康体魄？

成绩：你怎样做才能使工作成绩斐然？

人际关系：你怎样维系与家人、朋友和其他人的关系？

个人价值：你怎样在发展自我的同时实现人生的价值？

生命角色：你怎样把每个角色发挥得更好？

示例：

“今年我要多做运动。”这并不是一个很恰当的目标，最好这样表述：

“从这个星期起，我坚持一个星期内至少四天锻炼 20 到 30 分钟（慢跑、游泳、骑自行车、滑旱冰），消耗 350 卡热量，体重保持 75 公斤以下；如果体重超过 75 公斤，那么我马上开始每天只吃水果或进行其他的节食。”

时间设计并不同于制订目标。目标是你希望达到的目的，而设计就如同一张图纸，在这张图纸上你标出每个时间段将要进行什么样的活动。

有些人善于设计自己的时间，他们守时、准时、省时。他们先设计自己的时间计划，然后再行动，这样就不容易使自己在实现目标时轻易浪费时间了，从而提高了实现奋斗目标的效益。你也许没有意识到，但你一直在这样做，也就是说，你在设计着你的每一分钟或者每一小时，也可能是每一天。当你睁开惺忪的睡眼，首先要做的是看一下墙上的钟表，你要用时间去衡量自己的一切。比如：用 5 分钟刷牙，10 分钟洗脸，15 分钟吃早点等。虽然这些看似小事，但这却能使你养成办事条理分明的生活习惯。

设计时间首先要从自我设计开始。如果你是一名学生，就应该计划好自己的学习时间；如果你已走入社会，就应该设计好自己的明天。但是设计时间时一定要注意方向性。人一旦有了目标，就要设计好自己的时间路线图，要想尽快实现目标，深思熟虑后的设计，往往能避免走一些弯路。

“目标”对一生的重要性

人生最基本的财富就是“时间”。“时间”对于每个人来说都是有限的，我们也只能在有限的时间中，实现自己的计划和理想。

如果我问你：“你的人生目标是什么？”“你在未来的三年中准备做些什么事？”你一定认为这是老生常谈的事。但是，你是否真的认真考虑过这样的问题？你可知道“人生目标”对你一生的重要性？

现代社会人们生活工作的节奏越来越快，要做的事越来越多，如何从纷繁复杂的大小事中找到你真正要做的事，冲破迷雾明确人生目标呢？这时你需要的是计划，短至日常工作计划，长至人生计划，由它们领你在人生路上节节胜利。

一个没有人生目标的人就像一艘没有舵的船，永远漂流不定，只会到达失望、失败和丧气的海滩。

人生如若没有自己的目标，显然是与行尸走肉毫无二致。

这里所说的人生目标也就是你的人生使命。

如果想给自己找到更多的时间，最符合逻辑的出发点就是拥有人生使命感。不要把模糊不清的想法当成使命感。认真思考，把思考的结果用笔记下来。你的人生使命宣言也许只是简单的一两句话，也可能是一大段话。不要因为这样做困难就轻易放弃，万事开头难。

使命是没有任何限制和束缚的。它激励人们克服恐惧，突破偏见，去探索一切可能。当你真正认准了目标，由此真心想干点什么，并自我约束去努力，使命就开始了。个人的抱负把工作和团队融为一体，拥有健康的身体和美满的家庭，以最杰出的人的价值标准为行事基准，这一切在过去那种比较简单的时代里，被誉为“健康人格的基本特质”。

人生目标是如此重要！只有知道使命的人才能完成使命。人生像是一部脚踏车，除非你是向前往目标移动，否则你就会摇晃跌倒。

不论你从事什么职业，都没有什么不同，不论你是医生、商人、律师、推销员、牧师等，都有富裕的人跟你从事相同的工作。一些富裕的人从事服务业，但也有一些服务业的从业者破产了；有一些富裕的人从事推销，也有贫穷的人在推销；有富裕的律师，也有贫穷的律师……这个名单列不完。机会首先跟个人有关，然后才跟职业有关，职业只有在个人尽其所能时才会为他提供机会。

不管你做的是什么，在相同的职业中已有许多人做出过重大贡献。使你成功或失败的不是职业或专业，而是你对自己以及职业的看法。伟大的目标应该是“你必须在伟大之前，先看到它伟大”。

人生目标的设定有如下七个步骤：

①先拟出你的人生憧憬。

②列出好处：达到这个目标有何好处？譬如有一个目标是想买房子，列出买房子有哪些好处。

③列出可能的障碍点：要达到此目标的障碍，可能是钱不够、能力不够等，一一列举。

④列出所需资讯：思索需要哪些知识、协助、训练等。

⑤列出寻求支持的对象：一般而言，很难靠自己一个人即能达到目标，所以应将寻求支持的对象一并举出。

⑥制订行动计划：一定要有一个可行的行动计划。

⑦制订达成目标的期限。

憧憬和思考完后，你应拿出几张纸，一支笔，一只带有秒针的手表或时钟，为自己设定15分钟时间。在纸的最上端写下问题——我的人生目标到底是什么？

（在确定人生目标的时候，你应该意识到，你在5岁、25岁以及65岁时所得到的答案可能是不同的。所以你可以把人生目标看成自己当前看待人生的方式和视角。）

好了，接下来你可以用两分钟时间列出所有的答案。如果必要的话，你可以只写出一些抽象或者是泛泛的目标，但仍然应该有时间来写出自己的个人、家庭、社会、职业、财务以及精神层面的目标。尽量列出所有的目标。尽量在两分钟时间里写下尽可能多的字。在这一阶段，你并不需要对自己写下的目标负责，所以你可以尽量写出自己当时想到的所有目标。

不要害怕写出那些看起来距离自己很遥远的目标，比如说登上珠穆朗玛峰、去参加一场野外派对、休假一年、退休后在意大利建座房子、买艘游艇、生个三胞胎、每天慢跑一小时、减掉40斤……毕竟，胡思乱想本身并不是一件错事。

然后你可以多给自己两分钟，对刚才列出的清单进行必要的修改，达到让自己感到满意的程度。

设定好了目标再前进，你走的是直线，在路上的时间必定会大大节省。

让你的目标切实可行

社会上有太多的人，甚至是一些相当出色的人，就是因为目标不明确、不具体而一事无成。

如果目标与实际相去甚远，与自身条件相去甚远，那实现梦想的机会就会很小。如果为一个不可能达到的目标而消耗精力和时间，那同浪费生命没有什么两样。

怎样才能确保你设定的目标切实可行呢？

确立工作的目标之前需要对一切深思熟虑，要权衡利弊关系，考虑各种内外因素，从众多的目标中精选其中之一，使这个目标最适合你。

在冲破工作难关的众多话题中，最为困惑的问题是：怎样才能制订切实可行的目标，因为任何一个不具备可行性的目标，都毫无用处。

哈佛大学管理专家史蒂夫教授发现，虽然某些目标难以完成，但是如果一个人的目标能达到以下4个要求，它将易于完成：

1.具体化

如果你设定一个这样的目标：完成一本书的创作，这仅仅是一个设想，你会把它仅仅停留在设想上。如果你这样设定：3个月内构思出书的脉络，2年内完成书稿，6个月对书稿进行优化整理，那你的目标就是具体的，就很可能实现。目标具体的另一个好处是：它可以让你更清楚地知道自己是否在向目标靠近。

2.可行性

在综合考虑所有资源的情况下，比如时间、金钱、教育、精力、经验及技能，你的目标能否以一定时间完成，比方说不管目标设定过高或过低，3年的时间确保没问题，一定能完成。

3.意愿性

你是否真正想要达到这一目标？如果想达到这个新的目标，你愿意牺牲目前生活中的哪一项去交换？也许你所获得的比你失去的多；可能你因职位升迁而尝到了权力的滋味，你却为随之而来的难以承担的责任而感到困惑。如果这样，你应该好好考虑一下，这个目标的实现对你是否有足够的吸引力。

4.时效性

期限的规定可提升生产力与工作品质。要在最后期限内达到预定目标，那就把最后完成期限细分成多个更短的完成期限。你可以要求自己分别在上、中、下旬完成某些工作，有了一个最后期限的压力，可促使你工作更为努力，而设定次要的完成期限，则可分散工作压力，并能集中精力完成当务之急的事。

让目标符合你的价值观

没有目标会感到茫然，达不到目标会引起痛苦，达到目标有时也会造成问题。有时我们实现目标的代价是牺牲了生活中其他更重要的事情。

在制订目标时，一定要遵循自己的价值观。

因为，成功其实标准很多。它完全是一种个人的愿望。只有你所完成的事情和你的价值观相符，你才会感觉到目标制订的正确性，有获得成功的喜悦感。

假如违背了自己的价值观，不管是实现了什么目标，对自己而言都不具有任何意义。

请认真想一想，自己希望听到什么样的评语？自己这一生有任何成就、贡献或值得怀念的事吗？自己是个称职的丈夫、妻子、父母、子女或亲友吗？自己是个令人怀念的同事或伙伴吗？失去了你，对关心你的人会有什么影响？

确立目标的原则可适用于各个不同的生活层面，而最基本的目的还是人生的终极目标。从此时此刻起，一举一动，一切价值标准，都必须以你的价值观为基准；也就是由个人最重视的观念或价值来决定一切。应该时刻把人生目标牢记在心，每一天都要朝此迈进，不须臾违背。

认定目标也意味着，在着手做任何一件事情前，先认清方向。如此不但可对目前所处的状况了解得更透彻，而且在追求目标的过程中，也不致误入歧途，白费工夫。

在现实中，往往是这样：当我们过分陷入单一目标，我们会像一匹戴着眼罩的马，无法看清其他一切。有时，我们目标的意图是好的，但是，实现目标的努力带来意外的后果。

通常我们确立一个目标，期望实现目标会带来积极的变化、圆满的生活。但带来的变化经常并非那么好，实现目标的努力给生活的其他方面带来了消极影响。当我们面对这些后果，我们从幻想中清醒过来了，这时，我们才后悔莫及。大好的时光和辛勤的努力都浪费在了错误的事情上。

如果设定的目标不正确，其后果将比没有目标更惨重。

目标越明确，注意力越集中

你不能把诸如“我就是要享受生活，战胜自卑”一类口号作为你的生活目标，而要写下具体的目标，比如，两年以后你一定要掌握全面的人力资源管理技能，30 岁之前要拥有自己的汽车。你所罗列的这些近期计划对你的长远目标的实现一定要有帮助，既然写下了它们，就不能当作幻想，想了就一定要去做，去争取完成。

研究发现，目标越明确，注意力越集中，你就越容易在时间的选择上做出明智的决定。而具体的目标就具有较强的针对性。

有人曾经做过一个试验，他把人分成两组，让他们去跳高。两组人的个子差不多，先是一起跳过了 1 米。他对第一组说：“你们能够跳过 1.2 米。”他对第二组说：“你们能够跳得更高。”经过练习后，让他们分别去跳，由于第一组有具体的目标，结果第一组每个人都跳过 1.2 米，而第二组的人因为没有具体目标，所以他们中大多数人还是只跳过了 1 米，只有少数人跳过了 1.2 米。这就是有和没有具体目标的差别所在。

不但目标是具体的，包括目标设定的时间也应该是具体的。任何一个目标的设定都应该考虑时间的限定，比如你说：“我一定要拿到律师证书。”目标应该很明确了，只是不知是在一年内完成，还是三年后完成。这也会使目标实现的可能性大打折扣。为目标设定时限，你才更有可能一步步实现它。

很多人都知道自己的目标，可就是迟迟拿不出行动来，根本原因是他们的目标不明确、不具体。那些取得了巨大成就的人，都是因为他们制订了明确的目标。当你制订出具体、明确的目标时，大脑就会帮助你锁定那些达成目标所需要的资源，引导你达成目标。

拟定目标清单

为了清楚自己的目标，应该安排一个安静的环境，一个人独处，让自己冷静思考自己的各项目标，然后将目标具体地写在随身携带的记事簿上。这样做可以随时参考，并加以检查、修正。

虽然很多人也曾经思考过他们的目标，但很可惜的是，绝大多数的人并没有将他们的目标写下来，只是在脑海里反复思考。然而，想法稍纵即逝，隔天也许就不记得了，即使记住也可能不够完整。所以对于自己的目标这么重要的事，一定要写在记事簿上，这样，才能不断加深对目标的印象，进入自己的潜意识，更自觉地向目标迈进。

书面上的目标，可以产生自我激励的心理功效。在轻松完成日常工作的过程中，你的行动更加具有目的性。

列出目标还有助于对多个目标的实现进行优先认定。

你应该拟定目标清单。依据目标的经济价值和社会价值等，一一列举目标清单，并分为成果目标和过程目标。再将这些目标按次序排列，分清主次，以选出时间区段的最优目标，也就是要立即执行的目标。

不假思索地快速列出生活目标的时候，你可能会写下一些比较空泛的目标，比如说“获得幸福”“取得成功”“有所成就”“赢得爱情”“为社会做些贡献”等。在列出这些目标之后，你可以用第二个问题来进一步改进自己的目标：我将如何度过以后三年时间？（如果你的年龄已经超过 30 岁的话，建议你把“三年”改成“五年”。）同样，先给自己两分钟时间，尽量列出所有可能的答案，然后再给自己两分钟时间，对已经给出的答案进行补充。

下面，你就可以立即行动了。拿出一支笔，把自己的目标清楚地列出来，包括近期的和远期的。

第六章

制订行动计划

为自己设定目标的能力是成功的主要能力，你永远无法击中看不见的目标。不管你处在怎样的状况之中，你都可以掌握你的人生，追赶成功。在任何年龄，你都有力量获得成功。只要你愿意通过创造自己的命运来把握你的人生。怀抱信念，制订计划，追赶自己的梦想，创造命运和获得成功就永远不会太迟。

给计划留下差错的余地

人们无法实现目标或无法在最后期限按时完成任务的首要原因是什么？是现实。他们没有留出犯错误、被干扰和出现意外的余地。也就是说，他们做事没有计划。

所以，从一开始或者至少在潜在的困难或变化出现之前就要加以预测，而且要不断审视自己的进展，这样做非常重要。要尽可能及早地发现问题，并制订出避免问题或克服困难的计划。

乐观固然是好事，但有时人们在确定目标时没有设想会出现任何差错。实事求是，承认出现问题的可能性，这一点非常关键。实际上，应该了解所有出现问题的可能，然后制订出应急计划。

如果计划中留出了出现差错的余地，那么你对按时完成任务、实现目标会更有自信。这时你就可以乐观了，这才是切合实际的乐观。

我们把时间计划得越好，便能更好地利用它来实现工作及生活目标。所谓计划，就是为了实现目标而做好准备。计划的好处是：

可以更快更好地实现你的目标。

为真正重要的工作和目标节约时间。

对工作一目了然。

完成一定的计划时，让你感受到成功的喜悦。

可以更好地掌握工作进程，以便规划下一步行动。

聪明灵巧的时间管理者会规范好自己，并坚持一套事务规划和流程的循环，这套循环就是切实可行的计划。它应具备如下内容：

用1天到3天的时间重新处理年度计划。

用半天到1天的时间进行季度计划。

用大约半天的时间进行月计划。

每周的计划。

每日的日程计划。

计划是改变惰性的一种方法

也许大家都有这样的经历：事情本来应该去做的，但总是迟迟没有行动。

这就是人的惰性。

我们经常听到有人说："时间过得真快，回想起来，好像自己一直在做一些与自己无关的事而平白浪费了许多时间。"

人们往往觉得要做的事情太多，但又没有时间将全部的工作都做好，因而总是觉得自己一事无成。因为要做的事情太多，感到无从下手，因而形成一种惰性，最后随波逐流。这样的人生是非常危险的。

人在正常情况下，心中总是存着各式各样的希望：希望事业能够成功，希望能够轻松如意地工作，希望能够得到充分的休息，希望可以不去做自己不愿意做的事，等等。殊不知，所有这些希望的实现，都与是否善用时间紧密联系在一起。如果要时间能被很好地利用，就得用一个周全的计划。也就是说，计划是改变人的惰性的一种方法。

大多数的人都要碰到事情时，才开始计划，也就是往往要到非做不可的地步时，才开始对事情进行计划。有的甚至要到被压得喘不过气来，或是觉得该去休假时，才想到要计划。

这类人很容易陷入危机。

因为有些事情，确实需要通过精密的计划才得以完成，如果他们遇到这类事情，麻烦就不可避免了。这就是人的惰性所导致的。

一个周全的计划应该包括意外事件的处理，这样你就不会为计划无法实施而找借口了。在工作时手拿排得密密麻麻的计划表，按图索骥是毫无意义的。毕竟事情不会完全按照我们的计划进行，总是有意料之外的事发生，因此，计划中必须预留空间，并针对可能导致失败的原因痛下针砭，如此才能让计划表发挥其应有的功能。

制订一个周全的计划有以下 6 个步骤：

1.确定实施计划后的期望目标。

2.找到完成计划的各种途径。

3.选定最佳的计划实施方案。

4.将这套最佳方案转化为每周或每日的工作事项。

5.编排每周或每日的工作次序并加以执行。

6.定期检查计划的执行情况和实施方案的可行性。

让计划表上的时间安排有弹性

制订计划表的目的，是为了尽快安排特定的时间，去完成重要的事情。

计划表上的时间安排应该是有弹性的。因此，对于最重要的事情，应该尽可能优先安排。计划表中的A目标，就是我们最应该注意的主要目标。

有时候，因为突发的事情，可能会中断已经安排好的计划。但是，对于主要目标的时间掌握，要有整体的计划，也能把零碎的时间加以运用，同样可收到预期的效果。

这就是设定目标和工作时间表所能达到的理想效果。

为了完成A目标，如果时间紧迫，我们可以先停止C目标，甚至B目标的实践，全力完成A目标。例如在一周的计划中，可以每天抽四个小时进行A目标，如果到了周五，发现A目标还是不能如期完成，可以在剩余的两天中，增加A目标的工作时间量。简单地说，为确保A目标的完成，必须为它抽调足够完成的时间。

当然，这种情况可能会使我们心理产生一定的压力。但打个比方来说，如果每天都为自己的饮食做计划，包括摄取多少蛋白质、多少油炸物等，这样就会增大自己的工作量，平白地浪费许多时间。但是，如果在一个月之内，规定自己的饮食状况，有时即使有所误差，也不会给自己造成不利的影响。

也就是说，在制订这类计划时，时间的限度最好能放宽一些，这样在实践的过程中才能做到应用自如。

建议你只把工作时间划分为三大部分：

1. 大约60％用于计划内的活动；

2. 大约20％用于意外活动（如他人干扰）；

3. 最后的大约20％则用于本能需求及社会活动（也就是独立时间）。

不要拘泥于时间计划表，要根据实际情况随时调整时间计划表。下面的故事对你一定有启发：

一天早晨，蛤蟆恍然大悟说："我有很多事要做，我要把它们都写下来，这样我就能记住了。"它写下"起床"，然后意识到这件事已经干过了，就把它勾掉。

然后又写"穿衣服""吃早饭""和朋友去散步"。

最后，灾难降临了。当蛤蟆和朋友正在散步的时候，一阵狂风把它手中的纸刮走了。可怜的蛤蟆发现没了计划表，它简直不知道该干什么才好。

你的生活也是一样。你每天、每周、每月，甚至一生做过的最重要的事，可能从来就没有在计划上出现过。不要把计划安排得太过严密，否则你就不会发现其他的可能性——比如偶然的相遇或突然的灵感等。

把任务分解成具体活动

你一定听过这个古老的问题："你怎样吃掉一只大象?"当然，答案是："一口一口地吃。"

你把一项艰难的任务分解成一步一步的具体活动，然后从第一个活动开始。

你思考、计划和做出决定的能力，是你战胜拖延症和提高效能的最有力的工具。你的确定目标、做出计划和采取行动的能力决定你的生活道路。

思考和计划可以释放你的思维能力，激发你的创造力，增加你的脑力和体力。

相反地，没有计划的行动是每次失败的原因。

你在行动之前做出周密计划的能力，是衡量总体竞争力的标尺。你计划得越好，就越容易战胜拖延，着手开始，能做多少就做多少，然后坚持做下去。

我们推荐给你有效的日计划制订方法：

列出明天最重要的六件事。每晚写上六件明天最重要的事情。就是这么容易，简单得令人难以相信！抓起手边的任何白纸，告诉自己："我要开始了，明天最重要的事，第一……第二……"这种方法立竿见影。

开始时可以这样问自己："昨天该做而没做的是什么?"然

后再问："哪些事今天应做而未做？"继续问："明天该做的最重要的事是什么？"

修改到剩下六件事为止。使用这套方法三周之后，你会豁然发现，自己在工作时，就在寻找这六件事。晚上你很快就能想出明天需要做的工作。

估计行动时间的长短，记录下你每次行动大约所需要的时间。经验表明，原计划做某项工作所用的时间常常比实际所用的时间要少，这只能导致不必要的懊丧。所以，你要大致估算完成任务所需要的时间。

这如同花钱一样，虽说你不至于估算到一角、一分，但也应该大致估算一下。给计划规定出具体的时间，你就会更加聚精会神，更加投入地完成计划。

每晚一次。每晚列一张新表，今天没完成的放在明天的第一项。你睡前的目标是选出明天要做的六件事。

你可曾有过这种经历？在重要会议的前一晚，你会想着明天开会时，我要"告诉他们什么？他们会问什么？我要回答什么？"此刻，这些答案可能会浮现在脑海中，但并不如你想要的那么令人信服。第二天早上，当你面对客户时，强而有力的说辞会脱口而出。

你的成就和你的需要成正比。要成功就得多做，就得凡事排优先次序。很多人都有松散的自我状态，不顾条理，他们常受情绪影响而不照搬计划。凡事按难易排列，听起来好像是自我管束，所以他们每天漫无目的地工作，不知道从何开始，不久就发现毫无效率，日子倏然而逝，却一事无成。而你未来的形象，完全取决于你的自我状态。

勾掉你已完成的工作。你工作了一整天，把完成的工作项目从日单上一项项勾掉。这使你对所完成的工作一目了然，从而产生一种成就感和激励你前进的动力。看到你按日单逐步完成你的工作，能够给你激励和动力。这样做能提高你的自信和自尊。看到工作稳步取得进展，会激发出你前进的勇气并能帮助你战胜拖延症。

每周制订计划

只要将一周的生活预做规划并做合理的运用，必可以增进工作效率，使生活愉快。

星期一，工作分量适可而止，不可贪多，要维持8小时充足的睡眠以保持体力。如果在星期一就消耗太多体力，将无法补充你接下来一星期所需之体力。

星期二至星期五，每天最少维持6小时的睡眠，并且采用适合自己的步调来工作。

星期六，一周的工作圆满完成，可以安心、尽情地休息和娱乐。睡眠时间也可以缩短。

星期日，要有足够的睡眠以便恢复精神及体力，好迎接下个星期的来临。

每周制订计划能够在你面前建立一个重要性框架，便于你每天执行和做出决定。一般来说，在每周开始时，你要抽出一段安静的时间，只要有几分钟单独思考的时间即可。在这段时间内，你要做到：

1.与最重要的目标保持一致。如果你有个人宗旨，请温习一遍。如果你没有，花几分钟好好想一想你生活中的核心价值观。

2.写出你的角色。写出你作为个人、配偶、父母、管理者、家长、教师、联谊会主席等的角色。

3.确立目标。当你看到每一个角色时，都要问自己：“本周，能够在这个角色上做哪一两件重要的事情呢？”

4.安排实现目标的日程。首先把你的零散思索转变为日程，如约会或某一天要做的事。然后尽量安排进其他的活动。

到了每周结束时，你应花 30 到 60 分钟的时间组织下周的工作计划，并检视目前的局面，看看还有哪些不合理的地方，再通过下周的计划进行调整。坚持做下去，你一定能够有所收获。

第七章

向着目标迈进

心志专一，事才能有所成。树立了要实现的理想，就要全心全意地付出。如果发现自己的所作所为偏离了目标，就要及时返回。否则，当你越走越远时，再想回头，可能已经来不及了。

列出实现人生目标的方法

在实现自己的人生目标时，很多人都会有一种想法，就是如何才能使努力的“质”和“速度”提高呢？

在这里，为大家介绍一种方法，就是列出实现人生目标所需的各项方法，并且把它们按照先后顺序排列。这样一来，就很容易满足你的需求了。

在实际生活中，为了实现某一个人生目标，往往有许多种方法。譬如，今天晚上你想放松一下自己，去做一些适当的娱乐活动。那么，该选择哪一项呢？放松自己的方法很多，例如可以跳舞、看电影、找朋友谈心、去 KTV 等，不胜枚举。但是，哪一种方法对你是有益的呢？

这就需要靠你自己做抉择了。

一般情况下，一个人生目标，如果你想到的实现方法很多，不妨将它们全部列在纸上，然后采取删除的方法，选出最有利的实现方法。

如果拥有健康的体魄是你的目标，那么进行有效的锻炼则是实现的方法。又如，如果你是一个登山运动员，你的目标是成为登山专家，而征服喜马拉雅山可能是你的实现方法之一，但未必可行，所以不要将它错列在目标的项目里，这样你才能有明确的目标和明确的实现方法。

要实现目标，就要依特定目标而不是依程序和规定来思考。这个观念鼓励思考这样的问题：“我究竟要努力做到什么？”“我为什么做这件事?”“有没有更好的途径?”

确立特定目标，以及支配时间去做最能达到这些目标的活动，是任何人求得效力的要诀。在缺乏实现目标的方法之时，管理方面一项典型的做法是增加输入——雇用更多的人、驱策员工更辛苦地工作。缺乏确定程序的方法，个人就可能只会增加输入，忙于做些无用功，却不能做出任何事情来。

只要为自己找到办每一件事情的方法，并且尽量去遵循它，就能大大提升你的效率。只要加上一点点压力，大多数人就会把工作做得更好。

保证计划按时完成

在日常管理中，即使计划制订得很好，但是经常有些计划不能按时完成，使计划落空。为了保证计划的按时完成，应做好以下几个方面的工作：

一、克服拖延的习惯

成功的时间管理者，一方面懂得如何合理安排时间，另一方面知道怎样不浪费时间。拖延说到底是一种坏习惯，比如你要着手写一篇重要的报告时，却又不想在快下班的时间埋头思考、绞尽脑汁，心想明天再说吧。这说明你还没有树立正确的时间观念，为了克服拖延的习惯，一定要树立“立刻行动”的时间观念。

二、做事一次到位

端正态度，力争一次成功，认真完成工作计划的每一步。因为如果一次做不到的话，就要返工，返工实际上是在做重复性的工作，而且重新工作需要调整心态和思路，其效果不会更好。所以，再做一次就是极大的浪费时间。

三、今日事，今日毕

昨天已经过去，明天还未来临，只有今天可以使用。我们取得的一切成果都是今天的产物，所以你必须清楚，今天对我们最重要，一旦决策马上行动，就要做到“今日事，今日毕”，不要再安排到明天。

能够做到这三个方面的工作，再加上你持之以恒的毅力，计划当然就不会落空了。

不要把确立目标当作一项工作来完成，而要把它当成一个很有意思的实验。事实上，每个花三小时静静地确立目标的人都会觉得这个过程像度假一样充满乐趣。在这个忙碌的世界里，这是你与自己单独交流的难得的三个小时。在这段时间里，你将为自己的未来描绘一幅亮丽的风景画。建筑师在一张白纸上作图，画家在一张空白画布上画画，你也用同样的方式轻松地开始，在一张白纸上写下你想要的东西。

确立目标需要做的第一件事情是，为自己创造一个放松的环境，让人觉得舒服而且能够发挥创意。找一个你觉得最舒服的地方，不管是你喜欢的书房，还是你的卧室。有必要的话，放点轻音乐来鼓励一下自己。然后手里拿一支笔和一张纸，找到三个小时不会被人打扰的时间，写下自己的未来目标和计划。当然，要找到连续的、不被人打扰的三个小时也许不容易，你可以把时间分成一个小时或三十分钟，直到你完成为止。不过，要尽量连续，不要间隔太久。

目标设定后，要为目标的实现设定期限。这也是设定目标必不可少的一个程序。

期限可以让你知道什么时候应该为自己的目标采取行动，需要花多大的精力。对某个目标有时间上的承诺，能产生你所需要的正面压力，以推动你向自己的目标奋进。记住，最后期限的目的是告诉你什么时候开始自己的目标，应该投入多大的精力。对此不应该产生负面的压力，而应该产生能推动你行动的正面压力。

为目标设定完期限，你最好再写下完成这些目标后你美好的生活景象，这将有助于你坚持不懈地向目标迈进。

塑造一个积极的自我

就算没有外界因素的影响（比如意外来访的客人和没完没了的电话），你也可能无法专心做一件事。因为你总是自己打乱自己的计划，把原本想得好好的要完成的事扔在一边，忙活一些无关紧要的事。而你又总要花好大的力气才能打起精神去做该做的事。

自责和自我惩罚不是什么好办法。与此相反，你应该和内心的自己对话，给自己树立信心，忘掉自己内心那个逃避压力的坏形象。你可以塑造一个积极的自我："我是一个顶尖的产品制造商，我处理问题方法灵活，效率奇高"，而不是总想着"我怎么这么容易就分神了啊，总是这样我什么也干不了"。把你的目标贴在视线能及的地方，给自己定一个期限。你可以将某个成功人士作为榜样，在坚持不住的时候就问问自己：要是比尔·盖茨（当然你可能还有更好的候选人）此刻会怎么做？

即使你制订了工作计划，心里知道有很多事情要去完成，但你懒于去做，或被自己的兴趣或爱好所牵引，结果该做的事都没有做，你就只能对着一大堆事望而兴叹了……如果你没有自律精神，这样的结局在所难免，所有的时间管理技巧也都是纸上谈兵。

用日程表助你度过充实每一天

日程表对于每个人来说必不可少，当你开始崭新的一天之际，应该清楚自己这一天的行程。

日复一日地按照详细的日程安排来工作，你是不是也有些厌倦这样的生活，感觉自己就像是日程表的奴隶一样？这个问题最好的解决办法是：在日程本前面的随便一页写下你今天必须完成的任务，如果你出于习惯不经常看过去的记录，当翻到今天的一页时，你会因为看到居然有那么多必须完成的任务，而产生很大的压力。很快你就会发现自己的进步：是你自己决定今天要做什么和怎样来做，而不是日程表决定！所有的时间管理工具不是为了提醒你今天又没完成什么，而是鼓励你，今天可以做得更多！

你相信吗，不合适的时间管理工具会让你的工作热情大大降低。你的日历上有足够的空间，可以随时添加一些记录、任务、想法和其他很重要的信息吗？如果没有，你是不是要考虑用日程本来代替薄薄的一页日历了？因为现实生活中总有无数的变数，你不知道什么突发的事情会把整个计划搅乱了，所以一定要留出足够的页面让自己修改日程。你可以只用本子的右半边，如果没有什么要添加的，在左半边画个小人儿调节心情也好啊。

在日程的安排上，你要尽量把每天最重要的任务放在上午干完。当其他人开始主要工作、公司运作进入高潮时，你已完成主要任务。这样一来，你可能受到的干扰较少，因而工作效率较高。

因此，你在进行日程安排时，要把干扰较少和易被干扰的时间考虑进去。

此外，你还要善于安排你一天当中的零碎时间，让你的每一天充充实实。

别让未列入计划的空闲时间和等待时间白白从身边溜走！把午休前或者下班前的几分钟时间也利用起来，用来做准备工作、计划工作或事务性工作。问你自己一个问题：在这几分钟里我怎样才能最好地利用自己的时间？

如果你能抓住零星出现的几分钟，一周就会多出许多可供支配的时间。

处理最重要的任务需要一个尽量没有干扰的安静环境，这是人人皆知的道理，但要实现它又该怎样做呢？

实践证明，每天最好安排 1 小时的安静时间，或称之为“隔离时间”，在这段时间内，任何人不得打扰：因为你有一个十分重要的约会。

把这 1 小时记在时间日程表上，如同记录会谈或客户来访一样。在这段时间里，没有人打扰你，你的精神高度集中，工作效率得到极大提高。

这段时间也可用于重要但并不急迫的长期任务，如再教育或其他事情，这类事情往往淹没在日常事务中。

日程表是助你充实、完满地度过每一天的有效工具。有了日程表，你在一天开始时才不会不知何去何从，在一天结束之际才不会不知道自己都干了些什么。

制订科学合理的日程表

要对自己的期望和时间有一个现实的认识。做一个真实世界的日程表，而不是梦幻世界的路线图。否则，你就会整天不停地迟到、担心，全速去赶场。甚至当你变得急躁而又疲惫的时候，也注意不到你是怎样失去效率的。

不要塞满日程表。让它帮你变得有条理，心中有数，完成要做的事情。

这一点更多的是针对你在制订日程表时的心境而言，而不是表中的具体内容。你列出的是你当天希望的、心想的，也是需要完成的任务，而不是在为除了你以外的宇宙绘制什么蓝图，因为你的计划并不具有什么自然法则的魔力。

为了提高工作效率，有些时间管理者可能会制订一些稍微紧张的日程表。但是，这样就容易造成日程表的有些工作任务无法完成。如果要保证每项任务都能按时完成，就要给予每项工作以充足的时间。

在估计工作的完成时间时，尽量要宽裕一些。对一些需要交通来往的工作，必须把路上的意外时间考虑进去。

将日程表安排得满满的并不是件好事。对于日程表中要完成的任务排得太紧凑，往往会“欲速则不达”。

每个人都会遇到一些意外的情况，所以在安排日程的时候，一定要给自己留出足够的弹性。如果你事先把所有的时间段都安排得满满的，那你很可能无法完成预期的任务，结果在下班回家的时候就会感觉很沮丧、焦虑，甚至是紧张。

意外发生的事情也会占用你的时间。想想看，你要接电话、查邮件、接待客人……这些日常活动都会占用你的时间。经验告诉我们，虽然你不可能预料到自己每天都会遇到什么事情，但在大多数情况下，你每天都会遇到一些意外的事情来打断你的原定计划。所以你需要一些空闲时间来处理那些不期而遇的问题，或者是去把握任何新出现的机遇。

因此，你每天要为自己安排一个小时的空闲时间。比如说如果你今天要接待一位客人的话，你在接待完客人之后给自己留出一段空白时间，或者你也可以为自己安排出足够的时间检查邮件及完成一些书面工作。尽量把那些必须完成的工作提前完成，这样在被打断的时候，你就不会过于焦虑或者烦躁了。

如果在设定日程安排的时候过于理想化，你就会感觉自己好像在被时间牵着鼻子走，觉得自己的整个生活都在被时钟控制，变得毫无生趣。相比之下，如果能够在安排日程的时候为自己留出一些自由时间，你就会感觉自己对生活有了更多的控制，每天的工作和生活也就会感觉更加顺畅。

记住，日程表不是愿望表，制订它的目的是更好地实施和执行。所以，在制订日程表时，你应该现实一些。

全力以赴做重要事情

全力以赴去做重要事情，而不是紧迫事情，对于个人时间管理和目标管理有至关重要的意义。

处理紧迫事情时，我们只能消极被动地适应，而处理重要事情，我们却能主动出击。

大多数人在排列优先顺序时所依据的并不是事情的重要程度，而是依据事情的紧急程度。

你会发现，在大多数时候，越是重要的事情偏偏越不紧迫。例如，向上级提建议、做长远规划、做体检、锻炼身体、学习等，往往因为它不紧迫所以就被无限地延长了。

重要性和紧迫性是影响我们选择事情的主要因素，而且在大多数人身上，紧迫性的支配力往往占上风。例如，我们都知道要养成阅读的习惯，可真正这样做的人却很少；我们都知道要经常锻炼身体，但真正去锻炼的人也很少。为什么呢？因为它们虽然重要，但不紧迫。而当有人敲门时，或许没什么重要的事情，但因为很紧迫，所以我们会马上去开门。

某个正为了一年后的司法考试努力念书的人，为了赶领取赠品截止时限，特地跑到邮局将赠品明信片寄去。司法考试还在一年后，而明信片的截止日期就在明天。在这种情况之下，相信大多数人都会停下手头的工作将较紧急的明信片优先处理。

但是，以长远的眼光来看，好好地准备明年的考试应该是较重要的。假定考试失败，不仅损失一年的光阴，而且连带损失的金钱更是无可计量。

可是，很多人还是会去寄明信片。将紧急而不重要的事列为优先，重要的事却往后拖。结果，到了明年就可能因准备不充分而无法通过考试。可见，我们要先掌握好较重要的事，若还有时间，再去做那些较不重要的事。

一般来说，我们可以根据重要性来定优先次序，而以紧急性作为次要但也是重要的考虑因素。此时就需要你拿出待办工作表，先从“这项工作是不是有助于达到我一生的目标或短期目标”这个问题，来检视某一项工作。如果是，就在前面做一个记号，然后按照紧急性和时间效益率两个因素决定你做事情的先后顺序并标上数字。

在“重要性”和“紧迫性”事情的面前，我们的头脑往往不是很清楚，这就需要你静下心来仔细考虑一下事情本身。根据“重要性”和“紧迫性”，事情可以分为四个层次：

第一层次：既紧迫又重要

如突如其来的危机、最后限期临近的计划、急迫的问题、处理客户投诉……这类事情往往是当务之急，它们有的是实现目标的关键环节，有的则与你的生活息息相关，它们比其他任何事情都值得你优先考虑。只有当它们得到了解决，你才能顺利解决其他问题并做好其他事情。

第二层次：重要但不紧迫

如做好准备工作、培养人际关系、锻炼身体、学习进修、规划未来……这类事情要求我们有更多的主动性，它们是我们在生活中真正需要重视的，但它们却被我们一再拖延，直到我们承受痛苦时才后悔当初为什么没有重视这些事情。

第三层次：紧迫但不重要

如电话干扰、不速之客到访、某些会议……这类事情时有发生。例如，你已经洗漱完毕准备休息，但此时却有朋友相邀共赴聚会，你将如何决定？你若赴约，次日清晨回到家后，你的头脑昏沉，根本没有状态去做那些重要的事情，这全因你没有足够的勇气回绝朋友，你怕他们失望。

第四层次：不紧迫也不重要

如一些琐事、一些电话、某些娱乐活动、垃圾邮件、看电视……很多生活中发生的事情都属此类。例如，你吃完饭后去看电视，但往往不知道要看什么，也不知道后面要播什么节目，于是拿着遥控器不停地换台。不知不觉过去了很久，你这才后悔不如去看会儿书，那么刚才所做的事情便是浪费时间。

导致低效率的原因

你为低效率找过诱因吗？到底是什么原因导致了低效率？

诱因一：工作不能一次到位

成功人士大多坚持这样一个原则：将工作一次做到位。返工是时间的最大杀手。如果一项工作总是要前后做几遍才能完成，这必定会使工作效率大大降低。试想：作为一位图书装帧人员，他在装订书时，第一次将页码搞错了，结果要拆掉重新排页码；第二次又将其中一页装倒了，还要再拆掉重订。这样反复，工作效率会比一次认真装订好的工人低很多。

诱因二：一味追求完美

在善用时间这方面，追求“完美主义”是有害无利的。

在日常生活中，可记住一些特别日子，如结婚纪念日，或谈论修理家庭用品之类的琐事，来融洽家庭的气氛，那当然无可厚非。但是，如果你完成了某项工作的百分之八十，却为未完成百分之二十的小部分工作而大动肝火时，就可能因此而浪费了大量的时间，这对自己的工作当然是极为不利的。

为了避免这种现象的出现，不妨运用计时器或闹钟来帮助你。

你可以设定计时器，每工作一段时间，铃声响时，就检查一下工作成果；然后再以此为依据，检验一下自己的成绩，这样就不至于陷入完美主义的旋涡中了。

在时间上，可先以三十分钟为一个工作时段。如果发现自己无法在这一时段内完成工作，就可以调整一下时间，改以四十分钟为一个工作时段，督促自己加快进度，或适当地调整工作顺序。

开始时可能不太适应，但习惯之后，你会发觉这确实能为你解决许多工作上的麻烦。

诱因三：杂乱无章的办公桌

当我们的办公桌杂乱无章时，我们至少在下面 3 个方面遭受了损失：（1）我们平均每天可能要损失 45 分钟用来在桌面上搜索，在纸张和笔记本之间翻来翻去；（2）当桌面杂乱不堪时，我们在浪费时间的同时还分散了注意力；（3）还可能给老板留下不好的印象——工作场所的环境日益成为公司对职员的评估标准之一。

以下是办公桌管理的几个简单步骤：

把办公桌上的所有东西全部拿掉。换言之，“清空”办公桌面。把它擦拭干净，使之面貌一新，就像你刚搬来一样。然后，按照使用频率的顺序把物品重新摆好。把那些用完的资料或图片收起来。糖果之类的东西要全部去掉，它们会吸引别人的目光。

在醒目的地方摆上时钟。你的时间观念与现实往往会有差距。即使你手腕上戴着表，再加上电脑上的时间显示，仍不足以使你建立时间观念。

整理文具，清空桌上的物品。减少钢笔、铅笔、文件夹等的数量，尽可能把这些东西归到一个抽屉里。文具够一个月使用足矣。把抽屉分成几个独立的区域，分别存放文具、档案、个人用品等，把不需要的物品统统扔掉。

明确自己的生活方向

工作目标可以为我们确定事物的轻重缓急，对于不太重要的问题能够予以拒绝；能够缩小我们的选择范围，为我们确定方向；使我们明确追求的成功是什么；还能使我们思考自己的价值，强迫自己思考重要的问题。

我们的目标不一定详细到几点几分要完成什么事，你也不一定就在此刻决定你工作的所有细枝末节。你无法在今天决定你的职业或者你的终身伴侣，但是你一定要明确自己的生活向哪个方向发展，这样，你迈出的每一步始终都朝着正确的方向。

其实，我们在无意识中也在一直按照“先有目标后行动”的方式做事。在盖房子之前，我们要设计图纸。做菜之前，会先阅读菜谱。我们从来没有想要完成一幅没有图案的拼图。如果你是一个没有目标的人，你总是随机行事，你就不能仅仅抱怨自己效率低下，而是要找一下原因了。把握住你自己，你才能够不再跟风跑，而是坚定地朝着自己的目标前进。

下面，请你写下未来一年里最重要的工作目标及要实现它们的真正理由。

未来一年我要实现的工作目标有哪些？

为什么这些目标对我如此重要？

实现这些目标后，我会有何收获？我的生活将得到什么样的改善？

一次只做一件事

很多人试图一次完成几件事情。但是研究表明，成功人士一次只做一件事。他们知道，这样做比没头没脑地围着几件事转更节约时间。他们做起事来更专注，费时更少，出错更少。

同时完成多项任务常被视为令人羡慕的技能，甚至被当作工作要求之一。其实，这通常只是解决时间管理不善的遗留问题时，效率最低下的方法。

这是从计算机领域延伸出来的概念——电脑多任务操作，但那毕竟是机器。不过即便这样，电脑在执行多项任务时，有时也会死机或瘫痪。一次关注一件事，这需要训练，但其成效值得为之努力。

如何避免多头并举呢？成功人士有两种解决办法，依干扰性事务的重要性和紧迫性而定。

如果干扰性事务比手头正在做的事情更重要，那么立刻着手来做。记下手头所做事情的要点或思路，记下目前的进度，暂时放在一边，等完成干扰性事务后再接着做。

如果干扰性事务不如手头的事情重要，那么先把它放在一边，等完成手头的事情后再做。接着分析这项任务：它也许不如日程表中其他的任务重要或紧迫。

成功人士总是在接手新的任务或请求时，首先尽力完成手头的工作，这样才能避免很多人整天要面临的多次“开始/停止”的状况。

要保持高绩效的工作状态，还要有意识地控制自己的思维，使精力集中起来。良好的精神状态是高绩效工作的必备条件。

人们无法左右自己的思维，从而不能使自己集中精神。然而事实并非如此。要想控制思维机器并不是不可能，因为各种想法都是从我们的大脑中迸发出来的，喜怒哀乐都形成于意识，所以能否控制大脑的意识就变得至关重要。这种想法也许显得太陈旧，但多少人活了一生都不明白它的真谛。人们总是抱怨自己没有办法集中注意力，但他却不知道，只要自己愿意，他就一定能做到。

如果没有集中注意力——也就是说，没有向大脑发号施令并使它服从，那么就无法获得真正的生活。控制意识是获得真正生活的第一要务。

为了使自己注意力更集中，不妨试着做这样的训练：

你尝试过在街上、月台上、公交车里、吵闹的人群中来培养自己的意识吗？这是再简单不过的事了。不需要任何工具，甚至连书也不需要。不过，这也并不是那么轻而易举就能做到的。

你一走出家门，就要开始集中精力想着某件事（可以随便从一件事开始想），也许还没走出 10 米，你的思维就开了小差，想到别的事去了。

你只好再把它揪回来，继续想。也许当你到达车站时，你就已经这样重复40次了，但不要灰心，坚持下去你会成功的！只要你不懈地坚持，就不可能一直失败。如果你以自己不能集中精力来思考问题为借口而放弃努力的话，那就只能说你太懒了。

第八章
一事能狂，便是英雄

无论一个人，还是一家企业，只有发挥自己的独特优势，创造无可取代的价值，才能让自己立于不败之地。为了培养自己的独特优势，就需要知道怎么防止次要和琐碎的事情分散自己的精力和时间，心里有了“大”，才能放下“小”。

找到自己的巅峰时刻

人的一天之中，头脑最灵活的时间，因人而异。要紧的是自己要找出自己的巅峰在哪里，低潮在哪里，并且好好运用。

在低潮时，可以做些简单的事，接一个不重要的电话，或是看看报纸；而巅峰时，就应该花费精力去做最重要的事，同时，巅峰时间必须不受到别人打扰。每个人都有这种经历，早上刚醒时，脑筋还很迷糊。但过了十分钟或是半小时，头脑就清楚了，这种迷糊时间就应该拿来洗洗脸，看看报纸，等待头脑清楚的巅峰时间。

生活步调一混乱，脑筋就会变得不灵活。

在物理学中，有一项“惯性法则”。就是静止的物体，没有外力推动，就会持续静止，而直线运动中的物体，再加外力，就会持续直线运动。

工作或念书的步调，和直线运动相似。下决心每天早上早点起床念一小时书，这个习惯在养成的过程中，多少会伴随着痛苦。但是，若持续一段日子，每天早上念一小时书会变得理所当然，也不会再觉得痛苦了。

这中间最难的是从静止到直线运动的刹那。在这个时候要有相当大的精神毅力，但是只要付出努力，终究是会看到成果的。可是，若中途泄气的话，即使是飞机也无法从跑道起飞的。

集中发挥优势和天分

不少人觉得为了成功，首先应该消除自己的劣势。他们把时间和精力用在学习别的东西，弥补劣势上。其实，这种做法极不明智。

首先，因为消除劣势而忽略了优势，那么你只能做一个平庸的人。

其次，当你一直发挥自己的短处，那么你不可避免地会受挫。

无论是一个人，还是一家公司，总有比别人高明的地方，才能、经验和专有技术等，正如指纹一样，是独一无二的。优势也包含目标、愿望、榜样、规范和理想。它们有意或无意地指引着人们向消极或积极的方向发展。

每个企业有必要在某个特定领域做出自己的成绩或贡献，这不仅仅是面临来自国内外的竞争压力。每个企业都应致力于拿出最好的成果，只要他们集中发挥优势和天分，就可以有所成就。

个人效率存在于对以下三个问题不偏不倚的回答：

1. 我比别人擅长做什么？

2. 哪些事我做起来得心应手？

3. 我的优势在哪里？

一个人的优势越突出，那么同时他的劣势也就越明显。从小到大我们学会了如何做自己不擅长或不乐意做的事。显然，做自己不擅长的事肯定不会有好结果，这是明摆着的事。

卓越的成绩经常是人们出于本身的意愿而努力实现的，因为这样做自己心情舒畅，而且这时候很容易出成果。

无论是个人还是企业，凭借其优势取得的业绩越多，那么他们的效率就越高、动力也越大。当然，距离成功也就越来越近。

建立高效的文档系统

回想一下你在寻找随意存放的东西上所花的时间，你就会觉得花点时间建立高效的文档系统还是十分值得的。没有一种文档系统是十全十美的，你要选择一种对你所存资料最为适合的方式。

无关紧要的资料就是时间最大的杀手，不过相关资料若没有整理好，一样会让你在繁忙的日程中，浪费许多宝贵时间。仔细把资料整理好，就能增加资料对你的价值，如果只是把资料随便整理一下，就等于是降低资料的效用。

如果你想将文件归档，最好有一个文件夹，并且在记事簿中对归档时间进行有规律的记录。

归档的时间视文件的积累速度而定。你可能需要每天整理一次，或每周整理一次，视文件的数量而定。

如果你的文件种类很多，将其分出更易于管理的子目录是个不错的办法。

例如，可将文件分成“经常需要”“有时需要”“作废处理”这几类，并且将它们放在离你不同远近的位置上，以便于取放。

用不同颜色标签标示各文件，以便引起自己对重要事项的关注。这是一个不错的方法，而且在操作上也是简单易行的。

使用彩色标签能让你一眼就找到某一类型文件的位置，减少花在寻找文件上的时间，从而提高工作效率。

例如，一个销售经理将与国外客户有关的文件放在标有红色标签的文件夹里，将与国内客户有关的文件放在标有蓝色标签的文件夹里。每个标签都标有客户的名字。

不论你采用何种方式，都应方便自己快速寻找。

文件管理很多人都会接触到，但只有少数工作者能接触到档案管理。

档案管理的目的在于有系统管理、储存档案，而且在最短的时间内可以找到正确档案资料。缩短档案检索的时间，是档案管理的重点。

如果你的工作都跟信息有关，你的计算机档案可能就是你最宝贵的资产。有效利用计算机档案，不但可以帮你省下时间和精力，同时也可以让你更有生产力。如果没有好好整理计算机档案，就得在找资料上浪费时间，也可能因为找不到原有档案而浪费更多时间重写文件、重绘图形。

因此，你该练习如何管理好数字档案。数字档案管理需要以卷标方式来分类，并以不同的选择要项，如关键词、主题、项目、顾客、版本、内容、日期等，作为能迅速便利存取的标准。

避免自己受到打扰

你是否常在早上九点就开始投入某项工作，但却到中午都还无法完成？待在办公室的时间长达 8～10 个小时却什么事也没做好，只觉得自己投入了无数的宝贵时间，却没有任何显著的成果。你可知道原因何在？那是因为你任由别人打扰你。

每天总有许多人会在不知不觉中从你手中夺走不少宝贵时间，每次有人敲门进来，可能就要夺走你 15 分钟。假如说你答应帮助别人解决某个难题，不消说，你已经准备搁下自己的工作了。此外，如果电话铃声响起，内容可能涉及业务，也可能只是闲谈、交际，但在你挂断电话以前，可能就有半个小时不翼而飞了。

要避免分心，重点就在于：尽可能地把这些会妨碍你的人、事、物阻挡在外。你可以把门关上，把自己的办公桌搬离走道，用电话录音机帮你过滤电话，在门上挂上一张“请勿打扰”的牌子，一天当中在家工作几小时以避免受到打扰。如果你肯花心思去想的话，就会想出许多方法，避免自己受到打扰。

如果别人的打搅真正造成你的困扰时，不妨试试看，在一天当中空出一段时间，跟找你的人见见面、接听电话。把其他时间视为“私人时间”——你可以工作而不会受到干扰的时间。大多数人认为若能在一段时间内不受到打扰，就能做完更多的事。

这部分主要的构想就是要你依照自己的时间表做事，而不是顺应别人的时间表做事。虽然这不是一直都可能做到的事，但是，你越能控制好自己的时间，就越能主宰自己的人生。

经常被打扰不仅是一点点时间的浪费，还会影响到你的工作状态。

一旦着手进行工作，工作的动力就会源源不绝，但在你头一次受到打扰以后，也许得花上几分钟的时间来收心，而且还得再稍微回顾一下，看看刚才的进度。换句话说，你必须从头再看一遍资料。受到第二次打扰以后，你得花上更长的时间来重整旗鼓，等到第三次、第四次再受到打扰以后，你可能会认为——反正是做不完啦！然后对自己说："这件事情先搁着，等有空的时候再做。"结果一直等到快下班了，这项工作仍然毫无进展，可是一天的时间已经没了。

拒绝别人侵占自己的时间

古希腊数学家毕达格拉斯曾说：“‘是’和‘不’这两个最简单、最熟悉的字，是最需要慎重考虑的字。”我们妄想成为时间的主人，除了掌握各种时间的支配方法之外，还要善于说“不”，巧妙地拒绝别人侵占自己的时间。

很多人都觉得对别人说“不”是一件很困难的事。即使别人提出的要求是不合理的，他们也会不情愿地答应下来，事后抱怨或者后悔。要知道，当你答应别人的不合理要求的时候，你就是给自己的工作设置了障碍，你需要花费时间和精力去关注别人的要求，而忽视自己的效率。你会为了别人的要求而将自己的工作放到一边，你让别人控制了你的自主权。即使你能找出让人信服的借口，你也没有掌握自己的命运。

如果你不懂得拒绝，就可能不知不觉被那些无关紧要的大量琐事浪费了自己的时间，耗费了很多精力，但是对你要达成的目标毫无帮助。而无论你做了多少事情，都无法体现你的价值。琐碎的事情一直都会存在，有些是你的，有些是别人的，如果分不清哪些琐事是你负责的，哪些应该别人负责，那么你的辛苦付出只能换来别人更大的惰性，把那些本不属于你的事情推给你做。如此一来，你将陷入无穷的琐事之中无法自拔。

如果你不是很熟悉的新同事向你借钱，你就可以说：“抱歉，我手头也很紧。”

以难以胜任为由予以拒绝。举例来说，如果有人希望你去帮助他做含有大量文字写作工作的事情，而写作又不是你的强项，你就应该拒绝他。不要让求助者再做出“其实文字写作也不是太多”之类的解释。真的做起来，文字写作工作肯定要比你想象的要多得多。如果他们说只有一点文字写作时，你完全可以理解为几乎全是写作。最好的办法就是简单干脆地回答：“这件事我可干不了。”

把自己的计划放在最优先的顺序处理，说“不”予以拒绝，再加上一句补充“我现在实在太忙了”，或者“我已经精疲力竭了”。如果这样说不奏效的话，可以更进一步表示：“我非常愿意帮助你，但是我现在手头上还有五件自己的事急着要办。”

帮助别人有时会让你觉得开心，但是无论你是否开心，你被搁置一旁的工作都会成为让你后悔的事情。你因为不懂得拒绝别人而给自己惹上的麻烦，会带给你无穷无尽的烦恼。而且，当你并不情愿而仅仅是因为不想得罪人而答应别人的请求时，你的内心会堆积起疲惫与怨恨，你潜意识里开始对抗对方，尽管你口头上没有说出“不”来。

提高通话时的理解度

电话是一个很大的干扰，因为究竟什么时候电话铃会响根本无从得知，因此许多工作常因接转电话而被干扰中断。

当我们正在专心做一件事情或思考某一个问题的时候，最好能够一气呵成，不要中途中断，因为受到中断的干扰之后，通常都要经过一段相当长的时间才能使精神或思绪再重新集中。

在一定时间内，几次干扰将会把工作状态扰乱，这一工作的状态需要更多时间才能恢复。时间表经常会显示出这种形式的时间浪费，有时受影响的工作时间高达25％。

电话虽然是一个极为有效的“省时工具”，但它也是一个“费时工具”，每天的来往电话，成了占用时间最多的一项“时间陷阱”。

不知不觉中电话浪费了很多本来你可以自由支配的时间。接到陌生人打错的电话是常事，这怎么也要浪费两三分钟吧。我们怎样才能提高彼此在通话时的理解度，找到准确的措辞，适时地结束通话呢？

（1）只要有可能，就告诉他人何时给你打电话更方便（“为什么不在两点到三点之间再给我打呢?”“请过10分钟再打来，我现在很忙”)。

(2) 将某一特殊活动或话题的电话委派给特定人员，他们将在今后负责处理此事。

(3) 注意闲谈所浪费的时间，在闲谈失去控制前就结束。

(4) 设置一个时间限定(“好的，现在就告诉我吧，但不要超过10分钟，因为我马上要有个客人”)。人们宁愿事先被限定也不愿中途被打断。

(5) 表明要终止谈话了，可以用“最后”“在我挂掉之前”这类的话来向打电话的人表明你想快点结束谈话的想法。

如何结束通话，也是值得研究的。有时双方都不善于掌握通话的技巧，结果在电话里说个没完。你应该把电话看成是传递信息的机器，消息传递过了就该结束。你可以用“我们就这样办吧，再见”来结束通话。

尽量概括你要说的内容，尽管电话费没有多少钱，但是它浪费了对你来说更宝贵的东西，那就是时间。千万不要用“你最近怎么样”开始一段对话，因为它很容易把通话引向老朋友叙旧什么的，简短地说声“你好”，然后直接说你的要求和理由。没有人愿意被长时间的通话所打扰，在电话旁边放一块表是个不错的选择，它能帮你确定这次通话到底需要多长时间。

如果所有重要的事情都已经讲完了，你就应该果断地结束通话。你通常可以把通话时间控制在5分钟之内。在挂电话前再重复一遍对方的名字，这样会让他感觉你真的很重视双方的合作，如果对方发现你在通话中忘记了他的名字，他会对你产生一种不信任感或是觉得你很不礼貌，虽然这并不是你的本意。

避免陷入琐碎的工作中

琐碎而无价值的工作指的是一些不重要的任务或工作，而且报偿低。它消磨你的精力和时间，因此让你不能处理更为重要且紧急的工作。琐碎无价值的工作可能是将文件归档、清理办公桌抽屉、日常文书工作或者没有紧迫任务时任何人都可以做的那种工作。

解决方法：

作为职场人员，你可以在你的办公桌前放一个提示牌："任何时候，只要可能，我必须做最有成效的事情。"因此，尽可能减少琐碎无价值的工作。当你开始做琐碎工作，作为拖延重要工作的借口时，看着提示牌就知道自己又在浪费时间了。

当你陷入琐碎工作中时，一定要自我反省。问问自己：我现在的工作是否接近最优先考虑的事情。如果不是，就终止它们，并着手重要的事情。让自己变成现代的时间驾驭者，减少例行公事，并多参与困难的决策和计划。如此一来，你就会增加自身价值和晋升的机会。

在多数情况下，要想克服被一些小事引起的困扰，只要把注意力转移一下就可以了——让你有一个能使你开心一点的事情。美国的一位企业家举了一个怎么样能够做到这一点的好例子。以前他写作的时候，常常被纽约公寓热水灯的响声吵得快发疯。蒸汽会砰砰作响，然后又是一阵叭叭的声音——而他会坐在他的书桌前气得直叫。"后来，"这位企业家说，"有一次我和几个朋友一起出去露营，当我听到木柴烧得很响时，我突然想到：这些声音多么像热水灯的响声，为什么我会喜欢这个声音，而讨厌那个声音呢？我回到家以后，跟我自己说：‘火堆里木头的爆裂声，是一种很好听的声音，热水灯的声音也差不多，我该埋头大睡，不去理会这些噪声。’结果，我果然做到了。头几天我还会注意热水灯的声音，可是不久我就把它们忘了。”

如果你是一个管理人员，你应该把琐事交给下属去做。

英国的一位著名出版家生平所做的事极多，如果换成别人，早已忙得不可开交，但是他仍能从容不迫，应付自如。许多朋友对于他这样的才干，深觉惊奇。他说：“我自己只担任指挥工作，一切机械式的事情都交给那些能够胜任的人。至于那些助手能够办理妥帖的工作，我尽可不必动手。”

一位计算机公司经理也说：“不要去做可以交给别人做的事情。”他认为一个领袖人物，最重要的是有卓越的思想和计划，不应把自己的宝贵精力耗费在琐碎的小事上。一个真正能够站稳脚跟的领袖，永远是一个制造机器的人，而不是将自己作为机器的一部分。

可见，做一个优秀的时间管理者有一个极平凡的诀窍：“把各种琐事尽量交给部属去做。”不过切记：你之所以会把琐事交给下属去做，是因为你需要去思考更重要的事情，需要去制订新的关系到整体发展的计划。有些时间管理者，以自己是“最繁忙的人”而自傲，这实在是大错特错的想法。在有识者看来，这种领导者无异是在说自己是一个最不善指挥他人工作的人，他没有驾驭属下的学识和能力，其实是向人坦白他的“无能”。

遗憾的是，许多人整天忙着处理琐碎的事情，总是抱怨没有时间做正经事，其实他们的潜意识是在逃避做正经事，尽力回避可能出现的挑战。毕竟，做大事是需要想象力、判断力、勇气和自信的。

心里有了“大”，才会放下“小”。有一项针对世界冠军的调查就很说明问题。调查者发现，那些夺得世界冠军的人往往很小就怀揣了这个特别的理想，并且十几年如一日地追寻。这其中，他们也遇到了其他人所常见的种种挫折，但由于他们心中有一个高过一切的目标，因此很容易忽略那些无关紧要的事情。长期的磨炼产生了惊人的效果，他们终于因为能够抓大放小、有所为有所不为而获得了成功。

这也应了美国哲学家威廉·詹姆斯的话：“明智的艺术就是清醒地知道该忽略什么的艺术。”他的言下之意就是，不要被不重要的人和事过多地打搅，因为成功的秘诀就是抓住目标不放。

清除没必要做的事情

我们做了很多今天要做的事情，因为我们昨天和前天都是这样的。我们适应了，可能甚至习惯了，而且做要比不做容易得多。

建立一个“没必要做”的名单，它可以时刻提醒你哪些是你已决定从日程中清除的事情。

什么使我们去做这些应该做的事情——但不是由你去做。

做一个表格，列出那些你现在做的但是感觉应当由别人来做的事情。这个表格上的事情出现的原因包括：

你缺乏把它做正确的威信。

你缺乏正确做它的技巧、信息或者工具。

如果你要做它，其他更重要的事就不能做了。

只做该做的事情，意味着你应该把那些不该自己做的事交给别人去做。如果你是领导，如何授权就相当重要了。

授权可以这样执行：

1.委托。很多人足够幸运，能让别人替他们接电话。那些人忍受着打扰，为他们筛选来电者。还有一些人让别人为他们拆开和分拣来信、冲咖啡、填写所有的表格和其他不那么重要的事情。

时间管理类的书籍总是建议我们通过委托其他人来做这些事情从而节约时间。（这样其实并不能“节约”任何时间，它只是把时间从一个人那里转移到另一个人那里。）

不幸的是，这种方法通常只有老板才能采用。如果你没有人可以指使，你就不得不自己接电话和拆信了。

2.放手。有些人不让别人拆开他们的信件或者接听他们的电话，因为他们不愿意而非不能够。

这可能是源自对下属的不信任——有很多原因可以说明这是个很糟糕的情况。但是无法放手可能和别人没有任何关系，有些人就是很难要求别人做事。即使他们交给别人一项任务，他们发现自己“监管”得如此之多，使得他们在这项任务上花了一样多或者更多的时间，同时在这个过程中与同事有了隔阂。

当你交给别人一项工作时，不要在上面系一条绳子。确信你的同事知道他们应当怎样去做，然后让他们以自己的方式完成这项工作。如果他们没有在规定的时间内获得满意的结果，你再去处理这些后果，但是在做的过程中你不要插手。

这样，你既节省了时间，而你的同事又不必忍受你的指手画脚。

第九章

活在当下，即是幸福

当下是明智者心里的领地，当你学会花更多时间在这里，个人生活的目的和意义就会更加明了。正如一位智者所说：昨天是历史，明天是神话，今天是我们的礼物。我们最好聪明地使用它。

抓住事情，做出决断

做事情最糟糕的障碍是可恶的办事延宕，或许每个人都有办事延宕问题。几乎每个人都会有办事一推再推的情况。于是，就会导致事情堆积成山，越堆越多。那么我们拖延的是些什么呢？一般来说，是些耗费精力、时间和必须下决心重新开始的令人讨厌的事情。对此，我们早有借口等着——没有时间。

随着时间的推移，办事拖延的程度越来越严重，我们不再能够无烦恼地生活和工作。渐渐地，对未了结之事的恐惧就会增长起来。抓住事情，做出决断，哪怕有决断错误或行为错误的风险——这样的勇气踪影全无。令人讨厌的事和未了结的事越堆越多。

此外，赶不上时间的人，总想将很多的事一下子完成，反而又有更多的事情因为未得以完成而搁置。

拖延就是你明明知道应该去做，可就是迟迟没有做。那是因为你觉得现在做要比日后做痛苦，所以就拖了下去。然而，当你一再拖延下去，突然发现，如果再不去做，就会更加痛苦，于是你就马上去做了。为什么会这样呢？那是因为痛苦和快乐在心中相互转化的缘故。拖延到最后的时候，你觉得再不去行动会带来更大的痛苦。

如果我们想解决一个问题，就必须要在造成这个问题的原因上下功夫，否则，必然不会奏效。那么，什么才是拖延的原因呢？

原因一：一些事情看上去真的会使人不愉快或令人沮丧，因此不愿意面对它们。

原因二：迫使自己说没有时间去做某件事情——事实上只是不想去做。

原因三：经常幻想，如果把某些事情拖延足够长的时间，最终会有人替你去完成它。

原因四：面对一项任务或一件事情，不知道从哪里或如何开始。因此，将其拖到最后一刻。

你应该仔细找出自己拖延的原因，然后对症下药，努力改变。

别为拖延找借口

谁在为拖延时间找借口，谁就是在为浪费生命找借口。浪费生命是最大的失败。

借口有两种，一种是以某事为理由（非真正的理由）；一种是假托的理由。虽然人人都有自己的苦衷，找点小借口无伤大雅，但是，一旦寻找借口成了习惯，那它就只能是庸者的护身符，强盗的利剑，懦夫的盾牌。

找借口是世界上最容易办到的事情之一，因为我们可以找到很多的借口去自我安慰，掩饰自己的错误。在工作和生活中都是这样，有的人常常把“拖延时间”归咎于外界因素，总是要去找一些敷衍上司或者其他人的借口，其实这些人是在敷衍自己。拖延时间的是自己，由此而受害的必然也是自己。

拖延时间，意味着虚度光阴、无所事事，无所事事会使我们感到厌倦无聊。看看那些取得过优异成绩的人，他们都是没有时间议论别人的，也没有时间闲着，他们总是忙于自己的实际工作。如果利用当下的时间做一些自己愿意做的事情，或者充分发挥自己的创造能力，我们就永远不会厌倦工作和生活。

不为拖延找借口，我们工作的第一步就是“开始”，即使心存恐惧也要这么做。

把你为了逃避工作或责任而想出来的种种拖延借口通通写出来，再把你如果做不完工作或不准时做完工作，会有什么样的后果也写出来。最后，把准时完成这项工作会得到什么样的收获再写出来。牢记后果和收获。一旦写在纸上，就可以一目了然地看出自己的各种借口——它们只是借口而已，既然如此就应该停止再去找借口。况且常常为自己无法完成任务而去寻找借口也是很累人的事，而且人们很快就会看穿你的面目。你不准时处理账单，就不可能准时支付。不要用“创造性”作为逃避职责的借口，不要以为你是一个艺术家，就可以不必去尽其他的日常义务。

抓住了今天，才能拥有明天

今日之事今日毕，只有抓住了今天，你才能拥有明天。在21世纪的今天，商业环境的节奏正在以令人眩目的速度快速运转着。大至企业，小至员工，要想立于不败之地，都必须奉行“今日之事今日毕”的工作理念。

试想一下，一个连今天都抓不住的人，哪有能力和资格去说“还有明天”呢？所以古人说，今日事今日毕。我们要学会的不是去设想还有明天，而是要将今天抓在手里，将今天作为行动的起点。此时，你抓住了今天，也就等于你真正拥有了明天。

1917年，赫赫有名的商界老总威廉·奥斯勒在耶鲁大学演讲时，许多同学追问他成功的秘诀是什么，他微微一笑说了四个字——活在今天。

威廉·奥斯勒说得没错，昨天的一切都已属于过去，都已成为身后的风景，而明天的一切尚未到来，还只是未知数。聪明的时间管理者会把昨天和明天的担子甩开，聚精会神地关注今天，把手头的事情全心全意做好。

作为时间管理者要全身心拥抱每一个迎面扑来的今天，让充实、快乐的每一个今天，成为应对明天的最好准备。

现在有一种人，很像传说中的寒号鸟，他们“目光远大”，从来就只看到明天，唯独看不到今天。明天成了他有恃无恐的理由。在他的逻辑中，明天就是希望的象征，而今天比之于明天，就显得太没意义，他们不会意识到总有一天，他们的生命中将没有明天。而且，明天的成功，没有今天的努力作为踏板怎么行？谁都明白，没有谁能一步登天。若是对自己负责，就不要忽视今天的存在。

生命经不起消耗，那些年轻人，他们在“绕道”十次、二十次甚至是很多很多次之后，发现原来日子就在这些不经意的“绕道”之时给虚耗掉了，而最终自己什么都没能够抓住。

人之所以能区别于其他动物，那是因为动物只有本能欲求，而人有更高的理想。但人生是短暂的，理想最容易因为时间的流逝而搁浅，明白了时间有限的人，往往会抛开与理想无关的欲求，在有限的时间内实现自己的目标。

人要学会的不是去设想还有明天，而是要将今天牢牢地抓在手里，因为在我们有限的生命里，“时间就是金钱”“时间就是生命”。

歌德说：“把握住现在的瞬间，从现在开始做起。只有勇敢的人身上才会赋有天才、能力和魅力。因此，只要做下去就好，在做的过程当中，你的心态就会越来越成熟。能够有开始的话，那么，不久之后你的工作就可以顺利完成了。”富兰克林说：“把握今日等于拥有两倍的明日。”将今天该做的事拖延到明天，而即使到了明天也无法做好的人，占了一半以上。应该今日事今日毕，否则可能很难做大事，也不太可能成功。所以应该经常抱着“必须把握今日去做完它，一点也不可懒惰”的想法去努力才行。

有些人在要开始工作时会产生不顺心的情绪，如果能调整不顺心的情绪，心态就会愈来愈成熟。而当情况好转时，就会认真地去做，这时候就已经没有什么忧虑的了，而工作完成的日子也就会愈来愈近。总之，必须现在就马上开始去做才是最好的方法。哪怕只是一天或一个小时的时光，也不可白白浪费。珍惜时间，提高效率，这才是真正积极主动的工作态度。

懒惰给生活造成巨大影响

懒惰的坏习惯会给生活造成巨大的影响，它会使你感到压抑、茫然，还会降低自尊心，它妨碍你达到目标、实现梦想。

懒惰的人总是觉得来日方长。正如《你能赢》一书中所描述的那样：

“这就像一个小男孩在说，当我成为一个大男孩时，我会做这做那，我会很快乐；而当他成为一个大男孩后，他又说，等我读完大学后，我会做这做那，我会很快乐；当他读完大学时，他又说，等我找到第一份工作时要做这做那，并会得到快乐；当他找到第一份工作后，他又说，当我结婚时我会做这做那，然后就会得到快乐；当他结婚时，他又说，当孩子们从学校毕业时，我会做这做那，并得到快乐；当孩子们从学校毕业时，他又说，当我退休时，我会做这做那，并得到快乐。当他退休时，他看到了什么？他看到生活已经从他的眼前走过去了。”

成功的时间管理者都明白，懒惰的习惯必须克服。懒惰是人性的天敌，一个人只有战胜了懒惰，超越了自我，才能为事业赢来更多的时间和机会，才会愈靠近成功。

许多时间管理者本来有很高的天赋，然而正是由于惰性而使他在前进路上遇到荆棘坎坷。还有的时候，也许是时间管理者的伙伴有懒惰的习惯，这也同样会导致失败。

法国著名的天文学家卡米尔·弗拉马隆就遇到这样一位令人头痛的助手。他的这位助手懒惰而且贪睡。让他观察星球运动时，他总会睡着。由于助手的失职，使弗拉马隆对星球的观察不止一次遭到失败。

时间管理者在寻找合作伙伴时，一定要注意对方是否有惰性，否则等待他的道路不会是一帆风顺。

有懒惰习惯的人，往往自以为比较聪明，什么东西一学就会，理想很高，却又不愿付诸实践。对于别人的成功，也总是不放在眼里，认为自己只要努力做，是不会比别人差的，然而自己却从不肯去努力。

机会往往在等待中消失

在变化迅速的时代，没有速度的人，将可能被淘汰。

用时间好比用金钱，如果你知道怎样用钱，也就应该知道怎样用时间。金钱与时间，在“会用”与“不会用”者的手中，可能会产生天壤之别。

善于理财的人，能够用有限的金钱买到他所需要的东西，甚至以钱滚钱，创造更多的财富。至于不懂理财的人，则可能毫无计划地使用，东拿一点、西添一样，到头来买的东西不少，却可能该有的没有，不该买的弄了一堆。同样的道理，会用时间的人，懂得如何安排时间，按照事情的缓急来支取，到头来不但完成了他要做的，而且能够留下剩余的时间。至于不会用的人，则东磨磨、西磨磨，时间一分一秒地过去，浪费的比利用的多，犹豫的比决断的多，时间永远不够用，事情永远做不成。

有一个人总是急急忙忙地做事，朋友问他为什么这么赶，何不轻轻松松慢慢来。他回答：“我做事快，正是为了争取尽量多的时间。你们看到的固然是我忙碌的一面，其实当我回到家，却有比你们更多的休闲时间，并且利用它完成了许多本职工作之外的事情。”这个人是以速度来争取时间，他把零零碎碎的“小时间”集中，成为大时间，也就能有较大的用处。比起那些做事总是拖拖拉拉，永远没有较大“空闲”的人，他当然会取得更多的成功。

此外，时机的获得也需要速度。所谓“机可不失，失不再来”，当时机来临，你要立即行动，把握住时机。

有许多事情的成功并非源于想好了再去做，那种想好了再做，深思熟虑后再做，往往是对行动的拒绝和搪塞。

许多人一生无所作为，是因为他们一定要等到每件事都要100％正确时、等到万事俱备时、等到万无一失时才去做。可是，这期待中的100％正确、万事俱备、万无一失何时才能到来呢？

时间、机会往往就是在漫长的等待中消失的。

乔治·韦尔曼告诫人们：“你要争取时间，立即行动，可以想好了再做，更可以边想边做。”这不仅是管理时间的好办法，也是从实践中总结出来的真知。

之所以很多人办事总是慢悠悠地等待万事俱备，其实质是畏难与缺乏自信。因此，在遇到困难时，我们要敢于面对，也要能充分预料。

生活的目的是简单的

时间都到哪里去了？对大多数人来说，白天几乎全为工作和上下班通勤所占有。此外便是令人眼花缭乱的现代生活——享用不尽的资讯，选用不完的产品。相信大部分人都会发出这样的感慨："我什么都想，什么都要，所以每天忙忙碌碌，活得如此累。"

在生活中，我们既需要发明创造等复杂的活动，也需要悠闲和轻松的活动。每个人都希望多挣一点钱，以便为今后能够过上舒适安逸和轻松愉快的生活打下基础。我们这个复杂世界创造的所有这一切，都是为了我们生活得更简单、更愉快、更节省时间。

生活的目的是简单的，生活在简单之中才能体会生活的充实。简化生活的方法就是要解开我们在生活的各个领域中陷入的圈套，发出由衷感叹："啊哈，原来这么简单！"简化生活的方法利用的是你的生活经验，甚至是犯过的错误，使你有更多的时间享受生活。

简化生活的意思是：注意使用金线、物品、时间、精力的方式及多寡，然后想办法减少浪费。例如，即便是像富豪李嘉诚，在外人眼中，这样的人一定周身名牌、餐必鲍翅，享尽天下荣华富贵。事实上，李嘉诚却是一位"食无大肉，衣无重彩"

的节俭者。他在接受一名外国记者访问时表示："我的生活水平跟我在1957年事业已上轨道时相差不远，甚至更加简朴。无论是从前还是现在，我都喜欢简单的生活，对于物质享受的要求不高，反而看重内心的平静，希望多做些有意义的事。"

“多余”是生活的负担

简单的环境不仅能够使你的心情舒畅，你也不必把大量时间花在打理那些摆设上了。

清理办公室

你只要记住“单一而不重复”的原则，生活就会轻松许多。在文件管理中也同样适用这条原则，应该避免把什么东西都“摞”在一起。错误做法就是把“待处理”类文件全部堆积在一起。

解决一切文件堆的最佳办法是把它们放倒！放倒这些文件堆的具体办法是：让它们倾斜90度，分门别类并排摆放到活动的文件柜中（放进一个向上开口的文件夹），这样就像一座用眼睛无法看透的大山变成了透明的建筑物，因此也就实现了真正的“简化”，因为每一项交付的任务都有了一个自己的“地位”。在把成堆的文件放到活动文件柜的时候，非常关键的一步是：你要对文件进行整理、归类，甚至是分级，要把最重要的任务放到最前面。

如果你看到自己的办公桌上已经蕴藏着危机，那里的混乱已经使你不堪忍受，就应该马上尝试一下本书向你推荐的方法。

“四分法”是一种针对紧急情况的简单方法：在一张空桌子

（不是你正在用的桌子，而是另外找一张）或者是地板上，按顺时针方向划分出四块地方。然后果断地清理干净你的办公桌，一张纸都不让它留下！

为居室“瘦身”

随着收入水平的提高，居住环境得到了改善，于是人们便产生了购物癖、精美家具爱好癖。邻居家有的，我们家也应该有；邻居家没有的，我也应该有。要超过左邻右舍才气派，才不显得寒酸。比如钢琴，自己会不会弹无关紧要，孩子有无兴趣学也不关大事。别人家能买，我们也要买。各个家庭都要把自己的客厅、卧室装饰得富丽堂皇，竞相攀比。于是，我们便成了这些摆设的奴隶，终日为摆设服务，而不是摆设为我们的工作、学习服务。

为了精美的现代家具和各种家用电器，每天我们为地毯除尘半小时，擦拭家具半小时，打扫卧室半小时，清理卫生间半小时，洗刷三餐用过的杯盘碗碟一个半小时，清理厨房一小时，洗换下来的内衣裤、袜一小时，归置弄乱的玩具、图书、桌面一小时。还不算买菜、洗菜、炒菜、倒垃圾等占去的时间，已经用去了六个半小时。

要下决心清除掉家中的过多的“摆设”。适当的、恰到好处的艺术化“摆设”是不可少的，但过多的“摆设”就是多余的。“多余”就成了生活的负担。

你只有卸掉自己身上的包袱才能够轻装前进。家里和办公室的无秩序给自己造成的精神负担，比许多人想象的要严重得多。

爱留东西的人要克服内心的挣扎，不必老去想“这玩意儿也许将来有用”。不妨告诉你自己“我不会再用这把扭歪了的雨伞了，反正买把新伞也花不了多少钱”，或是“不错，也许有朝一日我会用得着这卷拆下的壁纸。可是，我是否该储存每件有朝一日可能用得着的东西呢？如果真该如此，也许我要租一个仓库了”。

善待自己的错误

事事追求完美的人一般有这样的特点：对自己要求苛刻，不允许自己有丝毫的懈怠；对任何事情都比较挑剔，要求尽善尽美。

完美主义者看到屋角灰尘滚成了球，反应是叹气："到了该进行全面家庭清扫的时间了，一次彻底的大扫除！"因为，让其他垃圾留着，仅擦干净一个地方是无济于事的。而简单主义者会简单地收拾起灰球，并且把它扔出去。

第一种反应是完美主义的办法。事实上或许是最理性的办法，既然这里灰尘成堆，那么，其他地方一定也是这样。但是，大多数人不是马上开始计划中的完美行动，实际的问题还是摆着，并没有得到解决。第二种反应是简单和实用主义的办法。它有两个吸引人的优点：眼前的问题得到了解决，并且没有因此而阻塞进行彻底大扫除的道路。

出错者将是赢家。一条被完美主义者信奉和被许多人内心深思的信条说："如果我不把所有的事干得完美无缺，我就是一个不顶事的人。"实际上，错误是一个机会，它能使下一次干得更好。所以，错误是一次不可多得的学习的过程。

我们的建议是：你应该善待自己的错误，要关注那些常常对自己的错误感兴趣的人，要勇敢地对自己说："我的错误对我来说是无与伦比的和有价值的。"你应该拿一面镜子照照自己，并且大声地对自己说："我承认自己的错误。"

因事事追求完美，你永远对自己的工作成绩不满。

为了避免这种现象的出现，不妨运用计时器或闹钟来帮助你。

你可以将计时器设定，每工作一段时间，铃声响时，就检查一下工作成果；然后再以此为依据，评估一下自己的成绩，这样就不至于陷入完美主义的旋涡中了。

开始时可能不太适应，但习惯之后，你会发觉，它确实能为你解决许多工作上的麻烦。

另外，在克服完美主义的问题上，也可以采用自问自答的方式。也就是在工作一段时间后，立即停下来，反思一下工作的进度，思考是否有其他更好的方法，能使工作进行得更好。

如果执行后认为有价值的话，那么完美主义就不再是影响你善用时间的因素。

自我提升

自控力

卜兴丰◎编著

吉林出版集团股份有限公司
全国百佳图书出版单位

图书在版编目（CIP）数据

自控力 / 卜兴丰编著 . -- 长春 : 吉林出版集团股份有限公司, 2021.3

（自我提升）

ISBN 978-7-5581-9706-2

Ⅰ . ①自… Ⅱ . ①卜… Ⅲ . ①自我控制 – 通俗读物 Ⅳ. ①B842.6–49

中国版本图书馆 CIP 数据核字 (2021) 第 036309 号

前言

生活中，从来都是付出才有收获，有苦才有甜，苦尽才能甘来。没有什么轻松的收获，没有毫无困难的一帆风顺的路。我们要认识到这一点。

很多时候，我们之所以抱怨困难，或者认为困难阻碍了自己，是因为我们没有认识到，生活中出现困难是最正常的事，没有困难才是不正常的。

事实上，所有的提升、所有的成长，都是在克服困难的基础上才获得的。我们唯有把生活中出现的困难当作正常的事去对待，认识到每一个不顺、困难都是通向提升和成长的台阶，才能从容以对。也因此，很自然地，我们只有通过努力才能登上那由困难、不顺铺就的通向更好生活的台阶。

当我们认识到这一点，心中就没有不平，没有抱怨，没有内耗，唯有向上成长的勇气、力量和行动。

我们常说，要接纳生活中的所有。而接纳的重要基础，就是我们必须从内心认识到，发生的一切都是正常的。对于正常的东西，我们自然不会再排斥，不会再对抗，也就没有了内耗。由此，我们才能以更好的心态去提升，去成长，去创造更好的生活。

生活中没有克服不了的困难，只有供我们提升与成长，走向更好生活的台阶。我们需要做的就是甩开胳膊，迈开腿，干起来，登上去。

改变与进步需要你摒弃旧思想，吸纳新观念和新思想，还需要坚强的毅力。要想取得大进步，你要有决心坚持自己的做事风格，如果你仍然没有获得应有的财富、健康，没有处理好各种人际关系，没有获得自由和成功，那么你必须尽快努力改变，从而慢慢进步。

如果坚持并实施这些步骤，你也不难迎来预期中的蜕变。

目　录

第一章　自制力是实现价值的重要元素

第二章　管得住自己

第三章　让我们自信起来

第四章　管理好自己的情绪

第五章 理智应对不如意

第六章 得失是人生正常的状态

第七章　行动高于一切

第一章 自制力是实现价值的重要元素

自制力是实现自我价值的重要元素，是人生转折和飞跃的保险绳。有了较强的自制力，我们在前进的道路上便不会迷失方向，不会被各种外物所诱惑，不会因为其他事情而影响了自己的判断。

给情欲系上理智的绳索

从字面上看，“理智”的“理”指的是理性，是逻辑化的主见；“智”是指智慧，是机智行事的方法。《现代汉语词典》对于“理智”词条的解释则是：辨别是非、利害关系以及控制自己行为的能力。通常来说，一个理智的人，既有主见，又有方法，说话做事知进退、识轻重、明缓急。

人的七情六欲最难控制，种种冲动皆源于此。所谓“七情”，指的是喜、怒、哀、惧、爱、恶、欲；所谓“六欲”，指的是见欲、听欲、香欲、味欲、触欲、意欲。人世间的种种痛苦，皆来自于七情六欲，因此古人主张控制情欲。对于凡夫俗子来说这是很困难的，何况有情欲也并非坏事，人类的发展与历史进步的动力，在很大程度上就是源于人的情欲。只是，人的情欲不可放纵，不能让情欲牵着自己走，而要用理智的绳索牵着情欲走。

一个理智的人，中了巨额大奖也不会醉生梦死、花天酒地。一个理智的人，即使面对百般羞辱也能保持冷静，而不会一触即跳或走极端，使自己在愤怒中迷失方向。所以古人说：乐不可极，乐极生悲；欲不可纵，纵欲成灾。一个人失去了理智，就得准备接受打击和惩罚。因为理智不允许做的事，都是在寻常状态下不应该做或不能够做的事。

理智不但是一种明智，更是一种胸怀，没有胸怀的人，通常也缺少理智。而一个没有胸怀和缺少理智的人则难成大器。

“所取者远，则必有所待；所就者大，则必有所忍。”古往今来，大抵如此。

理智还是一种权衡。权衡轻重缓急，扬长避短，可让自己走向成功。而一个好冲动的人，却较少考虑自身条件，每每凭着一时的冲动去行动，到头来一事无成，枉费了许多精力和时间。

遗憾的是，人的理智有时却是很脆弱的，甚至不堪一击，特别是在面对强烈感情的时候。吴三桂冲冠一怒为红颜，合“情”却不合“理”。正是这种行事的不理智，造就了吴三桂悲剧的一生。我们或许做不到“诸葛一生唯谨慎”，却应努力做到“吕端大事不糊涂”。

1965 年 9 月 7 日，世界台球冠军争夺赛在美国纽约举行。路易斯·福克斯的得分一路遥遥领先，只要再得几分便可稳拿冠军了，就在这个时候，他发现一只苍蝇落在主球上，他挥手将苍蝇赶走了。可是，当他俯身准备击球的时候，那只苍蝇又飞回到主球上来了，他在观众的笑声中再一次起身驱赶苍蝇。这只讨厌的苍蝇破坏了他的情绪，而更为糟糕的是，苍蝇好像是有意跟他作对似的，他一回到球台，它就又飞回到主球上来，引得周围的观众哈哈大笑。路易斯·福克斯的情绪恶劣到了极点，他终于失去了理智，愤怒地用球杆去击打苍蝇，球杆碰动了主球，裁判判他击球，他因此失去了一轮机会。之后，路易斯·福克斯方寸大乱，连连失分，而他的对手约翰·迪瑞则愈战愈勇，超过了他，最后夺走了冠军。第二天早上，人们在河里发现了路易斯·福克斯的尸体，他投河自杀了！

一只小小的苍蝇，竟然击倒了所向无敌的世界冠军！路易斯·福克斯夺冠不成反被夺命，其中的教训可谓深刻。

跨越生命中的障碍

好逸恶劳是人的天性，当我们习惯于一种状态时，往往就想安于现状，不愿意再多吃点苦，不甘心再多受点折磨。不可否认，这种活法会让人过得比较轻松，可长此以往，我们就会沦为平庸，终其一生都不可能看到那个闪耀夺目的自己。

有一条河流从遥远的高山上流下来，经过了很多个村庄与森林，最后它来到了一个沙漠。它想："我已经越过了重重的障碍，这次应该也可以越过这个沙漠！"

可是，当它决定越过这个沙漠的时候，河水却渐渐消失在泥沙当中。它试了一次又一次，总是徒劳无功，于是它灰心了，颓丧地自言自语道："也许这就是我的命运了，我永远也到不了传说中那个浩瀚的大海。"

这时候，沙漠低沉的声音响了起来："如果微风可以跨越沙漠，那么河流也可以。"

河流很不服气地说："那是因为微风可以飞过沙漠，我却不行。"

"你一直维持原来的状态，所以永远无法跨越这个沙漠。你必须让微风带着你飞过这个沙漠，到达你的目的地。只要你愿意，你可以放弃你现在的样子，让自己蒸发到微风中。"沙漠继续说道。

河流惊恐地说："放弃我现在的样子，蒸发到微风中？不！不！那不是等于自我毁灭吗？"

“微风可以把水汽包含在内，然后飘过沙漠，到了适当的地点，再把这些水汽释放出来，于是就变成了雨水，这些雨水又会形成河流，继续向前进。”沙漠耐心地回答。

“那我还是原来的河流吗？”河流问。

“可以说是，也可以说不是。”沙漠回答，“不管你是一条河流还是看不见的水汽，你的本质不会改变。你之所以坚信自己是一条河流，是因为你从来不知道自己的本质。”

此时河流的心中，也隐隐约约地想起：自己在变成河流之前，似乎也是由微风带着，飞到内陆某座高山的半山腰，然后变成雨水落下，才汇成今日的河流。于是，河流勇敢地化成水汽，投入到微风的怀抱之中，奔向它生命中的归宿。

不要害怕吃苦，也不要害怕挑战，人生不可能处处都是康庄大道，我们总会遇到各种困难、阻碍和挫折，此时，退缩、软弱和安于现状只会不断消耗我们本就不够鲜活的生命力，唯有勇敢地走出自己的舒适区，想方设法跨越生命中的障碍，我们才能像故事中的河流一样，不断求新求变，奔向汪洋大海。

而所谓的“舒适区”，指的是一个人所表现的心理状态和习惯性的行为模式，人会在这种状态或模式中感到舒适。舒适区，又称为心理舒适区。在这个区域里，每个人都会觉得舒服、放松、稳定、能够掌控、很有安全感。而一旦走出这个区域，人们就会感到焦虑、恐慌、别扭、不舒服、不习惯。

有这样一个故事：

有一家公司的主管，在一次培训课上，用一幅图诠释了一个重要的人生寓意。

他首先在黑板上画了一幅图：在一个圆圈中间站着一个人。接着，他在圆圈的里面加上了一座房子、一辆汽车、一些朋友。

主管说："这就是你的舒适区。这个圆圈里面的东西对你来说至关重要：你的住房、你的家庭、你的朋友，还有你的工作。在这个圆圈里头，人们会觉得自在、安全，远离危险或争端。现在，谁能告诉我，当你跨出这个圈子后，会发生什么？"

教室里顿时鸦雀无声。好久，一位积极的学员打破沉默："会害怕。"

另一位说："会出错。"

还有一位说："会吃苦。"

这时，主管微笑着说："当你犯错误了，其结果是什么呢？"

最初回答问题的那位学员大声答道："我会从中学到东西。"

主管说："正是，你会从错误中学到东西。当你离开舒适区以后，你学到了你以前不知道的东西，你增加了自己的见识，所以你进步了。"

主管再次转向黑板，在原来那个圈子之外画了个更大的圆圈，还加上些新的东西，如更多的朋友、一座更大的房子等。

"如果你老是在自己的舒适区里打转，你就永远无法扩大你的视野，永远无法学到新的东西。只有当你跨出舒适区以后，你才能使自己人生的圆圈变大，你才能把自己塑造成一个更优秀的人。"主管说道。

是的，我们每个人的人生就好比一个圆圈，在这个圆圈里，我们有着属于自己的固定的舒适区。如果我们害怕出错、吃苦、遭罪，不愿意走出这个舒适区，那我们就会变成井底之蛙；反之，如果我们能够勇敢地走出自己的舒适区，那便能开阔视野，增长见识，提高自己的创造力，让自己迅速成长起来。

美国著名大提琴家麦特·海默维茨 15 岁时，与以色列爱乐乐团演出了他的第一场音乐会，立即引发轰动，受到各阶层人士的注意。16岁时，他就获得了艾弗里费瑟职业金奖。著名的德国唱片公司还跟他签了独家发行合约。之后，他又多次获得唱片大奖、金音叉奖等著名大奖。

然而就在海默维茨声名大噪之际，这位大提琴神童却突然消失了四年，几乎让人们把他的名字给淡忘了。

原来他去哈佛大学进修了。毕业时，他做了一篇以贝多芬《第二大提琴奏鸣102号》为课题的毕业论文，并赢得了哈佛大学的最佳论文奖。

法国著名的文学家蒙田说过：“谁害怕受苦，谁就已经因为害怕而在受苦了。”没错，年轻就是要吃苦，伟大都是磨出来的，而吃苦的第一步就是要走出自己的舒适区，寻求舒适区外的“最优发展区”，以适度的紧张和焦虑获得最佳表现，就像海默维茨一样，不断地挑战自己，超越自己，最后成就一个更加卓越的自己。

冲动是一种行为缺陷

控制自己的情绪和行为，是一个人有教养和成熟的表现。可是在生活和工作中，常常会有这样的人，他们总是为一点小事而大动干戈、发脾气，闹得鸡犬不宁，既破坏了和谐的工作环境，也影响团结。

心理学家认为，冲动是一种行为缺陷，它是指由外界刺激引起，突然爆发，缺乏理智而带有盲目性，对后果缺乏清醒认识的行为。

有关研究发现，冲动是靠激情推动的，带有强烈的情感色彩，其行为缺乏意识的能动调节作用，因而常表现为感情用事、鲁莽行事，既不对行为的目的做清醒的思考，也不对实施行为的可能性做实事求是的分析，更不对行为的不良后果做理性的评估和认识，而是一厢情愿、忘乎所以，其结果往往是追悔莫及，甚至铸成大错、遗憾终生。

增强自制力，可以使我们有更多的机会获得成功，使自己更加理智，遇事更为冷静，从而进入良性循环，得到健康积极的发展。

有了较强的自制力，可以使人具有良好的人格魅力，增强自己的亲和力，更容易得到别人的认同，拥有更多的朋友和知己，使自己的交际范围更为广泛，在与朋友的交往中学习别人的优点，吸取别人的教训，进一步完善自我。

自制力可以使我们激励自我，从而提高学习效率；也可以使自己战胜弱点和消极情绪，从而实现自己的理想。怎样培养和增强自己的自制力呢？从理论上讲可以从以下几个方面进行。

1. 认识自我，了解自我，深入自己的内心

人最大的敌人不是别人，而是自己。只有认识自我，在取得成绩时，才能保持平常的心态，不会因此而骄傲自满，丧失自我，对自己的能力进行过高的估计；只有认识自我，在遇到挫折和失败时，才不会被其击倒，一如既往地为着自己既定的目标而努力，不会对自己进行过低的评价。人不可能一帆风顺地走向成功，也没有任何事情是不需要付出任何一点努力就能完成的。当我们遇到挫折时，当我们因为各种原因而后退时，我们必须重新认识自我，只有在正确认识自我的基础上，我们才能重新找回自己的航行坐标，朝着胜利的方向前进。

我们可以随便找几个人问问他们了解不了解自己，得到的回答一般说来都是肯定的。很多时候，人们总是认为自己对自己最为了解，其实，你真的了解自己吗？不，其实很多人根本不了解自己，根本不能正确地认识自己。

很多时候，我们总认为自己是对的，直到事情有了结果之后，才发觉自己的错误，可惜为时已晚。我们常常以为自己完全了解自己，其实我们是被自己蒙蔽了。或者说，我们自己不愿意去正确地认识自己，我们情愿被自己的表象所麻痹。

怎样称得上是认识自己呢？认识自我，简单来说就是对自己的性格、特点、长处、短处、理想、生存目的、价值观、兴趣、爱好、憎恶、心理状态、身体状态、生活规律、家庭背景、社会地位、交际圈、朋友圈、现在处于人生的高峰还是低

谷、长期或短期目标是什么、最想做的事是什么、自己的苦恼是什么、自己能够做什么、自己不能做成什么等各方面都有正确全面的认识。

2.学会控制自己的思想，而不是任由思想支配

人的具体活动，都是由思想进行先导，人的每个行为都受着思想的控制，有的是无意的，有的是有意的。但是，思想是构建在肢体之上的，它必须起源于我们的身体。在思想控制活动之前，我们就一定要先主动积极地对其进行正确的引导，或者控制，修正其中的错误，发出正确的行动指令。这样，我们的行为才会减少冲动因素，使我们的情绪更为稳定，更为理性地看待问题。

要想控制思想，让其受我们自身的驾驭，就要知道自己想做什么，能做什么，不能做什么。当明确了这些之后，我们在思想上就可以为自己的行为定下一个准则，利用这个准则来指导自己该做什么，不该做什么。

要想掌控自己的思想不是件容易的事情，在活动进行的过程中，我们原先为自己定下的准则会时不时地受到各种因素的影响，使得我们所坚持的准则开始动摇甚至坍塌，所以，在活动进行的过程中，我们要时常检讨自己的行为，思考自己的得失，减少冲动、激进的心理，这样才能重新夺回思想的控制权，使自己的行为更为理性。

3.树立远大的目标

一个有远大目标的人，才能忽视身边的嘈杂而专注前行；恰如那些想去朝圣的行者，不会轻易在路途中听别人的话而改变路线，恰如勾践因为有复国雪耻的大目标，因此不会因为夫

差的羞辱而冲动赴死。

总之，有了努力的方向，才不会盲目行动；懂得了肩负的重任，才可以心无旁骛地前行。当你有了自己最想完成的目标，行为肯定会受其影响，对我们自制力的增强也会起到积极的作用。

没有自制，必受他制

没有自由，人如同笼里的鸟，即使是黄金做的笼子，也断无快乐幸福可言。但在追求自由的路上，别忘了“自制”这个词。没有自制，必受他制。自由来自于自制。

例如，每个人都有享受美食的自由，可是当这种自由因为无限的扩张而失去控制时，自由就会被肥胖以及由此带来的一系列疾病所束缚，节食和减肥就是在享受这种自由后不得不付出的代价。

抽烟、喝酒也一样。当一个人做不到自制地享受这些自由时，无疑是在作茧自缚，并有可能从此被剥夺享受这些自由的权利。

更极端的是，一些不知自制或不能自制的人，见色起心或见财生念，从而做出违背法律的荒唐事，将自己送入囹圄，彻底告别自由。

控制自己不是一件容易的事，因为我们每个人心中永远存在着理智与情感的斗争。自我控制、自我约束也就是要一个人按理智判断行事，克服追求一时情感满足的本能愿望。一个真正具有自我约束能力的人，即使在情绪非常激动时，也能做到这一点。

自我约束通常表现为一种自我控制的感情。自由并非来自“做自己高兴做的事”，或者采取一种不顾一切的态度。如果任凭感情支配自己的行动，那便成了感情的奴隶。一个人，没有比被自己的感情所奴役而更不自由的了。

反过来说，无法自制的人通常难以取得卓越的成就。所有的自由背后都有严格的自制作为保证，人一旦无法控制自己的情绪、惰性、时间、金钱……那么他必将为一些短暂的自由付出长远的、备受束缚的代价。

无法自制定被他制。如果不希望成为被他人判处约束的“无期徒刑”或“死刑”，你最好管住自己。

踏踏实实才能接近成功

人在职场，难免会有不如意的时候，这种不如意的情况会让人意志消沉，也会让人的内心出现变化，很多人自然而然就会动起一个念头——跳槽。

通过跳槽，有人发挥了所长，事业更上一层楼；有人在跳槽之后，才发现和原来一样，甚至还不如以前；也有人一步踏空，丢失了自己。

众所周知，任何职业都需要一定量的积淀才能有一个质的飞跃，如果没有几年时间的积累，我们是很难对一份工作有深入的理解和把握的。

所以，在职场上，仅仅因为工作中有些不如意就频繁跳槽的行为是十分不可取的。我们只有多一点耐性，安心立足本职岗位，踏实做好自己的工作，才能一步一步接近成功，最后取得辉煌的成就。

官飞大学毕业之后先后做过好几份工作，让他感到郁闷的是，每份工作的薪水都不是很高，工作强度还特别大。所以，他慢慢变得很浮躁，总是不能安心做事，老想着跳槽换一个既轻松，待遇又好的工作。

就这样，在短短的半年时间里，他总共换了三四份工作。最近一次，他在一家电脑公司做了库管。与其说是库房管理员，还不如说是搬运工，每天他都要不停地搬卸货物，清点库房。

没做多久，官飞又累得坚持不下去了。主管看他要辞职，就对他说："小官，我看你是个聪明能干的人，你在这做不下去，不是因为你的能力不够，而是你不明白一个道理。"

"主管，究竟是什么道理呀？"官飞虚心地求教道。

主管说："职场的每个人就好比是站在金字塔里，按照能力由低到高的顺序，分别站在由低到高的不同层级里。在最底层的是人力，第二层是人手，第三层是人才，在塔尖的是人物。在工作中卖力气就是人力，熟练掌握工作、能应付突发事件的是人手，在工作中提出创造性的方案的是人才，能管理公司的是人物。你看看你在职场第几层？每个公司都是一座金字塔，你如果只是不停地在各个金字塔之间穿梭，而不去提高自己的本领，那你永远都只能在最下面的一层。"

听了主管的话，官飞若有所悟，他放弃了辞职的念头，继续回到自己的工作岗位，踏实、认真、用心地工作着。跟以前相比，他整个人焕然一新，每天卸完货物之后，他会走进库房里清点产品，并且把出货的型号、数量都牢牢记在心里。因为对库房的产品非常熟悉，所以节省了客户的取货时间，客户对官飞的办事效率赞不绝口。

因为工作出色，公司开始让官飞专门负责管理公司产品的保管和运输。官飞比以前更加努力地工作。同时他发现，公司卖出电脑后虽说提供上门保修，但经常因为人力不足而让保修人员应接不暇，于是他就开始利用工作之余学习电脑修理知识。

很快，官飞就能利用休息时间帮着保修部门的同事修理电脑了。时间一长，他练就了过硬的维修电脑的本领。两年过去了，官飞的工作一直很顺利。一天，他偶然间听说笔记本电脑在学生中很受欢迎，便向经理建议挖掘这个潜在市场。

在随后的日子里，官飞开始转岗卖手提电脑，并把市场越做越大。在短短一年的时间里，他居然成了公司的销售明星。后来，经理被任命为集团副总，官飞则成了公司的副经理。

不难想象，如果官飞还是一如既往地频繁换工作，那到头来肯定还是一事无成。

美国政治家富兰克林曾说过这样一句话："有耐心的人，能得到他所期望看到的。"是的，一切成功都始于耐心。在现实生活中，没有一份工作是100%能让我们满意的，如果我们欠缺耐心，总是因为一点点不如意就频繁地跳槽，那只会影响我们职业生涯的连续性和经验的沉淀，同时也会影响到我们下一次的求职。毕竟，没有哪一家企业不看重员工的稳定性。

刘琳今年 27 岁，从上一份工作离职后，她一直忙着投简历。很快就有一家公司通知她过去面试，面试的岗位是行政文员。

当时，公司的人事主管仔细看了一下刘琳的应聘简历，不看还好，一看吓一跳。原来，在刘琳的工作经历一栏，密密麻麻地写了好几段，人事主管仔细数了一下：到目前为止，刘琳一共做了 6 份工作！

这个数字代表着什么？答案是不言而喻的。刘琳自毕业之后，平均不到一年的时间就换一份工作。当人事主管吃惊地问道："你之前做过 6 份工作是吗？"刘琳的神色还颇为得意，她自信满满地回答道："是的，我做的这 6 份工作全都是行政文员，工作经验丰富，所以您完全不用担心我的工作能力！"

听了她的回答，人事主管有点儿哭笑不得。

是啊，怎么能不担心呢？没有任何一家公司喜欢稳定性不强的员工，刘琳频繁跳槽的经历非但没有让她博得一个"工作经验丰富"的美称，反而让人事主管担心她的稳定性，甚至质疑起她频繁跳槽的原因。

随即，当人事主管再三问起她频繁跳槽的原因时，她给出的答案也是简简单单的四个字——我不喜欢。对人事主管来说，“我不喜欢”四个字也不具备任何说服力，他反而还会从消极负面的角度来揣测刘琳跳槽的原因：是不是工作能力或是为人处世有问题。

在这些顾虑和担忧下，人事主管最终还是没有将公司行政文员的职位交到刘琳手上。无奈之下，刘琳只得继续自己漫长的求职之路。

可以看到，频繁的跳槽不仅会让我们缺少职业储备，也会成为用人单位心中的“扣分”项。由此可见，跳槽有风险，事前需谨慎，尤其当我们不确定是否有一份更好的工作机会在等待自己时，我们更不应该轻易选择跳槽。

多一点耐心吧！罗马不是一天就能建成的。与其总想着跳槽，还不如安心现在的岗位，多花点心思把工作做好，从而不断提高自己的本领，积攒更多宝贵的行业经验，最终在事业上做出一番不错的成绩，拥有一个辉煌灿烂的人生。

控制住自己，才能掌控局面

有一次，小江和办公大楼的管理员发生了一场误会，这场误会导致了他们两人之间彼此憎恨，甚至演变成激烈的敌对态势。

这位管理员为了显示他对小江的不满，在他发现公司只剩小江一个人时，就立即把电闸关掉。这种情况发生了几次，小江决定进行反击。

一个周末的下午，机会来了。小江刚在桌前坐下，电灯灭了。小江跳了起来，奔到楼下锅炉房。管理员正若无其事地边吹口哨边铲煤添煤。

小江恼羞成怒，情绪非常激动，说了一些不该说的话。出人意料的是，管理员却转过头来，脸上露出开朗的微笑，以一种充满镇静与自制力的柔和声调说道："呀，你今天晚上有点儿激动吧？"

我们完全可以想象得到当时小江是一种什么感觉，面前的这个人是一个文盲，有这样那样的缺点，但他却在这场战斗中打败了小江这样一位高层管理人员。

小江非常沮丧，他恨这位管理员恨到咬牙切齿，但是没用。回到办公室后，他好好反省了一下，觉得唯一的好办法就是向那个人道歉。

小江又回到锅炉房，这次轮到那位管理员吃惊了："你有什么事？”

小江说：“我来向你道歉，不管怎么说，我不该开口骂你。”

这话显然起了作用，那位管理员马上不好意思起来：“不用向我道歉，刚才并没人听见你讲的话，况且我这么做，只是一时气愤，对你这个人我并无恶感。”

你听，他居然说出对小江并无恶感这样的话来。小江非常感动，两人就那么站着，居然还聊了一个多小时。

从那以后，两人成了好朋友。小江也从此下定决心，以后不管发生什么事，绝对要学会自制。因为一旦失去自制，另一个人——不管是一名目不识丁的管理员，还是一名知识渊博的教授——都能轻易将他打败。

这件事告诉我们：一个人必须先控制住自己，才能掌控局面。

自制不仅仅是人的一种美德，在一个人成就事业的过程中，自制也可助其一臂之力。

有所得必有所失，这是定律。人有七情六欲，此乃人之常情。自制，就要克服欲望。所以古语有云：“食色美味，高屋亮堂，凡人即所想得，但得之有度，远景之事，不可操之过急，欲速则不达也，故必控制自己。否则，举自身全力，力竭精衰，事不能成，耗费枉然。又有些奢华之事，如着华衣，娱耳目，实乃人生之琐事，但又非凡人所能自克，沉溺其中而不能自拔，就不是力竭精衰的小事了，人必然会颓废不振，空耗一生。”

人最难战胜的是自己。换句话说，一个人成功的最大障碍不是来自于外界，而是自身，除了力所不能及的事情做不好之外，自身能做的事不做或做不好，那就是自身的问题，是自制力的问题。

那些成功的人，不过是在大家都在做情理上不能做的事时，高度自制，不去做而已；不过是在大家都不做情理上应做的事情时，强制自己去做而已。做与不做，克制与强制，这就是能否取得成功的因素。

第二章
管得住自己

自控力差的人说到底就是管不住自己。所谓“管得住自己”，就是有足够的自制力去推动自己做某件事或者不去做某件事。自制力可以让人抵御种种诱惑，可以让迷茫的人看到方向，并为他们提供前进的动力。所以，如果你想要有一番作为，就必须要管住自己。

自我控制的力量

智能手机出现后，很多人习惯一回家就躺在沙发上，玩玩手机，刷刷微博和微信。虽然有时候也会无聊，但还是会玩上几个小时。因为玩手机，我们忘记了打扫房间、草草地吃完谈不上健康的晚餐，然后等到了不得不休息的时间才强迫自己睡觉。只有这一刹那，我们才突然想到，今天晚上的时间全都虚度了。于是，我们告诉自己，明天不能这样玩手机，但第二天我们依旧如此。

原因何在呢？实际上，我们根本没有意识到，是手机而不是自己在控制我们的夜晚。

当然，这只是一个假设，我并不是教你反娱乐，然后回到穴居人类的时代，而是希望我们通过这样的假设明白，除了我们自己之外，任何事物都应该是被我们利用的工具，用来打造美好的人生，而不是将我们的人生献给它们。只有自控力可以帮助我们做到这一点。

自控力的缺失，成为许多人自我改善和发展的瓶颈。或许他们从词义上首先需要明确什么是自控力，就是对自我控制的力量。作为自我的主宰，我们有必要完全控制好自己。

具体地说，当我们重视自控力的时候，就能够正确及时地做那些应该做的事情，表现出应有的状态。否则，其他的力量——无论是坏习惯，还是他人，或者周围的环境——都会乘虚而入，直接对我们进行控制。

正因为如此，实际上，讨论自控力也能看作是如何保护自己的能力。不妨这样去想象：如果我们不把改变自己看作是对自己的战胜，而是看作对外部势力的驱赶，又会怎样呢？当我们面对强行进入内心的敌人，第一个本能的反应应该是击败它们，并遏制其连续反击，这样才能避免自我逃避或者退缩。

即使是内心再软弱、控制力再差的人，也并非没有击败外部力量的能力，而是他们将自己的控制能力压抑了。于是，这种能量就不能在正确的途径上发挥，而是转化为其他负面的影响和控制。

设想一个很常见的例子：

当我们在电脑前写作明天要交给客户的报告时，屏幕右下角朋友的 QQ 头像却在不断地闪动。我们本来想要关掉 QQ，但我们又怕错过了什么圈子的八卦，于是我们开始不断纠结，是去看那条消息，还是继续完成给客户的报告？我们内心本应用于牢固防守自我心智的控制力开始分散，一部分被用来维护写报告的注意力，另一部分用来抵抗朋友的消息。然而，这样的自我矛盾与斗争，已经让我们输了。

想想看，不论是团队，还是个体，有多少能经得起内部的分裂和斗争呢？我们都是普通人，没办法成为既是天才又是疯子、既是英雄又是小人物的奇才。因此，当我们将控制力分散的同时，也将面对失败的结局。

这就是我们为什么要自我改变、自我控制的原因。

最好的控制，不是去费力地抵抗外界的因素，而是摆脱。摆脱那些错误的、不需要的、来自外界的控制，将自己完全地、和善地交给内心，这才是控制力的本质和真谛。

其实，从另一方面看，生命中的任何际遇、感受、冲动和欲望，只要它存在，就有其必然。承认这一点，我们就能明白：那些来自外部的力量，并不能改变我们的人生，而是为了让我们的生命更完整、更快乐。因此，当发现这些力量的存在对我们有正面影响时，我们应该做的是用平常心态去对待，并正确面对这些我们的内心可能不愿承认的力量。这样，我们就能化解其带来的冲击力，尝试着将它们变成我们的朋友。我们不会再被它们控制，因为这些力量已经被我们化解，并与我们平等对话、相互影响。

当我们吸收了外界的这些能量之后，通过自我引导，我们将获得更强大的内心，从而变得更完整。这样，新的人生状态就会到来，我们将会从过去的烦恼中解脱出来，并因此感到平安喜乐的可贵。例如，在前面的那个假设案例中，我们总是控制不住自己去看右下角的消息。我们不愿去看，我们想压制这种来自外界的力量，但我们的压制使这种力量变得更强，并很可能最终控制我们——我们可能会想："不管了，先跟朋友聊聊吧。"然后我们就不再写报告了。

正确的解决模式是怎样的呢?

可以先把这种来自外界的力量看作内心的"朋友"，去问问它，到底想要什么？它真的应该控制我们吗?

答案是否定的。当我们询问这位"朋友"的时候，它会告诉我们：我们需要和朋友交流、聊天，从中得到放松和慰藉，把我们从枯燥的报告和严肃的客户面前解脱出来。

这样，我们就能心平气和地看待这股力量，并尝试告诉它，我们的确需要这些，但我们现在需要的是集中精力做好报告、面对客户。等这些结束后，我们将会很好地休息，并同 QQ 好友分享这样的快乐。

当我们在内心这样告诉它之后，有趣的事情就发生了。我们突然发现，这个“朋友”停止了对我们的“进攻”和“控制”，不再那样反对我们了。

现在，我们已经完全被自己控制了。

自控力没有那种疯狂励志的表现，我们不需要站在镜子面前大声呼喊：“我是最棒的！我可以控制好自己！我一定能做到！”

自控力不需要这样。自控力是一种对自我的正视，对内部和外部的包容，是宽和接纳的力量。做到自控的基础，是尝试让自己不被任何负面力量控制。

认识到这一点，我们就会走上提升自我控制力的康庄大道。

心态决定一切

王浩最近有些烦恼，他所在的公司规模较小，他觉得自己的能力得不到充分的展示。因此，春节之后，他通过应聘顺利地进入了一家规模比较大的中外合资公司，心里的兴奋劲儿溢于言表。

但是进入新公司不久，他感觉心里有一种说不出来的滋味。原来，新公司里的人际关系不是很融洽，让他感到无所适从，心情十分压抑。原来那家小公司，同事之间非常和谐，下班后大家经常三五人相邀，一起吃饭或者参加集体活动，谁有困难大家都齐心协力主动帮忙。但是新公司却完全不同，同事之间除了在电梯里额头差不多相碰时不得不打个招呼外，大多数时候都是各行其是，下班走人，一天下来几乎没跟一个人说过话。王浩的心里是一百个不爽。他说，有时候真后悔当初自己选择了这家公司，但我们都说“好马不吃回头草”，实在没有更好的办法了。

像这种情况，可能不少人都会碰到。人世间，幸福与痛苦就像一对孪生姊妹，冷漠与温暖并存，关键是要学会如何调整自己的状态，积极面对现实。

为什么要调整状态呢？

大家知道，状态的决定因素就是心态。俗话说：“心态决定一切。”

好的心态是一切成功的基础，离开了良好的心态将会一事无成。有一位哲人说得好，当我们无法改变环境时，那就好好地适应它，使其为我们所用。既然我们无法改变人情淡漠的工作环境，那就不要为此烦恼，冷静下来，慢慢地调整自己的心态吧！

学会调整自己的心态，最重要的一点就是要有自制力，做一个有自制能力的人非常关键。所谓自制力，就是一个人控制个人思想感情和举止行为的能力。人与动物的根本区别，就在于人是有思想的，因而人可以按照一定的目的理智地控制自己的感情和行为，而不是随意处置和反复无常。但是现在有不少人缺少的就是这种自制力，他们无端地放任自己，甚至不由自主、随波逐流。

在人生的路上，自制力是我们顺利通过悬崖峭壁的安全屏障，失去自制力将会使我们在欲望的泥沼中无法自拔。

有位哲人说过，一个人的命运就在他的性格中。一个人的一生能否有作为、是否成功、是否幸福，起决定作用的因素往往是性格，而不是智力。

据说历史上有个名叫罗纳德三世的贵族，曾是公爵。他的弟弟与其政见不合，结果把他推翻了。他的弟弟既想摆脱这位公爵，又实在不忍心杀死他。他对公爵毫无自制力的情况了如指掌，便想了一个很实用的办法。为了监禁他，弟弟命人把牢房的门改得比以前窄了一些。

罗纳德三世本来就身高体胖，胖得根本就出不了牢门。但弟弟还是做出了承诺，只要罗纳德三世能成功减肥，并能自己走出牢门，就答应让他重获自由，甚至也能恢复原来的爵位。可惜的是，罗纳德三世无法抵挡弟弟每天派人送来的美食佳肴的诱惑，结果不但没有减肥，反而更胖了。

我们不难看出，一个没有自制力的人就像被关在铁栅栏里的囚犯，永远不能走出牢笼。任何一个优秀的人都明白：如果没有自制力，就永远不可能走向成功，实现理想。

传记作家、教育家托马斯·赫克斯利曾说："教育最有价值的成果，就是培养了自制力，不管是否喜欢，只要需要就去做。"

自制力对我们能否走向成功是非常关键的。从古代百科全书式的科学家亚里士多德，到近代的哲学家们都郑重强调：美好的人生需建立在自我控制的基础上。

培根曾经说过"知识就是力量"，他还说过一句话："一分克制，就是十分力量。"由此可见，自制力之重要！

自制力同其他任何事物一样都是一个矛盾体，其中一方是感情，另一方是理智。

再看两个例子：

一位成功学的著名学者拿破仑·希尔曾对美国各监狱的16万名成年犯人做过一项调查研究，发现这些遭天谴的男女犯人之所以沦落到牢狱中，有90%的人是因为缺乏必要的自制能力。自制力不强，不但给他人、家庭和社会带去了伤害，自己也受到了应有的惩罚，受到了法律的制裁。

小王是某师范学院中文系的学生，自从买了电脑后便迷上了网络游戏。由于长期缺少跟班里同学的正常交流，他感觉自己无法融入集体，得不到集体的温暖，因此越感觉空虚，就越是迷恋网络，以致整天不去上课。一个学期下来，他的7门功课有5门需要补考。根据校规，他受到了应有的惩罚，最后只能追悔莫及。

对人们来说，自制力极其重要，如果一个人的自制力不强，那么他的成就一定是非常有限的。一些研究人员曾通过一面单面镜观察孩子们的举动，他们在等待期间的行为总会使观察者捧腹大笑，只有少数孩子经受住了 15 分钟的考验，他们能成功地把注意力从诱人的奖励上移开。

经过 10 年或更长的时间之后，那些忍住了诱惑和没忍住诱惑的孩子之间会出现相当大的差别。忍住了诱惑的孩子在认知事物，尤其是高效地重新分配注意力方面的控制力要强许多。当他们年轻时，染上毒品的概率更小。智力水平的巨大差别也随之出现：在 4 岁时表现出更强的自我控制能力的孩子在智力测验中得到了高得多的分数。

总之，认识到自制力的重要性，积极调整好心态，以极大的热情投入生活，我们的生活将快乐无比。

从小习惯做起，解决小问题

张华是公司的财务人员，因为一次疏忽，给公司造成了一些损失。最后，他被公司辞退了。

可想而知，张华的情绪相当低落。他本想立即行动起来，去找朋友帮忙介绍一份自己能够胜任的工作。然而，由于内心的胆怯和害怕，张华迟迟没有拨通朋友的电话。他害怕自己被朋友拒绝。于是，张华整整一天都在犹豫不决，没有采取任何实际行动。

实际上，不愿意立刻行动，是张华的老习惯了。

在周末休息的时候，张华即使早上睡醒了，也不愿意去洗漱，而是无所事事地躺在床上玩手机、发发呆。他既不想出去逛逛，也不愿打扫房间或者读书学习。张华对于这种状态早就习以为常了。

但是，自从失去工作之后，张华突然发现，自己应该拥有全新的生活。正像书上所说的那样，张华开始从简单的行动做起。他决定先不去找工作，而是调整自己的生活起居。

张华开始认真地整理房间，把不用的废旧物品全部处理掉，将床铺、沙发和写字台擦得干干净净。等他完成这些任务后，整洁而舒适的房间呈现在面前，让他心中收获了一种久违的成就感和满足感。他开始感觉自己有能力迎接新的工作和生活。

很快，张华就给自己的朋友打了电话，那位朋友恰好正在给一家公司寻找财务人员。于是，张华找到了新的工作，他表现出来的工作能力和经验，很快就获得了上司的认可。

张华为什么会有这样的转变呢？从表面上看来，他只是采取简单的行动弥补了自己情绪上的缺憾，提升了自信心，但是更深层的原因在于，张华改变了自己的不良习惯。

习惯是一个很奇妙的东西。我们经常会对生活和工作中的许多大事感到更在意，因此忽视那些小习惯，因为这些小习惯看起来只会带来小问题。比如：开车的小习惯让火花塞每天磨损得多一点点、电脑的操作习惯会让它开机慢一点点、办公桌会因为你的习惯而显得比同事的乱一点点……这些小问题不会立刻使我们面对什么大麻烦，甚至经年累月也不会带来任何困扰。

然而，如果我们能像张华一样，学会从小习惯做起，解决这些小问题，我们将会得到很大的鼓励。因为在我们不曾察觉的情况下，这些小习惯引起的小问题总在给我们带来困扰，而解决这些小问题，就好像赶走了覆盖在我们人生画面里的那层模糊像素，让我们的思路变得更加清晰，并有助于提高我们的自信心。

更重要的是，当我们提高了自信心后，我们将不会重新回到拖延症、迟疑症等状态中了。因此，不要总是期待能得到重要的结果，解决重要的问题。先把那些大事放到一边，注意改变自己那些微不足道的习惯，使自己从惯性中摆脱出来，从点滴做起，比如：注意自己领带的细节、留心记住超市里货品的位置、安排好办公桌上文件的位置等，而不是一如既往地熟视无睹，任凭习惯给自己带路。

良好的开始，意味着成功的一半。当一个人开始意识到必须对自己的某些习惯进行抵抗时，实际上他已经开始了解自控力的重要性了。

首先需要在一些细小的方面，对自己进行仔细的观察，并做出改变的承诺，同时在不同的细节方面遵守这些承诺。当承诺被完成后，我们会发现，自己有了越来越明显的变化。接下来，我们将对自己有更多的期待，我们相信自己能够执行更多的承诺。

其实，许多人都有这样的经验——当自己完成了值得做的事情时，会感到非常开心、兴奋，并拥有宁静。但问题是，许多不好的习惯会阻止我们去做到这些事情。

真正成功的人并非生来就应该获得多少财富，而是他们知道如何用自控力去获得“反惯性”的能力。

比尔·盖茨在事业上获得的巨大成功，与他的这种“反惯性”有很大的关系。在许多人看来，亿万富翁的“惯性”就应该是奢侈的生活、比常人讲究得更多、挥霍更多的财富。然而，比尔·盖茨却用自己在细小行动上的表现，战胜了这种控制过无数富豪的“惯性”。正如他在面对《花花公子》杂志采访时说的那样：“如果你已经习惯了享受，你将不能再像普通人那样生活，而我希望过普通人的生活，我害怕享受。”

他是这样说的，也是这样做的。

比尔·盖茨从来都没有被财富的惯性控制。他见到熟人时，会和以前一样热情地招呼说：“嘿，你好，让我们去吃个热狗吧。”

一次，比尔·盖茨和朋友去希尔顿饭店开会，那一次他们迟到了，因此没有多余的车位。朋友建议，将车停放在饭店的VIP车位上，但比尔·盖茨不同意，朋友以为是钱的问题，主动说自己来付钱，比尔·盖茨还是不愿意。原因很简单，比尔·盖茨并不认为 VIP 车位值得自己多付出 12 美元。他不愿意陷入大手大脚挥霍的“惯性”中。

在比尔·盖茨的行为准则中，永远都有对不良“惯性”的反对。比尔·盖茨和他的妻子梅琳达很少去一些豪华餐馆，除非因为工作。一般情况下，他们只是选择肯德基或者普通的小咖啡馆；比尔·盖茨喜欢逛打折商店，喜欢穿普通的衣服，那些衣服的价格甚至不及一些明星洗衣服的钱；比尔·盖茨甚至没有自己的司机，也从没有包过飞机进行私人旅行……

我们会为比尔·盖茨感到不值吗？不会。他有给自己的奖励，这种奖励就是普通人的生活。

踌躇不决，是必须战胜的敌人

有人曾将25000名遭受失败的男女加以分析，并由此揭开了一个事实，即：“没有决心”这四个字在失败的31项重大的原因中，名列前茅。

踌躇不决，几乎是每个人都必须战胜的敌人。

你读完本书并准备将书中所述的原则付诸实施时，你就有机会试验自己迅速而确定地下决心的能力了。

不能聚积足够钱财以供所需的人，大都容易受别人的意见影响。他们让媒体及多话的邻居替自己思考，但意见是世界上最便宜的东西。每个人都有一大堆意见，准备好贡献给肯接受它们的任何人。如果你做决定的时候动辄受别人意见的影响，你是很难收获成功的。

在开始应用本书所述的原则时，你要试着自己做出决定并付诸行动。除了你选择的智囊团外，不要相信任何人，而且在你选择的智囊团之内，只选与你的宗旨相协调而又完全拥护它的人。

好朋友与亲人尽管有时是无心的，也会用“意见”来阻碍你，有时用的是开玩笑的方式。成千上万的男女，终生带着自卑感，只是因为被怀着好意的无知人用“意见”或开玩笑而毁了他们的自信心。

你有自己的灵感与脑子，你应该用它们来做你自己的决定。如果你需要别人提供事实或资讯来帮助你做决定——可能你很多时候会这样——要悄悄地取得你所需要的资讯，而别宣扬你的秘密。

人们的性格往往是：虽然只有一点浅薄的知识，也要给人造成他似乎有很多知识的印象。这种人有嘴巴，可没有耳朵。你要紧闭你的嘴，而让你的眼睛与耳朵张开——如果你想养成立即下定决心的习惯的话。话讲得太多的人，是很少做事情的。如果你说话多于听话，你不仅会失去很多收集有用的知识的机会，并且会暴露你的计划与意向。还要记住，每次你在一个知识丰富的人面前张口说话时，你都在向他暴露着自身知识的真实存量，或者它的匮乏。高度的智慧，往往表现为谦逊与缄默。

再记住一个事实：你所交往的每个人，都像你自己一样在寻求着这样那样的机会。如果你太随便暴露你的计划，你会发觉，有人就会马上用你说出的计划，比你提前付诸实施，先在你自己的目标上打败你，再使你惊讶不已。

所以你的第一个决定，就是闭上你的嘴，张开你的耳朵和眼睛。

作为提醒你遵守此一建议的备忘录，你可以用大字抄写下面的警句，贴在你每天能看到它的地方，这对你很有益处：

“告诉世人你想做的事，不过要在你做给他们看之后。”

这等于是说：“最有用的是做，而不是说。”

在你寻求此种方法的秘密时，别寻求奇迹，因为你是找不到它的，你找到的只是大自然的永恒定律，这定律是每一个有信心有勇气使用它的人都能找到的。

能够立刻做出决定，又确切地知道他要的是什么的人，一般都能得到他所要的事物。世界各国的领袖，都能迅速而坚定地下决心，这就是他们之所以成为领袖的主要原因。这个世界习惯于空出地位来，给予那些配得上它们的人。

踌躇不决往往是人年轻时养成的习惯。当一个人由小学到中学，甚至经过了大学，都还没有一定的意向时，此种习惯便成为永久性的了。

踌躇不决的习惯，还会跟着他进入到他所挑选的职业中去——假使他的确挑选过职业的话。普通的年轻人，是一踏出校门，便寻求他能找到的任何工作。而且他往往是找到第一个职业便接受了，因为他已经养成了踌躇不前的习惯。目前的薪水阶层，98%的人都是在缺乏决心的情况下去寻求职位的，也都是在缺乏如何选择雇主的情况下得到工作的。

缺乏决心是失败的主要原因。每个人都有他的喜好，不过最后是你的意见决定自己的一切。下定了的决心，会使它自己契合异常特殊的环境。踌躇不决往往在年轻时候便开始，你应该避免它并且尽量帮助别人避免它。

锻炼你的自制力

如果你今天早上计划做某件事，但因昨晚休息得太晚而困倦，你是否会义无反顾地披衣下床?

如果你要远行，但身体困倦，你是否要停止远行的计划?

如果你正在做的事遇到了极大的、难以克服的困难，你是继续做呢，还是停下来等等看?

对诸如此类的问题，若在纸面上回答，答案一目了然，但若放在现实中，自己去拷问自己，恐怕就不会回答得这么利索了。眼见的事实是，有那么多的人在生活、工作中遇到了难题，都被打倒了。他们不是不会简单地回答这些问题，而是缺乏自制力，难以控制自己。

要拥有非凡的自制力，并非看几本书、发几个誓就能立刻见效。九尺之台，起于垒土。通过一件又一件的小事来锻炼自己的自制力，是提升自己自制力的一个切实可行的方法。

1976 年，曾连续二十年保持美国首富地位的“石油大王”，象征石油财富和权力的保罗·盖蒂去世，留下了巨额遗产。按照他的遗嘱，他 20 多亿的遗产中有 13 亿美元要交给“保罗·盖蒂基金会”支配。

保罗·盖蒂曾不止一次地对他的子女们说：一个人能否掌握自己的命运，完全依赖于自我控制力。如果一个人能够控制自己，他就不必总是按喜欢的方式做事，他就可以按需要的方式做事。这正是人生成功的要点。

保罗·盖蒂是一个富家子弟，年轻时不爱读书爱浪荡。有一次，他开着车在法国的乡村疾驰，直到夜深了，天下起大雨，他才在一个小城镇找一家旅馆住下来。

他倒在床上准备睡觉时，忽然想抽一支烟。取出烟盒，不料里面却是空的。没有烟，他反倒更想抽烟了。他索性从床上爬起来，在衣服里、旅行包里仔细搜寻，希望能找到一支不小心遗漏的烟。但他什么也没有找到。

他决定出去买烟。在这个小城镇，居民没有过夜生活的习惯，商店早就关门了。他唯一能买到烟的地方是远在几公里之外的火车站。当他穿上雨鞋、披上雨衣，准备出门时，忽然冒出一个念头："难道我疯了吗？居然想在半夜三更，离开舒适的被窝，冒着倾盆大雨，走好几公里路，目的只是为了抽一支烟，真是太荒唐了！"

他站在门口，默默思考着这个近乎失去理智的举动。他想，如果自己如此缺少自制力，能干什么大事？

他决定不去买烟，重新换上睡衣，躺回被窝里。

这天晚上，他睡得特别香甜。早上醒来时，他浑身轻松，心情很愉快。因为他彻底摆脱了一个坏习惯的控制。从这天开始，他再也没有抽过烟。

对于保罗·盖蒂来说，戒烟的真正意义不在于戒烟本身，而在于戒烟成功后对自己意志与自制力的磨炼和提升。因此，同惰性与惯性做一些斗争并最终取胜，对于自制力的提升会有莫大的帮助。

一次只解决一件事

毫无疑问：杂乱无章的做事习惯只会浪费自己的时间和精力，根本就没什么效率可言。相反，做每一件事都井然有序者，其办事效率一定不会很低。

如果有人问世界上最拥挤的地方是哪里，我想应该是纽约市中央火车站的咨询处了。每天，那里总是人潮拥挤，匆匆忙忙的旅客都抢着询问自己想知道的问题，都希望能够立即获得答案。

对于问询处的服务人员来说，工作的紧张与压力可想而知。疲于应对是他们的共同感受。

不过，3 号柜台后面的那位服务员却是个例外，他看起来并不紧张，这实在令人不可思议。这位服务人员戴着眼镜，样子文弱，却要面对大量秩序混乱和缺乏耐心的旅客，让人很难相信在如此巨大的压力面前他还能镇定自若。

一次，在他面前的旅客是一个衣着鲜艳的妇女，头上戴着一条丝巾，已被汗水湿透，她的脸上充满了焦虑与不安。询问处的先生倾斜着半身，以便能倾听她的声音。“是的，你要问什么?”他把头抬高，集中精神，透过厚镜片看着这个妇女：“你要去哪里?”

这时，有位穿着入时，一手提着皮箱，头上戴着帽子的男子试图插话进来。但是，这位服务人员却视若无睹，只是继续和这个妇人说话："你要去哪里?""旧金山。""旧金山是吗?"他根本没有看行车时刻表，就说："那班车是在10分钟之内，在第11号月台上车。""你说是11号月台吗?""是的，太太。""11号?""是的。"

女人转身离开，这位先生立即将注意力转移到下一位客人——戴帽子的那位先生的身上。但是，没过多久，那位太太又回头来问月台的号码。"你刚才说的是11号月台?"但是这一次，这位服务人员的精神已经集中在下一位旅客的身上，不再管这位头上扎丝巾的太太了。

某天，有人询问那位服务人员："能否告诉我，你是如何做到并保持冷静的呢?"

那个人这样回答："我根本没有和大众打交道，我只是单纯地在接待一位旅客。忙完了一位，才换下一位。在一整天之中，我每次只服务一位旅客。"

看来，这位服务人员完全掌握了高效率的工作方法：一次只解决一件事。许多人在工作中把自己搞得疲惫不堪，而且效率低下，很重要的一个原因就在于他们杂乱无章的工作习惯。他们总试图让自己具有高效率，而结果却常常适得其反。

在从事一项工作的时候，不要因为受到干扰或者疲倦而放下正在做的工作，转身去做其他不相干的事情，因为如果此项工作还没有结束，就又开始另一项工作的话，你的办公桌上就又要开始混乱了，随后，你的大脑也要开始混乱了，你一定要力求把你手头的工作做完以后再开始另外的工作，即使这项工作暂时遇到了阻碍，你也要尽力去做。

一项工作做完后，务必要把与这项工作相关的资料收拾整齐，并分门别类地把它们放到合适的位置，然后你应该核对一下剩下的工作，接着去进行第二项工作。

秩序应是工作的第一定律。但实际果真如此吗？不见得。只要我们稍加留意就会发现，很多人的桌面总是堆满纸张，好几个星期都不曾理会它。

当你的办公桌上乱七八糟地堆满了待回信件、报告和备忘录时，这足以导致慌乱、紧张和忧烦。更为严重的是，时常担心"万事待办，却无暇顾及"的人，不仅会感到紧张劳累，而且会引发高血压、心脏病和胃溃疡。

著名的精神科医生威廉·沙勒提起过他的一位病人，就是因为凌乱无序的工作习惯而差点精神崩溃，不过当他改变了这一不良习惯后，他奇迹般地康复了。

这位病人是波士顿一家大公司的客户经理，第一次去见沙勒医生的时候，整个人因充满了紧张、焦虑的情绪而闷闷不乐。他工作繁忙，并且知道自己状态不佳，却又不能停下来，他需要帮助。

"当这位病人向我陈述病况的时候，电话铃响了，"沙勒医生说道，"是医院打来的。我丝毫没有拖延，马上做了决定。只要能够的话，我一向速战速决，马上解决问题。挂上电话不久，电话铃又响了。又是紧急事件，颇费了我一番唇舌去解释。接着，有位同事进来询问我关于一位重病患者的种种事项。等我把一切忙完，我向这位病人道歉，让他久候了。但这位病人精神愉悦，脸上流露出特殊的表情。"

"别道歉，医生，"这位病人说道，"在这十分钟里，我似乎已经明白了自己哪些地方不对了。我要回去改变我的工作习惯……但是，在我临走之前，我可不可以看看你的抽屉？”

沙勒医生拉开桌子的抽屉，除了一些文具之外，再没有其他东西。

“告诉我，你的待处理事项都放在什么地方？”病人问。

“都处理了。”沙勒回答。

“那么，待回信件呢？”

“都回复了。”沙勒告诉他，“不积压信件是我的原则。我一收到信，便交代秘书处理。”

几个星期后，这位客户经理邀请沙勒医生到他的办公室参观。他改变了，当然桌子也变了。他打开抽屉，里面没有任何待办文件。

“几个星期以前，我有两间办公室，三张办公桌，”这位经理说道，“到处堆满了没有处理完毕的东西。跟你谈过之后，我回来清除掉了一货车的报告和旧文件。现在我只留下一张办公桌，东西一来便处理妥当，不会再有堆积如山的待办事件让我紧张烦恼。最奇怪的是，我已不药自愈，再不觉得身体有什么毛病啦！”

杂乱无章的工作方式堪称恶习：你在自己的办公桌上堆满了文件、资料，结果需要的东西找不着，不需要的东西一大堆，很多时间就白白浪费在查找丢失或一时找不着的东西上了。更糟的是，凌乱的东西会分散你的注意力，当你做着一件事时，眼睛不经意地扫过另一份文件，你马上又会想起，那份文件也在等着处理，于是你的注意力就被分散了。

如果你的办公桌上经常是文件、物品堆积如山，你就有必要花一点时间来整理一下了，哪怕花上少半天时间也是很值得的。

把你办公桌上所有与正在做的工作无关的东西清理出来，把立即需要办理的找出来，放在办公桌的中央，其他的进行分类，分别放入档案袋中或是抽屉里，这样做的目的是要提醒你，你现在应该做的是最要紧的工作。因为你一次只能做一项工作，所以你要把所有的精力集中在这件工作上，不能让其他的工作影响你。

做事要分清轻重缓急

众所周知，每个人的一天都有无数的事情需要去处理，面对这种情况，有的人总能很好地管理自己的时间，提高工作的效率，而有的人则有些不知所措，往往眉毛胡子一把抓，这里做一点点，那里又做一点点，结果手忙脚乱，啥事儿也没干成，又或是光干不要紧的小事，最后把重要的大事给耽搁了。

古人有云："事有先后，用有缓急。"在实际的工作中，我们判断一个人有没有头脑，是不是一名优秀的员工，关键就看他做事能否分清轻重缓急。

有这样一个故事：

一天，一位时间管理专家为一群商学院的学生讲课。他现场做了演示，给学生们留下了一生都难以磨灭的印象。

站在那些高智商、高学历的学生前面，他说："我们来做个小测验。"说完，他拿出一个一加仑的广口瓶放在他面前的桌上。

随后，他取出一堆拳头大小的石块，仔细地一块块放进玻璃瓶。直到石块高出瓶口，再也放不下了，他问道："瓶子满了吗?"所有学生应道："满了!"

时间管理专家反问："真的?"他伸手从桌下拿出一桶砾石，倒了一些进去，并敲击玻璃瓶壁使砾石填满下面石块的间隙。

“现在瓶子满了吗?”他第二次问道。但这一次学生有些明白了。

“可能还没有。”一个学生应道。

“很好!”专家说。他伸手从桌下拿出一桶沙子，开始慢慢倒进玻璃瓶。沙子填满了石块和砾石的所有间隙。

他又一次问学生:“瓶子满了吗?”

“没满!”学生们大声说。

他再一次说:“很好!”然后，他拿过一壶水倒进玻璃瓶，直到水面与瓶口齐平，抬头看着学生，问道:“这个例子说明什么?”

一个心急的学生举手发言:“无论你的时间表多么紧凑，如果你确实努力，你可以做更多的事情!”

“不!”时间管理专家说，“那不是它真正的意思，这个例子告诉我们:如果你不是先放大石块，那你就再也不能把它放进瓶子了。那么，什么是你生命中的大石块呢?与你爱的人共度时光?你的信仰、教育、梦想?记住，先去处理这些大石块，否则，一辈子你都不能再做!”

其实，时间对于每个人都是公平的，但由于不同的人对时间的使用和管理不同，最终产生的效果也就有所不同。

为此，畅销书作家理查德·科克曾提出了一个著名的“80/20定律”，即20%的事情决定80%的成就。由此可见，对于我们每一位职场人士来说，学会管理时间，分清事情的轻重缓急就显得尤为重要了。

也就是说，我们唯有用80%的时间去做好那20%最重要、最紧急的事情，然后再用剩下的20%的时间去做那80%不太重要、不太紧急的事情，我们的执行效率才能得到飞速的提升，我们才能做出一番骄人的成就。

美国史卡鲁钢铁公司的总裁查鲁斯，原来也是一个不会舍弃、只知道追求面面俱到的人，许多事情常常半途而废。他感到非常烦恼，便向效率研究专家艾伊贝·李请教解决此问题的办法。

艾伊贝·李给他的建议是这样的：

1.不要想把所有事情都做完。

2.手边的事情并不一定是最重要的事情。

3.每天晚上写出你明天必须做的事情，按照事情的重要性排列。

4.第二天先做最重要的事情，不必去顾及其他事情。第一件事做完后，再做第二件，依此类推。

5.到了晚上，如果你列出的事情没有做完也没关系，因为你已经把最重要的事情都做完了，剩下的事情明天再做。

最后，艾伊贝·李说："每天重复这么做，如果感觉效果超出你的想象，就可以指导手下照着做。在做到你认为满意时，只要付给我一张你认为相等价值的支票即可。"

查鲁斯试了一段时间后，感觉效果非常惊人。于是，他要求下属也跟着做。结果，艾伊贝·李得到了一张2.5万美元的支票。

通过这个故事，我们不难得出一个结论：一个人如果懂得管理时间，总是优先处理最重要、最紧急的事情，那他做起事来不但有条不紊、不慌不乱，而且还能够节约时间，提高自己的执行效率，当然最后完成的效果也是不同凡响。

歌德曾经说过：“善于掌握时间的人，才是真正伟大的人。”此话不假。放眼周围，做事分清轻重缓急不仅是聪明人的做法，也是成功人士的必然选择。

只有凡事分清主次，我们才能把有限的时间用在最重要、最紧急的事情上，才能用最少的时间和精力求得更大的回报；反之，如果我们做事总是轻重不分，轻重颠倒，把暂时不重要、不紧急的事情放到了最重要的位置，而把最重要、最紧急的事情放到了最次要的位置，那只会让自己沦为时间的奴隶，大大地降低自己的执行效率，久而久之，必然会导致我们在工作上的失败。

曾经有这样一个工人，他一走进丛林，就开始清除矮灌木，干得不亦乐乎。当他费尽千辛万苦，好不容易清理完一片灌木丛，直起腰来，准备享受一下完成了一项艰苦工作后的乐趣时，却猛然发现，不是这片丛林，旁边还有一片丛林，那才是需要他去清理的地方！

有多少人在工作中，就如同故事中这个清除矮灌木的工人，常常只是埋头干活，甚至都没有意识到自己要清理的并非是那片丛林。

毫无疑问，这就是不会管理时间所带来的糟糕后果。

法国作家拉布吕耶尔说过：“最不好好利用时间的人，最会抱怨它的短暂。”可见，身为员工，如果我们总抱怨时间太少，没办法处理完手头上的事情，那说明我们缺乏管理时间的能力，所以才导致自身执行效率的低下。

要知道，真正的高效率员工从来不会感觉到时间的紧迫，因为他可以很好地计划、管理、分配自己的时间，把时间牢牢地掌握在自己的手掌之中。所以，我们要想提高自己的执行力，收获成功，就要学会管理自己的时间，分清事情的轻重缓急，永远优先处理最重要、最紧急的事情。

第三章

让我们自信起来

自怨自艾是一种常见的负面情绪。当一个人在困顿中待了太久之后，他很容易生出自怨自艾的情绪。我们常常看到一些人怨天尤人，其实就是一种自怨自艾。这种情绪只会让你的人生更加灰暗。所以，管理情绪的第一步，就是让我们自信起来，不被自怨自艾的情绪打倒。

去除依赖性，做事不盲从

做人做事都要有决断、有主见，凡事依赖别人的人是不成熟的，也是不自信的，只有去除依赖性，做事不盲从，你才能真正成为一个独立自主的人。

西施是春秋时期声名远播的美人，她的一举一动都十分吸引人，只可惜她的身体不好，有心痛的毛病。有一天她在河边洗完衣服准备回家，就在回家的路上，突然胸口疼痛，她就用手扶住胸口，皱着眉头。见到的村民们不知道她的痛苦，却都在称赞，说她这样比平时更美。

同村有位名叫东施的长相普通的女孩，看到村里的人都夸赞西施皱眉的样子，也有样学样捂住胸口，皱着眉头，从人们身边走过，以为这样就有人称赞她。有些人看到之后，赶紧关上大门；有些人则是急忙拉妻儿躲得远远的，他们比以前更加瞧不起东施了！这就是因为她不知道西施的美并非只是因为皱眉这些表面现象，盲目模仿，适得其反。

盲目跟风的本质是没有自己独立的思考，判断不清楚真实的情况，导致很多不必要的麻烦。不仅古代是这样，现代社会也不乏其例。

体悟生活之道相同，生活中我们应该去掉依赖性，懂得凡事靠自己。

依赖性强的人往往没有主见，缺乏自信，总觉得自己能力不足，甘愿置身于从属地位。遇到事情总想依赖父母、师长、朋友或权威，总希望他们能为自己做出决定，不敢独立负责。一旦失去了可以依赖的人，他们常常感到不知所措，甚至连最基本的生活问题都不能自理。

尤其是现在的孩子总处处依赖父母，衣食住行全由父母打理，读大学了连衣服都不会洗，毕业找工作也是父母想办法解决，如果哪一天父母离去，他们的生活能力真令人担忧！

其实，人的独立性是可以培养的，这一点我们应该向鸟类学习。

小鸟的翅膀刚刚长成，刚学会飞行的时候，就被它们的父母赶出了“家门”。当小鸟眷恋温暖的窝巢，不愿离去时，父母们就不顾亲情，硬是把小鸟逐走才肯罢休。

其实小鸟在刚出生的时候，鸟爸爸、鸟妈妈对小鸟也是视若珍宝，轮流守护，轮流觅食，爱子之情与人类并无差别。然而当小鸟翅膀上的羽毛渐渐丰满时，父母们却“狠心”地将它们赶出家门。这在人类看来似乎有点不近情理，但正是这种“不近情理”使小鸟们掌握了生存的本领，使它们在“物竞天择”的环境中拥有自己的“一席之地”。

培养小鸟们的独立性，使它们离开父母的羽翼也能够生存，这才是鸟爸爸、鸟妈妈对孩子真正智慧的爱。

去除依赖性的一个重要表现是坚持自己的主张，不去盲从别人，在独立自主中体现个人价值。

美国人一度曾经必须依靠个人的决断才能生存。那些驾着马车向西部进发的拓荒者，遇到事情时并没有机会找专家来帮忙解决问题。不管是遇到紧急情况或任何严重危机，他们都只能依靠自己。

印第安人来攻击的时候，因为没有警察，他们只能依靠自己的智慧和力量来逃过劫难；想安顿家庭，也没有建筑公司，完全得靠自己的双手；生病时，没有医生，他们便依靠常识或家庭秘方来治病；想要食物，就自己去耕种或猎捕。这些人，每当遇到生活上的各种问题，都得立即下判断，做决定。事实上，他们也一直做得很好。

而现在，人们生活在一个充满专家的时代。人们在日常生活中，已习惯于依赖专家看法，所以逐渐丧失了对自己的信心，以至于不能对许多事情提出自己的意见或坚持信念。这些专家之所以取代了人们的独立判断，其实是人们让他们这么做的。

有许多小儿科医生会告诉父母如何喂养、抚育和照顾孩子，也有许多幼儿心理学家告诉父母如何教育子女。

经商时，有许多专家会告诉人们如何使生意成交；在政治上，人们投票很少是因为个人的选择，大部分人是盲从某些特定团体的意见；就是人们的私生活，有时也要受某些专家意见的影响。很多人都没有想到，其实自己就是世界上最伟大的专家。

没有独立的思维方法、生活能力和自己的主见，那么，生活、事业就无从谈起。众人观点各异，欲听也无所适从。只有把别人的话当参考，按照自己的主张走，一切才能处之泰然。

把握青春，不要虚度年华

“少壮不努力，老大徒伤悲。”这句汉乐府《长歌行》中的诗句传诵了两千多年。今天我们已不知道这位佚名的诗人在写下这句诗的时候，是否也在悔恨自己的一生，但是可以肯定，千百年来有很多人，在他们白发苍苍之际，重读这句诗的时候，都会为之深深震撼。

从前，有个流浪艺人，虽然才四十几岁，但是骨瘦如柴，形容枯槁，医生诊断他是肝癌晚期。临终前，他把年仅16岁的独子找来，叮咛着：“你要好好读书，不要像我少壮不努力，老来没成就。我年轻时好勇斗狠，日夜颠倒，烟酒都来，正值壮年就得了绝症。你要谨记在心，不要再走我的路。我没读什么书，没什么大道理可以教你，但你要记住‘少壮不努力，老大徒伤悲’这句话，不要再走我的路了。”

说完，他咽下最后一口气，16岁的儿子懵懵懂懂地站立一旁。

长大后，他儿子也混迹酒家、赌场。有一次与客人起冲突，因出手过重而闹出人命，被捕坐牢。出狱后，物是人非，他发觉不能再走老路，但是却无一技之长，无法找个正当的工作，只好下定决心，回到乡下，靠做一些杂工维生。

由于年轻时无法体会父亲交代的遗言，耽误了终身大事，他年近半百才成婚。随着年事渐长，他逐渐体会到了父亲临终时交代的话，但似乎为时已晚。体力一天不如一天，面对着无法撑持的家，他心里有着无限的忏悔与悲伤。

有个夜晚，他喝了点酒，带着酒意，把16岁的儿子叫到跟前。他先是一愣，这就是当年16岁的我啊！父亲临终前交代遗言的景象在他脑海中显现，他有些自责地喃喃自语："我怎么没把那句话听进去啊？"

想到这儿，眼泪直滴脸颊。儿子站在面前，懂事地安慰着："爸爸，您喝醉了，早点休息吧！"

"我没有醉，我要把你爷爷交代我的话告诉你，你要牢牢记住。"

"爸爸，什么话这么重要呀？"

"当年你爷爷临终时交代我，再也不能因为'少壮不努力'，'老大徒伤悲'了，我没听进去，也没听懂。结果我费尽一生才体会出这句话的道理，但为时已晚。"

"这句话不是人人都知道吗？"

"是啊。但是，并不是每个人都知道要从年轻时就努力奋发向上。一定要年轻时就学好，不然老了就像我一样一无是处。你一定要认真对待这句话，希望你好好做人，将来儿孙都能成才，不必再把这句话当遗言交代了。"

确实，"少壮不努力，老大徒伤悲"这句话人人都知道，甚至有时候还熟得让人生厌。尽管长辈们一再提起，我们却并没有谨记，没有真正懂得它的寓意，甚至于听而不闻，直到老来才悔恨不已。

如今还不知道有多少人在自以为是地游手好闲，漫步街头，口里喊着"我年轻，我怕谁？"但是人生又有多少"少壮"呢？

一个人的青春不过是短短的三四十载，但却有二十年交给成长，人生只有短短十几年的奋斗期。如果能在十年中磨成一剑，我们就有亮剑的机会。如果还是一味地虚度年华，我们或许连磨剑的机会都没有了。岳飞在《满江红》里告诉我们：“三十功名尘与土，八千里路云和月。莫等闲、白了少年头，空悲切。”我们不能再走“少壮不努力，老大徒伤悲”的路了。

别在悔恨中错过时机

“我本来可以抓住那次机会的，为什么我当初这么傻呢?”“如果我那时拉着她的手不放，我们就不会分开，为什么我当时这么笨呢?”……或许是因为“一失足成千古恨”的缘故，或许是因为“早知如此，何必当初”的劝告，我们总是在悔不当初中让时间、机会从身边走过，而自己却毫无知觉。等到苏醒过来的时候，原来自己错失的不仅仅是月亮，而且还错失了星星，又为自己错失星星而自怨自艾。致使走到人生的终点时，有人发现，自己一直活在后悔的轮回里。

保尔告诉过我们:“人最宝贵的是生命，生命对于人来说只有一次。一个人的生命应当这样度过:当他回首往事时，他不会因为虚度年华而悔恨，也不会因为碌碌无为而羞耻。”但是我们却总是在悔恨中虚度年华，致使我们在回首往事时只能悔恨。

一个年轻人，因为贫穷，没有读多少书，他来到城里，想找一份工作。发现城里没有一个人看得起他，于是他开始变得郁郁寡欢，并后悔来到这座城市，想要离开这里。就在年轻人决定离开时，忽然想到自己应该给当时有名的银行家罗斯写封信。他在信中抱怨命运的不公，希望罗斯能借些钱给他，他会先去上学，然后找一份好的工作。

很多天过去了，就在他把行李打好，准备无望地离开时，居然收到了罗斯的回信。银行家在信中并没有对他表示同情，而是给他讲了一个故事:

在浩瀚的海洋里生活着很多鱼，它们都有鱼鳔，唯独鲨鱼没有。没有鱼鳔的鲨鱼按照常理来说是不可能活下去的。因为它行动极为不便，很容易沉入水底，在海洋里只要一停下来就有可能丧生。为了生存，鲨鱼只能不停地运动，很多年后，鲨鱼拥有了强健的体魄，成了最凶猛的鱼。最后，罗斯说，这个城市就是一个浩瀚的海洋，拥有文凭的人很多，但成功的人很少。你现在就是一条没有鱼鳔的鱼……

那晚，他躺在床上久久不能入睡，一直在想着罗斯的信。突然，他改变了决定。第二天，他跟旅馆的老板说，只要给一碗饭，他可以留下来当服务生，一分钱工资都不要。旅馆老板不相信世界上有这么便宜的劳动力，很高兴地留下了他。10 年后，他凭着自己的努力，拥有了令全美国都羡慕的财富，并且娶了银行家罗斯的女儿。他就是石油大王哈特。

很多时候，阻止我们前进的不是贫穷，而是自怨自艾的心。法国作家拉布吕耶尔说过："当我们为一去不复返的青春叹息时，我们应该考虑将来的衰老，不要到那时再为没有珍惜壮年而悔恨。"我们不能活在悔恨里，应该为自己明天的不悔恨而努力珍惜今天。

有一天，罗杰走下码头，看见一些人在钓鱼。出于好奇，他走近去看当地有什么鱼，好家伙，看到的是满满一桶鱼。

那是一位老人的，他面无表情地从水中拉起线，摘下鱼，丢到桶里，又把线抛回水里。他的动作更像一个工厂里的工人，而不像一个垂钓者在揣摩钓钩周围是否有鱼。他知道鱼会来的。

罗杰发现，不远的地方还有七个人在钓鱼，老人每从水中拉上一条鱼，他们就大声抱怨一阵，抱怨自己仍然举着一根空杆。这样持续了半小时。老人猛地拉线、收线，七个人也一直嘟嘟囔囔地看他不断摘鱼，又不断把线抛回去。这段时间其他人没有钓上一条鱼，尽管他们只在距老人十几米远的地方。

这是怎么回事儿？罗杰走近一步，想看个究竟。原来那些人都在甩锚钩儿（甩锚钩儿是指人们用一套带坠儿的钩儿沉到水里猛地拉起，希望凑巧挂住一群游过去的小鱼中的一条）。这七个人都拼命地在栈桥下面挥舞着胳臂，试图钓起哪怕一条鱼。而那位老人只是把钩沉下去，等一会儿，感到线往下一拖，然后猛拉线，鱼便被钓上来了。

老人收获了鱼，而他百发百中的秘密只是在钩子上用一点诱饵而已。他一把线放下去，鱼就会咬饵食，他会感觉到线动，然后再把鱼钩从密密的一群鱼当中一拉。

为什么那七个人一直都是举着一根空杆呢？因为他们总是在埋怨自己为什么跟那位老人一样举杆，却是两种截然不同的结果。我们也常常像这七人一样，干的跟别人一样多，挣的却比别人少，然后就埋怨老板，埋怨自己。其中的原因就是：虽然我们举杆的频率一样，但方法不一样。

有面对失败的勇气

新东方创始人俞敏洪说："人要有面对失败的勇气。我在自己的生命历程中遭遇过很多次失败，但是不断地失败才使我知道，应该把挫折和失败视为一种常态。一个输得起的人，才能赢得起。"人总是在悲伤或失败的时候，感到后悔不已，一蹶不振。我们与其在回忆中悲伤后悔，不如像俞敏洪一样更好地把握现在和未来。

俞敏洪遇到的第一个失败就是高考。作为一个农民的孩子，离开农村到城市生活就是他的梦想，他认定高考在当时是离开农村的唯一途径。但是由于基础知识薄弱等原因，他第一次高考败得很惨，英语才得了 33 分；第二年又考了一次，英语得了 55 分，依然名落孙山；他还是坚持考了第三年，最终考进了北大。高考的失败让他做过很多的抉择，高考真的是离开农村的唯一途径吗？不通过高考难道就走不出去吗？但是他认定自己一定能通过高考走出去。

20 世纪 80 年代末，中国出现了留学热潮，他的很多同学和朋友都相继出国。他在家庭和社会的压力下也动心了。1988 年他托福考了高分，但就在他全力以赴为出国而奋斗时，美国对中国的留学政策收紧。以后的两年，中国赴美留学人数大减，再加上他在北大学习成绩并不算优秀，赴美留学的梦想在努力了三年半后付诸东流，一起逝去的还有他的所有积蓄。

经过几番打拼后，他终于找到了属于自己的人生道路：创办了北京新东方学校。由此他成了全中国最有钱的老师。

失败并没有什么，一个人真正的失败是在失败后自怨自艾、怨天尤人，不懂得寻找出路，整日沉浸在悔恨中。人生的道路，不可能顺畅无阻，一帆风顺。遭受失败时与其终日怨叹，活在阴影中，不如往前一步，只要一步，就能够找到阳光，从头再来。

昨天所有的荣誉，已变成遥远的回忆。

辛辛苦苦已度过半生，今夜重又走进风雨。

我不能随波浮沉，为了我挚爱的亲人。

再苦再难也要坚强，只为那些期待眼神。

心若在梦就在，天地之间还有真爱。

看成败，人生豪迈，只不过是从头再来……

刘欢这首饱含男子汉气概的《从头再来》，不知激励与鼓舞了多少寒夜难眠的伤心人。从头再来是不甘屈服的韧性，是善待失败的人生境界。从头再来源于我们对现实和自己清醒的认识，是对自己实力的肯定，是挑战困难、挑战自我的勇气；从头再来，我们要忍受失败的苦楚，吸取失败的教训；从头再来，我们还要坚守心中的信念，走出自怨自艾，相信坚持到底就是胜利。

正是因为有“从头再来”的精神，67岁的爱迪生才能踩在百万资产的废墟上，面对被大火烧毁的研制工厂，乐观地说：“现在，我又重新开始了。”太多的例子说明，我们的人生应该是无悔的人生，即便是无数次遭受失败的打击，也应该吸取经验，带着“不要悔”三个字继续前行。

有一个年轻人决心离开故乡，去开辟一条自己的路。他动身的第一站，是去拜访本族的族长，请求指点。

老族长正在练字，听说本族有位后辈即将踏上人生的征途，就写了3个字给他：不要怕。然后抬起头来，望着年轻人说：“孩子，人生的秘诀只有6个字，今天先告诉你3个，供你半生受用。”

20年后，之前的年轻人已到中年，有了一些成就，也经历了很多伤心事。归程漫漫，到了家乡，他又去拜访那位族长。

他到了族长家里，才知道老人家几年前已经去世，家人取出一个密封的信封对他说：“这是族长生前留给你的，他说有一天你会再来。”还乡的游子这才想起来，20年前他在这里只听到了人生的一半秘诀。拆开信封，里面信纸上写着3个大字：不要悔。

歌德说过：“苦难一经过去，就变成甘美。”每个人的心都好比一颗水晶球，晶莹闪烁。我们应该像这个年轻人一样，带着“不要怕”去践行自己的成功，带着“不要悔”去面对生活的遭遇。只有这样的人生，才是值得我们骄傲的人生。

自卑让人萎靡

许多人谈论起某位企业家、世界冠军、著名电影明星时，总是赞不绝口，羡慕他们的成功与非凡的能力。可是一想到自己，便一声长叹："我不是成材的料！"他们认为自己没有出息，不会有出人头地的机会。理由是："生来比别人笨""没有高级文凭""没有好的运气""缺乏可依赖的社会关系""没有资金"等。这些都是自轻自贱的表现。有人这样比喻过：自卑的人就像一棵含羞草，一点凌厉的目光，一点讥讽的语言都将使他们萎蔫，泯灭追求。

自卑可以使本该成功的事业衰败，使本该美丽的青春之花凋谢，使本该幸福的生活被摧毁。自卑情绪就像心底的一只传播疾病的动物，无时不在心头晃动，不时地在我们的生活中留下它咬噬的伤痕。

一个人若是被不良的心态左右，人生的航船就有可能驶入河沟浅滩，失去发展的机会。自卑就是自毁。

在一次火灾中消防队员从废墟中救出了一对孪生兄弟——国梁和家梁。他们是此次火灾中幸存的两个人。但兄弟俩在这次火灾中都被烧得面目全非。弟弟家梁整天对着医生唉声叹气，认为自己的样子怪，没法继续生存下去。他的口头禅就是："与其赖活着，还不如死了算了。"哥哥则努力地劝弟弟："这次大火只有我们得救了，因此我们的生命尤为珍贵，我们的生活会更有意义，勇敢活下去，我们一定会过得很好。"

兄弟俩出院后，弟弟终究还是忍受不了别人的异样目光，在一天晚上偷偷地服了安眠药，离开了人世。哥哥国梁在伤心之余，继续坚强地生存，无论遇到什么困难，他都咬紧牙关挺过来，他每次都暗自提醒自己："我生命的价值比谁都大，大难不死必有后福。"

有一天，国梁在雨中看到不远处的一座桥上站着一个人，那人要自杀，国梁救了他。为了让那个人不再悲观厌世，他把自己的经历告诉了对方。

没想到国梁救的这个人是一位亿万富翁，富翁很感激国梁，并且觉得国梁很有抱负，是个能做大事的人，于是就和他一起干事业，从此国梁的日子蒸蒸日上。

自卑是麻醉药，会麻醉我们对未来追求的知觉。自卑是毒品，只会毒杀我们对成功的追求。一个人自轻自贱很简单，只是一念间的事。一个人走出自卑也很简单，只要能够正确地认识自己。

正确认识自己，就是要正确地与别人比较。尺有所短，寸有所长，每个人都有优缺点，这方面不行，那方面说不定就比别人强。美国总统林肯相貌丑陋，不也受到了人民的尊敬和爱戴吗？海伦出生不久就严重残疾，不也在文学上取得了举世瞩目的成绩吗？米契尔在严重烧伤和双腿瘫痪后，不也照样开飞机、办公司吗？一切的成败都取决于自己的思想，条件最多也就是使成功难些或易些。

有一个美国医生，以善做面部整形手术闻名。他创造了许多奇迹，把许多丑陋的人变成漂亮的人。他发现某些接受手术的人，手术虽然很成功，但仍找他抱怨，说他们在手术后还是不漂亮，手术并没什么成效，他们自感面貌依旧。

他从中悟出一个道理：美与丑，与一个人的长相关系不大，主要在于他如何看待自己。

所谓相由心生，如果一个人自以为是美的，他真的就会变美些。如果总觉得自己是个丑八怪，他果真就会灰头土脸，生出一脸傻相。

一个人如果自惭形秽，那他就不会变成一个真正的美人。同样，如果他不觉得自己聪明，那他就成不了聪明人。他不觉得自己心地善良，即使只是在心底隐隐地有此种感觉，那他也成不了善良的人。

三流的化妆是脸上的化妆，二流的化妆是心灵的化妆，一流的化妆是生命的化妆。记得纪伯伦在《认识自己》中写过一个叫塞艾姆的人，极其自信地认识自己的缺点："我的耳朵太长，可谓与兽耳半斤八两，不过塞万提斯的招风耳也是这般模样；我的颧骨隆耸，面颊凹陷，有拉法叶特和林肯与我为伴；我那后缩的下颌与威廉·皮特和歌德斯密不分轩轾；我那一高一低的双肩，可以从甘必大那儿寻得渊源；我的手掌肥厚，手指粗短，大天文学家爱丁顿也是这般。不错，我的身体是有缺陷，但要注意，这是伟大思想家们的共同特点。"所以我们也应该像塞艾姆一样睿智地认识自我，把伟人们的共同点植根自己的心灵深处，激励自己去干伟大的事业，这样就不难成就一番大事业。

找到自己的价值

在人生的路上，我们曾无数次地否定自己，贬低自己，甚至觉得自己一文不值。但无论发生了什么，无论什么时候，我们都不该丧失自身的固有价值，除非我们看不到自己的价值。

在一次讨论会上，某著名演说家没讲一句开场白，手里却高举着一张20美元的钞票。面对满屋子的人，他问："谁要这20美元？"一只只手举了起来。

演说家接着说："我打算把这20美元送给你们中的一位，但在这之前，请准许我做一件事。"说着他将钞票揉成一团，然后问："谁还要？"仍有人举手。

演说家又说："那么假如我这样做又会怎样呢？"他把钞票扔在地上，又踩上一脚，用脚碾它。而后他拾起钞票，钞票已变得又脏又皱。"现在谁还要？"还是有人举手。

"朋友们，你们已经上了一堂很有意义的课。无论我如何对待这张钞票，你们还是想要它，因为它并没有贬值，它依旧是20美元。在人生路上，我们会无数次被自己的决定或碰到的逆境击倒、欺凌，甚至被碾轧得体无完肤。我们觉得自己似乎一文不值。但无论发生什么，或将要发生什么，就价值而言，我们永远不会贬值。除了你自己，谁都贬低不了你——永远不要忘记这一点！"

确实，生命的价值取决于我们自身，除了自己，没有谁能让我们贬值。不论我们出身如何，境况如何，人生的价值都不会因此而改变，恰恰会因为我们的自信、坚强而升值。那么我们怎样才能让自己更自信，更坚强，而不沉陷于自轻自贱之中呢？那就是只看自己拥有的，不看自己没有的。

她站在台上，不时不规律地挥舞着她的双手；仰着头，脖子伸得好长好长，与她尖尖的下巴扯成一条直线；她的嘴张着，眼睛眯成一条线，看着台下的学生；偶而她口中也会咿咿唔唔的，不知在说些什么。基本上她是一个不会说话的人。但是，她的听力很好，只要对方猜中，或说出她的意见，她就会乐得大叫一声，伸出右手，用两个指头指着你，或者拍着手，歪歪斜斜地向你走来，送给你一张用她的画制作的明信片。

她就是黄美廉，一位自幼罹患脑性麻痹的病人。脑性麻痹夺去了她肢体的平衡，也夺走了她发声讲话的能力。从小她就活在肢体诸多不便及众多异样的眼光中，她的成长真的充满了血泪。然而她没有让这些外在的痛苦击败她内在奋斗的动力，她昂然面对，迎向一切的不可能，终于获得了加州大学艺术博士学位。她用她的手当画笔，以色彩告诉人“寰宇之力与美”，并且灿烂地“活出生命的色彩”。全场的学生都被她不能控制自如的肢体动作震慑住了。这是一场倾倒生命、与生命相遇的演讲会。

“请问黄博士，”一个学生小声地问，“你从小就长成这个样子，你怎么看你自己？你没有怨恨吗？”大家的心头一紧，这孩子真是太不成熟了，怎么可以当着面，在大庭广众之下问这个问题，太伤人了，很担心黄美廉会受不了。

“我怎么看自己？”美廉用粉笔在黑板上重重地写下这几个字。她写字时用力极猛，有力透板背的气势。写完这些字，她停下笔，歪着头，看着发问的同学，然后嫣然一笑，回过头去，在黑板上龙飞凤舞地写了起来：

①我好可爱！

②我的腿很长很美！

③爸爸妈妈这么爱我！

④上帝这么爱我！

⑤我会画画，我会写稿！

⑥我有只可爱的猫！

……

教室内鸦雀无声，没有人敢讲话。她回过头来定定地看着大家，再回过头去，在黑板上写下了她的结论："我只看我所有的，不看我所没有的。"

"我只看我所有的，不看我所没有的。"多么质朴的一句话，却让一个脑性麻痹的人走出了疾病的折磨，走出了人性的自卑。我们也一样可以看到自己生命的价值，看到自己所拥有的，不自轻自贱，我们的生命就一定会升值。

第四章
管理好自己的情绪

哲学家曾经说过，如果一个人能控制自己的愤怒，那么他比一个能拿下一座城池的将军还要伟大。如果你管理不好自己的情绪，愤怒便会伤人害己。

把复杂的事情简单化

在美国普林斯顿大学任教的华裔科学家钱卓，曾经做过这样一个有趣的实验，他在一些老鼠体内注入 NR2B 基因后，惊奇地发现这些转基因老鼠的智商要比普通老鼠高，尤其是在学习和记忆力方面，普通老鼠更是难以望其项背。这是怎么回事呢？因为 NR2B 基因能控制老鼠体内的一种叫 NMDA 的受体，让它激活老鼠的神经，从而帮助学习和记忆，让老鼠变得更加聪明。

实验成功之后，很多人都在大胆地设想，假如将这个研究成果运用到人的身上，那这个世界就再也不会有愚笨的人了，每个人的学习能力和记忆力也必将上升一个台阶。

这是多么振奋人心的一件事啊！每一个人都希望自己是一个天才，拥有众人羡慕的聪明和智慧，因为只有这样，我们才能在激烈的竞争中占据优势地位，比普通人更容易获得更高的社会地位以及更多的名利财富。

可是，众人的天才美梦最终还是竹篮打水一场空，钱卓的研究成果并没有得到推广。因为实验人员后来发现，一个人要是太聪明、太敏感，往往会变得吹毛求疵，不仅看不惯现实生活中一切有瑕疵的东西，还会不自觉地把这种痛苦放在放大镜下面，让自己饱受敏感带来的折磨。

为什么会得出这样一个结论呢？原来，实验室里的研究人员分别在“转基因老鼠”和普通老鼠的爪子里注射了同等剂量的甲醛溶液，这些甲醛溶液会让老鼠的爪子产生慢性疼痛，为了缓解疼痛，老鼠们肯定会不自觉地去舔自己的爪子，对疼痛更加敏感的老鼠，舔爪子的次数一定是其中最多的。

在头一个小时里，“转基因老鼠”和普通老鼠舔爪子的次数不相上下，这说明两种老鼠对疼痛的感觉程度别无二致。可是随着时间的延长，“转基因老鼠”舔爪子的次数逐渐多了起来，而普通老鼠舔爪子的次数却越来越少，可见它早已对爪子的疼痛麻木了。

从这次实验中，我们可以看出，“转基因老鼠”虽然要比普通老鼠聪明和敏感，但它们对慢性疼痛的适应能力显然要比普通老鼠差多了。所以，钱卓的研究成果无法在人身上得到推广，因为研究人员不愿意看到人们终日活在痛苦中，煎熬度日。

对疼痛过于敏感的人，心理承受能力一般都非常差，他们很容易受到别人言语和行为的影响。任何人的一举一动，都难逃他们的“法眼”。有时候，仅仅是一句不中听的话，或是一个不友善的表情，都会让他们难受好几个小时，甚至一整天都不对劲。遇到一点点不顺心的倒霉事，他们就会方寸大乱，抱怨不止，给自己增添不必要的心理负担，最终让自己活得沉重又疲惫。

黄晶晶大学毕业之后，进入一家图书策划公司工作。由于缺乏相关的经验，她在工作中总是差错不断。有时候，公司的领导和同事难免会批评她几句。

可是黄晶晶十分敏感，尤其听不得别人批评她的话，领导因为工作上的事，稍微指责了她几句，她就立马眼泪汪汪，神情沮丧。同事和她意见相左，言语措辞重了一点，她都要和对方展开一场激辩，还击能力十足。

有一次，同事向兰无意中说了一句："晶晶，你的这件上衣和裤子的颜色好像有点不搭，下次不要这么穿了，一点都不好看!"没想到，这一下又戳中了黄晶晶敏感的心，她飞快地从座位上弹起来，语带强硬地说道："你以为你的穿衣品味有多好啊，我这么搭配怎么了，碍着你什么事了?"

向兰顿时傻了眼，一时间也不知道该怎么去回应，她自己也就是随口一说，并没有任何恶意，没想到这也会刺激黄晶晶。

从这之后，向兰再也不敢和黄晶晶说话了，其他的同事也唯恐避之不及。黄晶晶在同事们的排斥孤立中，也越来越不快乐，没过多久，她就辞职了。

我们不能像黄晶晶那样，总是拿着放大镜去看公司领导和同事对自己的批评，这其实是在自己的伤口上撒盐，除了更痛一点，再无其他。把复杂的事情变得简单一点，能让我们感到轻松快乐，但是把简单的事情变复杂了，这就是作茧自缚，徒添烦恼了。

所以，为人处事还是粗线条一点比较好，如此，你才不会在遇到不如意之事时，被内心的敏感牵着走，痛苦绝望，白白受罪。

心浮气躁会让我们走向平庸

生活在这个急速发展的社会，浮躁几乎成了很多年轻人的通病。做事情三分钟热度，兴趣消退后，急着寻找下一个目标，不断地尝试，不断地寻找，最后一无所成。老子曾说："天下大事必作于细，天下难事必作于易。"在学习和工作中，我们首先要面对的是一些细小的、琐碎的事情，这些事情不是一朝一夕就能看出结果的，也无法给我们带来很大的成就感，它考验的是我们的意志和信念。

有这样两个同学，他们都是学日语专业的，分别是小 A 和小 B，刚开始的时候，都很努力。小 A 报了培训班，每天下班后坚持参加晚上的课程。小 B 认为语言可以自学，下班回家后，自己看书听录音。坚持了一段时间，小 B 就放弃了，因为她发现日语比她想象中难学，于是改学韩语。小 A 也意识到日语可能并不实用，但她想来想去还是坚持学了下去。结果大家都能猜到，最后小 A 考过了日语初级，而小 B，最终也放弃了学韩语，又改学了法语……实际上，像小 B 这样的人有很多，他们在坚持了一段时间后，心里不确定自己这样做的意义，就开始为自己找借口："这个太难了。""坚持下去也不会有结果的。"古人云："夫夷以近则游者众，险以远则至者少。"说得是同一个道理，心浮气躁只会让我们走向平庸。

不知从什么时候开始，"时间就是金钱"的观点进入了我们的生活。我们赶着学习，赶着工作，赶着晋升，赶着买房买车。

我们总是很忙，却不知道自己究竟在忙些什么。其实，说到底，是大家太急躁，不够踏实。

学历史的人都知晓汉景帝时期，有一个叫晁错的政治家，他极力主张中央削藩，集权于皇帝。汉景帝说："现在中央尚不稳定，削藩可能导致内战。"晁错回答："今削之亦反，不削亦反。削之，其反亟，祸小；不削之，其反迟，祸大。"既然削也反，不削也反，汉景帝想，那就削吧！结果引发了"七国之乱"。汉景帝又问："现在天下乱了，你有什么对策吗?"晁错回答："臣未料及此。"我没有想到会这样啊！最后为了平息战乱，景帝只能把晁错腰斩于市。苏轼评价他："世之君子，欲求非常之功，则无务为自全之计。"晁错一心想要建功立业，却没有想到万全的计策，以致害死自己和家人。一个当朝参谋，没有做任何规划和调查，只凭自己的臆想行事，甚至在发生突然状况时，只会说"臣未料及此"，怎么能辅佐君王呢？而晁错急于建立功名，太过浮躁，有勇无谋的个性，也致使自己走向了绝路。

俗话说："心急吃不了热豆腐。"越想成功的人越容易失败，很多人在追求梦想的时候，只关注大方向，忽视细节，盲目地相信"车到山前必有路，船到桥头自然直"。尤其当下社会流行的"一夜成名""一夜暴富""一步登天"思想，严重冲击着大众的价值观。每个人都想成为"幸运儿"，然而机会只留给有准备的人。

抛开社会学，单从心理学的角度来说，我们为什么会心浮气躁呢？其实不外乎以下四点：

首先，自我定位不准确。大家经常听到，某某今年晋升处长了；某某在公司表现很好，老总准备送他出国深造；某某在北京开画展了，等等。对自尊心强、好面子的人来说，这样的消息无疑是给他们严重的一击。人们总是容易形成一种错误的心态，即以别人的成功来定义自己的失败，这种心态让我们更加否定自己。其实，尺有所短，寸有所长，我们应该承认周围优秀的人成千上万。

其次，狭隘的心理。在朋友圈中，总有人业绩比你好，总有人婚姻比你美满，总有人比你更会为人处世。你似乎是最差的那个，你不甘心，参加培训班提高自己的语言能力，与爱人各种秀亲密、秀恩爱，准时参加朋友同学聚会，你觉得只要自己努力一定可以超过别人。然而，你发现并不是所有人都买你的账，你的付出与收获不成正比，因此很失落。这就是一种狭隘心理。我们生活在一个自己很熟悉的圈子里，通过圈子里的人认可来获得存在感，好比井底之蛙，世界只有井口那么大。要改变这种心态，就要跳出狭隘心理，站在圈子外看人，明白自己只是沧海一粟。

再次，急功近利。罗马不是一天建成的，偏偏有人想要在一天内修一座长城，这么急躁，怎么可能踏实做好工作呢？据说很久以前，有一个地主见邻居修建了三层楼的住宅，于是回家把工人召集起来，说："我要修三层楼的住宅，你们明天就动工吧。"第二天，地主跑到工地上看，发现工人们在打地基，很不高兴，说："我只要你们修建三楼，你们打地基干什么？"地主这种心态也常常出现在我们身边，比如找工作，非500强企业不去，非管理层不去，非年薪百万不去。很多人都已经忘记了："故天将降大任于斯人也，必先苦其心志，劳其筋骨，饿其体肤，空乏其身，行拂乱其所为。"

最后，修为不够。修为说简单点儿，指一个人的修养、素质和能力。在苏轼与佛印的故事中，苏轼看佛印是一坨牛屎，其实是他心里有一坨牛屎；而佛印看苏轼是一尊佛，恰恰说明佛印心里有一尊佛。修身养性是一辈子的事，要达到高深的境界必定是一个漫长的过程。当然，人们成年以后都会达到看山不是山、看水不是水的阶段，而在这个阶段，又往往心浮气躁，看不清事物本质，没法更上一层楼。

总之，心浮气躁只不过是膨胀了我们的欲望，并不能给我们带来真正意义上的成功。哲学上讲究自然规律，天地万物皆在规律之中；道家说，天时地利人和；现在，我们常说，是你的终究是你的，不是你的强求不来。所谓欲速则不达，宁静以致远，一个人能改变浮躁的心态，踏踏实实地生活，就是人生的赢家。

提高心理承受能力

人生难免遇到不如意的事情，许多人遇到不如意的事时常常会生气：生怨气、生闷气、生闲气、生怒气。殊不知，生气，不但无助于问题的解决，反而会伤害感情，弄僵关系，使本来不如意的事更加不如意，犹如雪上加霜。更严重的是，生气极有害于身心健康，简直是自己“摧残”自己。

德国学者康德说：“生气，是拿别人的错误惩罚自己。”古希腊寓言学家伊索亦说：“人需要平和，不要过度地生气，因为从愤怒中常会产生出对于易怒的人的重大灾祸来。”俄国作家托尔斯泰也说：“愤怒使别人遭殃，但受害最大的却是自己。”

清末文人阎敬铭先生写过一首《不气歌》，颇为幽默风趣：

他人气我我不气，我本无心他来气。
倘若生气中他计，气出病来无人替。
请来医生将病治，反说气病治非易。
气之危害太可惧，诚恐因气将命废。
我今尝过气中味，不气不气真不气！

美国生理学家爱尔马为研究生气对人健康的影响，进行了一个很简单的实验：把一支玻璃试管插在有水的容器里，然后收集人们在不同情绪状态下冷凝的“气水”，结果发现：即使是同一个人，当他心平气和时，所呼出的气变成水后，澄净透明，毫无杂色；悲痛时的“气水”有白色沉淀物；悔恨时有淡绿色沉淀物；生气时则有淡紫色沉淀物。爱尔马把人生气时的

“气水”注射在大白鼠身上，只过了几分钟，大白鼠竟死了！这位专家进而分析得出两个结论：如果一个人生气10分钟，其所耗费的精力，不亚于参加一次3000米的赛跑；人生气时，体内会生成一些有毒性的分泌物。

经常生气的人无法保持心理平衡，自然难以健康长寿，活活气死人的现象也并不罕见。另一位美国心理学家斯通博士的实验研究也表明：如果一个人遇上高兴的事，其后两天内，他的免疫能力会明显增强；如果一个人遇到了生气的事，其免疫能力则会明显降低。

生气既然不利于建立和谐的人际关系，也极有害于自己的身心健康，那我们就应当学会控制自己，尽量做到不生气。万一碰上生气的事，也要提高心理承受能力，自己给自己“消气”。要学会息怒，要“提醒”和“警告”自己：“万万不可生气”，“这事不值得生气”，“生气是自己惩罚自己”，使情绪得到缓冲，心理得到放松。

生气应该被消灭在萌芽状态。要认识到容易生气是自己很大的不足和弱点，千万不可认为生气是“正直”“坦率”的表现，甚至是值得炫耀的“豪放”。那样就会放纵自己，真有生不完的气，害人害己，遗患无穷。

最后，我们再附上《莫生气》及《莫恼歌》两则，请读者朋友熟读默记：

莫生气

人生就像一场戏，因为有缘才相聚。
相扶到老不容易，是否更该去珍惜。
为了小事发脾气，回头想想又何必。
别人生气我不气，气出病来无人替。

我若气死谁如意？况且伤神又费力。
邻居亲朋不要比，儿孙琐事由他去。
吃苦享乐在一起，神仙羡慕好伴侣。

莫恼歌

莫要恼，莫要恼，烦恼之人容易老。
世间万事怎能全，可叹痴人愁不了。
任你富贵与王侯，年年处处埋荒草。
放着快活不会享，何苦自己寻烦恼。
莫要恼，莫要恼，明月阴晴尚难保。
双亲膝下俱承欢，一家大小都和好。
粗布衣，菜饭饱，这个快活哪里讨？
富贵荣华眼前过，何苦自己讨烦恼。

愤怒是魔鬼

伤心就流泪，生气就发火，这都是人最正常的情绪波动，可正常归正常，我们若是缺乏必要的情绪自控能力，那很容易让自己的工作和生活频生波折。尤其是愤怒，老话讲“愤怒是魔鬼”，不是完全没有依据可循的。

在美国电影《七宗罪》中，纽约警察局的刑事警官威廉和搭档米尔斯携手办一个案子，两人在办案的过程中发现，凶手连续做了六起案子，这六起案子的受害者的死法分别象征着基督教的七重罪孽中的六宗罪：暴食、贪婪、懒惰、骄傲、淫欲、嫉妒。

凶手告诉米尔斯，说他因为“嫉妒”，已经将米尔斯的妻子杀害，并砍下了头颅。米尔斯在收到装有妻子头颅的包裹后，尽管搭档威廉一再劝他不要冲动，可他依然无法控制内心的悲伤和愤怒，最后开枪打死了凶手。

至此，米尔斯犯了“愤怒”之罪，取代凶手，完成了七条戒律中的最后一条。

由此可见，愤怒果然是魔鬼，它能彻底引诱出每个人内心的“恶”，让我们在一时的冲动下，做出难以挽回的事情，从而毁掉我们的一生。

生活犹如一条不停流动的江河，江河尚且会遇到顽石阻拦。回澜拍岸的惊险时候，我们当然也会遇到许多不顺心的事。面对小问题时，很多人还能耐着性子，手脚麻利地将其解决掉，可一旦碰到一些难以解决的大问题，我们就常常能听到许多的抱怨声和咆哮声。

想象一下这个场景，我们走路时不小心被一块石头绊倒了，爬起来后，我们指着石头破口大骂，骂完后还不解气，又俯身将石头搬起来，狠狠地把它扔在地上。然而，急怒攻心之下，我们没有看清楚，石头没有落在地上，反而砸在了我们的脚上！结局可想而知，我们再也没有办法顺利走完接下来的路程，并且我们的脚还受伤严重，白白受了皮肉之苦。

相信所有人都不愿意看到这样糟糕的结局。其实，上文中所说的石头就好比我们遇到的闹心事，人人都免不了和它打照面，而内心过分敏感脆弱的人，是怎么也绕不开它的，他们只会情绪激动，自乱阵脚，最后因为一时的冲动让事情变得更糟糕。他们不知道的是，最好的做法应该是保持心态的沉着和冷静，这种感觉就像在考场做题一样，遇到难题，慌张和愤怒只会让脑子如一团糨糊，而沉着冷静却能让人的思路变得更加清晰透彻，最后得出一个正确的答案。

众所周知，情绪来得快，去得也快。很多时候，我们只不过是瞬间被愤怒冲昏头脑，紧接着做出许多错事，当愤怒退场后，取而代之的又是无尽的懊恼和后悔。明白了这一点后，我们应该更加懂得遇事要沉着的必要性了。要知道，当一个人遇事愈加沉着后，他是可以采取很多有效的手段来发泄内心的暴怒情绪的，写控诉信就是其中之一，这个办法源自美国总统林肯。

有一天，陆军部长斯坦顿来到林肯那里，气呼呼地对他说一位少将用侮辱的话指责他偏袒一些人。林肯听了后，建议他写一封措辞尖锐的信回敬那家伙。

“你在信里可以狠狠地骂他一顿。”林肯笑着说道。

斯坦顿觉得这建议不错，二话不说，立马写了一封措辞尖锐的信，写完后，他又赶紧拿给林肯过目，看看还有哪些地方需要做出修改。

“对了，对了。”林肯高声叫好，“要的就是这个！好好地教训他一顿，斯坦顿，你这封信真是写绝了！”

但是当斯坦顿把信叠好，准备装进信封里时，林肯却叫住了他，连声问道：“你要干什么？你要干什么？”

“寄出去呀。”斯坦顿停住了手中的动作，他神色不解地望着林肯。

“不要胡闹。”林肯大声说，“这封信不能发，快把它扔到壁炉里去。凡是生气时写的信，我都是这么处理的。这封信写得好，写的时候你已经解了气，现在感觉好多了吧？那么现在就请你把它烧掉，然后再写第二封信吧！”

将满腔怒火喷向他人，难免会出现伤亡惨重的局面，写控诉信不失为一个好方法。在信中，我们可以用那些尖刻的词汇，完全无须顾及任何人。信就像一个闷声葫芦，它悄无声息地承载了我们内心狂暴的风起云涌，并三缄其口，谨守秘密，绝对不会走漏半点风声。

就像林肯说的，写信其实就是一个发泄愤怒的过程，信写完了，我们也该恢复理智，沉着面对一切让自己感到糟心的事情。当然，除了写信之外，还有不少好方法可以帮助我们制服心中的那个“魔鬼”。

1.抓住让我们愤怒的事，而非人。人与人之间的摩擦，多数都是因事而起的，可我们往往“对人不对事”，发起脾气来总是指着别人鼻子骂，比如“你就是一个混蛋！”谁喜欢被人身攻击呢？下一次，我们不妨试着这样说，“这件事让我很生气!”毕竟事情没做好，只是能力问题，下一次有所改进就行。

2.愤怒的时候，从一数到十，并不断地对自己进行心理暗示：生气对身体不好，生气解决不了问题，生气是拿别人的错误惩罚自己等。一旦这种自我训练的次数多了，当下次再遇到麻烦时，我们不会连想都不想就开始情绪失控。

3.弄清楚愤怒的根源。愤怒的背后通常都隐藏着一种没有被满足的需求和一颗过分敏感的心。光对着激怒我们的人火力全开，并不能满足我们内心的需求，也无法抚平我们那颗敏感脆弱的心。唯有刨根究底，抽丝剥茧，找到愤怒的根源，我们才能平心静气地和他人对话，并最终找到痊愈之药。

有研究表明，人在愤怒的时候，智商接近于零。强烈的情绪波动，让我们的思绪混乱，无法对人和事做出正确的判断。不仅如此，井喷的怒火有时甚至还会让我们做出一些打破常规、冲破原则的违法乱纪之事。既然愤怒如此可怕，我们遇事定要沉着一点，冷静一点，万万不能因一时的冲动毁掉自己的锦绣人生。

想得开，看得透

当我们伤心难过时，身边总会有人拿这样的话来劝慰我们："不要这么难过，凡事想开一点，很容易就过去了。"道理说起来确实很轻松，可一旦做起来，几乎没有多少人能及格，所有的安慰和劝解都仿佛是走个过场。就连安慰劝解者本人，在伤心难过时，也同样想不开，看不透，放不下。

为此，有些人甚至心安理得地沉浸在负面的情绪里，久久不愿走出来。尤其是性格敏感的人，如果有人因此而责备他们，他们总会找理由为自己开脱，随口扔下一句："我性格本来就这样!"三言两语，已经向外界表明自己不愿意做出改变，甚或是自己根本改变不了。

这种对待生活的态度堪称"自甘堕落"。

假设说，当我们跳下悬崖时，会有许许多多的蝴蝶飞过来，像托起香妃那样接住我们极速下坠的身体，那我们当然可以尽情地跳，使劲地跳，丝毫没有性命之虞。可现实是残酷的，没有人能对我们的生命负责，我们所经历的苦楚和艰难，必须要靠自己独自承担和消化。

从这个角度看，想不开、看不透和放不下，完全是对自我生命的双重折磨。每个人的生活都不可能一帆风顺，我们都在自己或短或长的生命征程里经受风雨的淬炼，这种淬炼原本就是一种折磨，如若我们在"吃苦"后还要惦念着不放，这种举动和反刍痛苦又有何区别?

记得从前看过一个故事：

在高速行驶的火车上，一位老人刚买的鞋不小心从窗口掉了一只，周围的人都替他感到惋惜，有的人甚至准备好了一套说辞来安慰他。没想到的是，老人非但不伤心，还马上把另一只鞋也从窗口扔了下去，这举动让所有的人都大吃一惊。

有个年轻人不解地问道："老人家，您为啥要这么做，这不亏大了吗？"

老人轻描淡写地说道："这只鞋无论多么昂贵，对我已经没有用了，如果有谁能捡到一双鞋子，说不定他还能穿呢！"

在年轻人的眼里，损失一只鞋子就够让人伤心了，怎么着也得把第二只鞋子抓牢了，不然就太吃亏了。可老人却并不这么看，一只鞋子已经丢失了，自己以后也不可能只穿一只鞋子走路，那另一只鞋子也没有存在的必要了，索性把它扔到窗外，两只鞋子距离不远，兴许捡到的人还能穿。

老人表现出来的豁达，一般人都望尘莫及，看过这个故事的人，都会由衷地夸赞老人的"成人之美"之举，可又有谁懂得，老人的"放弃"其实也是在成全他自己呢？紧抓着剩下的一只鞋子不放手，并不能给老人带来多少快乐和宽慰，反而会让他动不动就"睹物伤情"，沉湎于过去的错误而忧愁郁闷。

所谓"想得开"，无非是将不合自己心意的人或事抛诸脑后，而所谓的"看得透"，则是察觉到敏感多思的情绪，对于接下来的生活无半点帮助。可以说，每一个从风雨中走出来的人，都先是看得透，继而想得开，最后成功地放下。正如上文故事中的老人，他遇事表现出来的淡定和从容，都得益于这三个步骤，反倒是他周围的那些乘客，情绪大起大落，颇有一丝"皇帝不急太监急"的意味。

不过话又说回来，想不开、看不透的人，究其根源还是过于追求完美。这种人活得非常沉重，外界一点儿风吹草动，都能在其内心世界掀起波澜，一场激烈的自我斗争后，整个人都精疲力尽了。他们做事力求尽善尽美，希望不留下一点遗憾，他们也期盼自己的生活无风也无雨，可世事哪能尽如人意，我们能做的只有在事情发生之后，及时地止损和善后。

想不开和看不透除了让人在错误的道路上越走越远，根本不能给我们的生活带来一线生机。

不把生气视为理所当然

一提到“脾气”，许多人都会认为是“脾”之“气”，是与生俱来无法改变的。因此，那些脾气不好的人，大抵是一贯如此，直至老死仍无任何改变。

脾气不好的人，最容易冲动。从前，有个脾气极坏的男孩，到处树敌，人人见到他都唯恐避之不及。男孩也为自己的脾气而苦恼，但他就是控制不住自己。

一天，父亲给了他一包钉子，要求他每发一次脾气，都必须用铁锤在他家后院的栅栏上钉一个钉子。

第一天，小男孩一共在栅栏上钉了 37 个钉子。过了一段时间，由于学会了控制自己的愤怒，小男孩每天在栅栏上钉钉子的数量逐渐减少了。他发现控制自己的脾气比往栅栏上钉钉子更容易，小男孩变得不爱发脾气了。

他把自己的转变告诉了父亲。父亲建议说：“如果你能坚持一整天不发脾气，就从栅栏上拔掉一个钉子。”经过一段时间，小男孩终于把栅栏上的所有钉子都拔掉了。

父亲拉着他的手来到栅栏边，对小男孩说：“儿子，你做得很好。可是，现在你看一看，那些钉子在栅栏上留下了小孔，它们不会消失，栅栏再也不是原来的样子了。当你向别人发脾气之后，你的那些伤人的话就像这些钉子一样，会在别人的心中留下伤痕。你这样就好比用刀子刺向别人的身体，然后再拔出来。无论你说多少次对不起，那伤口永远都会存在。其实，口头对人造成的伤害与伤害别人的肉体没什么两样。”

还有一个故事也颇能说明我们的观点：

有位脾气暴躁的弟子向大师请教：“我的脾气一向不好，不知您有没有办法帮我改善?”

大师说：“好，现在你就把‘脾气’取出来给我看看，我检查一下就能帮你改掉。”

弟子说：“我身上没有一个叫‘脾气’的东西啊。”

大师说：“那你就对我发发脾气吧。”

弟子说：“不行啊！现在我发不起来。”

“是啊!”大师微笑说，“你现在没办法生气，可见你暴躁的个性不是天生的，既然不是天生的，哪有改不掉的道理呢?”

如果你觉得情绪失控，怒火上升，试着延缓10秒钟或数到10，之后再以你一贯的方式爆发。因为，最初的10秒钟往往是最关键的，一旦过了，怒火常常可消弭一半以上。

下一次，试着延缓1分钟，之后再不断加长这个时间，1天、10天，甚至1个月才生一次气。一旦我们能延缓发怒，也就学会了控制。自我控制能力是一个人的内在本质。

记住，虽然把气发出来比闷在心里好，但根本没有气才是上上策。不把生气视为理所当然，内心就会有动机去消除它。具体方法如下：

办法一：降低标准法。经常发脾气可能和你对人对事要求过高过严有关，也可能和你喜欢以自我为中心、心胸狭窄或不善宽容有关。因此，通过认真反省，改变自己的思维方式和处事习惯，降低要求别人的尺度，学会理解和宽容忍让，是改掉坏脾气的根本途径。

办法二：体化转移法。怒气上来时，要克制自己不要对别人发作，同时通过使劲咬牙、握拳、击掌心等动作，使情绪转由动作宣泄出来。

办法三：逃离现场法。发火多由特定的情景引起，因此当怒气上来时，培养自己养成条件反射般立即离开现场的习惯，暂时回避一下，待冷静下来再处理事情。

办法四：精神胜利法。一说到精神胜利法，大家可能自然而然地想到阿 Q，并不屑为之。但偶尔精神胜利一下也未尝不可。相传某禅师偕弟子外出化缘，途中遇一恶人左右刁难，百般辱骂，禅师不搭理，该人竟穷追数里不肯罢休。禅师面无愠色，和弟子谈笑自如。恶人无奈，只得退后罢休。事后，弟子不解，问禅师："师父，你遭此不公平为何不生气，不反击？"师父答道："若你路遇野狗朝你狂吠，你会与之对吠吗？它咬了你，难道你也去咬它？"禅师面对挑衅与侮辱的态度，难道不是一种大智吗？

快乐地生活在当下

在香港影视剧里，我们经常会看到这样的场景：一个人在开导另一个人的时候，总会语重心长地说上一句："做人呢，最要紧的就是开心。"是啊，做人最要紧的是开心，但是最难的也是开心。

就像港剧里的人说的，"开心是一天，不开心也是一天，何不开开心心过一天呢?"这其实就是一种生活的态度。不管生活里出现了什么样的惊涛骇浪，始终秉持着"快乐地生活在当下"的信念，珍惜每一分每一秒，积极乐观地朝前看。正如一句话所说，你不能改变天气，但是能够改变心情。

快乐是一种发自内心的情感，它浑身都散发着阳光活力的气息，让人不自觉地扫除堆积在心底的烦恼垃圾，微笑着面对生活中屡屡出现的倒霉事。不仅如此，快乐还能够感染别人，帮助他们走出逼仄阴郁的潮湿心境，最后重新回到温暖明亮的太阳底下。

因此，快乐的心情是人在生活中的"刚需品"。

生活中，难免会有些不幸的事情发生，既然我们无法让时光倒流，改写历史，那为什么不坦然乐观地去面对它，接受它，开心快乐地过好我们当下的每一分每一秒呢？同时，未来的事情也总是变幻莫测，犹如一个大大的问号，与其自寻烦恼地对未知怀揣不安之心，还不如牢牢地把握住当下的真实。

我的朋友琦琦是一个名副其实的“笑面佛”，跟她有过交往的人都知道，她几乎就是一个从来没有不开心时候的人。碰到任何事情她都能泰然自若。在她 30 岁生日那天，她被所在的单位开除了，这原本是一件非常令人难过的事情，但在她看来，这并不是什么大事。她还笑嘻嘻地对我们说：“单位经营困难，走人是迟早的事儿，我没有办法改变，何必为此苦恼呢?”

琦琦的生活态度在很大程度上也影响了我。是啊，快乐是一天，不快乐也是一天，已经丢掉了工作，不能再赔掉自己的好心情。琦琦正是抱着这样的想法，才一步一步走到了今天的幸福快乐生活，用自己的豁达和乐观感染着身边的每一个人。因此，我衷心地希望，那些正处于生活阴影中的朋友，能积极乐观地为自己受困的心找一个解脱的出口。不要总想着去改变难以改变的大环境，不妨从自己的内心开始，先让自己变得乐观豁达起来。

有这样一个耐人寻味的故事：有一天，一个女孩在郊外散步时，无意中看到了一个伐木工。只见这个伐木工大叔满头大汗，神色非常专注，死命地拉扯着手中的锯子，一下又一下。可是时间一分一秒地过去了，他所锯的树木没有任何要倒下去的迹象。

女孩觉得非常纳闷，在她看来，这棵树的树干并不是很粗壮，可为什么这个伐木工费了老半天工夫，还是没有将它锯倒呢？在好奇心的驱使下，女孩走近一看，才恍然大悟，原来这个伐木工使用的锯子实在是太钝了，因此，无论他怎么用力都是枉然。

女孩友善地对他说道：“叔叔，您先停下来，让自己歇一会儿，喝口水吧！”

伐木工听了，头也不抬一下，便不耐烦地对女孩挥挥手：“我现在哪有时间去歇一会儿啊？今天要不把这些树木全部锯完，我都交不了工呢！”

女孩继续好心地劝道：“那您为什么不先把您手上的锯子打磨一下呢？只要锯齿锋利了，您锯起树木来一定非常快！”

伐木工对她的话还是充耳不闻，他抱怨道：“姑娘，我现在真的没时间和你瞎聊天，这棵树实在是太难锯了！你还是赶紧散你的步吧，不要耽误我干活了！”

故事讲完了，相信很多朋友都跟我一样，觉得这个伐木工实在是不可理喻。人家女孩好心建议他，让他停一停手里正在做的无用功，把锯齿磨得锋利一点，可他竟然毫不领情，还蠢笨地认为是“树太难锯了”。

其实，环顾一下四周，在我们的日常生活中，像这个伐木工一样愚笨行事的一直都大有人在。他们做事蛮横，在遇到“树锯不倒”的倒霉事时，从没有想过要暂时停一停自己手中的活，检查一下自己的锯子是不是太钝，只晓得埋怨眼前的树木太难锯！带着这种搞错对象的埋怨情绪，他们根本没办法把接下来的事情做好，甚至连正在做的事情也是徒劳一场。

亚伯拉罕·林肯曾说：“如果给我八个小时的时间来砍柴，我会将其中的六个小时用作磨斧子。”这就好比我们在打扫整间屋子之前，首先一定要保证自己手中的抹布是干净的，否则，再怎么辛苦地挥洒汗水，整间屋子也只会越擦越脏。

因此，当我们再次遇到类似“屋子怎么都打扫不干净”的倒霉事时，一定要停下自己的脚步，检查一下自己手中的抹布是否干净。从自己身上找原因，始终要好过抱怨现状，只有这样，我们才能轻装上阵，把事情办得妥妥帖帖，同时也让自己的心情更加轻松愉快。

现在，我们常常能听到一些大学生在抱怨“毕业即失业”，很多大学本科生在毕业之后，总是哀叹自己找不到工作。就业情况着实不怎么乐观，不过，他们在艰难的就业环境面前，往往并不缺少学分、资格证之类的东西。他们真正欠缺的是对自我的省察，即“我想要的究竟是什么”。很多学生都害怕自己落单，所以当他们看到身边的同学忙于参加各种招聘会或是考试时，他们也不甘落后，于是纷纷到处赶场。

在这样一种步履匆匆的状态下，大多数人仍旧是郁郁不得志，结果总是累得满头大汗，手中却一无所获。试问，在不知道自己究竟想要什么的情况下，面对茫茫的大海，不停地撒网，最后又能打捞些什么宝贵的东西上来呢？

我想，这就是所谓的“勤劳的懒惰”吧！他们就像一台机器一样，凭借着惯性不停地运作，始终懒于停下脚步，好好地反省一下自己。不知道自己喜欢什么，更不知道自己想要什么，就这么朝着错误的目标踉踉跄跄地奔去，最后，扑入他们怀中的却是镜花水月。

说实话，我真的不愿意见到任何人做无用功。停下脚步，学会反思，这对于每一个正在人生路途中艰难跋涉的人来说，其实都非常重要。比起匆忙赶路，却始终到不了目的地，我们还不如停一停，认真地想一想自己到底要去哪里，以及去那里自己需要具备什么样的条件。当我们把这些问题都落到实处的时候，才能彻底甩掉倒霉事，轻装上阵。

第五章
理智应对不如意

在很多令我们悔恨的往事当中，都不难找到冲动的影子。因为冲动，有人错上贼船；因为冲动，有人痛失爱人；因为冲动，有人铤而走险……家庭的不幸、工作的不顺、人缘的恶劣等问题，大抵都源于冲动行事。正如托·霍布斯所说："人每违背一次理智，就会受到理智的一次惩罚。"

冲动的人缺乏理智

有一对父子，脾气都很犟，凡事都不愿认输，也不肯低头让步。一天，有位朋友来访，父亲叫儿子赶快去市场买些菜回来。

儿子买完菜后，却在回家途中一个狭窄巷口与人迎面对上，两人互不相让，一直僵持下去。

父亲觉得很奇怪，为什么儿子买个菜去那么久？于是出门去找儿子。当这个父亲见到儿子与另一个人在巷口对峙时，就气愤地对儿子说："你先把菜拿回去，陪客人吃饭，这里让我来跟他耗，咱俩轮班，看谁厉害！"

类似的事，其实屡见不鲜：

两辆出租狭路相遇，司机互不相让。一阵争吵后，一个司机郑重其事地打开报纸，靠在椅背上看起来。另一个司机也不甘示弱，大声喊道："喂！等你看完后能否把报纸借给我？"

下雨天，一个年轻人去商店买东西，将伞靠在了门口的墙边，另一个青年进门时不小心将伞碰倒了，于是他说了声"对不起"，但并未把伞扶起来。伞主人就要求他把伞扶起来，碰倒伞的青年说："我已经说对不起了，你自己扶一下吧。"两人就这样僵持了好久。

想解开打结的丝线时，是不能用力去拉的，因为你越用力去拉，纠缠在一起的丝线必定会缠绕得越紧。人与人的交往也一样，很多人只看到对方的错，并坚持要"以眼还眼，以牙还牙”，结果误会加深、矛盾加剧，最后闹得两败俱伤。就像上述故事中的几个主人公，我们一定会在心里说：他们真傻，何苦呢？然而，他们本身的智商并不一定低，他们之所以突然变得“真傻”，是因为一时的冲动。再反过头来躬身自省，我们又何尝没有过一些类似愚蠢的冲动呢？

有一句流行很广的话，我们也一再提及，那就是“冲动是魔鬼”。无数个令人扼腕叹息的悲剧一再向人们诠释了这句话，我们自己也多少有些亲身体会。冲动后果惨痛，而且其惨痛指数与冲动指数基本成正比。

冲动的人，缺乏理智。出身于贫苦家庭的马加爵好不容易考上大学，他的智商不低于常人。经历了那么多的苦难，他终于迈进大学的校门，看到了曙光，却因为一件小事而锤杀四名同窗。违法犯罪，伤害无辜，毁了家人的幸福，葬送了自己的一生……

为什么一个人冲动起来，会做出一些在正常情况下难以想象的荒唐事？医学专家认为：人在冲动时，体内的各个脏器与组织极度兴奋，会消耗血液中的大量氧气，造成大脑缺氧，为了补充大脑所需要的氧气，大量血液涌向大脑，使脑血管的压力激增。在大脑缺氧以及脑血管压力剧增的情况下，人的思维会变得简单粗暴。心理学家则认为：当一个人冲动时，全部的注意力都集中在导致他冲动的这一件事情上，对于其他的诸如后果之类的问题，根本就没有时间与空间去考虑。

“冲动”的成本清单

冲动的人是在和魔鬼做一笔非常不划算的交易。在交易前，魔鬼告诉你：如果你购买了“冲动”，你就可以做你想做的任何事情，你可以通过冲动，使自己的情绪得到痛快淋漓的发泄。人听到这里，顿时呼吸急促、血压升高，迫不及待地签下契约。冲动过后，魔鬼会再次找上门来——它绝不会爽约。它会高举着契约，契约上面写满了你购买“冲动”所必须支付的成本。这个成本的清单很长，重要的条款如下：

1. 身心健康

生理学家认为：人的身心组成了生命的整体，二者之间是调节与被调节、作用与被作用的关系。心情也就是情绪，情绪的好坏会影响身体的健康。心理学家认为：对人不信任、心胸狭隘、情绪急躁、爱发脾气，对人的身心健康危害极大。人在冲动、发怒时，会引起精神的过度紧张，造成心脏、胃肠以及内分泌系统功能的失常，时间长了，必然要引起多种疾病，对身心健康大为不利。如麻疹病，多发于情绪大起大落的波动中，偏头痛多数偏爱固执好斗或爱嫉妒的小心眼。癌症、高血压等更不用讲了。我们在各种影视片中，经常看到这样的镜头，某某主人公因受意外刺激，心脏病发作，当场晕倒，立即被送到医院抢救。日常生活中也有一些人，由于好冲动、易发怒，最后导致神经衰弱，吃不好饭、睡不好觉，危害了身体健康。

2. 人际关系

情绪容易冲动的人往往脾气比较暴躁，与其他人交往时容易发生矛盾。而引起矛盾的诱因多数是一些小事，话不投机半句多，轻者发生争吵，重者拳脚相向。试想，一个集体里有那么一两个人经常与周围的人发生摩擦，势必影响一个单位的团结。大家在一个集体里共同生活，都希望有一个和睦相处的环境，更希望得到周围人的尊敬和理解。而个别情绪容易冲动的人往往认为以声压人，以拳服人，就能建立自己的威望。其实刚好相反，如果你情绪容易冲动，动不动就跟周围的人过不去，别人要么联合起来反击你，要么不约而同对你敬而远之。长此以往，你不仅得不到周围人的尊敬和理解，而且也会失去真正的朋友，失去友谊，以致感到孤独和寂寞。

这种对于人际关系的伤害，在家庭里则体现为对家人的伤害，造成家庭的不和睦、不和谐。

3. 个人前途

一个人行事冲动，给人的感觉是不稳重、不成熟。领导叫你招待客户，你却因为和客户之间的一点小摩擦而和客户大干一场，久而久之，谁还敢交给你重要的任务，交给你重要的工作？美国学者巴达拉克在《沉静领导》一书中指出，新时代的领袖气质的共同特点是：内向、低调、坚忍、平和。归纳起来，沉静领导具有三大品格特征。第一，克制。他们坚持原则，但拒绝用“英雄式”的强硬态度来无所顾忌地达到目的，而总是选择自我克制。他们宁愿花更多的时间去了解真相，然后再耐心解决问题，而不是莽撞或者逃避。他们不是激进的，相反，他们通常选择谨慎，在权衡各方利益、深思熟虑之后，得出一个带有妥协印记的务实方案。第二，谦逊。他们认为自己的成功就像沙滩上的足迹一样，既不伟大，也不持久。他们在成功时，总是将镜子转向窗外，归功于身外，甚至是运气；而当他们受挫时，则总是将镜子对准自己，反省自己做错了什么……他们并不追求伟大的构想和无上的光荣，同时也不会因为缺少光荣而放弃努力，因而能够承受挫折。这一点又直接引出了下面一点。第三，执着。有学者指出："执着与勇敢的区别在于，前者是理性的坚持，而后者是感性的冲动。"他们的执着并非完全来自理想，相反，他们能够客观地将私心与公心有机地结合，从而爆发更强烈、更持久的韧劲。

看到这里，很多读者会发现：沉静领导之道，与我们传统的东方哲学——内敛、中庸、大智若愚等，不是很相近吗？文化是共通的，冲动在哪里都不会受到赞赏与奖励。

增强你的自信心

心理学家发现，缺少自信的人更容易产生冲动情绪，这种冲动实际上是他们一种错误的自我保护方式。心理学家在进一步的研究过程中发现，缺乏自信的男人比女人具有更明显的冲动人格倾向。如果一个男人自我效能感低，对自己的价值不认同，他会觉得自己是被人瞧不起的，是受威胁的，这种心理常态的表现是怯懦、退缩。但是，遇到偶然的突发事件，容易引发失控的情绪，比如野蛮、愤怒，当事人在非理智状态下，能感受到反抗的快感，实际上是一种潜在的心理补偿。

许多人以为，自信心的强弱是天生的、不变的。其实并非如此。童年时代招人喜爱的孩子，从小就感觉到自己是善良、聪明的，因此才会获得别人的喜爱。于是他就尽力使自己的行为名副其实，努力造就自己，并成为他相信的那种被大家喜爱的人。而那些不得宠的孩子呢？人们总是训斥他们：“你是个笨蛋、窝囊废、懒鬼，是个游手好闲的东西！”于是他们就真的自暴自弃，逐渐养成了这些恶劣的品质，因为人的品行基本上是取决于自我认同和自信的。

每个人的心目中都有各自的做人标准，人们常常把自己的行为同这个标准进行对照，并据此指导自己的行动。所以，若想使某个人变好，应该对他少加斥责，要帮助他提高自信心，逐渐修正他心目中的做人标准。如果我们想进行自我改造，进行某方面的修养，就应首先改变对自己的看法。不然，自我改造的全部努力便会落空。对于人思想的改造，能影响其内心世界，外因只有通过内因才能起作用。这是人类心理的一条基本规律。

对真善美的自信，于我们甚为重要。我们总是本能地竭力保持这种从自我认同中所形成的形象。我们也接受别人的批评，但我们能接受的只是那些善意的和那些我们认为对自己信任和爱护的人的批评。若是有人伤害我们的自尊心，即以己之见贬低我们，训斥我们，谩骂我们是笨蛋、呆子时，我们便会愤然而起，进行反击。我们的心理自发地护卫着自己，护卫人最宝贵的东西——自信心。假若有人削弱了我们的自信心，那我们也许真的就会堕落，我们追求真善美的意志就会衰退。

一个人若是真有性格，就会有信心，就会有勇气坚定不移、一往无前。大音乐家瓦格纳当年曾遭到同时代人的批评、攻击，但他对自己的作品很有信心，最后终于感动了世人。黄热病曾在南美洲和非洲流行一时，因此病而死亡的人不计其数。但是一小队医药研究人员相信可以征服它，他们在古巴埋头研究，终告胜利。达尔文在乡下工作20年，有时成功，有时失败，但他锲而不舍，坚持不懈，因为他坚信已经找到线索，结果终获成功。

理解“面子”问题

中国有句话镌刻在许多人的心头：人活一张脸，树活一张皮。“面子”这个东西，人人都爱。为什么？因为“面子”总是与一个人的人格、自尊、荣誉、威信、影响等联系在一起。

“爱面子”“讲脸面”的确成为支配许多人行为的一个基本出发点。因此就有这么一句话：“死要面子活受罪。”一些人为了“爱面子”甚至可以忍受任何痛苦，即使自己受罪也在所不惜。

我们还常听到这样的话：“这个家伙，真是撕破了脸了，什么事都干得出来。”意思是说，有些人已经连做人的起码要求都不要了，做什么事情都不会感到惭愧。

近年来，因喝酒导致酒精中毒死亡或因酒后驾车而发生车祸死亡的案例颇多。这类案例的背后除了不健康的“酒文化”外，还隐藏着一个“面子”的恶魔。几句酒场的劝酒辞入耳，就端起酒杯一杯又一杯，完全不顾自己要开车。结果呢？为了撑面子，丢了健康乃至性命。

我们可以从以下几个方面去理解“面子”问题：

1.“面子”是个含义广泛，但又“不可捉摸”的概念。诚如鲁迅先生所说：“如果你不去想它，则它在日常生活中存在并且确实运作着，然一旦你思索它时就会开始混淆起来，想得愈多，混淆得愈厉害。”

因此直到现在，对什么叫“面子”还尚无一个为众人所共识的定义。对许多人来说，“面子”似乎是一个只能“意会”不能“言传”的概念。

2. “面子”实际上是个人拥有的成就、声望、名气、荣誉、社会地位，甚至包括财富的一种复合体。你成就大了，社会地位高了，钱多了，名气大了，种种荣誉就会接踵而来，这时，你的“面子”就会很大，影响也会很广。你说的话，他人就会听；你所提的各种要求（甚至有些纯属“不合理”的），他人也会尽量满足你；即使你做错了什么事情，人们也会顾及你的脸面，尽量“不去捅破”等。

不过，面子这个东西又很古怪，它不能直接等同于人的成就、声望、名气、荣誉、社会地位。有的人虽成就不高、声望不大、名气不响、荣誉不多、社会地位也并不显赫，然而面子观念却依然很强烈。

3. “面子”主要是在你和他人的相互作用过程中获得的，更重要的还包括人品、人格这些因素。出生“显赫的名门家庭”可以在一定程度上增加一个人的“面子”，然而这是“非本质性”的，如果这类人为所欲为，天生的一副败家子样，那么，不用多久，他就会变成一个“没有面子的人”。相反，一个普通的人，依靠刻苦学习和不懈地努力，不断地发挥他的聪明才智，不断地取得惊人的成就，那么，他的“面子”就会越来越大，人们也会越来越给他“面子”。

4. “面子”实际上是一种主观的认知或主观的自我感觉。

它包括两种：一种是自我评价或自我感觉；另一种是他人（社会）对你的评价或自我感觉。

一般来说，这两种评价或感觉是不太一样的。有的人自我评价高、自我感觉良好，总认为自己“有面子”“有脸面”，人家会给他“面子”，因此经常做出令他人为难的行为，也常常会使自己陷入难堪、窘迫的境地。相反，有的人成就很突出，社会地位也高，然而却为人谦恭，做事谨慎，不轻易动用自己的社会地位来为自己谋利，一般来说这类人的“面子”就很大，人们会很给他“面子”的。

5.为什么人们尤为“爱面子”“讲面子”呢？因为“有面子的人”可以获得他人的喜欢、尊敬、信任、友谊，成为结交朋友、吸引他人的一种资源，成为满足人们的自尊需要、交际需要的重要手段；可以获得他人的赞扬、羡慕、敬重等，以此满足自己的荣誉感，满足自己的虚荣心理；可以说话有人听，行为有人仿，他们拥有对他人更大的影响力和感染力，可以充分满足自己对权力的需要、对他人的支配欲望；可以给自己更大的信心、尊严，因而成为自己进一步行动的重要驱动力……这些因素的综合作用，会促使一些人不顾一切地去“讲面子”“爱面子”，可以说它几乎成了某些人的一种“本能”，一种比较“原始”的心理需求及其行为的“原动力”。

那么，究竟哪些类型的人会过分地去追逐“面子”呢？甚至会达到“死要面子活受罪”的程度呢？

1.虚荣心越强烈的人越要“面子”

所谓虚荣，指的是虚假的荣耀，表面上的荣誉。譬如，有的人，在老人活着的时候从不关心老人，尽自己的孝心，甚至扔在一边不照顾，然而老人一死，却大肆铺张讲排场，大搞豪华的葬礼。显然，这并不是对死者的孝心，而是为了做给他人看的，以此表明自己对老人是如何“孝”，仅仅是为了自己的荣誉而大搞豪华葬礼的。因此，虚荣，本是一种无聊的骗人术，然而有许多人却一个劲地追求它。究其实质，就是为了一种“面子”：即使是假的，也要打扮、装饰一下自己。因此，虚荣心越强烈的人也就越要“面子”。

2.成就欲越强烈的人越要“面子”

成就欲，指的是人们想完成重要的工作，做出杰出成绩的动机。一个人成就欲是否强烈，会在很大程度上影响其完成工作的决心，因此，持有强烈的成就欲望，这本是一件好事。然而，当个人意识到自己所掌握的“资源”（如知识水平、能力以及社会关系等）不足以使他完成自己设想的目标时，当他感觉到有可能失去他人较高的评价、承认和赞扬时，他就会变得“矫揉造作”，总想以其他的方式“弥补”自我资源的不足，从而产生各种各样的虚假的“面子行为”。

3.自尊心越强烈的人越要“面子”

自尊心，这是个人对自我感觉的一种体验。自尊感强的人，往往对自己生活的方式感到满意，对自己存在的价值感觉到重要，因而喜欢自己、尊重自己。然而当一个人不切实际地持有过高的自尊心时，就会刻意地维护、追求自我的形象，夸大自己，千方百计地粉饰、点缀自己，表现出一种强烈的“要面子”的心理。

4.权力欲越旺盛的人越要“面子”

所谓权力欲，指的是试图影响、支配、控制他人的一种欲望。权力欲过于旺盛的人一般都有两大毛病：一是过于自信，过于相信自己的力量；二是过于自负，过于自以为是。因而在行为上必然要求他人对他“绝对信任”“绝对服从”，不能有丝毫怀疑，谁如果违背了他的意志，或当面顶撞了他，那么就等于触犯了他的“逆鳞”，他就会暴跳如雷。为何他会这样？其中有一点，就是他强烈的“面子”观念起了很大的作用，为了要保全自己的“面子”，就不得不牺牲自己部下的“面子”。

总之，在上述多种动机的支配下，有许多人变得“死要面子”，而“死要面子”实质上就是一种冲动。在“死要面子”的支配下，人的行为变得不可思议。

示弱是一种智慧象征

电影《东京物语》讲述了一对日本老年夫妇千里迢迢去东京探望子女，却因子女事务缠身，最后被忽略、被冷落的故事。这对老年夫妇，一共生了三个儿子两个女儿，大儿子在东京做一名普通的医生，二女儿在东京开美容院，三儿子在战场上战死了，成为寡妇的三儿媳妇留在了东京工作，四儿子在大阪上班，小女儿是一名小学老师，还没有出嫁，留在了家乡。

这对老年夫妇到达东京的第一天，吃晚饭的时候，大儿媳提出除了肉菜之外，再做一些生鱼片，却被大儿子拒绝了。

后来，大儿子本来打算周末带着父母到东京随便逛逛，可没想到等二老做好准备后，他却因为有紧急治疗，轻描淡写地向父母道个歉后，便急急忙忙地出门了。

二女儿这边，二女婿跟她商量，看需不需要去大哥家中问候一下岳父岳母，二女儿却满不在乎地说不用去，过几天父母自会过来。二女婿过意不去，又再次问要不要带二老出去逛逛时，二女儿却叫他不要瞎操心，大哥自有主张。

果然，二老几天之后主动来到二女儿家，二女婿给他们买了一些名贵糕点，却被二女儿责备："味道倒是不错，可是太贵了，其实煎饼也很好，他们也很喜欢。"女儿女婿都在忙手头上的事情，可怜这对老年夫妇，在二女儿家里干坐了好几天，却不知道该做点什么。

最后，让人意外的是，反倒是守寡的三儿媳妇，请了一天假，特地带两位孤独的老人在东京好好逛了一大圈。为了摆脱年迈的父母，二女儿向大儿子提议，每人出3000日元，送父母去廉价的旅馆度假泡温泉，大儿子毫不犹豫地同意了。

这只是一部分老人受到冷落的情节，其实在这部影片中，像这类照顾老人不周到之处还有很多。然而，虽然儿女们拿冷漠和薄情的态度对待他们，但是这对老年夫妇却从来都没抱怨过，说出的话永远是那么谦和、有礼，温和的微笑永远挂在脸上，好像内心没有任何的不满。

两位老人始终将“给你们添麻烦了！”“辛苦你了！”“让你们破费了！”这些话挂在嘴边，晚上，热海旅馆里人声鼎沸，两位老人被吵得睡不着时，他们的言语还是那么温和，表情依旧那么慈祥。

“东京也玩了，热海也看了，我们回家吧。”当这句台词不紧不慢地从老人的嘴里飘出来时，这种近乎溺爱的温柔摧毁了人们心底最后一道防线，许多人潸然泪下。

“慧极必伤，情深不寿，强极则辱，谦谦君子，温润如玉。”这是著名作家金庸在《书剑恩仇录》里说的一句话。可以毫不夸张地说一句，影片里的两位老人就是名副其实的“谦谦君子”，面对子女们的寡情冷淡，换成谁内心都有委屈和不满，但正因为慈爱和温柔，正因为知足和示弱，他们才心甘情愿默默咽下这些不为人知的苦涩和落寞。他们低下了头颅，才没让自己碰得鼻青脸肿。

假如他们性格刚烈，一定不会任由子女随便摆布，对于子女们的招待不周，说不定他们会怒目相向，破口大骂势利冷漠的子女们：“你们这群自私自利的白眼狼，我们怎么会生出这么不孝的儿女呢！”

尽管面对这样的待遇，两位老人有资格指责他们，但这种以硬碰硬的做法，只会让自己的情绪更加糟糕，子女们本来就不想招待他们，这样做只会让他们更反感。当然，两位老人也确实没有这么去做，自始至终他们都在用自己的温柔来应对子女们的敷衍、不满和抱怨。由于二老的明事理、善解人意的做法，子女才没有彻底撕破脸皮，恪守人伦与极尽孝道虽谈不上，场面功夫倒是做足了，表面上的和谐还算维持住了。

如果要比喻生命，它就像一条奔腾向前的大河，不是永远都直线流淌，曲曲折折也是它的一部分。做人也是如此，学会示弱，适当收敛锋芒，遇事能屈能伸，弹性处事才是王道。如果为人处事过于死板、倔强和刚强，只会得罪别人，伤害自己。

有人认为示弱是一种懦弱无能的表现，其实恰恰相反，在不同的情况下，它是豁达、圆融和弹性的智慧象征。在人际往来中，一个懂得适时示弱的人，更能包容他人的观念和想法，这样的人，很少会与人发生冲突和碰撞，因为他的大度、宽容，紧张的局面迎刃而解，从而化敌为友，还能收获一段良好的人际关系。

正如影片中的两位老人一样，他们像弹簧一样，在受到冷漠的压迫时，懂得收缩自己，其实是在以一种圆滑巧妙的姿态保全自己。他们宁愿委屈自己，也要维持在儿女心目中的美好印象，正是这种退步和低头，血脉之情才得以延续不息。

固然，为人处事要保留一定的刚直和骨气，可随着阅历的增长，当我们开始学着理解和容忍他人时，处世的方式就开始变得有弹性。这个过程，就好比一只吃进了沙子的蚌，尽管如鲠在喉，只要我们坚持不懈地用分泌物来消化它，包容它，如果幸运的话，搞不好还会因此收获一颗璀璨夺目的美丽珍珠。

有着“石油大王”之称的哈默，年轻时曾拜访过一位睿智豁达的老前辈。那个时候，他年轻气盛，目空一切，走路总是抬头挺胸，大步向前，一副踌躇满志的样子。一进老前辈家中的门，他的头就狠狠地撞在了门框上，哈默这才发现，这个门框要比自己矮上一大截。

当他用手轻揉自己受伤的脑门时，出门迎接他的老前辈见状大笑起来：“怎么样，很疼吧！不过，我相信这将是你今天拜访我的最大收获!”

哈默听了这话有些不解，老前辈语重心长地解释道：“一个人若想干出一番事业，就必须时刻谨记：该低头时就低头。这就是我想告诉你的。”

老前辈的话让哈默大受启发，从此，在人际交往中，他始终牢记这一准则，并从中受益良多，对他以后的成功起着重要作用。

俗话说，人生不如意之事十之八九。倘若我们不懂得示弱、退让、容忍和妥协，那我们只能像刀剑一般，虽然锋利尖锐无比，却终究太容易被折断。因此，做人最理想的状态是在刚直里加点儿“柔和剂”，就像韩信那样，柔竹能敌强风，必要时亦吞得下“胯下之辱”。

了解自己的性格类型

在本章，我们讨论了常见的、容易冲动的几类人。当然，限于篇幅，我们不可能将所有容易冲动的人都一一列举。因此，在本章结尾处，我们选取了来自我国台湾的一份心理测试题，以帮助各位更深入地了解自己是否属于冲动型性格的人。以下资料来源于《维纳斯心理测试》。

测验开始：请从第一题开始回答，选出你较喜欢的选项，再依指示前往下一题继续回答。

Q1. 你是否喜欢游泳？

不喜欢，其实我有一点怕水。→Q2

喜欢，游泳是唯一让全身都能得到锻炼的运动。→Q3

Q2. 如果你必须找人问路，你会选择谁？

同性或是老一辈的人。→Q4

不会特定，或是找长相好的异性来问路。→Q5

Q3. 如果你正要出门，碰巧遇到大风雨，你会怎样？

还是出门，难得老天爷掉眼泪。→Q4

算了，干脆等雨停了再出去好了。→Q7

Q4. 夏天天气实在太热了，这时一瓶清凉的饮料出现在你面前，你会怎样？

当然是一口气把它喝完、喝干。→Q8

还是慢慢喝，总有喝完的一天。→Q6

Q5. 如果不小心，让你目睹一场可怕的车祸，你会怎样？

会有点不舒服，可还是会继续看。→Q6

会感觉恶心，转头就走，不会看下去。→Q7

Q6.如果经济能力许可，你会选择怎样的穿着?

会买好一点的衣服，但不会刻意追求名牌。→Q9

应该会买名牌，毕竟质感好且较有保障。→Q10

Q7.你是否有常常忘记钥匙放在哪儿或忘了拿的习惯?

有，而且次数还不少。→Q9

几乎很少，平时会特别留意。→Q11

Q8.你是否曾经为了偶像出现恋情而难过不已?

真的很难过，没想到他竟然就这么被“抢”走了。→Q9

还好，一开始就知道彼此不可能，影响应该不会太大。→Q10

Q9.你自己是否有美术天分呢?

没有，不是美术白痴就不错了。→A型

有，虽然没受过训练，但总觉得有那样一种灵感。→Q10

Q10.你看电视时，是否很容易就跟着入戏?

是啊，明知道是假的却还是哭得稀里哗啦的。→C型

还好，能感动我的戏剧其实并不多。→Q11

Q11.独自一个人住，你在家里会穿什么样的衣服?

反正没人知道，什么样的衣服都无所谓。→B型

不会太随便，还是会维持一下形象。→D型

诊断分析：

A型：很小心的人

你是一个很小心的人，事事谨慎的你在做决定的时候会细细评估，结果就是因为想得太多了，连该做的事都没有去做。你冲动指数不高，受人影响的指数却不低，所以极有可能会在

旁人怂恿下做出意想不到的事。

B型：外冷内热的人

你是一个外冷内热的人，当你与不认识的人相识之初，会让人有一种严肃感，一旦认为对方可以信任的时候，你甚至会将家中私事告诉对方。小心，这种“熟悉就会让你变得冲动”的倾向可能会让你受骗上当。

C型：活泼开朗的人

你是一个活泼开朗的阳光型人物，拥有乐于助人的个性，由于你常常会在不知不觉中将一些不该说的话脱口而出，久而久之，朋友们会认为你很冲动。其实你并非有意伤害别人，建议你还是守口如瓶比较好。

D型：很善于思考的人

你是一个很善于思考的人，你的言行举止都是经过思考的，即使有人想要陷害你也很难。你的冲动指数非常低，是个值得信赖的朋友。只不过，防御心强的你看起来朋友虽然很多，却比较缺少谈心的对象。

第六章

得失是人生正常的状态

有个成语叫“患得患失”，说的是当我们得到某个东西的时候，可能会担心失去，当我们失去的时候，又会后悔。这种糟糕的情绪会让人变得斤斤计较。其实，得失是人生正常的状态，当你抱着“得之我幸，失之我命”的人生观去面对一切得失时，那么，你的心情也就不会因为得到或者失去而变得糟糕了。

凡事不要斤斤计较

大部分人在买东西的时候，总喜欢和卖方砍价，希望最后能以一个比较实惠的价格买到自己心仪的物件。很多人都曾砍价成功，为此自诩为砍价高手。其实，这些都是小儿科，跟宋朝锱铢必较的苏掖比起来，我们早就被甩到八条街外去了。

据《宋稗类钞》记载，常州人苏掖，官至州县监察官，腰缠万贯的他为人十分吝啬。每次在置办田产或房产的时候，他总是不肯爽快地付足卖方应得的钱，有时候，为了少付一分钱，他时常与卖方争得面红耳赤。

不仅如此，他还喜欢趁别人困窘危急之时，压低对方急于出售的房产、地产以及其他物品的价格，以此牟取暴利。有一次，他看上了一户破产人家的豪华宅院，于是故技重施，乘人之危，竭力压低房价，砍价过于凶狠，让卖方都连连叹气。

正当他与卖方争论不休时，旁边的儿子实在是看不下去了，忍不住插话道："父亲大人，您还是在价钱上多给人家一点吧！说不定将来哪一天，我们儿孙辈也会出于无奈而卖掉这座漂亮的宅院，到时候，我们也会希望别人能出一个好价钱。"苏掖听儿子这么一说，犹如醍醐灌顶，又是惊讶又是后悔，后来他痛改前非，处处给别人留几分行走的余地，再也不像之前那样斤斤计较了。

其实，生活中像宋掖这种喜欢斤斤计较的人并不少见，他们买东西总要算计到几分几厘钱，生怕自己会吃亏上当，有的甚至还会想方设法占别人的便宜。如此锱铢必较之人，往往利字当头，满心满眼只看得见自己的利益得失，从来不会顾及他人。若不是宋掖的儿子懂得换位思考，将心比心，说出那番话，宋掖恐怕还会与人家砍价到底。

《菜根谭》里有这么一句话，“路径窄处，留一步与人行；滋味浓处，减三分让人尝。”我想，这句经典名言应该可以算得上是对宋掖儿子那一席话的最好注解。每一个人都没有办法保证自己一生都会走上坡路，既然日后走下坡路是在所难免的事情，何不为自己将来可能的落魄早做打算，与人往来也给对方留几分余地和薄面呢？

为人处世斤斤计较或许能给我们带来一时的好处，可是从长远来看，这种表面上看似利己的行为迟早会让我们输掉内心的轻松快乐，让情绪变得更加糟糕。

美国心理学家威廉就曾经是一个凡事斤斤计较的人，因此，他在30岁之前就害了一身病，倒霉的他成了各大医院的常客。32岁那一年，他终于意识到自己的斤斤计较才是身体病痛的元凶，于是，他努力让自己的心胸变得开阔起来，不再为小事纠缠多虑。

同时，他还开始追踪几百人，进行了一项关于“斤斤计较者容易生病”的调查研究。通过多年以来的追踪调查和研究，他终于用铁的事实证明，凡事太过斤斤计较的人往往是不幸的代名词，很多人，要么是疾病缠身，要么是福薄的短命鬼。

在威廉调查的喜欢斤斤计较的人群中，有90%以上的人都患有心理疾病。为什么会出现这种情况呢？原来，喜欢斤斤计较的人总是让自己陷入对一事一物的纠缠中，在找不到完美的解决办法的情况下，又不愿意敞开自己的心扉，如此，他们的内心势必饱受痛苦焦虑的折磨。

爱计较的人在看待生活的时候，总是着眼于不完美之处，他们和人相处，通常是分歧不断，遇到不顺心之事，内心会自然而然地滋生出各种不满的情绪。他们心胸狭隘，处处担心，事事设防，内心总是一片灰暗。试问，又有谁愿意自找罪受，和心眼比针孔还小的他们打交道呢？

人生不是一场等价交换，凡事最好不要斤斤计较，计较往往是倒霉的开始。喜欢斤斤计较的人，总是将自己和他人分别放在天平的两端，过于执着彼此之间一斤几两的不对等，最后只会弄得双方都不愉快。其实，人生最大的幸福，不在于得到的多，而在于索取的少，心胸豁达、宽容大度之人，才是这个世界上最有资格收获幸福的智者。

保持一颗平常心

对于人生，很多人都奉行“快乐哲学”，而哲学家叔本华却另辟蹊径，坚持认为人生的本质是“痛苦”，用他的话来形容，生命就是一团欲望，欲望不能满足便痛苦，满足便无聊，人生就在痛苦和无聊之间摇摆。

此话听着或许消极，可只要静下心来细细琢磨，便不难发现，叔本华的极致悲观里其实正在开出一朵悲悯且乐观的小花。只有认清了生活的本质，我们才能不自欺，不逃避，从而带着勇气和乐观继续脚下的路，因为未来的生活既然不能比当下的处境更糟糕了，我们每走一步，就离痛苦的谷底远了一步。

由此可见，患得患失是一种非常浪费时间和精力的不必要的情绪。我们每个人从一出生，就生活在痛苦的谷底，不管日后我们感受到何种烦恼和忧愁，我们都比最初的自己要幸福。至于生命中的得到与失去，那完全是生活的常态，谁又能永远处于高位而不下坠呢？如果不能发自内心地接受这种无常，那我们将永远过不上平静、轻松、闲适的日子。

最好的心态，无非就是活在当下，或许说“活”还不够妥当，应该是“安然”，与古语“既来之，则安之”所要表达的意思别无二致。所谓“人生如寄”，活着就好似一个游览世间的旅程，我们居住的房子，不再是自己的私人财产，哪怕是山川河流，都不再是某国的领土。脱离了这种占有和被占有的关系后，再来审视我们的人生，我们会发现，庭前花开花落，天边云卷云舒，都是那样美丽动人。

如果我们的内心对于得失还有诸多计较，得不到的时候就会骚动不安，得到的时候又在惶恐担忧，时间如流水，我们的生命却像落花，还没来得及恣意绽放，就已匆匆凋谢，你说可不可惜？

说到这儿，我不禁想起一个有关流浪汉和百万富翁的故事：

每天的同一时间，一辆豪华轿车总会穿过市区一个中心公园。这辆车的主人是一个百万富翁，细心的他注意到，一位衣衫褴褛的流浪汉每天上午都会坐在公园的长椅上。顺着流浪汉的视线看去，百万富翁发现，他死死盯住的地方正是自己经常下榻的那家旅馆。

终于有一天，百万富翁按捺不住心中的好奇，他命令司机停车，自己径直走到那位流浪汉的跟前，问道：“打扰一下，我不明白你为何每天都盯着那家旅馆看，里面有你非常挂念的人吗？”

流浪汉耸了耸肩，带着惆怅的语气回答道：“我身无分文，每天只能睡在这冰冷的长凳上，我做梦都想睡在那家旅馆里。”

百万富翁听了流浪汉的话，不由得心生同情：“我一定让你得偿所愿，今天晚上你就可以住进那家旅馆，我会为你支付一个月的房费。”

一个礼拜后，让百万富翁百思不得其解的是，他又在公园的同一张长凳上看见了流浪汉的身影。于是，他只好再次下车，飞快地走到流浪汉的面前：

“先生，你怎么有旅馆不住，又跑到这冷清的公园来了？”

“您有所不知，当我真正睡在旅馆时，我又开始做梦，梦到自己回到了冰冷的长凳上，我被这可怕的梦搅得心神不安，怎么睡也睡不好。”说完，流浪汉又开始盯着不远处那家旅馆看。

很多人觉得这不是一个故事，更像一个笑话。有这种感觉也很容易理解，水往低处流，人往高处走，前者是自然规律，后者是人性真理，人人都想睡在免费的舒适旅馆里，可偏偏这个流浪汉却身在福中不知福。其实，流浪汉并不是不想睡在旅馆里，事实刚好相反，他就是因为太想睡在旅馆里了，才会时刻担心下一秒自己是否会失去这份幸福。这种忧虑和不安在他心中来回徘徊，即便他的身体已经躺在了舒适的大床上，他的心灵却得不到片刻的休息，这直接影响了他的睡眠，最后吓得他只好再次回到冰冷的长凳上。

可以说，他原本能拥有的幸福，被活生生扼杀在他内心敏感的摇篮中。一个敏感的人，几乎从不会笃信什么，他拥有四肢，却不相信四肢会永远健全；他拥有朋友，却不相信朋友会永远陪在身边；他吃着饭，却不相信饭不会噎到他；他喝着水，却不相信水不会呛到他……这种不确定感，让他自始至终都处于一种患得患失的状态，渴望拥有，同时又害怕失去，更确切地说，他在拥有的时候，不能尽情地享受当下的快乐和幸福，反而忧心忡忡，害怕失去已经握在手中的一切。

殊不知，人有悲欢离合，月有阴晴圆缺，人的一生，就像在荡秋千，总在高低之间来来去去，我们不停地在得到，也不停地在失去，什么时候承认这个事实，我们什么时候就能收获内心真正的安宁。

我们常说，做事要三思而后行，这句话对敏感之人并不那么适用，因为他们天生忧虑成患，说话做事前总要反复思考，力求万无一失，不受他人非议，因此瞻前顾后，畏首畏尾，等到他们开始行动时，机遇早已振翅而去。

因此，最好的状态无疑是保持一颗平常心。不管做什么事，敏感之人都要丢掉思想包袱，砸碎精神枷锁，走出患得患失的阴影，尽情活在当下。与此同时，敏感之人还要不断培养自己的承压能力，不求有泰山崩于前而面不改色的心态，但至少也要具备从风雨中走出来的勇气、信心和好心情。

放弃是更深层的进取

曾经获得过多个国际大奖的台湾著名导演杨德昌在2007年因病不治身亡后，他的两任妻子各写过一封信。

前妻蔡琴的信的标题是《就让他活在我的歌里吧》，信中说："杨德昌就这么走了……这个时候，说什么也说不清楚我的五味杂陈！回想当初，当我确知彭铠立和他的恋情，到决定当机立断成全他们，再到办完离婚手续，甚至今天他去世……我深深地感谢上帝，让我与他轰轰烈烈地爱过……细数一生他一共完成了八部电影，在我们生命联结的十年里，我竟见证了一半……作为一个女人，他给我的寂寞多过甜蜜。作为一个观众，我们痛失一个锐利的记录者。时间会给他所有作品一个公道！至于我们所有过往的点滴，我自己品尝，就当作我活着时永远的秘密，随着他的逝去与世长辞。"

彭铠立的信的手书标题是《杨德昌的最后七年》，写的是："杨德昌导演已于6月29日下午1时半于洛杉矶比华利山的家中辞世。2000年5月最后一部作品于戛纳获大奖之后，杨导演即被诊断出晚期之大肠癌。7月旋即决定开刀，9月儿子出世。短暂休养之后，在2001年于戛纳当评审之际决定下一部电影为剧情动画片之目标。……6月25日开始略显昏迷，仍紧握铅笔画簿，呈现的画已出现超现实的影像如众人抢搭火车之景……6月29日下午1时半于比华利山家中，于妻子相伴之下，安宁辞世。"

蔡琴文如其人，人如其歌。一封告别信写得意犹未尽，感情充沛。而彭铠立则是近乎平淡地描写了和杨德昌导演共度的岁月以及他最后的时光，克制而理性。

无疑，两位女性都是杰出的。一个是歌坛常青树，一个则是名导心心念念的贤妻良母。

蔡琴和杨德昌的十年婚姻结束之时，曾令无数人惊讶不已。个中原因和感受只有当事人才能确切知道。但是，从这些只言片语中，我们不难看出，那段婚姻留给蔡琴最深刻的记忆依然是寂寞多过甜蜜，最后是因为她的“舍”才成全了杨德昌和彭铠立的“得”。而她的“舍”中又带着那么多的不舍和不甘。彭铠立则并没有因为“得”而多么喜形于色，并不张扬，从容而自然。大概也是因为最后的岁月是她和杨德昌共同度过，所以不遗憾。

从这两封信中可以看到的是蔡琴的“舍”并没有真舍，而彭铠立则是真的以“得”的姿态去面对了。

有时候，如果我们只抓住自己的东西不放，就很难接受别人的东西。对于懂生活的人来说，放弃不是失败，而是智慧。学会放弃，是放弃那种不切实际的幻想，而不是放弃为之奋斗的过程和努力；是放弃那种毫无意义的争夺，而不是丧失奋斗的动力和生命的活力；是放弃那种对金钱地位的追求，而不是失去对美好生活的向往。

人，正因为不懂得舍弃才会有情绪上的诸多痛苦。当自己有了舍弃的智慧时，就会豁然开朗，人生会马上向你展现出另外一个截然不同的景致。

面对纷繁复杂的世界和物欲横流的社会，懂得放弃的人，会用乐观、豁达的心态去对待没有得到的东西，他们每天都会有快乐和愉悦的心情；而不懂得放弃的人，只会焦头烂额地乱冲乱撞，最终他们不但达不到目标，而且每天都会陷于得失的苦恼之中。

也许放弃当时是痛苦的，甚至是无奈的选择。但是若干年后，当我们回首那段往事时，我们会为当时正确的选择感到自豪，感到无愧于社会、无愧于人生。

《卧虎藏龙》里有一句很经典的台词：当你紧握双手，里面什么也没有；当你打开双手，世界就在你手中。很多时候我们都应该懂得舍弃，生活中鱼和熊掌兼得的时候很少，每一次放弃都是为了下一次得到更多的回报。

放弃是一种智慧，是一种豪气，是更深层的进取。我们之所以举步维艰，是因为负担太重；之所以负担太重，是因为我们还不懂得放弃。功名利禄常常微笑着置人于死地。正如诗人泰戈尔说："当鸟翼系上黄金时，就飞不远了。"

学会放弃，才能卸下人生的种种包袱，轻装上阵迎接生活的转机，走过风风雨雨；懂得放弃，心里才会更加充实、坦然和轻松。

一个学生因为严重焦虑而无法完成学期作业；另一个学生因为精神崩溃而错过三门考试……宿舍区主管把这封信转给了哈佛校长，并强调该宿舍区的问题并不是特例。一位曾患严重焦虑和情绪紊乱的哈佛毕业生说：大多数哈佛学生还没意识到，即使那些表面看来很积极、很棒的学生，也很有可能正在被糟糕情绪折磨着，即使你是他最要好的朋友，也未必意识到他有情绪问题。"在内心深处，我经常觉得自己会窒息或者死去。"这名学生说。她时常不明缘由地哭泣，总要把自己关起来才能睡觉。她看过几个心理医生，试过 6 种药物，被迫休学两个月来应对自己的情绪问题。“我是一个成绩优异的哈佛精神疾病患者。”她这样描述自己。

有个名叫玛丽亚的哈佛女生在宿舍内自杀，年仅19岁。她的室友回忆说：“就在自杀前一晚，玛丽亚和同学谈论天气时，还表现出十分开心的样子。”“她看起来很好。她在听音乐，调子好像还很欢快。”

哈佛一项持续6个月的调查发现，学生们正面临普遍的情绪健康危机。调查称：过去的一年中，有80%的哈佛学生至少有过一次感到非常沮丧、消沉。47%的学生至少有过一次因为太沮丧而无法正常做事，10%的学生称他们曾经考虑过自杀……

而说到自杀，我们就不得不提到韩国了，2008年崔真实在家自缢身亡引发了韩国全社会的关注。崔真实是韩国的著名演员，因为牵扯进了一桩高利贷事件而承受不住压力最终走上了绝路。2009年，韩国前总统卢武铉被发现跳崖而亡。从总统到演员，都选择了同样的生命轨迹。

人们在衡量一个人的商业成就时，标准往往是钱。用钱去评估资产和债务、利润和亏损，所有与钱无关的都不会被考虑进去，金钱是最高的财富。但是，人生与商业一样，也有盈利和亏损。具体地说，在看待自己的生命时，我们可以把负面情绪当作支出，把正面情绪当作收入。很显然，如果个体的问题不断增长，焦虑和压力的问题越来越多，社会就正在走向情绪的大萧条。

而情绪又与幸福感息息相关，一项有关“幸福”的研究表明：人的幸福感主要取决于3个因素——遗传基因、与幸福有关的环境因素以及能够帮助我们获得幸福的行动。而积极心理学，可以帮助人们活得更快乐、更充实。换言之，幸福，是可以通过学习和练习获得的。

在学校里有很多课程，都在教学生如何更好地思考、更好地阅读、更好地写作，可是为什么就不该有人教学生更好地生活呢？把深奥的积极心理学学术成果简约化、实用化，教学生懂得自我帮助，其实是更为重要的课题。

为了更好地记住“幸福课”的要点，著名心理学家本·沙哈尔简化出了10条建议：

1.遵从你内心的热情。选择对你有意义并且能让你快乐的事情，不要只是为了赚钱。

2.多和朋友们在一起。不要被日常工作缠身，亲密的人际关系是你幸福感的信号，最有可能为你带来幸福。

3.学会失败。成功没有捷径，历史上有成就的人总是敢于行动，也会经常失败。不要让对失败的恐惧绊住你尝试新事物的脚步。

4.接受并直面自己的全部。失望、烦乱、悲伤是生活的一部分。接纳这些，并把它们当成自然之事，允许自己偶尔的失落和伤感。然后问问自己，能做些什么来让自己感觉好过一点。

5.简化生活。更多并不总代表更好，好事多了也不一定有利。你选了太多的课吗？参加了太多的活动吗？应求精而不在多。

6.有规律地锻炼。体育运动是你生活中重要的事情之一。每周安排3次，每次锻炼30分钟，就能大大改善你的身心健康。

7.睡眠。虽然有时“熬通宵”是不可避免的，但每天7～9小时的睡眠是一笔非常棒的投资。这样，在醒着的时候，你会更有效率、更有创造力，也会更开心。

8.慷慨。现在，你的钱包里可能没有太多钱，你也没有太多时间。但这并不意味着你无法助人。“给予”和“接受”是一件事的两个面。当我们帮助别人时，我们也在帮助自己；当我们帮助自己时，也是在间接地帮助他人。

9.勇敢。勇敢并不是不恐惧，而是心怀恐惧，却依然向前。

10.表达感激。生活中，不要把你的家人、朋友、健康、教育等这一切当成理所当然的。它们都是你受益无穷的礼物。记得他人的点滴恩惠，始终保持感恩之心。每天或至少每周一次，请你把它们记下来。

从上面这10条建议中我们发现，幸福的10个秘诀中有7个都是关于如何做减法，如何简化自己的。包括对自己的，也包括对他人的。这些秘诀所指向的都是：并不是获得得越多，你就会更开心，更幸福。最重要的是，对自己的现状要有舍有取，接受自己的不足，但更要肯定自己的长处，时时鼓励自己，也常常调节自己的情绪。

下一站幸福

据说，英国前首相劳合·乔治有一个非常奇怪的习惯——随手关上身后的门。

有一天，乔治和一位好朋友在院子里散步，每当他们走过一扇门，乔治总是随手把门关上。朋友注意到这个小细节之后，觉得有点纳闷，好奇地问道："乔治，为什么你每次都要把这些门关上呢？有必要吗？"

"当然有必要啊！"乔治微微一笑，又继续说道："你知道吗？我这一生都在关我身后的门，这是我必须要做的事情。每当我关上身后的门的时候，就决心把过去发生的一切都抛在脑后，不管它是辉煌的成就，还是令人懊悔的失误。只有这样，我才可以重新开始自己的美好生活！"

非常经典的一句话，"我这一生都在关我身后的门！"诚然，每个人的骨子里都镌刻着追求完美的执着心，可是我们的人生每天都是现场直播，根本没有彩排的机会，所以难免会留下很多的错误和遗憾。很多人在错误和遗憾发生之后，不愿意关上身后的门，不愿意放下过去，宁愿背着沉重的包袱，踉踉跄跄地走在未来的路上。

然而这样做又能带给我们什么好处呢？为过往的不幸和倒霉伤感不已，一路抛洒悔恨的泪水，只会让我们白白牺牲眼前的美好时光，以及未来的幸福生活。仔细想想，为了一个再也回不来的过去，值得我们赔上同样只有一次的现在和未来吗？

其实这世上没有什么过不去的事儿，每个人心中认为难以逾越的困难其实都是自己的心情和想法，也就是说，当一个人陷入悲伤，主动向悲伤“示好”的时候，他也就无法让“事儿”过去。

在读大学的时候，我们班上有一对情侣，他们俩很快就陷入了热恋之中，每天都如胶似漆，形影不离。可是，这位女同学的性格非常偏激，每次他们俩为一些鸡毛蒜皮的小事吵架时，她总是态度强硬，把男同学压制得死死的。

因此，两个人虽然谈了不到一年，但中间分分合合了好多次。每当班上有人传他俩分手了，不久又能见到他们腻在一起的身影。好景不长，正当同学们以为他俩已经和好了的时候，女同学又会在QQ空间和微博上写一些悲伤的话，譬如，“只能在这些美好的回忆里，独自咀嚼我的忧伤。”

最后一次，男同学主动提出了分手，可这位女同学却死也不肯答应。她还经常拜托男同学的室友偷偷地帮她打探消息，想知道男同学是否还会回心转意。

大学毕业之后，男同学离开了这个城市，最终彻底断了和她的联系。她却始终走不出这段失败的感情，常常一个人回忆以前的生活，哀叹自己不幸的命运。当身边的朋友都在忙着工作的时候，她竟然带着极端的情绪，割了自己的手腕……幸好她的家人及时发现了她的轻生行为，将她送去医院进行抢救，最终才挽回了一条年轻的生命。

真正给这位女同学造成伤害的，其实并不是那位男同学以及他们之间这段失败的感情经历，而是女同学不愿意放下过去，关上身后的门的执念。这个执念，让她不愿意接受过去已经尘埃落定的错误和遗憾，宁愿以死的方式，来成全自己内心苛求的完美无缺。

现代人活得太累了，我们在吃饭时想着工作，在工作时想着出游，在恋爱时担心分手，在拥抱时还在看表……如果我们不能在适当的时间专一地做事，我们将永远都是凡人一个，永远都无法体会到生活的细节带给我们心灵深处的愉悦。

其实，做人应该要学会取舍，鱼与熊掌往往不可兼得，专注于当下永远要比沉溺在回忆里好上一百倍。如果我们错过了往日的快乐，也请不要悲伤，因为下一站幸福正在前面不远处向我们招手。

俗话说得好："因为误了头一班火车而懊恼不已的人，肯定还会错过下一班火车。"从小，我们就在课本上学过小猴子捡了芝麻丢了西瓜的故事。其实，一个执着于过往瑕疵的人，到最后往往是丢了芝麻，又没了西瓜。因此，放下过去，善待自己，好好地把握当下和未来，过去的一切，不论酸甜苦辣，都将成为我们脑海里最美好的回忆。

东晋著名诗人陶渊明曾在他的散文名篇《归去来兮辞》中写道："悟已往之不谏，知来者之可追。实迷途其未远，觉今是而昨非。"既然过去的已经过去了，趁我们在错误的迷途上走得还不是很远，赶紧调整好自己的心态，果断关上身后的门，大步朝着阳光灿烂的前方走去。要知道，伤痛能结疤，而后痊愈，这正是生命之美的绽放。

放手后，世界便开朗了

在功利主义下，人一生的目标很简单，那就是不停地拥有。人的天性是趋利避害的，而拥有在很多人眼中就是一种利好，放弃在很多人眼中则是一种不好的“害”。

但有多少人想过，坚持不放弃难道就是拥有吗？

我们都知道塞翁失马的故事，塞翁在每一次失去时都表现得很平静，在每一次意外收获时都表现得很谨慎。一匹马跑到家中来，他并没有很开心，在他眼里，这并不是什么值得庆贺的事。后来，他的儿子骑马摔断了腿，他也没有十分伤心，而是说：“谁能保证这就一定是坏事呢？”果然，后来官府征兵，他的儿子因为腿不灵光就免去了征役，而参加那场战争的年轻人有很多埋骨他乡。

拥有不为所动，失去也不为所动。这是塞翁的智慧。

很多时候，放弃并不代表着我们就彻底失去了控制权。就如塞翁一般，对得失淡然处之，就不会有太多的人生波澜。而且，很多时候，放弃意味着另一种拥有。

很久以前，一位农民住在深山当中，某天，一位外地来的商贩给了他十颗不起眼的种子，说是可以结出一种很好吃也很贵的水果——苹果。

农民非常高兴，连忙将这些种子收好。同时他还想，既然苹果这么值钱，那么会不会有人来偷呢？于是，他特地选择了一块偏僻的林地，将这些来之不易的种子撒进了这块地里。经过几年的辛苦培育，种子长成了一棵棵茁壮的果树，并硕果累累。

可秋收之际，农民背着筐气喘吁吁地爬上了山顶，看到眼前的景象惊呆了。他发现，红灿灿的苹果都被山中的飞鸟和野兽糟蹋了个精光，满地都是苹果的“残骸”。想到这几年的辛苦劳作和热切盼望，他不禁大哭起来。他的致富梦，也就这样破灭了。他为了不错失发财的机会才把种子种在山野中，却为此失去了所有的果子。

在之后的岁月里，农民一直都很懊恼，他不甘心自己的劳动果实就这样被糟蹋了。后来，他的妻子劝慰他，这种子本来就是别人送给你的，现在上天把它收走了，你又何必苦恼呢？

经过妻子的开导，农民心里舒服了一些，于是又开始了以往的生活。

不知不觉间，日子向前走了几年。有一天，他偶然间又来到了这片山野，突然愣住了，因为在他的面前，出现了一大片茂盛的苹果树，上面结满了累累的果实。这会是谁种的呢？他思索了好一会儿，才得出了一个出乎意料的答案。

原来，就在几年前，当那些飞鸟与野兽吃完苹果后，就将果核吐在旁边，经过几年的时间，果核里的种子慢慢发芽生长，终于长成了一片广阔的苹果林。后来，这个农民再也不用为生活发愁了，这一大片林子，足可以让他过上温饱的生活。

从这个故事中我们可以看出，有时候，放弃是另一种拥有，放弃是为了更好地选择与得到，在放弃中开启新一轮进取，你所得到的肯定比失去的更可贵。

在我们的生活中，一扇门如果关上了，必定有另一扇门打开。失去了一种东西，也必然会在其他地方有所收获。可有些人却总是不明白这个道理，老是烦恼不已，心情不好，这些都是因为他们的控制欲太强，太过执着，总是不愿放弃手中拥有的任何东西，以致自己想不开、放不下，纠结在痛苦之中。

过分执着于“拥有”还会错过更多的风景。当一个人过于专注地抓紧某件事或东西时，必定会把精力和目光更多地集中在它们身上。那么在你的眼中和心中就不会看到和发现其他的风景。又由于你死盯着那件事不放，会把自己的思维固定在不变的空间里，在别人看来就是钻牛角尖，认死理，不善变通。而同时，你因看不到其他事物就无法辩证地分辨哪件事或人才是最适合你的。

有些人不经历惨痛的代价，他不会放手；有些人即使痛到骨子里，仍旧执迷不悟。为什么有些人总能看透世事，活得洒脱？因为他们懂得顺其自然的道理。世间事，该是你的就是你的，不属于你的东西，你费力争取来也不能拥有太久时间。

人最大的对手从来不是别人，而是自己。无论是在运动场上，还是人生的漫漫长路，每个人终归要跟自己比赛，挑战自己、战胜自己，然后超越自己。放弃和拥有其实就是自己跟自己的一场博弈，放手还是抓紧，完全取决于一个人自己的决定和心态。总有一天你会明白，放弃并不是投降，而是一种智慧的选择，是一种心态的洒脱。有时，放开手之后，整个世界会豁然开朗。

生命就是不断体验得与失的过程

老子告诉我们：祸兮福之所倚，福兮祸之所伏。意思是祸与福互相依存，可以互相转化。比喻坏事可以引出好的结果，好事也可以引出坏的结果。还有人人都知道的“塞翁失马，焉知非福”讲的也是这个道理。

那么既然如此，我们此时得到的或是失去的，谁又知道在不远的将来，这件事对我们个人起到的是什么作用？它又会给我们带来祸还是福呢？

“如果你因失去太阳而流泪，那你也将失去群星。”从某种程度来说，生命原本就是不断体验得与失的过程，因为得与失时常伴随在我们的左右。也有人总结说，人生是一种平衡，你拥有了这样，必然会错过那样；你什么都想得到，结果往往会失去更多。不要奢望人生中有绝对的公平，公平就如天平的两端，一端的付出越多，另一端将承载更多的希冀。所以，在我们处于低谷时，不必太过悲观，不必在意失去了什么，总有一天会朝上走；而相反，置身高峰的时候，也不要忘乎所以，觉得自己得到了什么，因为总有一天还会下来。

人生中，得失即选择，各种各样的得失都是为了趋利避害。生活在这个世界上的每一个人，每天都要面对形形色色的得失，大到生命和爱情，小到平日的琐碎小事，只有辩证地看待得失问题，才能得到心理平衡。

“不以物喜，不以己悲。”淡然面对一切得与失，必会少些烦恼，多些快乐。

三伏天，某个禅院里，草地上的草枯了一大片，弟子说：“快撒些草籽吧，好难看呀。”师父说：“等天凉了吧！随时。”

中秋，师父买了一大包草籽，叫徒弟去播种。秋风突起，草籽飘舞。徒弟喊道：“不好了，许多草籽都被风吹走了。”师父不紧不慢地说：“没关系，吹去者多半中空，种上了也不会发芽。随性。”

撒完草籽，几只小鸟即来啄食，弟子又急了，冲着师父喊道：“师父，刚撒下的草籽被鸟啄食了很多。”师父一边翻看着经书，一边说道：“没关系，草籽本来就多准备了，吃不完。随遇吧。”

半夜里下了一阵大雨，弟子冲进禅房，喊道：“师父，这下完了，草籽被冲走了。”师父正在打坐，眼皮都没抬一下，说：“冲到哪里就在哪里发芽，随缘吧。”

半个月过去了，光秃秃的禅院长出了青苔，一些未播种的院角也泛出了绿意，弟子高兴得直拍手。师父信步踱到院子里，点点头说道：“随喜。”

禅师的这份平常心，看似随意，其实是洞察了世间玄机的豁然开朗。而弟子却不同，为草籽的事又是着急，又是上火，烦恼何其多？

如果一个人面对大起大落，成败得失，都能保持一种淡然的心态，他就能清晰地看到事物内部存在的因果关系，于乱麻中理出一丝头绪来。反之，遇事一味地冲动浮躁，心虽不坏，但行为可怕。反过来说，遇事萎靡不振、停滞不前也不行，同样会让你与理想差之千里。

再来看一个故事：

在法国一个偏僻的小镇，有一口特别灵验的泉水，据说可以医治各种疾病。有一天，一个拄着拐杖，只有一条腿的退伍军人，一跛一跛地走过镇上的马路。旁边的居民带着同情的口吻说："可怜的家伙，难道他要祈求再有一条腿吗？"

这句话被退伍的军人听到了，他转过身对他们说："我不是要祈求一条新腿，而是要祈求让我有一颗平静的心，叫我在没有一条腿后，也知道如何过日子。"

这位军人失去的已经够多了，但他坦然地接受这个事实。他在祈求的同时，就已经得到了平静的心。

大多时候，人们更多的是希望获得，担心失去。但如果能够从失去中吸取足够的经验与教训，避免之后失去更多，亡羊补牢也为时不晚。倘若我们能看得更远、更淡、更超然一些，我们就会更加勇敢、无畏、自信，有了这些，成功自然水到渠成。

在失去时，我们心中免不了会有失落，否定自己的一切，但这个时候我们不可一味地意志消沉下去，要学会看自己的优点，发现自己的兴趣所在，忘掉失去的，重新开始，一定会有所收获。

如果我们能够控制住自己无限的欲望，在认真权衡利弊下进行取舍，也就不会对得失产生过多的执念。世间的许多事情，看起来完了，实则没完；看起来没完，实则完了。正如一句古诗所说的那样："山重水复疑无路，柳暗花明又一村。"

所以，俗语讲得好，有所得必有所失，有所失必有所得；不得不失，不失不得。智者从不在意人生中的得与失，淡然面对，随喜生活。

第七章

行动高于一切

高峰只对攀登它而不是仰望它的人有意义。行动高于一切。只要敢于行动，想法就一定能实现。“不可能”只存在于自己的想象中，天下事怕就怕“认真”二字，只要下定决心去干的事情，早晚都会成功。最终你就会发现：没有“做不到”的事情。

只要开始，就永远不晚

某日语学习班开学报名时，来了一位老者。

“给孩子报名?”登记小姐问。“不，自己。”老者回答，“儿子在日本找了个媳妇，他们每次回来，说话叽叽咕咕，我挺着急。我想听懂他们的话。”

“您今年高寿?”小姐问。“68 岁。”“您想听懂他们的话，最少要学两年。可您那时已经 70 岁了!”老人笑吟吟地反问:“姑娘，你以为我如果不学，两年后就能 66 岁吗?”言毕，所有人都笑了。

是的，这位老人学与不学，两年以后都是 70 岁，差别是:一个是可能开心地和儿媳妇交谈，一个是依然像木偶一样在旁边呆立。事情往往就是如此:我们总是以为开始得太晚，因此放弃，殊不知只要开始，就永远不晚。

很多时候，我们想到了，却因为各种各样的原因放弃了行动，或者是觉得太晚了，或者是觉得时机还没到，或者是屈服于内心的恐惧，一念之间的迟疑，很可能会让我们错失一次成功的机会，甚至走上死亡的道路。

寒号鸟的故事让我们警醒:

在古老的原始森林，阳光明媚，鸟儿欢快地歌唱，辛勤地劳动。其中有一只寒号鸟，有一身漂亮的羽毛和嘹亮的歌喉，每天到处游荡，卖弄自己的羽毛和嗓子。看到别人辛勤地劳动，反而嘲笑不已，好心的鸟儿提醒它:“寒号鸟，快垒个窝吧!不然冬天来了怎么过呢?”

寒号鸟轻蔑地说:“冬天还早呢!着什么急呢?趁着今天大好时光,快快乐乐地玩吧!”就这样,日复一日,冬天眨眼就到来了。鸟儿们晚上都在自己暖和的窝里休息,而寒号鸟却在夜间的寒风里,冻得瑟瑟发抖,用美丽的歌喉悔恨过去,哀叫未来:“哆啰啰,哆啰啰,寒风冻死我,明天就做窝。”

第二天,太阳出来了,万物苏醒了。沐浴在阳光中,寒号鸟好不得意,完全忘记了昨天晚上的痛苦,又快乐地歌唱起来。有鸟儿劝它:“快做窝吧!不然晚上又要发抖了。”寒号鸟嘲笑地说:“不会享受的家伙。”

晚上又来临了,寒号鸟又重复着昨天晚上一样的事。就这样重复了几个晚上,大雪突然降临,鸟儿们奇怪寒号鸟怎么不发出叫声了呢?太阳一出来,大家四处寻找,发现寒号鸟早被冻死了。

《寒号鸟》虽是一则寓言,但它讲明了在人的一生中,今天是多么重要,当下是多么重要。寄希望于明天的人,大多是一事无成的人。因为今天你把事情推到明天,明天你就会把事情推到后天,一而再,再而三,事情永远没个完。

富兰克林说:“把握今日等于拥有两倍的明日。”把今天该做的事拖延到明天,明天也无法做好的人,占了大约一半以上。行动的魅力让我们着迷,它可以把不可能变成可能,正如歌德所说:“把握住现在的瞬间,把你想要完成的事物或理想,从现在开始做起。只有勇敢的人身上才会赋有天才、能力和魅力。因此,只要做下去就好,在做的过程当中,你的心态就会越来越成熟。能够有开始的话,那么,不久之后你的工作就可以顺利完成了。”

只有那些懂得如何利用“今天”的人，才会在“今天”创造成功事业的奠基石，孕育明天的希望。

立即行动可以让100天变成1000天，甚至10000天的价值。有一位幽默大师曾经说过：“每天最大的困难是离开温暖的被窝走到冰冷的房间。”他说得不错。当你躺在床上认为起床是件不愉快的事时，它就真的变成一件困难的事。即使那么简单的起床动作，亦即把被窝掀开，坐起来，同时把脚伸到地上，都可以击退你的恐惧。那些大有作为的人物总是推动自己去做好自己的事。“现在”这个词对成功来说妙用无穷，而“明天”“下个礼拜”“以后”“将来某个时候”或“有一天”，则是“永远做不到”的同义词。

各行业中首屈一指的成功人士都有一个共同的优点——言出即行。这种能力会取代智力、才能和社交能力，来决定你的工资水平和晋升速度。虽然这个观念很简单，但总有人始终不明白。行动习惯，也就是立即把思想付诸行动的习惯，这对完成事情来说是必不可少的。这里有七个方法能让你培养立即行动的习惯：

1.不要等到条件都完美了才开始行动

如果你想等条件都完美了才开始行动，那你很可能永远都不会开始。因为总是会有些事情不那么好，或是错过时机，行情不好，或是竞争太激烈。现实世界中没有完美的开始时间，你必须在问题出现的时候就行动起来并把它们处理好。

2.做一个实干家要实践，而不要只是空想

你想开始实践吗？你有没有好的创意要告诉老板？今天就行动起来吧。一个没被付诸行动的想法在你的脑子里停留得越久越模糊，过些天其细节就会愈发地不清晰，几星期后你就会把它给全忘了。反之，在成为一个实干家的同时，你可以实现更多的想法，并在其过程中产生更多新的想法。

3. 记住，想法本身不能带来成功

想法是很重要，但是它只有在被执行后才有价值。一个被付诸行动的普通想法，要比一打被你放着“改天再说”或“等待好时机”的好想法来得更有价值。如果你有一个觉得真的很不错的想法，那就为它做点什么吧。如果你不行动起来，那么这个想法永远不会被实现。

4. 用行动来克服恐惧、担心

你有没有注意到公共演讲最困难的部分就是等待自己演讲的过程呢？即使是专业的演讲者和演员也会有表演前焦虑的经历。但是一旦开始表演，恐惧也就消失了。行动是治疗恐惧的最佳方法。万事开头难，一旦行动起来，你就会建立起自信，事情也会变得简单。

5. 机械地发动你的创造力

人们对创造性工作最大的误解之一，就是认为只有灵感来了才能工作。如果你想等灵感来敲门，那么你能工作的时间就会很少。与其等待，不如机械地发动你的创造力马达。如果你需要写点东西，那么强制自己坐下来写。落笔，灵机一动，乱涂乱画。通过移动双手来刺激思绪，激发灵感。

6. 先顾眼前，把注意力集中在你目前可以做的事情上

不要烦恼上星期理应做什么，也不要烦恼明天可能会做什么。你只有现在可以左右时间。如果你过多地思考过去或将来，

那么你将一事无成。明天或下周的事经常是永远都不会发生的。

7. 立即谈正事（立即切入正题）

人们在开会前一般都会做些社交活动或聊聊天。独自工作者也是如此。如果你不避开这些让人分心的事情来谈正事，那它们会花掉你很多时间。一旦开始谈正事，那就会变得更有创造力。

到美国首府华盛顿观光的游客总不免要到华盛顿纪念碑一游。纪念碑前游客如织，导游大概会告诉你，排队等搭电梯上纪念碑顶就要等上两个钟头。但是他还会加上一句："如果你愿意爬楼梯，那么一秒钟也不必等。"这句话说得多么真切！不止华盛顿纪念碑如此，人生之旅又何尝不是！不论如何，现在就付诸行动，才可能踏上卓越之途。

人生最昂贵的代价之一就是凡事等待明天。"明日复明日，明日何其多。我生待明日，万事成蹉跎。"明天永远都不会来，因为来的时候已经是今天。只有今天才是我们生命中最最重要的一天；只有今天才是我们生命中唯一可以把握的一天；只有今天才是我们可以用来超越对手、超越自己的一天。不要把希望寄托在明天，希望永远都在今天，希望就在现在。把握住现在，也就是把握往了未来。

迈出第一步，并努力不懈

很多成功人士在起步之初，并没有过人的才能，也没有特别好的机遇，为什么他们能取得不凡的成就呢？原因仅仅在于：他们迈出了第一步，并且努力不懈。著名企业家刘秀忍的成功经历，就非常值得我们借鉴。

刘秀忍的家乡在宝岛台湾最闭塞、经济最落后的鹿谷乡，她家还是当地最穷的人家之一。所以，她念到小学四年级就辍学了。结婚后，她和丈夫合办了一家贸易商行，生意还不错。但她不满足于小打小闹，便说服丈夫同意，孤身一人去日本创业。

来到日本东京后，刘秀忍才发现事情远不像她想象的那么简单。首先，她人生地不熟，根本不知道应该从哪里开始起步；其次，她语言不通，怎么跟人家谈生意呢？最后，她的资金很少，日本再好赚钱，也得先投资才能赚到钱呀！

刘秀忍的信心开始动摇了。但她想，好不容易下决心跑出来，也不能什么都不干就跑回去呀！好歹先做起来再说！她设法找到在日本的老乡帮忙办手续，办起了一家小小的贸易行。她没有聘请员工，里里外外全是她一人忙活。

刘秀忍一面学日语，一面尝试谈生意。她的日语进步很快，但生意方面毫无起色，好几个月一单生意也没有做成。她知道，自己没有什么可以依赖，只能靠耐心。她不急不躁，一次又一次地跑客户。她一天天带着希望走出门，又一天天带着失望走回家。

终于有一天，刘秀忍看到了一丝曙光：一位日本商人被刘秀忍百折不挠的韧劲所感动，把自己不想做的一笔小生意让给了她做。生意虽小，对刘秀忍却是一件大事，她小心翼翼，将活干得漂漂亮亮。这桩生意为她赢得了信誉。此后，一笔又一笔生意接踵而至，她的事业开始真正起步。

后来，刘秀忍的生意越做越大，成为拥有三家大公司、七座百货大楼以及多家分公司的大老板。

其实不管做什么事，迈出第一步都很重要。智者虽有千虑，如果不立即行动，也将一事无成；愚者虽少智慧，只要在行动中磨炼自己，也将心想事成。在任何时候，我们不要忘记提醒自己：立刻行动，首先迈出第一步，切勿坐失良机！

你缺少的只是行动

老子说：千里之行，始于足下。

老子这句话，有积少成多的意思，也有万事开头难的意思。我们这里取义为：最困难的是迈出第一步。也就是说无论你的速度快与慢，只要迈出第一步，或迟或早，总能抵达目标。很多人的遗憾则是，只打算开始，却从未采取行动；或者几步不顺利，马上退回到原来的地方。其实千里马虽然迅捷，如果呆立不动，也到不了任何地方；老牛破车虽然迟缓，若锲而不舍，也能周游天下。成功没有固定的模式，只有不变的定律：首先迈出第一步，然后一步一步地往前走。

普通人也并不缺少机会和智商，他们缺少的只是行动。

一个才华横溢的年轻人，立志成为大作家。他宣布要写一部有关爱情的小说，并且已经有了很好的构思。一年后，朋友问他，小说写得怎么样了？他说，由于时间关系，那本书还没有写。但他现在已经有了一个更好的构思，计划写另一部更有趣的书。

一个自信满满的年轻人，立志成为大商人。他决定辞掉那份薪水很低的工作，去开一家小店，然后由小做大。一年后，他还在做那份薪水很低的工作，他的小店计划已经改为将来某个时候开一家大商场。

一个野心勃勃的年轻人，立志成为政治家。他决定登门拜访新上任的领导。一年后，这位新领导变成了老领导，被提拔到新的岗位，由于这样或那样的不便，年轻人还没有登门拜访过一次。

你相信这几个年轻人能成为大作家、大商人或政治家吗？

有人说，天下最悲哀的一句话就是：我早就想到了，可惜我没做。比如："如果我几年前就开始做那笔生意，早就发财了！""如果我早一点向她求婚，她就不会变成别人的新娘。"有机会迟迟不见行动，事过境迁再来后悔，正是小人物的通病。

大人物都有一个好习惯：一旦做出决定，马上就开始行动。因为拖延会产生许多负面的东西：惰性、猜疑、焦虑、自卑、恐惧……而行动却能产生许多积极的东西：勇气、决心、自信、主动性、创意……

有一个知名专栏作家谈到他的创作秘诀时说："我有许多东西必须按时交稿，无论如何不能等到有了灵感才去写。一定要想办法推动自己的精神力量。方法如下：我先定下心来坐好，拿一支铅笔乱画，想到什么就写什么，尽量放松。我的手先开始活动，用不了多久，还没等我注意到，便已经文思泉涌了。当然有时候没有乱画也会突然心血来潮，但这些只能算是红利而已，因为大部分好构想是在进入工作状态以后才得来的。"

其实，天下任何事，都跟写一篇文章相似，积极行动才能达成好的结果，空谈终究是浪费时间。

奇迹背后是无所畏惧的行动

魏茨曼曾经说过："奇迹有时候是会发生的，但是你要为之拼命地努力。"的确，只要我们相信未来掌握在自己手中，通过努力奋斗，必然会迎来辉煌，创造出奇迹。

法国名画家纪雷有一天参加一个宴会，宴会上有个身材矮小的人走到他面前，向他深深一鞠躬，请求他收自己为徒弟。纪雷朝那人看了一眼，发现他是个缺了两只手臂的残疾人，就委婉地拒绝他，并说："我想你画画恐怕不太方便吧？"可是那个人并不在意，立刻说："不，我虽然没有手，但是还有两只脚。"说着，便请主人拿来纸和笔，坐在地上，就用脚趾夹着笔画了起来。他虽然是用脚画画，但是画得很好，足见是下过一番苦功的。在场的客人，包括纪雷在内，都被他的精神所感动。纪雷很高兴，马上便收他为徒弟。这个矮个子自从拜纪雷为师之后，更加用心学习，没几年的工夫便名扬天下。他就是有名的无臂画家杜兹纳。

世上没有不弯的路，人间没有不谢的花。苦难宛如天边的雨，说来就来了，你无法逃避，无法退却；苦难又似横亘的山，赶也赶不跑，你只有跨越，只有征服。

也许我们并不能做到像杜兹纳那样出名，因为我们只是平凡得不能再平凡的人；但比起杜兹纳，我们是幸运的，我们无须面对别人的鄙视或者怜悯，我们应该学习杜兹纳的坚强、勇敢与执着的品质。现在的生活固然安定，但也绝不能就此放纵自己，因为我们同样拥有理想，我们同样要经历坎坷，我们同样要为生活而奋斗。

“吃得苦中苦，方为人上人”，其实奇迹的背后是最简单的道理，那就是无所畏惧的行动。一个肯吃苦、肯奋斗、不怕失败的人，他的前途必定会一片光明。

一夜成城，是为神话；一年成城，是为必然；把一年之劳说成一夜之功，便是奇迹的产生。因了这“奇迹”的帮助，成功与成功人士便近乎难以捉摸了起来。我们的现实舆论也有一种导向：成功似乎遥不可及，成功人士似乎远隔如天。

难道事情真的是这样？

1993 年，伯森汉姆徒手攀上纽约的帝国大厦，在创造了吉尼斯纪录的同时，也赢得了“蜘蛛人”的称号。美国恐高症康复联席会得知这一消息，马上致电“蜘蛛人”伯森汉姆，打算聘请他做康复协会的心理顾问，因为在美国有 8 万多人患有恐高症，他们被这种疾病困扰着，有的甚至不敢站在一把椅子上换一个灯泡。

伯森汉姆接到聘书后，打电话给联席会主席诺曼斯，让他查一查第 1042 号会员。这位会员很快被查了出来，他的名字正是伯森汉姆。原来他们要聘做顾问的这位“蜘蛛人”，本身就是一位恐高症患者。

诺曼斯对此大为惊讶。一个站在一楼阳台上都心跳加快的人，竟然能徒手攀上 400 多米高的大楼，这确实是个令人费解的谜，他决定亲自去拜访一下伯森汉姆。

诺曼斯来到位于费城郊外的伯森汉姆的住所，这里正在举行一个庆祝会，十几名记者正围着一个老太太拍照采访。原来伯森汉姆 94 岁的曾祖母听说他创造了吉尼斯纪录，特意从 100

千米外的葛拉斯堡罗徒步赶来，她想以这一行动，为伯森汉姆的纪录添彩。谁知这一异想天开的想法，无意间又创造了一个耄耋老人徒步千米的世界纪录。

《纽约时报》的一位记者问她："当你打算徒步而来的时候，你是否因年龄关系而动摇过?"老太太精神矍铄，说："小伙子，打算一气跑100千米也许需要勇气，但是走一步路是不需要勇气的，只要你走一步，接着再走一步，然后一步再一步，一百千米也就走完了。"

恐高症康复联席会主席诺曼斯站在一旁，一下明白了伯森汉姆登上帝国大厦的奥秘，原来他有向上攀登一步的勇气。在这个世界上，创造出奇迹的人，凭借的都不是最初的那点勇气，但是只要把最初那点微不足道的勇气保留到底，任何人都可以创造奇迹。

放眼古圣先贤，他们的成就也都是通过奋斗得来的，没有人一生下来就会说话、走路，都是靠后天的培养与学习。很多人觉得，一个具有传奇色彩且备受瞩目的人，他的一生就像是被安排好似的，不管以前经历的是磨难还是煎熬，最后的结果殊途同归——都将成为各个领域的先锋人物，甚至是拥有更加至高无上类似于"奇迹""神话"般的头衔。

其实，他们的成功并不是一个奇迹。伟人的成功和他们自己的付出是能够画上等号的。他们的成功都是靠自己点滴的汗水和努力铸就的，奇迹并没有出现在他们的身上，他们都是靠着自己的努力，花了大半生的时间，一步一个脚印，最终登上自己所在领域的最高峰。有谁敢说，他们的成功只是依靠上天的垂青呢?

古人用"头悬梁，锥刺骨"形容求学之难，今人用"摸爬滚打泥里转”形容创业之难，催人奋进的同时难免使人心生敬畏，而一旦功成后当事人的有意自夸与旁观者的无意解嘲，都足以使我们丧失希望，深渊此时已横亘在我们面前，让我们无视了那早已搭就的桥。

无论如何，总有人在前行，在一步步地挪动脚步，在积累，而你忽视了这缓慢行进的过程，直到有一天突然发现站在你面前的他已然无法逾越，于是你习惯性地耸耸肩，为自己也为别人开脱：这是奇迹。而这奇迹，你也可以创造，只要你有足够的耐心和毅力，只要你试着迈出第一步，不停歇……

蓝色的天空中，雄鹰在飞翔。只要你学会奋斗和努力，终有一天，你也会成功地超越自我，创造奇迹！

自 我 提 升

再见吧拖延症

卜兴丰◎编著

吉林出版集团股份有限公司
全 国 百 佳 图 书 出 版 单 位

图书在版编目（CIP）数据

再见吧　拖延症 / 卜兴丰编著 . -- 长春 : 吉林出版集团股份有限公司, 2021.3

（自我提升）

ISBN 978-7-5581-9706-2

Ⅰ . ①再… Ⅱ . ①卜… Ⅲ . ①成功心理 – 通俗读物 Ⅳ. ①B848.4-49

中国版本图书馆 CIP 数据核字 (2021) 第 038394 号

前言

生活中，从来都是付出才有收获，有苦才有甜，苦尽才能甘来。没有什么轻松的收获，没有毫无困难的一帆风顺的路。我们要认识到这一点。

很多时候，我们之所以抱怨困难，或者认为困难阻碍了自己，是因为我们没有认识到，生活中出现困难是最正常的事，没有困难才是不正常的。

事实上，所有的提升、所有的成长，都是在克服困难的基础上才获得的。我们唯有把生活中出现的困难当作正常的事去对待，认识到每一个不顺、困难都是通向提升和成长的台阶，才能从容以对。也因此，很自然地，我们只有通过努力才能登上那由困难、不顺铺就的通向更好生活的台阶。

当我们认识到这一点，心中就没有不平，没有抱怨，没有内耗，唯有向上成长的勇气、力量和行动。

我们常说，要接纳生活中的所有。而接纳的重要基础，就是我们必须从内心认识到，发生的一切都是正常的。对于正常的东西，我们自然不会再排斥，不会再对抗，也就没有了内耗。由此，我们才能以更好的心态去提升，去成长，去创造更好的生活。

生活中没有克服不了的困难，只有供我们提升与成长，走向更好生活的台阶。我们需要做的就是甩开胳膊，迈开腿，干起来，登上去。

改变与进步需要你摒弃旧思想，吸纳新观念和新思想，还需要坚强的毅力。要想取得大进步，你要有决心坚持自己的做事风格，如果你仍然没有获得应有的财富、健康，没有处理好各种人际关系，没有获得自由和成功，那么你必须尽快努力改变，从而慢慢进步。

如果坚持并实施这些步骤，你也不难迎来预期中的蜕变。

目　录

第一章　养成立即执行的习惯

第二章　找到前进的正确目标

第三章 强化你的执行力

第四章 不害怕失败，不恐惧成功

第五章　早一刻行动，早一刻成功

第六章　事前有计划，行动有保障

第七章　告别拖延症，提升执行力

第一章
养成立即执行的习惯

我们总是在为自己的拖延和懈怠寻找理由，我们总是有本事把自己的行为无原则地合理化，却不曾想到，光阴就是这么溜走的，机会就是这么跑掉的。有些事情当然要慢，有些事情，却容不得慢条斯理。不要相信自己的魅力可以和山河与共，要知道一切都是会变的。我们无法为自己保值，也无法为自己保险，我们更无法为自己保鲜。所以，要做的事情马上就去做吧，赶上时代的脉搏！

你是否有拖延症

我们都知道，那些有成就的人有很多优秀的品质，做事决不拖延肯定是其最重要的品质之一。生活中的每个人，要想在日后有所作为，也必须从现在开始就养成立即执行的习惯，如果你有拖延症，你要做的第一步就是调节自己的拖延心理。

然而，我们不得不承认的是，在我们的生活中，从员工到总裁，从学生到社会青年，从家庭主妇到职场人士，拖延的问题几乎会影响到每一个人。因为了解自己的，始终是我们自身。你是否有拖延的习惯，也许你的上司、家人、老师并不知晓，但是你自己清楚，或许现在的你已经陷入了拖延的泥潭中，那么是时候解决这个问题了。

如果你确实不清楚自己是否有拖延症，那么，我们可以观察几种拖延的形式和症状，以此来对照一下。我们不妨先来看看下面的故事：

我有一个姐姐，我觉得她就是严重的拖延症患者。下面我来讲讲我这位姐姐的一件事情。她怀孕的时候，无聊的她想打发时间，就买来一些漂亮的毛线，想着给未出世的孩子织一件衣服，可是她却迟迟没动手，总是懒懒地躺在床上，每当她想到那些毛线时，总是告诉自己："还是先吃点东西，看看电视，等会儿再说吧。"可是等她吃完东西、看完电视以后，她发现天已经黑了，于是，她会说："晚上开着灯织毛衣对孕妇的眼睛不好，还是明天再织吧。"第二天，她还用同样的借口拖延。

我姐夫是个贴心的好男人，他心疼老婆，并未催促她，她的婆婆看到那些被放到柜子里的毛线，本想替她织，但她却坚决要自己为孩子织毛衣。但随着她的肚子越来越大，她也就越来越不想动。后来，她告诉自己，要不就等孩子出生再织也行。

时间一晃就过去了，孩子很快出生了，是个漂亮的小姑娘，带孩子成了她主要的工作，孩子渐渐长大，很快就到一岁了，可是她还没开始织。后来，她发现，这些毛线已经不够给孩子织了。于是，她打算只给孩子织一件毛背心，不过打算归打算，动手的日子却被一拖再拖。当孩子两岁时，毛背心还没有织。当孩子三岁时，她想，也许那团毛线只够给孩子织一条围巾了，可是围巾也始终没有织成……渐渐地，她已经想不起来这些毛线了。孩子开始上小学了，一天孩子在翻找东西时，发现了这些毛线。孩子说真好看，可惜毛线被虫子蛀蚀了，便问妈妈这些毛线是干什么用的。此时她才又想起自己曾经憧憬的那件漂亮的带有卡通图案的毛衣。

这是发生在我身边的一个小故事，事情虽小，但它却告诉我们一个道理，那些有拖延习惯的人，多半都是拖延心理在作怪。而且，他们还总是会为自己寻找各种借口，要克服拖延的习惯，你必须先抛弃拖延的心理。如果不下决心采取行动，那事情永远不会完成。

的确，我们都会在某种程度上犯这种错误，将今天应该做完的事情推到明天。享受现在的欢乐，延迟那不可避免的痛苦。但我们应该知道，即使当下我们可以将这些痛苦抛出脑海，最终它仍会到来，狠狠地击中我们，并扰乱我们外在的平静。那么，拖延的症状都有哪些，拖延症的真面目是什么呢？

1.缺乏明确的愿景

人们拖延的最重要的原因之一就是找不到努力的方向、太过迷茫，如果我们看不到清晰的未来愿景，又怎么会有动力呢？

如果我们对将要达到的目标和为何这样做，有个清晰的构想，那么你就会有足够的动力去努力并完成任务。

2.计划不足

要想把事情做到最好，你心中必须有一个很高的标准，而不能是一般的标准。在决定事情之前，要进行周密的调查论证，广泛征求意见，尽量把可能发生的情况考虑进去，避免出现漏洞，直至达到预期效果。

3.缺少时间

忙于做事并不意味着高效率，要善于利用每天的不同时间段。一般来说，上午头脑清醒，特别是第一个小时，是效率最高的时候，可以将一些难度大而重要的工作放在此时进行。下午大脑一般比较迟钝，可以做一些活动量大又不需太动脑筋的工作。这将有助于你提高工作效率，使得工作早日完成。

4.疲劳感

很多时候，人们拖延多半都会以疲劳为借口，但实际上，真正令人们疲劳的是无休止地拖延一件事。从一定程度上说，疲劳是可以控制的。如果我们早点儿休息，按部就班地完成任务，坚持做一件事，我们就能减少疲劳、增强自信心，逐渐克服拖延心理。

5.对结果的恐惧

对结果感到害怕是拖延的另一个原因。一些人害怕失败，是因为他们没有出色地完成任务的能力，因此他们推迟行动。不管你信不信，还有另一些人害怕成功。他们可能知道完成特定的任务会给他们带来一些并不想要的结果。对此，我们要对完成或不完成一项任务的结局有明确的认识。

6.自制力不足

在当下，我们更容易受技术和额外的刺激影响，从而更难保持注意力集中。在做事之前，我们最好先排除那些可能出现干扰的因素，比如手机和网络等。

7.惰性

惰性总是与拖延相伴相生。你会发现，那些你不愿意做的工作，往往是你不喜欢做的事或者是难做的事。因此，要想克服拖延心理，你首先要克服惰性。万事开头难，要把不愿做但又必须做的事情放在首位，而对于难做的事可以试着把困难分解开来，各个击破；对于那些难做决定的事，则要当机立断，因为最坏的决定是没有决定。

总之，你需要明白，拖延并不能帮助我们解决问题，也不会让问题凭空消失，拖延只是一种逃避，甚至会让问题变得更严重。那么，你为什么还要逃避呢？那些成功者从不拖延。

拖延是行动的大敌

有人说，只有行动才能缩短自己与目标之间的距离，而拖延是行动的大敌，拖延将不断滋养恐惧。任何成功的人都把“少说话、多做事”奉为行动的准则，通过脚踏实地的行动，达成内心的愿望。那些有拖延症的人总是用种种说辞为自己开脱：“对方不配合”“不可能的任务”“苛刻的老板”“无聊的工作”……久而久之我们会陷入“工作越来越无趣”“人生越来越无聊”的泥潭中，愈加懒惰，愈加消极，愈加无望。我们把这些有拖延习惯的人称之为“拖延症患者”。

如果你是一个有拖延症的人，那么，也许你自己都不会承认，在你的内心总是有一个声音：“以后再说吧。”这就是一种情感阻力，如果没有这种阻力，你的执行力将会提高很多。

在面对某些事时，我们会明显地感到有难度，这会让我们产生不快的感觉。此时，拖延的人就会找“以后再说”这样的借口，他们会劝慰自己：“等等看，也许事情会好转。”其实正如我前面所说的，这只是一种逃避和麻痹。你要告诫自己，即便事情拖到了最后也未必会改善，而且，我们拖延的其实是自己的步伐、自己的人生、自己的精彩和自己的爱情。

下面讲一个我朋友的故事，我认为他的这件事情很有代表性，而且是经常会发生在我们自己身上的事。

我这个朋友叫张学成，今年三十二岁，在我们当地的税务系统工作，事业稳定、薪酬不低、交友广泛，唯一美中不足的就是还未婚，但已经有女朋友了，两个人好得蜜里调油，就等着到时候去领结婚证了。可后来的一件事，却让他和谈了多年的女朋友分了手。

事情是这样的：他女友的妹妹下周一过生日，可女友却在外地出差，所以给张学成打电话，告诉他帮着买一件礼物，而且女友也相信他的眼光。

挂掉女友的电话后，张学成对女朋友的托付自然非常重视。他关了电脑，准备出门，突然想起今天才周二，距离下周一还有六天，买礼物的时间非常充足，不必急于一时，周四的时候公司要开例会，还是先把报表做出来吧。于是，他打开电脑，先把报表做了出来。

忙忙碌碌了两天，周四下午开完会，心情不错的张学成决定下班之后就去买礼物。可是，下班的时候，一个要好的同事约他一起去吃饭。张学成心想，礼物什么时候都能买，同事的面子不能不给。于是，他就高高兴兴地和同事去吃饭了。

眨眼间到了星期六，礼物连个影子都还没有，张学成却一点都不着急。不就是买个东西嘛，分分钟就能搞定，好不容易放假了，先玩一天再说。

周日了，张学成去买礼物了，可是在商场转了一圈之后，他又气馁了，要挑什么礼物呢？女友相信我的眼光，我一定不能让她失望。要是我挑选的礼物不够好，女友会不会生气，会不会不理我……张学成突然患得患失起来了，半天之后，他决定，今天好好思考，明天再买，反正女友妹妹的生日 Party 在晚上，还来得及。

周一晚上，张学成假装生病，不敢和女友见面，因为他没有买礼物！三个月后，女友和张学成分手了。

张学成的爱情童话最终走向了终结，为什么？就是因为他的拖延！他的借口太多了，身边发生的每一件事和遇到的每一个人都能成为他的借口，开会、同事请吃饭、周末要休息，这些理由多么充足啊！

借口到处都有，它无处不在，只要我们想找，它绝对会无穷无尽。人们常说："你撒下一个谎，却要用一百个谎言来圆这个谎言。"其实，拖延也是一样的。你找一个借口去拖延，后面就跟着一堆借口去拖延一件又一件的事。

然而，每一个借口都是毒品，吸了第一口就想着第二口，戒都戒不掉，如果吸得多了，会让人忍不住沉沦，而沉沦是需要付出代价的。这个代价可能是爱情，也可能是亲情，是事业，是成功，是责任……代价是如此沉重，沉重得令我们难以接受。既然如此，为什么我们还要抢着去付这个代价？从现在起，不要再找借口，不要再拖延，不是很好吗？

其实，拖延不仅不能省下时间和精力，反而会使人心力交瘁，疲于奔命。如果这样还不能把你从拖延的梦魇里揪出来，那我只能砸下最后一棒："拖延消耗的不仅仅是精力，而是生命！"

那么，你有拖延症吗？不妨来给自己做个测验吧。

1. 在你的工作清单里，有很多事，你也清楚哪些事重要，哪些事次要，但你却还是选择了将那些不重要、难度小的事先做了，而越是重要的事，反而越拖延。

2. 每次工作前都选择一个整点开始：一点半、两点……

3. 不喜欢别人占用自己的时间或者打扰自己的工作，但其实最不珍惜时间的是你自己。

4. 原本你已经准备定下心来工作了，但还是在开工之前去冲了杯咖啡或者泡了杯茶，并给自己一个借口：这些饮品会让自己更易进入状态。

5. 在做某件事的过程中，一旦出现了突发事件或者想法有变化，就立即停下手头的工作。

以上五条若有三条以上符合，很遗憾，你已加入“拖延症患者”群。将拖延症进行细致划分，我们还可以将其分为四种。

1. 学习型拖延症

顾名思义，就是对待学业上的事总是一拖再拖，面对众多需要学习的科目、需要参加的学习活动等，他们没有紧迫感，也不着手处理和学习。很明显，怠慢学习的人，是很难有好的学习成果的，知识的获得应当是与勤奋相关联的，鲁迅说过：“伟大的事业，同辛勤的劳动成正比，一分耕耘一分收获，日积月累，从少到多，奇迹就会出现。”勤奋可以使聪明之人更具实力，相反，懒惰则会使聪明之人最终江郎才尽，成为时代的弃儿。

也许有人会说，我还年轻，有大把的时间，但你可能没有意识到，现在的你还是聪明的，但如果你不继续学习，就无法使自己适应急剧变化的时代，就会有被淘汰的危险。只有善于学习、懂得学习的人，才能够赢得未来。

2. 工作型拖延症

你是否经常在上级一催再催后，才将某份报告交上去？你是否每天早上在进入办公室后花半个小时的时间回味昨天晚上的电视剧情节？你是否习惯了在工作之前跟同事说几句话……如果你总有这些习惯，那大概就是为什么你总是不被上司赞赏的原因了。

伍迪·艾伦说过："生活中 90％的时间只是在混日子。大多数人的生活层次只停留在为吃饭而吃饭，为搭公车而搭车，为工作而工作，为回家而回家。他们从一个地方逛到另一个地方，使本来应该尽快做的事情一拖再拖。"的确，因各种理由造成拖延的消极心态，就像瘟疫般毒害着我们的灵魂，影响和消磨着我们的意志和进取心，阻碍了我们正常潜能的发掘，到头来终将使我们一事无成，终生后悔。

3. 婚恋型拖延症

可能你也发现，在你的身边，剩男剩女们越来越多，你可能也是其中的一员。为什么会剩下，其实也是"拖延"的结果。我们总希望能在工作生活如意的情况下谈及爱情、婚姻，认为不着急，但如今，我们真的着急了。

4. 亲情型拖延症

"子欲养而亲不待"，这是人生一大悲哀。很多时候，我们总在感叹，等我有钱了就陪父母去旅行，去和爱人和孩子享受天伦之乐。但时间不等人，亲情也不能等，如果想表达你对亲人的爱，别再拖延了。

总之，无论是工作、生活还是学习，大事还是小事，凡是应该立即去做的事情，我们就应该立即行动，绝不能拖延，要尽全力日事日清。我们的一生中，确实有很多个明天，但如果把什么都放在明天做，那明天呢？明天的明天呢？有句话说得好，“我们活在当下”，明天属于未来，我们只有把握好现在，才能决定明天的生活。

拖延症不是与生俱来的

对于拖延行为产生的原因，学界历来众说纷纭。有的学者给出了生理学上的原因，他们认为，在人的大脑中，负责执行功能以及过滤作用的是前额叶皮层，以此来降低大脑其他部分带来的分散注意力的刺激，而这个部分的活性降低或者损伤，都会减弱这种功能，进而人的执行能力也会受到一定程度的影响。

也有一些学者给出了心理学层面的原因。他们认为，随着人的成长，我们的接触面也在不断地扩大，在充满挑战的社会生活中，我们的心理也在逐步发生着变化，也就逐步形成了拖延的习惯，有的人甚至还掉入了拖延的怪圈。

学界说法不一，那么，拖延行为的产生是先天形成还是后天所致呢？我觉得，其实是后者。拖延症这种症状，根本没有什么与生俱来的。下面我通过身边的两个故事，讲述一下拖延症是如何产生的。

第一件事是发生在我一个朋友小李身上的。小李是一家食品公司的车间主任，在这个岗位上他已经工作三年了，闲下来的时候他经常会和我们回忆曾经那个充满斗志的自己。三年前，他是一名基层员工，每天都会早早地起来，然后来到车间工作，每每领导来视察的时候，他都在埋头工作。接连一年多的时间，他每个月都会被评为生产模范，因为工作努力，被领导选拔为车间主任。

然而后来，身为基层管理人员的小李开始懈怠了。比如，中午吃完饭，原本他准备去看看车间生产情况，但听到其他主任说："急什么？有工人在，等会儿再去也行啊。"小李心想也是这个道理，便决定睡个午觉再去工作。醒来后看到其他领导都在打牌，心里痒痒，也加入其中，大家一起抽抽烟、喝喝茶，一下午时间又过去了。

另一个故事，是发生在我自己身上的。是我和妻子的事情。我妻子原本是个很勤快的女孩，但在一起久了后，可能因为婚后家庭琐事繁多，她也没有以前那么勤快了，什么事情都是能拖就拖。工作上如此，生活上也是如此。有一个周末早上，我先起了床，还做好了早饭，来到卧室叫她起床，她推脱说："不着急，再睡会儿，大周末的。"快中午了，我说："不是说今天去逛街的吗？还是起来吧。"她回答说："好困，你先玩玩电脑，我起来收拾好再出门。"当时的我唯有深深地叹一口气，心想，原来的那个可爱又勤快的女人去哪儿了？

通过上面两个事情，可以清楚地看到，很多人不是天生就爱拖延，而是后天逐渐形成的。形成拖延的原因有很多，比如对他人的模仿、周围环境的影响等。针对这个问题，我们可以再具体地分析一下。

首先，我们要明白，人的先天特点中没有拖延。所谓"先天"，顾名思义，就是生来即存在的、未曾经过雕琢的。从我们来到这个世界的那一刻起，我们就如同一张白纸，除了对生理的基本需要，我们一无所知。那个时候，除了大声啼哭以证明我们饿了、渴了以外，我们不懂其他任何的行为表达。我们逐渐成长，获得知识、被父母长辈教导，逐渐对这个世界有了认知。

我们的很多行为都是在成长的过程中形成的，由于受到了外界诸多因素的影响，我们的心理也逐渐发生了变化。即便一些学者认为，人的拖延行为与生理因素有关，但这并不代表拖延就是先天形成的。另外，我们的身体机制的运行是自然而然的，虽然我们的身体器官接受了大脑的指令而执行拖延的行为，但执行功能的弱化也并非天生，而是受后天因素的影响。

随着我们逐渐进入社会，开始参与激烈的社会竞争，我们的内心所承受的压力也越来越大，我们所接受的任务难度也在逐渐加大。于是，我们便产生了逃避的行为，也就是拖延。

其实，我们还要明白一点，拖延产生的原因，大都源于外在环境的因素。有时候，我们会认为那些拖延者总喜欢给自己找借口，虽然是借口，但也表明了一点，人的行为是容易受周围环境的变化影响的。比如，因为天气恶劣，我们没有及时到达公司；因为生病，我们没有按时将任务完成等。在拖延者身上，是存在心理和行为分离这一特点的。他们明明知道该怎样做、该如何行动，但实际情况却是，他们没有按照自己内心真正所想的去做。比如，原本打算周四前去某个地方，但到周末了也还没有去；原本计划下午约见客户，但到中午了还没给客户打电话。

很多人总是会以此作为行动拖延的借口，并且在自己的拖延行为没有造成恶劣后果前，会不断允许自己这样做，最终，真正的拖延习惯就形成了。

我们还应该明白另一点，人的后天心理变化也可以形成拖延习惯。还记得孩提时代的我们无忧无虑，家长让我们去做什么，我们立即就去做。那是因为我们没有压力，随着时间的推移，我们不断长大，有了烦恼，再到进入社会，面临着激烈的社会竞争。我们有做不完的工作，面对我们不想做的事，还是必须硬着头皮去做，工作任务也越来越难，我们也觉得自己被压得喘不过气来。此时，我们会产生逃避的心理，只要发现有一点空隙，就会拿来拖延，尽管我们知道这些工作还是必须要去做的。

另外，在个人能力没有提升的情况下，我们总是觉得无能为力，认为自己做不好。久而久之，也就产生了自卑心理。自卑心理的出现，更让我们有理由去抵制那些高难度的工作。

在生活中，我们经常听见别人说："我生来就爱拖延，这是改不了的毛病。"一旦认定这一点，我们就产生了一种不愿意改变现状的心理定式，因此我们必须认清一个事实——拖延行为的产生不是先天形成，更没有什么与生俱来，而是后天所致。认识到这一点，我们就有意愿和能力逐步克服自己拖延的行为，只要我们将自己的想法付诸行动，并努力坚持，相信就会取得很好的成效。

行动可以改变态度

我们都知道，拖延是一种不良的行为习惯。然而，任何人的拖延行为，其实都是在一定的内因驱使下形成的。我们周围有这样一些聪明的人，无论是在生活还是工作中，只要是与人打交道，他们总是会在看清楚他人的“招数”前拖延一段时间，因为他们坚信“谁先出手，谁就失利”。这类人拖延的内在动因是为了保护自己。

行动可以改变一个人的态度，使他由消极转为积极，使原先可能糟糕透顶的一天变成愉快的一天。

卓根是哥本哈根大学的学生，有一年暑假他去当导游。因为他总是高高兴兴地做了许多额外的服务，因此几个芝加哥来的游客就邀请他去美国观光。旅行路线包括在前往芝加哥的途中，到华盛顿特区做一天的游览。

卓根抵达华盛顿以后就住进威乐饭店，他在那里的账单已经预付过了。他这时真是乐不可支，外套口袋里放着飞往芝加哥的机票，裤袋里则装着皮夹，皮夹中放着护照和钱。没想到突然遇到晴天霹雳。当准备就寝时，他发现皮夹不翼而飞了。他立刻跑到柜台那里。“我们会尽量想办法。”经理说。第二天早上仍然找不到，卓根的零用钱连两块都不到了。自己孤零零一个人在异国，应该怎么办呢？打电话给芝加哥的朋友向他们求援？还是到丹麦大使馆去报告遗失护照？还是坐在警察局里干等？

他突然对自己说：“不行，这些事我一件也不能做。我要好好看看华盛顿。说不定我以后没有机会再来了，但是现在仍有宝贵的一天待在这个国度里。好在今天晚上还有机票到芝加哥去，一定有时间解决护照和钱的问题。

“我跟丢掉皮夹子以前的我还是同一个人。那时我很快乐，现在也应该快乐呀。我不能白白浪费时间，现在正是享受的好时候。”

于是他立刻动身，徒步参观了白宫和国会山，并且参观了几座大博物馆，还爬到华盛顿纪念馆的顶端。虽然他去不成原先想去的阿灵顿和许多别的地方，但只要去过的地方，他都看得很仔细。他买了花生和糖果，一点一点地吃，以免挨饿。

等他回到丹麦以后，这趟美国之旅最使他怀念的却是在华盛顿“穷游”的那一天。如果他没有运用做事的秘诀，就会白白浪费那一天。“现在”就是最好的时候，他知道在“现在”还没有变成“昨天我本来可以……”之前就把它抓住了。

这里顺便把他的故事说完吧，就在出事的那一天的五天之后，华盛顿警方找到他的皮夹和护照，并且送还给了他。

如果下定决心立刻去做，往往会使你最渴望的梦想得以实现。孟列·史威济正是如此。

史威济非常喜欢打猎和钓鱼，他最喜欢的生活是带着钓鱼竿和猎枪步行五十英里到森林里，过几天以后再回来，虽然筋疲力尽，满身污泥，但却快乐无比。

这类嗜好唯一不便的是，他是个保险推销员，打猎钓鱼太花时间。有一天，当他依依不舍地离开心爱的鲈鱼湖，准备打道回府时，他突发异想，在这荒山野地里会不会也有居民需要保险？那他不就可以同时工作又在户外逍遥了吗？结果他发现果真有这种人：他们是阿拉斯加铁路公司的员工。他们散居在沿线五十英里各段路轨的附近。他可不可以沿铁路向这些铁路工作人员、猎人和淘金者拉保呢？

史威济在想到这个主意的当天，就开始积极计划。他向一个旅行社打听清楚以后，就开始整理行装。他不肯停下来让恐惧乘虚而入，自己吓自己，他也不左思右想找借口，而是搭上船直接前往阿拉斯加的西湖。

史威济沿着铁路走了好几趟，那里的人都叫他“走路的史威济”，他成为那些与世隔绝的家庭最欢迎的人，不只是因为没有人愿意跟他们打交道，他却前来拉保，还因为他也代表了外面的世界。不但如此，他还学会了理发，为当地人免费服务。他还无师自通地学会了烹饪。因为那些单身汉吃厌了罐头食品和腌肉之类，他的手艺使他变成最受欢迎的贵客。与此同时，他也正在做一件自然而然的事，正在做自己想做的事：徜徉于山野之间，打猎、钓鱼，并且像他所说的“过史威济的生活”。

在人寿保险事业里，对于一年卖出一百万元以上的人设有光荣的特别头衔，叫作“百万圆桌”。在孟列·史威济的故事中，最不平常而使人惊讶的是：在他把突发的一念付诸行动以后，在动身前往阿拉斯加的荒原以后，在沿线走过没人愿意前来的铁路以后，他一年之内就做成了百万元的生意，因而赢得“圆桌”上的一席之位。如果他在突发奇想时，对于做事的秘诀有半点迟疑，这一切都不可能发生。

“现在就去做”可以影响你生活的方方面面，它可以帮助你去做该做而不喜欢做的事；在遭遇令人厌烦的职责时，它可以教你不推脱延迟。但是它也能像帮助孟列·史威济那样，帮你去做你“想”做的事。它会帮你抓住宝贵的刹那，这个刹那一旦错过，很可能永远不会再碰到。

许多人都有拖延的习惯。因为拖拖拉拉耽误了火车；上班迟到；错过可以改变自己一生，使自己变得更好的良机。所以，要记住：“现在”就是行动的时候。

找对你的参照物

我们大家都知道，人的拖延行为并非与生俱来，而是后天所致，是受外界环境因素的影响和后天心理变化而产生的。因为拖延行为和习惯的产生，我们的预期目标总是无法完成。相信你曾经历过这样的场景：原本你打算开始工作，但看到其他同事在一起聊天喝茶，你的心情也放松了很多，认为自己也不用着急。我们也常常这样安慰自己："他们都还没开始呢，不着急。""每次他们开始一半了我才开始，也能完成工作，他们都还在娱乐呢，我也可以等一等。"我们总是以他人的标准来衡量自己的行为，如果看到别人还未实施，我们就好像获得某种恩准一样可以不工作。

事实上，在我们的工作和生活中，我们的拖延行为和习惯的产生，也是与周围人的影响有着密切的关系，对他人行为的效仿和学习也常常让我们陷入拖延的沼泽中。

只要我们处于一个集体中，都会不自觉地以他人作为参照物来衡量自己的行为，也会效仿和学习他人的行为习惯，尽管这些习惯未必全是积极的。下面我再说两个发生在身边的故事。

我刚工作那会儿，有一个同事小徐，是个很热情活泼的年轻人，我们都在一家互联网公司做策划。他聪明、办事能力强，与周围人相处得很好，也深知协作的重要性，所以总是保持着和同事一致的工作进度。这天，领导又交给大家一个任务，希望大家能分工完成。

那天中午，小徐问我们另外几个人："你们开始做了吗?"

"没有，周四开始也来得及呢，我们对这个项目有很多经验，花不了多少时间的。"

"就是啊，每次我们把策划案交上去了，领导还不是过了好几天才看。"

小徐听到我们大家都这么说，也觉得是这个道理，于是，就和我们一样拖到最后才开始。

另一个故事发生在我大学时候，当时我们的宿舍是四人间。有两个北京本地人，我一个，还有一个是来自山东的农村孩子李建军。刚开学，我们和其他的同学都不是很熟，所以宿舍四个人的关系非常好，无论是上学、放学，还是吃饭或睡觉都是同一个节奏。

建军是个农村孩子，在老家的时候是个十分勤快的人，学习也一直勤奋努力，做事积极，而我们三个人就不是这样了。北京的两个室友刚来的时候，连如何洗毛巾都不会，我虽然强一些，但也是城市里的孩子，懒散和一些不好的行为习惯也是有的，其中就有拖延。就这样过了半个多月，我发现，以前很勤快的建军也渐渐有了拖延和懒散的习惯。

比如，有一天上午九点半有堂课，现在已经八点半了，大家都还没起床，建军问："你们还不起来啊?"

"再睡一下吧，九点起来也可以。"其中一个北京室友回答。

"就是，半个小时就足够了。"另一个附和着。

"那好吧。"于是，大家又沉沉地睡去了。过了一会儿，建军一看表，已经十点了……

上面两个故事中，我的同事小徐和我的室友建军为什么会产生拖延的行为习惯?原因当然有很多，不过最重要还是周围人的影响，他们看到周围人迟迟才开始，自己就获得了心理安慰，也就没有了紧迫感。

其实这一情况在我们很多人身上都发生过，我们常说："近朱者赤，近墨者黑。"这就是环境对人的影响。一个人最终能形成良好的习惯还是恶习，也是环境对我们作用的结果。

那么，哪些因素会让我们产生拖延的行为呢？

我认为，首要因素就是从众心理。我们都是社会的人、集体的人，任何人都不可能单独存在。我们是家庭的成员，是企业的成员，所以，无论你是什么身份，你都会接触到各种各样的人，你的行为也会受到他们的影响。

同样，在你的工作环境中，也总是有一些和你关系要好的同事。试想，快到下班时间了，你的任务还没完成。你原本想再工作一会儿，别把工作拖到明天，但这时，你的铁哥们儿已经朝你走过来了，兴致勃勃地对你说："走，晚上去喝一杯，兄弟几个好久没聚了。"

"可是我的工作还没做完呢。你们去吧。"

"走吧走吧，大家都等着你呢。"另外几个同事也走过来说。

此时，你动摇了，也就跟同事一起下班了，你的工作也就被你抛到九霄云外了。

的确，人都有从众心理，尤其是面对那些烦琐的工作、沉重的压力，这一心理就会被激发出来。如果我们随波逐流，轻易效仿别人，就可能在不知不觉中有了拖延行为，并且一旦形成习惯，便很难改变。

还有一点就是，我们能从他人的拖延行为中获得心理安慰。自古以来，人与人之间都会比较，甚至是攀比。有些人会攀比某些外在的因素，比如金钱、社会地位等。有些人会在行为上进行攀比，同样的工作，别人有没有做。这不是刻意的比较，而是无意识的，以此来获得某种心理平衡或者证明自己的价值。

同样，在工作中，当我们看到周围的同事还未着手做某件事时，我们也会告诉自己：他都没开始呢，我何必着急？或者我们的心里有这样一种声音：我们能力相当，他也还没做，如果我们同时晚点儿做，我是能在他前面完成的。这样，无形中，你们并未同时努力工作，而是同时将工作推后了。

最后要说的一点，就是对他人拖延行为的效仿。我们从出生开始，就在学习和模仿，我们学习如何走路、说话、识字等，这些是好的模仿行为，但也有一些不好的，比如说脏话、懒惰、拖延等。

的确，在正面的、积极的学习和模仿中，我们不断成长、获得知识和技能；然而，对那些不好的行为习惯的模仿，让我们变得消极怠惰。比如，当你看到周围的人都没有完成工作也没有什么严重的后果时，你便暗示自己，我也不用那么快完成工作，慢慢来吧。结果可想而知，我们便陷入了拖延的泥潭中。

还有一点，我们总是希望自己能被周围的人喜欢，都希望自己能合群，对于众人的拖延行为，如果你鹤立鸡群，与众不同的话，势必会被排挤出去。为了避免这一点，在潜移默化中你也在学习如何拖延。

总的来说，我们的拖延行为在很大程度上是源于对周围人的效仿和学习，这能使我们获得心理安慰，对此，我们千万不可小觑。当我们处于某一集体中时，一定要懂得去其糟粕，取其精华，否则便会对自己产生不良的影响，形成拖延习惯，甚至难以自拔。

是什么让你不断拖延

也许你也是一名拖延者，和所有的拖延者一样，在你的内心其实也意识到自己的拖延行为，也希望自己可以改正这一行为习惯。然而，每当你满怀希望地认为自己可以努力做到立即实施时，却还是被自己打败，然后还是不断地拖延、陷入拖延心理的怪圈。难道拖延对我们的诱惑真就那么大吗？到底是什么让我们在不断地拖延呢？

前面我们已经分析过，拖延行为的产生，是多种因素共同作用的结果，并非先天形成，而是后天所致。外在的因素，尤其是他人对我们的影响很大。然而，单单外在的因素是不能直接对我们产生作用的，还需要内因的影响。所以，不要再把所有的责任归结到他人身上，最根本的原因在于你自身。

那么，产生拖延行为的根源到底是什么呢？

我们知道，拖延怪圈就像一个恶性循环一样，在这一循环的过程中，我们看到的是，我们的拖延行为一次次被原谅，一次次被宽容，然后还是继续一次次地拖延。宽容我们的对象，可能是我们自身，也有可能是他人，无论是谁，我们总是走不出这样的怪圈。

我有个弟弟，毕业以后一直在一家网络公司工作，平时的工作并不是很多，老板人很好，对员工一直和蔼可亲，即便员工做错了，也从不骂人。

我这个弟弟在这家公司已经工作了四年，他也没有想过要跳槽的事。但最近，他的几个兄弟说换了新单位，工资翻了一番，他心里痒痒，想问问他们是怎么做到的。于是，一个周末，弟弟请我还有他的这几个兄弟一起吃饭，听了他们的一番对话，我感触很大，对话内容是这样的。

我弟弟问他们是如何做到换工作后工资翻倍的。

其中一个说："哪一行都累啊，我们现在不比从前闲，虽然工资高，但也不轻松。以前工作还能偷偷懒，拖延一下任务，现在可不行，感觉随时都有人在催着我们做事，老板就像个剥削者一样，总是在压榨我们。"

弟弟说道："说的也是。不过话说回来，虽然我们老板很好，但在现在这家公司，我确实也感觉到自己越来越懒惰了。无论什么事，总是一拖再拖，我也一直在寻找自己拖延的原因，但就是找不到。每次老板交代给我一件事，我觉得时间多着呢，不必着急，到老板催的时候我再开始也不晚。反正每次即使他催工作，我再晚几天他也不会说什么。还有，我发现，当我把工作成果交给他的时候，他还是照样把它放置到一边，过了好几天才会看。"

"你们老板也是个拖延症患者。"另外一个人说。

"是吧，我觉得他也不会责备我，要知道，就这么一点薪水，他如果要再请员工，也是没有人愿意应聘的，所以可能是因为老板的宽容让我不断拖延吧。"

从这段对话中，可以判断出来，弟弟之所以不断地拖延，就是因为他不断地被宽容。的确，无论宽容我们的是我们自身，还是他人，只要有宽容的存在，我们就找到了拖延的理由。

宽容其实分很多种。首先是对自己的宽容，表现在替自己找借口，为自己辩解。一旦我们的工作拖延了、我们迟迟未着手做某件事，就总是能为自己找到各种各样的借口，尽管这些并不是真正的原因。我们找借口只是为了宽容自己，让自己不受到内心的责备。

比如，我们经常会在内心告诉自己：“今天天气太冷了，去和客户谈生意，客户肯定心情也不好，所以我没去。”“女朋友昨天对我提出分手了，我的心情实在太糟糕了，我根本没有心情工作，这不怪我。”“晚上的汤实在太难喝，我到现在胃里还不舒服，实在无心加班。”我们似乎总是在等待一个绝佳的做事时机，然而，这样的时机存在吗？随时都有可能出现让我们情绪不佳的情况，难道我们就不需要工作了吗？

另外，即便我们心情不好、天气糟糕，我们还是可以坚持工作，因为我们的身体和大脑即使在这样的情况下还是能正常运行。当然，如果你一味地找借口原谅自己，那你只能浪费时间。可见，借口和自我辩解都只是为了让自己内心好过一点，不让自己有过多的负罪感。

宽容的另一个方面是来自于他人的宽容。为了减少负罪感，我们会宽容自己，会告诫自己，下次我一定会努力开始工作。但下一次你真的做得到吗？也许你确实下了狠心，但你发现仍然没有做到，你的上司或老板似乎对这件事也并不是太在意。当你告诉他因为一些原因还未完成工作时，他告诉你：“没事，再给你几天时间，慢慢来。”此时的你怎么想？是不是认为既然老板都不着急，我何必着急？很明显，老板的宽容更纵容了你的拖延行为。

我们常会这样认为：我只是一名员工，老板都不在意我是否如期完成，我又何必在意！于是，你更加肆无忌惮了。

还有一种情况，就如故事中小张的领导一样，上司可能也是个拖延症患者，他也没有紧急意识，认为今天完成和明天甚至是后天完成并无分别，于是，我们也会“追随”他，认为何时完成工作无所谓。时间久了，你的拖延习惯形成后，也就陷入了拖延心理的怪圈。

宽容还有一种表现方式是对自我的欺骗和鼓励。当你再一次拖延后，你对自己说：“这次虽然我没按时完成工作，但下次我一定努力及早开始，然后准时完成。”所谓的“下一次”只不过是自欺欺人而已。当你进入了拖延的泥潭中，再想改善现状真的那么简单吗？我们还是在宽容自己，然后把希望放到下一次。当然，你已经认识到了自己的拖延行为，那既然如此，为什么不努力改变呢？

如何改变是我们真正需要关心的内容，这需要我们从改变自己的认识开始。也许你认为作为一名员工，上司是你的行为榜样，他宽容你，你就不必在意自己的拖延。但工作只是我们人生的一部分，如果把工作中的拖延行为带到生活中，带入我们人生的各个方面，那么，我们永远都会比别人慢一拍，我们的热情、梦想都会丢下我们，这样的人生真的是你想要的吗？从这一点考虑，我们都有必要戒除那些自欺欺人的宽容，将拖延习惯连根拔除。

第二章

找到前进的正确目标

研究表明，无论什么人，无论他的生活状况怎么样，他的心里都是要有目标的，否则他就会茫然失措。

而人的许多苦恼，实际上也是因为人生目标的消失和转移，尤其是在前一个目标消失，后一个目标还没有出现时，人便会感到异常的焦虑。这就是为什么人在生活中，有时会感到某种说不出来的苦恼所在。可见，一个人内心失去目标是极为危险和可怕的事。

清楚你到底想要什么

人生好比一条奔腾的河流，在人生的道路上你需要克服很多困难，才能获得成功，自己才能得到提升。在这个过程中，有一点很重要，那就是要清楚你到底想要的是什么。我们不是为了工作而工作，也不是因为闲着所以去忙碌。那么，当你庸庸碌碌地走完半生后，回望过去，就会猛然觉得自己既对不起时间，也对不起自己。

有一个青年非常勤奋，他希望在各方面都超越别人。他一直很努力，可是没有一点进展，他非常难过。于是，他就去请教一位智者。那位智者把他那三个正在砍柴的弟子叫了回来，并且告诉他们说："你们把这位施主带到五里山，然后砍一担自己觉得最好的柴火。"于是三个弟子就带着这位年轻人穿过湍急的河流，往五里山去了。

四个人砍完柴以后返回来，智者早已在原来的地方等待他们了。那位年轻人筋疲力尽地背着两捆柴火，蹒跚而来。另外两个弟子一前一后，走在前面的这个弟子的扁担左右各担四捆柴，而后面的那个弟子则十分轻松地跟着。就在这个时候，从远处划来一只木筏，把第三个弟子和八捆柴火运送到智者面前。

这位年轻人和另外两个徒弟对视以后便沉默了。唯独划木筏的小弟子，能与智者坦然相对。那位智者看到这种情况，便问："为什么这种表情，难道你们对自己的表现不满意吗?""大师，能不能让我再去砍一次柴?"那个年轻人请求说，"我一开始就砍了六捆，扛到半路就扛不动了，扔了两捆；又走了一会儿，还是压得喘不过气，又扔掉两捆；所以最后，我只扛了两捆回来。但是大师，我真的已经尽力啦。”

大弟子连忙说：“师父，我们正好和他相反，我和老二刚开始每人各砍了两捆柴，然后我们一起跟着这位施主走。我和师弟轮换担柴，不觉得很累，觉得还蛮轻松的。后来我们又把施主丢掉的柴火捡了回来。”

坐木筏的小弟子接着说：“我年纪小，力气小，别说两捆柴，就算一捆柴我也背不动呀，更不用说从那么远的地方把柴背回来，因此我选择走水路……”

智者很满意自己弟子们的表现，同时走到年轻人面前对他说：“每个人走自己的路并没有错，关键是你要选择怎么样走这段路；选择了怎么走，不要管别人怎么看，这样也没有错，最关键的是你选择走的路是否正确。年轻人，你必须时刻牢记，选择比努力更重要。”

人一辈子最大的悲剧不是不知道自己要什么，是眼睛能看到前方，可是脚没有往前迈。成功不在于你打算如何走下去，而是在于你往哪个方向走、选择了什么样的路。没有正确的目标就永远不会到达成功的彼岸，有正确的目标而选错了路则更会令人感到悲哀。

百度创始人李彦宏的经历中有很多个恰好：恰好就读于信息管理专业，恰好遇到富有远见的导师，恰好到一家高成长公司“实战”，恰好在互联网最火的时候拿到了最后一笔风险投资，恰好国内的搜索领域竞争很激烈……除了幸运，可谁又知道李彦宏真正成功的法宝是什么呢？

和其他富翁的发家史不同的是，李彦宏的经历就是一个

“乖孩子”的完美版本。每一个成功人士的一生中都有从“辅路”跨上自己事业“主路”的过程。对于不善言谈的李彦宏来说，在他十九岁那年，这样的时刻便到来了，可能连他自己都不知道。那一年他考入北京大学信息管理专业，此后他所做的一切都直奔今天的成功而去。

李彦宏很快成为国内搜索领域的先驱，对他帮助最大的就是他在美国的导师，这是他到了美国以后遇到的第一位智者。这位计算机科学专业的导师预见到未来市场对信息检索的需求，要求李彦宏做信息检索的研究，而不是导师自己所研究的专业。

毕业后，李彦宏找到一份工作，这是一家给《华尔街日报》做网络的公司。在这家公司，李彦宏是唯一做实时金融新闻的检索系统的人。据说，他当年设计的实时金融系统，现在仍应用于华尔街各大公司网站。这个公司的老板是一位颇具才华的耶鲁博士，他开公司赚了钱，也从技术和观念上给予了李彦宏足够的帮助。

1997年夏天，李彦宏来到Infoseek公司，“猎”到他的工程师把自己对搜索系统的全套“武艺”教给一点就通的李彦宏，同时告诉他，创立一家公司会遇到什么。对于自己积累的经验，李彦宏甚至写成了一本书——《硅谷商战》。

实际上，李彦宏羽翼渐丰时，回国创业的念头便已经萌生。1995年以后，李彦宏多次回国，非常热切地希望能在当时的互联网热潮中做些什么。“张朝阳、丁健等早期做互联网的，我都跟他们谈过，也是要看到底有什么机会。”而当时之所以没回来，李彦宏解释说，是因为“感到中国还不需要搜索这个技术，大家都在做概念”。

直到2000年，几乎是在互联网最后的热浪时期，这位技术工作者才抱着复杂的心情，开始回国创业。直到现在，李彦宏仍然努力向媒体说明，他回国创业的时间不是晚了，而是恰好："我回来得并不晚。当时大家觉得搞互联网困难，一遇到困难，就需要新的渠道。这正好迎合了百度针对的市场。"

那都是百度早期的故事了，那段时间，整个中国搜索行业都处于"初级"阶段。2000年5月，百度签约第一个客户硅谷动力。然而，就在这一年，纳斯达克高科技股崩盘，网络经济的泡沫一夜间破裂，百度也遇到了第一个生死存亡的关键时期。所幸2000年9月，李彦宏成功融资一千万美元，在危机中站稳了脚跟。

人生中都有坚持的时候，对于并不固执的李彦宏来说，这样的时刻早在2001年8月就发生了。在那段时间里，李彦宏成功地说服了董事会和公司同事，将整个公司进行了一次大的战略转型。2001年初，李彦宏提出了他以前一直构想的关于搜索引擎盈利模式的想法：公司竞价排名。也就是说，搜索引擎公司收取企业费用，使其在可能的搜索页面上优先排序，这样可以帮助企业的潜在客户直接指向企业网站进行访问，从而赢得新客户。

李彦宏提出的方案几乎没有支持者，报告交给董事会以后，一片反对意见。最初没人赞成他的意见，可是方案还是通过了，包括那些最为保守的董事。"他们与其说对我的计划有信心，不如说被我的坚持所打动。"李彦宏这样评价自己当年为自己的选择所做出的坚持。

而正是这样一次次的坚持，一个个的正确选择，才成就了李彦宏，也成就了百度的今天。

毕业后走出校门，我们选择了一个可以糊口的职业。但这份工作并不那么容易，努力了，但就是做不到最好。有的人会指责说你工作态度有问题，要真努力工作了，岂有做不好之理？于是我们诚惶诚恐，加倍努力，拼命加班。其实，归根结底并不是我们不够爱岗敬业，而是职业本身并不是最适合我们的。换句话说，要把一项工作做得得心应手，我们必须选择一个正确的目标。那么，原来选错了怎么办？不要留恋，放弃它，去把握属于你的正确方向。

李开复读书选专业时也曾走过“世俗”的道路，选择了法律专业。一年多以后他才觉得自己其实对法律并不感兴趣，而是对计算机具有浓厚的兴趣。在老师的鼓励下，他审慎地分析了自己未来的成长目标。大二时，李开复决定转入哥伦比亚大学没有名气的计算机系。现在回想起来，李开复非常感慨：“若不是那天的决定，今天我就不会拥有计算机领域的成就，很可能只是在美国某个小镇上做一个既不成功又不快乐的律师。”

二十一世纪的今天，选择比努力更重要，努力一定要放在选择之后。昨天的选择决定今天的结果，今天的选择决定明天的结果。选择不对，努力白费，刚毕业的你做出的选择正确吗？

有明确的目标和计划

我们发现，在我们生活的周围，总是有不少人在抱怨时间不够用。你是否也有这样的感触：你的工作越来越忙了？你出席的会议更多了？你是否在办公桌上吃午饭？你甚至连假期都被占用了？当其他人提起事半功倍这一词时，你是否由衷地感到厌恶？那么，你忙出成果了吗？如果你的回答是否定的话，那只能证明你是在瞎忙。你为什么那么忙？因为你的目标不明确。确实，任何一个忙碌中的人都希望能高效地做事。但要做到这一点，你首先应该明确自己到底该做什么。

美国作家福斯迪克说得好："蒸汽或瓦斯只是在压缩状态下，才能产生动力；尼亚加拉瀑布也要在巨流之后才能转化成电力。而生命唯有在专心一意、勤奋不懈时，才可获得成长。"我们要做到勤奋和专心，就要有明确的目标和计划。每个人每天都拥有二十四个小时、八万六千四百秒，时间分配给每个人都是公平的，然而这一天时间，我们需要做的事情太多，所以我们必须要学会有的放矢，不盲目做事。

人生只有确定一个目标，才能明确自己的人生方向，这样才不至于迷失。

比塞尔是西撒哈拉沙漠中的一颗明珠，每年有数以万计的旅游者来到这里。可是在肯·莱文发现它之前，这里还是一个封闭而落后的地方。这里的人没有一个走出过大漠，据说不是他们不愿离开这块贫瘠的土地，而是尝试过很多次都没有走出去。

肯·莱文当然不相信这种说法。他用手语向这里的人问原因，结果每个人的回答都一样：从这儿无论向哪个方向走，最后还是会回到出发的地方。为了验证这种说法，他做了一次试验，从比塞尔村向北走，结果三天半就走出了大漠。

比塞尔人为什么走不出来呢？肯·莱文非常纳闷儿，最后只得雇一个比塞尔人，让他带路，看看到底是怎么回事。他们带了半个月的水，牵了两峰骆驼，肯·莱文收起指南针等现代设备，只拄一根木棍跟在后面。

10天过去了，他们还在沙漠中行走，第11天早晨，果然又回到了比塞尔。

这一次肯·莱文终于明白了，比塞尔人之所以走不出大漠，是因为他们根本就不认识北极星。在一望无际的沙漠里，一个人如果凭着感觉往前走，他会走出许多大小不一的圆圈，最后的足迹十有八九是一把卷尺的形状。比塞尔村处在浩瀚的沙漠中间，方圆上千公里没有一点参照物，若不认识北极星又没有指南针，想走出沙漠，确实是不大可能的。

肯·莱文在离开比塞尔时，带了一位叫阿古特尔的青年，就是上次和他合作的人。他告诉这位青年，只要你白天休息，夜晚朝着北面那颗星走，就能走出大漠。阿古特尔照着去做了，三天之后果然来到了大漠的边缘。阿古特尔因此成为比塞尔的开拓者，他的铜像被竖在小城的中央。铜像的底座上刻着一行字：新生活是从选定方向开始的。

一个辉煌的人生在很大程度上取决于人生方向的确定，个人的幸福生活也离不开方向的指引。确立人生的方向是人一生中最值得认真去做的事情。你不仅需要自我反省，“我是什么样的人”，还需要很清楚地知道“我究竟需要什么”，包括想成就什么样的事业、结交什么样的朋友、培养什么样的兴趣爱好、过一种什么样的生活。这些选择是相对独立的，但却是在一个系统内的，彼此是呼应的，它们共同形成人生的方向。

如果一个人能做好自己应该做好的事，哪怕是一个出身平凡的人，只要他心中有一个明确的目标，也会成为创造历史的人；一个心中没有目标的人，只能是个平庸的人。一个人只要有了目标，人生就会变得充满意义，一切似乎清晰而明朗地摆在了自己的面前。

人生不能没有目标，如果没有目标，你就会像一只黑夜中找不到灯塔的船，在茫茫大海中迷失了方向，只能随波逐流，达不到岸边，甚至会触礁而毁。我们强调做事要立即行动、决不拖延，但这并不意味着我们可以盲目做事。事实上，如果在无目标的情况下做事，会拖延更多的时间，因为我们需要花时间重新审视自己的行为和方法。

在做任何一件事前，我们也必须做好计划，计划是为实现目标而需要采取的方法和策略，只有目标，没有计划，往往会顾此失彼，浪费精力和时间。我们只有树立明确的目标，制订详尽的计划，才能投入实际的行动，收获成功与满足。

构想美好的蓝图

改变拖延习惯的一个主要方法就是要有一个明确的目标。没有大得不能完成的梦想，也没有小得不值得设立的目标，执行力强的人总会朝着自己绘出的目标蓝图努力。道理很简单，设定目标，构想美好的未来蓝图，是有效执行的起点。没有目标和蓝图，就没有动力。但这个目标和蓝图必须是合理的，而且还必须在发展的过程中合理地做出调整，放弃固执，才能轻松地走向成功。

蒂莫泰伊·拉德拥有明确的目标和积极的心态，下面就让我们看看他成功的故事吧。

在读了儒勒·凡尔纳的幻想故事《八十天环游地球》之后，蒂莫泰伊·拉德的想象力被激发了。

“别人用八十天环绕世界一周，现在我为什么不能用八十美元周游世界呢？如果我有诚意和信心的话，没有什么事情是办不到的。也就是说，如果我从所在的地方出发，将会到达我想要去的任何地方。

“别人能够在货轮上工作而得以横渡大西洋，再搭便车旅行全世界，我为什么就不能呢？”

于是蒂莫泰伊就拿出纸和笔，在一张便条上列出了他可能会遇到的问题清单，并记下解决每个问题的办法。

当时，蒂莫泰伊·拉德已经是一位熟练的摄影师。当他做了决定后，他就行动起来：

（1）与药物公司查尔斯·菲兹公司签订一份合同，保证为其提供他所要旅行的国家的土壤样品；

（2）获得了一张国际驾照和一套地图，以保证提供关于中东道路情况的报告作为回报；

（3）设法得到海员文件；

（4）获得纽约警察部门开出的关于他无犯罪记录的证明；

（5）取得一个青年旅游执行所的会籍；

（6）与一个货运航空公司达成协议，该公司同意他搭飞机越过大西洋，只要他答应拍摄照片供公司宣传之用。

当二十六岁的蒂莫泰伊完成了上述计划时，他就在衣袋里装了八十美元乘飞机离开了罗马尼亚。他此行的目的是用八十美元周游世界。下面是他的一些经历：

（1）在加拿大的纽芬兰岛甘德城吃了早餐，他怎样付餐费呢？他给厨房的炊事员照了相；

（2）在爱尔兰的超市花四美元八十美分买了四条美国烟，在许多国家，香烟和纸币作为交易的媒介物是同样便利的；

（3）从巴黎到维也纳，费用是给司机一条香烟；

（4）从维也纳乘火车，越过阿尔卑斯山到达瑞士，给列车员四包香烟作为此次搭车的回报；

（5）在叙利亚乘公共汽车的途中，蒂莫泰伊给一位警察照了相，这位警察非常高兴，便要求一辆公共汽车免费为他服务；

（6）给伊拉克的特快运输公司的经理和职员照了一张相，这使他从伊拉克首都巴格达到了伊朗首都德黑兰；

（7）在曼谷，罗伯特为一家极豪华的旅行社主人提供了其所需要的信息——一个特殊地区的详细情况和一套地图，于是他受到了很好的招待；

(8) 蒂莫泰伊成为“飞行浪花”号轮船的一名水手，从日本到了罗马尼亚。

他的确达到了目标——用八十美元周游世界。

明确的目标和积极的心态激励着蒂莫泰伊，从而使他完成了一个特殊的目标。蒂莫泰伊的案例说明，敢于对自己的未来做出大胆的尝试，敢于设定远大的人生目标，才能成就伟大的事业。没有美好蓝图，没有明确目标，或目标漂移不定的人生，最后所得到的结果是不会令人满意的。所以，只有朝着确定的目标前进，才能告别拖延症，提升执行力，完成一些一般人认为很难完成的事。

有种拖延叫忙中出错

很容易理解，出错了，就要花时间纠正，这样自然耽误了做事的进程。如何保证执行中不因为走弯路而耽误事情，这就需要有一个周密的计划。计划不仅仅是做事的流程，是执行的保证，还是实现目标的蓝图。

对待欲望也应如此。当你已经感觉到，欲望在你内心深处蠢蠢欲动，这时，你所要做的就是培育你的欲望，并制订出切实可行的计划将其实现。计划，就是实现目标的蓝图。在它的指引下，你将步步为营，稳扎稳打，告别拖延症，提升执行力，向着正确的方向前进。

有一位年轻的猎人，虽然他已经跟着老猎人狩猎了很多次，但从来没有自己单独干过。终于，他盼来了单独行动的机会。这是自己第一次行动，他十分兴奋，逢人便讲自己要一个人去打猎了。人们对他表示祝贺，但也不断提醒他要检查好自己的枪支弹药。这位年轻人信心满满，对他人的善意提醒置若罔闻。

由于兴奋，这位年轻人晚上没有睡好。第二天，一早就出门了。

老猎人提醒他说："你先把子弹装入枪膛中，这样遇到猎物，你就可以马上开枪。"

"没有必要。要知道，我装子弹的速度是最快的。"年轻的猎人回答道。

没过多久，他在河岸边发现了一大群野鸭。他很高兴，马上掏出子弹，装入枪膛。但是，装子弹时的轻微声响已经惊动了这群警惕性很高的野鸭，它们马上飞走了。

年轻的猎人很后悔，心里暗暗自责：“早知道就把子弹装好了。”

不过，他又宽慰自己：“时间还早，这只是些小猎物，而且现在子弹已经上膛了，看我打一个大猎物带回去让他们瞧瞧。”

好运似乎落在了这位第一次单独行动的猎人身上。没走多久，他就发现了林中有一头正在觅食的麋鹿。“这可是个大猎物!”他暗自高兴。于是，他马上举起枪，屏气凝神，瞄准，果断扣动扳机。但是，只听到“咔”的一声扣动扳机的声音，枪没有响，子弹并没有被击发出去。原来枪的扳机出了问题。

“真是倒霉！怎么第一次单独行动，就遇到了这么多倒霉事。早知道，我就该听别人的，在前一天将猎枪也好好检查一下。”更让他沮丧的是，麋鹿听到扣动扳机的声音，已经消失在树林中了。

机会一再错失。结果，这位年轻的猎人一无所获地返回了村子。

年轻的猎人盲目地自信乐观，既不去检查自己的装备，又不愿意倾听他人的意见，最终落得被人讥笑的结果。可见，无论做什么事情，事前必须要有所计划和准备。在制订计划的过程中，必须对将来会出现的情况有所预测，分析哪些事情可能会发生，哪些事情可能成为自己的阻力，自己应该采取什么样的方法来解决出现的问题……经过缜密的思考之后，就可以规划出自己的行动蓝图，并根据这一蓝图做好准备，积极应对可能出现的问题。

制订出适合自己的计划，往往会起到事半功倍的效果。一个适合自己的计划，可以发挥自己最大的潜力；一个适合自己的计划，可以减轻忧虑、急躁、自我怀疑等负面心理对自己的影响；一个适合自己的计划，可以使成功的步骤变得更加简洁明了。

对于日本运动员山本田一来说，正是制订出了适合自己的计划，才让他获得了1984年东京国际马拉松邀请赛的冠军。山本在他的自传中这样总结自己的比赛经验："在每一次比赛之前，我都会将比赛沿途一些比较醒目的标志记录下来。例如，第一个标志是博物馆；第二个标志是银行；第三个标志是一座别具一格的房子……就这样，当比赛还没有正式开始的时候，我就将这些标志作为征服的目标，每当经过一个目标的时候，我就会觉得自己又获得了一次巨大的能量。在这样不断的征服中轻而易举地跑完了整个路程。"

山本通过制订合适的计划，使自己登上了成功的顶峰，获得了冠军的荣誉。这样的计划看起来不难制订，但是很多人却根本没有计划意识。面对将要发生的事情，我们信心十足、意气风发。"兵来将挡，水来土掩"，我们常常这样自我暗示。可是要知道，如果没有事前的计划，我们何以找到好用的"将"、充足的"土"，我们又怎能从容不迫地面对一触即发的危局。如果没有计划意识，一个人对于自己内心欲望的感知必然是模糊的，那么他所走的每一步也必将是混乱的。

计划，是一个人对于自身的了解，是一个人对于事件发展的预判，也是一个人解决问题的蓝图。拥有计划意识，是每一个想要实现自己欲望的人必不可少的素质。如果你仅仅满足于在头脑中幻想欲望的实现，那么你当然不必劳神费力地制订计划、规划蓝图。但是如果你希望把自己的欲望变为现实，那么拥有计划意识，制订一个适合自己的计划，就是成功路上的关键一步。

及时调整计划，做事不能盲目

我们都知道，计划对于一个人的工作起着至关重要的作用。有了计划和目标，我们的行动才有指引。就连那些指挥作战的军事家，在战斗开始前，也都会制订几套作战方案；企业家在产品投放市场前，也会制订一系列的市场营销计划。我们学会制订计划，其意义是很大的，它是实现目标的必由之路。然而，计划是否完备、是否万无一失、是否在执行的过程中与原定目标逐渐偏离，还需要我们在做事的过程中经常检查。

可能你曾有过这样的经历：当上级领导交代给你一项任务，你也为此做了精心的准备，制订好了实施方案，在整个执行的过程中，你一鼓作气，认为完美无瑕，而当你把工作成果交给领导时，却被领导批评这份成果已与原本的任务目标背道而驰。这就是为什么我们常常被上司、领导以及长辈教导，做事一定要动脑子，一定要多思考，以防偏差。

我侄女娜娜是一名高三的学生，还有三个月，她就要上“战场”了。这天周末，我们家族所有亲戚聚会，在饭桌上，大家的话题很容易便转到娜娜高考这件事上了。其中娜娜和她姑姑的对话让我印象很深刻。

姑姑问娜娜：“你想上什么大学啊？”

“内大。”娜娜脱口而出。

“我记得你上高一的时候跟我说的是北大，那时候你信誓旦旦说自己一定要考上，现在怎么降低标准了呢？娜娜，你这样可不行。”

“哎呀，姑姑，咱得实际点是不是？高一的时候，树立一个远大的目标是为了激励自己不断努力，但到高三了，我自己的实力如何我很清楚。我发现，考北大已经不现实了，如果还是抱着当初的目标，那么，我的自信心只会不断递减，哪里来的动力学习呢？您说是不是？”

“你说得倒也对，制订任何目标都应该实事求是，而不应该好高骛远啊。看来，我也不能给我们家娜娜太大压力，还是你自己决定上哪个学校吧。”

这段对话中，娜娜的话很有道理。的确，任何计划和目标，都应该根据自身的情况和时间段来制订。不切实际的目标只会打击我们的自信心。诚然，我们应该肯定目标的重要意义，但这并不代表我们应该固守目标、一成不变。很多专家为那些求学的人提出建议，要不断调整自己的目标。也许你一直向往清华北大，一直想能排名第一，但是根据对学习进程的分析，如果这些科目经过努力仍无法提高的话，就应该调整自己的目标，否则不能实现的目标会使你失去信心，影响学习的效率。因此，一个不切实际的目标就等于没有目标。

其实，不仅是学习，在工作中，我们也要及时调整自己的计划，做事不能盲目。工作的第一步应该是明确自己的目标，有目标才会有动力，有了动力才能够前进。但在总体目标下，我们可以适当调整自己的计划。任何一个初入职场的年轻人都应该记住，平时多做一手准备，多检查计划是否合理，才能减少一点失误，才会多一分把握。

在做事的过程中，当我们有了目标，并能把自己的工作与目标不断地加以对照，进而清楚地知道自己的行进速度与目标之间的距离时，我们的做事成果才会得到维持和提高，自觉地克服一切困难，努力达到目标。

思维指导行动，如果计划不周全，就好比一个机器上的关键零件出了问题，那就意味着全盘皆输。一位名人说得好：“生命的要务不是超越他人，而是超越自己。”所以我们一定要根据自己的实际情况制订目标。跟别人比是痛苦的根源，跟自己的过去比才是动力和快乐的源泉。这一点不光可以用在工作上，在以后的生活中都用得着，这将会对你的一生产生积极的影响。

另外，计划里总有不适宜的部分，对此，我们需要及时调整。也就是说，当计划执行到一个阶段以后，你需要检查一下做事的效果，并对原计划中不适宜的地方进行调整，一个新的更适合自己的计划将会使今后的工作更加有效。

因此，你可以把自己的目标细化，把大目标分成若干个小目标，把长期目标分成一个个阶段性目标，最后根据细化后的目标制订计划。另外，由于不同的工作有不同的特点，所以你还应根据手头任务制订细化的目标。细化目标也能帮助我们及时调整自己的总目标。

总之，我们应该根据自己的实际情况，制订一个通过自己的努力能够实现的目标，并且目标的制订不是一成不变的，要根据实际情况不断地进行调整。经过一段时间的实践，你一定能够确定一个给自己带来源源不断的动力的目标。

果断决定，抓住机会

对于现实中的人们来说，我们每时每刻都要面对很多选择。如何做出正确的选择，这关系到我们利益的最大化。许多人面对着多种利益选择，总是希望自己能够将全部的利益都收入囊中。这种贪大求全、锱铢必较的心态往往会使自己陷入畏首畏尾、顾此失彼的境地。

犹豫不决、当断不断，几乎成为大多数人必须战胜的危险敌人。

站在人生十字路口上，我们总要去选择一个方向。周密计划、瞻前顾后，固然能降低出错的概率，但往往也会让我们付出错失良机的巨大代价。与其眼睁睁地看着机遇旁落，不如果断做出决定。因为关乎人生方向的抉择，从来都不是一道或对或错的选择题，任何一个决定都不可能达到尽善尽美的境界。未来永远都充满未知和不确定，我们所能做的，就是当机会出现时，第一时间紧紧抓住它。

成功学大师拿破仑·希尔在他二十五岁那年，作为一名记者采访钢铁大王卡耐基。起初，采访过程进行得很顺利，可令人意外的是，卡耐基突然提出了一个问题："你是否愿意接受一份没有报酬的工作，用二十年时间来研究世界上的成功人士？"

没有报酬的工作谁也不会愿意接受，但有机会接触到全世界最成功的人士，又是希尔一直以来的梦想。二者相权，让他一时有些为难。可是，他突然意识到，这一定是一项具有挑战性的工作，一个人的人生不应该在平淡中度过。于是，他没有多做考虑，坚定果敢地回答：“我愿意！”

对于如此迅速的回答，卡耐基有些意外：“你真的考虑好了吗？”

“是的，我愿意！”希尔更加坚定地说。

卡耐基露出满意的笑容，指着手表说：“年轻人，如果你回答的时间超过六十秒，你将无法得到这次机会。我已经考察近百位年轻人，没有一个人能够如此迅速地给出答案，这说明他们过于优柔寡断。所以，我认可你！”

在那以后，通过卡耐基引荐，他有幸采访到像爱迪生这样的世界知名人士。在短短几年时间，他结识了社会各界卓有成就的社会名流五百余人。他把这些人的成功经验写成一本著作——《成功规律》。此书一经问世就受到了疯抢。

通过二十年的努力，希尔不仅成为美国享有盛誉的学者、演讲家、教育家和拥有万贯家财的畅销书作家，还成为美国两届总统——威尔逊和罗斯福的顾问。

在回忆自己成功的经历时，希尔说：“果断是成功的救命草。没有那天我坚定的应答，就没有今天的成就。”在通往成功的道路上，我们每个人都能得到相等的机会，而差别就在于我们是否能够把握住这些机会。

一个人总是前怕狼后怕虎，总是徘徊不定，只会让自己陷入尴尬两难的境地。有些事迟迟无法决定，时间拖得越久，就会在各种矛盾纠结中越发痛苦，直到丧失大好时机。古往今来凡成大事者，都有一个共同的特点：处事果决，当机立断。足球教练在比赛中能够果断换人才能扭转败局；军事家在战斗中能够果断出击才能够把握战机；企业家在商场中能够果断决策才能够无往不利。

美国默卡尔集团董事长菲利博·默卡尔曾经讲过这样一个故事：

1975年3月，墨西哥发生了猪瘟并且波及牛羊等家畜。听到了这则消息，当时还是一家小型肉食加工公司老板的默卡尔突然意识到，这是一个千载难逢的商机。因为如果墨西哥爆发猪瘟，靠近墨西哥的加利福尼亚州和得克萨斯州也一定不能幸免。这两个州是美国肉食的主要供应地。到时候，肉食供应肯定会紧张，肉价也会一路飙升。

当其他人还在犹豫不决、瞻前顾后时，默卡尔果断做出决定：集中公司全部资金，动用公司全部人力，在猪瘟爆发以前，到加利福尼亚州和得克萨斯州购买大量猪肉和牛羊肉。不到一个月时间，默卡尔的公司就准备了足够多的肉类食品。

果不其然，墨西哥的猪瘟蔓延到了美国。为了防止事态的恶化，政府下令：禁止加利福尼亚州和得克萨斯州的肉类食品外运。这导致美国国内肉类食品短缺，价格暴涨。仅用了八个月时间，默卡尔的一个果断决策就使他净赚了一千五百万美元，为他以后的事业奠定了雄厚基础。

有人说，人生每天都是一个崭新的开始，我们能左右的是出发而不是等待。生活中的机遇比比皆是，但机遇就像天空的闪电，稍纵即逝。因此，要抓住机会，果断决策，心动之后立即行动。

锻炼自控能力，不再拖延

有没有意志力完成一件事，很多时候是对自己要求严不严的结果。为自己设定一个期限，从某种程度上就会强化完成事情的意志力。缺乏意志，做事就会出现拖延现象。

“拖延”二字，本身就包含着难以达到目标的意思。拖延会给我们的生活带来严重的干扰，以致我们几乎无法完成所设定的目标。即使最终完成了目标，也会经历很多痛苦的挣扎。

经常拖延的人，很难确定奋斗目标，因为他们经常忙着设定目标，但所设定的目标又总是模棱两可，或者缺乏时间期限。比如，“今天我得做完一些事”或“我准备在几个月的时间里完成这项工作”。如果以这样的方式设定目标，不仅目标含糊不清，而且完成的时间也没有限制，反而更容易引发拖延的问题。

十九世纪浪漫主义时期的伟大诗人柯勒律治，本来可以取得辉煌的成就，但本该属于他的荣誉却被授予了与他同时代的威廉·华兹华斯。

柯勒律治的悲剧就是因为他那已经到了无可救药地步的拖延症。他把承诺完成的作品推迟了十几年之久。他诗篇中非常著名的，甚至到了今天还依旧被英国文学课堂广泛学习的篇章，都可以窥探出他拖延的痕迹。如《克里斯德蓓》《忽必烈汗》……很多都是以未完成的形式发表的。而让人惊叹的是，就是这发表的未完成作品，都离他动笔相隔二十年之久。虽然《老水手行》是完整的，但也推迟了五年才付印。

拖延也给柯勒律治带来了很坏的影响。作家莫莉·雷菲布勒在《鸦片的束缚》一书中这样描述："他的存在变成了连绵不断的拖延、借口、谎言、人情债、堕落和失败的不快经历……"

同时，财务问题充斥着柯勒律治的生活，尽管大多数项目计划周密，但却很少启动或完成。他的健康状况也一塌糊涂，而鸦片成瘾又加剧了健康的恶化，但他却整整拖延了十年才去接受治疗。日益逼近的截稿期限所带来的压力，也消解了工作本身的乐趣。他说："一想到我必须加快步伐出稿，写作时最惬意的时光就会戛然而止。"因此，他也失去了仅有的几个朋友，他的婚姻也因拖延而告吹。

柯勒律治本该是一位能够获得巨大成功的伟大诗人，却因拖延而失去了成功的机会，甚至还因此失去了财富、健康与幸福。可见，要想不让自己步柯勒律治的后尘，都必须要用坚强的意志力战胜拖延。

做事因缺乏意志力而拖延，说白了就是今天的事情搁着不做，而留到明天去做，在这种拖延中所耗费的时间和精力足以将那件事做好。整理以前积累下来的事情，可能会使人感到非常不愉快。很多人都会有这样的心理，本来当初一下子就能轻松愉快地做好的事，拖延几天、几周之后，就显得惹人讨厌与困难了。所以，拖延不仅是完不成事情，而且还会给自己带来负面情绪。既然如此，为什么不当时就完成呢？对于那些喜欢拖延的人来说，要给自己设定一个完成任务的最后期限，并且要严格遵守，不可超过这个期限。坚持下去，就会发现自己正在渐渐远离拖延这个坏毛病，自控力也会一步步地不断提升。那么，怎样才能做到在期限内完成任务呢？

首先，计划好自己完成任务的时间。

准备完成一项工作或任务时，提前给自己设定一个截止日期，规定最晚在什么时间完成。否则，可能要花费比实际需要的多几倍的时间才能完成，这不仅不利于工作或任务的顺利进展，还会加重拖延现象，不利于意志力的培养与提升。

计划好自己的时间，将工作或任务之外的事情都考虑进去。如休闲、运动或陪家人的时间等，不要将这些因素作为借口进行拖延。

如果没有空闲时间，不妨随身携带一个未完成任务的列表。如果有空闲时间，可以做一些有计划性的休闲活动，或进行一些思考。

不要在没完成任务时进行毫无计划的放松，尤其是在给接下来的工作确定了截止日期的情况下。如果不好好控制时间，就可能打破截止日期，浪费时间。

其次，设定专注时间，让工作更高效。

在工作中出现拖延迹象时，不妨给自己设定一个专注时间，并开始倒计时。这样，心理上就会产生紧迫感，从而促使自己更加集中注意力完成任务。

这种方法很有效，也更易于操作，是一种化整为零的思想。

设定二十分钟为一个工作的专注时间段。在这二十分钟内，必须专注于眼前的工作，不受任何干扰，直到二十分钟的闹铃响起。

休息五分钟，可以做做深呼吸，或到户外活动一下，让自己的身心适当放松，然后再设定下一个二十分钟的专注时间段。

如果二十分钟还是让你感到无法承受，那么可以先设定较短的时间段，如十分钟、五分钟，甚至一分钟的期限。如果在这个期限内能专注工作了，就试着适当增加专注时间段的长度。

当在工作时间段内被干扰或无法继续下去时，可以看一下工作时间段的剩余时间，然后暗示自己再坚持几分钟就结束了，从而锻炼自控能力，不让自己拖延。

最后，尝试“创造性拖延”。

所谓“创造性拖延”，就是在完成工作的期限之内，重新调整需要优先处理的短期工作（或步骤）。比如将自己喜欢的那部分工作（或步骤）提前完成，而将自己不喜欢的那部分推后完成，这样也能够实现总体的工作目标，并且还能避免精力的耗费。

要注意的是，优先处理的短期工作必须与总体目标有关，不能是其他的无关工作。

定个小目标作为出发点

最近网络上流传着一句话，也成为众多人开玩笑时的语言，就是王健林的那句："先定一个小目标，挣他一个亿。"这句话被很多网友调侃。但在这里，我是想将这句话的前半句——先定一个小目标，作为任务出发点。

俞敏洪是一个善于将大目标分解为许多小目标的高手。他认为，如果将创业目标比作大房子的话，那么达到终极目标的路程就是一个建造大房子的艰难过程。漂亮美观的大房子，是由一块一块砖头垒起来的，这一块块的砖头就是一个个被细化了的小目标，没有它们，作为终极目标的大房子就不可能建造起来。

俞敏洪的父亲是个木匠，在家乡一带小有名气，所以在村子里，只要有人家建房子，一般都会请他的父亲去帮忙。

俞敏洪从小就发现父亲有一个奇怪的爱好，喜欢捡拾碎砖头。因为他父亲常帮别人建房子，每次建完房子，他都会把别人丢弃不要的碎砖片瓦捡回来，或一块两块，或三块五块。有时候在路上走，他看见路边有砖头或石块，也会捡起来带回家。

这样久而久之，俞敏洪家的院子里就多出了一个乱七八糟的砖头碎瓦堆。在俞敏洪看来，这无疑是一个累赘，没有用处的砖头碎瓦堆在家里，只会让原本不大的院子显得更加狭小和凌乱。

然而，等砖头碎瓦堆积到一定的高度后，俞敏洪的父亲开始在院子一角的空地上测量、开沟挖地基、和泥砌墙，用那堆碎砖左拼右凑，一间有模有样的小房子拔地而起。房子建好后，父亲把养在露天到处乱跑的猪和羊赶进小房子，再把院子打扫干净，干净漂亮的房子和院子形成了一个和谐的整体。俞敏洪的家就有了全村人都羡慕的院子和猪舍。

父亲做的这件事给俞敏洪留下了深刻的印象，在当时小小年纪的他看来，父亲就像一个魔术师，竟然把一堆无用的碎砖瓦，变成了一间美丽的房子。他觉得父亲很了不起，这件事也深深影响着俞敏洪此后做人做事的态度，无论是在上大学的日子里，还是在新东方的创业历程中，这种精神力量一直激励着俞敏洪，也成了他做事的指导思想。

俞敏洪认为："从一块砖头到一堆砖头，最后变成一间小房子，我父亲向我阐释了做成一件事情的全部奥秘。一块砖没有什么用，一堆砖也没有什么用，如果你心中没有一个造房子的目标，那么拥有天下所有的砖头也是一堆废物。如果只有造房子的想法，而没有砖头，目标也没法实现。当时我家穷得几乎连吃饭都成问题，自然没有钱去买砖，但我父亲没有放弃，日复一日地捡砖头碎瓦，终于有一天有了足够的砖头来造心中的房子。"

因此，俞敏洪在做事之前，一般都会问自己两个问题："一是做这件事情的目标是什么？因为盲目做事情就像捡了一堆砖头却不知道干什么一样，只会浪费自己的生命；二是需要多少努力，才能够把这件事情做成？也就是需要捡多少砖头才能把房子造好。之后就要有足够的耐心，因为砖头不是一天就能捡够的。"

做任何事都要先明确自己的目标。正如俞敏洪所说："把所有的小目标加起来就是一个大目标，就像搬砖头一样。你搬一辈子的小砖头，就永远办不了大事，但是你有一个目标，要造房子，你就能成功。”

庄子说：“水之积也不厚，则其负大舟也无力。”意思是说，如果积水不够深，那么船就不能在上面行驶。由此可见，任何的成功都是由无数个小成功积累而来的。管理企业也同样如此，企业领导者只有沉下心来，脚踏实地做好每一件小事，企业才会有持续发展的可能。

第三章

强化你的执行力

培养执行力是一个很“苦”的过程，千里之行，始于足下，应该从小事入手，逐步改变，慢慢去形成一个高效的习惯。让自己变得更有耐心一些，很多人半途而废，那是没有根据实际状况，设立合适的目标，到头来没有培养出执行力，还增加了许多挫败感。想要达成目标，离不开详细的计划，在计划后面备注完成的时间期限，这样也可以帮你改掉拖拖拉拉的习惯。

习惯拖延的人，会被焦虑盯上

在讲这节之前，先为大家讲一个例子，这是发生在我弟弟身上的案例，相信很多学生都会遇到这样的情况。

我弟弟是一名大四的学生，他就有很严重的拖延症。他从上大学开始，每到期末考试，总是这样一种状态：

考前两个月："还有六十天，时间还早，先放松放松。"

考前四十天："时间有点紧，但我还有很多其他的事情没做完，再等等。"

考前二十天："糟糕，来不及了，现在都不知道从哪下手了，这可咋办？"

还剩十天："完了，这次考试肯定没戏了，这次肯定过不了。早干什么去了？"

还剩三天："完了，完了，书根本看不进去了，盯了书本半小时，一个字都没看进去。"

考试后若干天，成绩公布：五十七分、四十三分、三十八分……

可以看出，随着时间的变化，我弟弟的情绪有着明显的变化，从一开始的轻松到后面越来越紧张、焦虑，直至情绪崩溃。这其实反映的就是每个人在拖延行为发生时心理活动的变化，拖延会导致焦虑，而焦虑又会让其不断延迟行动，陷入无法解脱的恶性循环。

有计划的行动者是不会轻易因为学习和工作陷入焦虑的，

因为他们循序渐进地追逐目标，所以一切都是水到渠成的。那些习惯拖延的人，才会被焦虑紧紧盯上。

我的前同事小陈是个很聪明的人，能力也很强，总是自称为天才。但在我眼中，他却是一个严重的拖延症患者。我也这样告诉过他，而他也自称是一个“高效拖延症患者”。他承认自己拖延，但他又非常得意于自己的“高效”。不管什么事情交给他，他从来都不立即去做，一定要拖到最后一刻，但是往往又能凭借自己过人的“能力”，在最后时刻力挽狂澜，完成任务。因此他常常引以为傲，而且还会嘲笑别人效率低下。

有一次，老板交给他个任务，让他在三天内出一份策划案。他接到任务后并不着急，和平时一样，找我们聊聊天、中午睡睡觉、喝喝下午茶。我们大家都在为他着急：“就三天时间，即使现在就行动，也得加班加点才能完成，你还在等什么呢?”他一脸无所谓的表情：“没事，时间还早，一个策划案而已，用不了那么久，我的效率你们又不是没领教过。”

前面两天就这么过去了，到了第三天，他终于开始准备了。他早早地来到公司，离上班时间还早，公司里还没有几个人。他优哉游哉地去厕所方便一下，再倒上一壶茶，然后坐在办公桌前定了定神，煞有介事地做了几个深呼吸，等准备工作都做好了，心也静下来了，他把电脑打开，把资料也摊开，准备“大干一场”。

就在他准备上网收集资料的时候，却发现电脑连不上网络，检查了网线等线路没有问题，应该是公司的网络断了。但是现在还没到上班时间，技术部的同事还没来，没办法，他只能整理整理思路，先在脑子里面构思构思，等上班解决了网络问题再开始着手收集资料。

由于前两天压根儿没有做好准备，他很难闭门造车，凭空想出一个清晰的方案，直到上班他的脑子里面还是一片混沌。等网络部的同事修好网络，已经过去了两个小时，这期间他一点进展也没有。

时间一点一点过去，距离下午提案的时间越来越近，他的压力也越来越大。他不再像之前那么淡定了，开始坐立不安，不断责备自己，找资料也心神不宁，越急越静不下心来。他像热锅上的蚂蚁，都不知道自己在做什么，一会儿胡乱点通鼠标，一会儿随手翻翻资料，心跳加快，感觉都要跳到嗓子眼儿了。

距离提案还剩最后两个小时，他放弃了，他从电脑里把之前做过的一些策划案调出来，根据这些模板东拼西凑弄出了一个方案，然后交给领导应付了事。上交之后，他长舒一口气，终于在最后关头完成了任务，而这样重压之下的突然轻松让他产生一种快感，就像酷热的夏天突然喝到一瓶冰镇汽水一样。

这仅仅两个小时加工的“快餐品”，乍一看还像那么回事，毕竟是借鉴的其他项目，所以结构上还算完整。但是如果仔细一看，整个方案模棱两可，全是信息堆积，根本没有具体的数据、深入的分析和可行的计划，让人看得完全是一头雾水。

结果可想而知，领导狠狠地批评了他，还当众表示怀疑他的工作能力，这让小陈再度陷入自责和不安中。

有一种观点认为，“压力之下会做得更好”，其实这种想法是片面的。研究证实，当感觉压力大时，大脑会控制神经系统自动释放出应激激素——肾上腺素和皮质醇。当压力渐渐释放后，身体会恢复到平衡状态。如果压力过大，或者是持续时间太长，应激激素就会很快消失，不仅不能起到保护身体的作用，反而会使人的血糖升高，影响睡眠，让身体自我修复能力受到影响，并且还会破坏免疫系统。

重压之下可能会让自己行动力强一些，这是一种自损的方式，虽然在一件事上完成了进度，但这样匆忙的状态下，很难得出好的成果。而且每经历一次这样的“绝处逢生”，对人的情绪都会产生影响，压力越来越大，焦虑也会越来越严重，最后可能会导致对失败产生恐惧心理，排斥一切工作任务，降低行动力。

12 月 25 日是圣诞节，在美国，每年总是有一大批人等到最后一刻才置办节日用品，因此他们不得不在商场关门前冲进去疯狂采购，而这个时候商场里往往都是爆满的状态，他们只能挤过人潮，在里面挑选之前别人挑剩下的礼物。因此，他们经常会买到一些有瑕疵的物品，等到第二天他们又要因此抱怨连天，甚至还要返回商场里面要求退换货。

拖延者的焦虑感完全是由个人行为造成的，对于这种类型的焦虑，从自我行为上进行要求就够了，那就是立即行动，提高效率。

大胆行动，行动创造价值

在我们身边，许多成功人士，并不一定是比你“会”做，而是他比你“敢”做。

哈默就是这样一个人。1956年，58岁的哈默购买了西方石油公司，开始大做石油生意。石油是最能赚大钱的行业，也正因为最能赚钱，所以竞争尤为激烈。初涉石油领域的哈默要建立起自己的石油王国，无疑面临着极大的竞争风险。首先碰到的是油源问题。1960年石油产量占美国总产量38%的得克萨斯州，已被几家大石油公司垄断，哈默无法插手；沙特阿拉伯是美国埃克森石油公司的天下，哈默难以染指……

如何解决油源问题呢？

1960年，当花费了1000万美元勘探基金而毫无结果时，哈默再一次冒险地接受一位青年地质学家的建议：旧金山以东一片被德士古石油公司放弃的地区，可能蕴藏着丰富的天然气，并建议哈默的西方石油公司把它租下来。哈默又千方百计从各方面筹集了一大笔钱，投入了这一冒险的资金。当钻到860英尺（262米）深时，终于钻出了加利福尼亚州的第二大天然气田，估计价值在2亿美元以上。

哈默成为成功人士的事实告诉我们：

“风险和利润的大小是成正比的，巨大的风险能带来巨大的收益。”

“幸运喜欢眷顾勇敢的人，冒险是表现在人身上的一种勇气和魄力。”

冒险与收获常常是结伴而行的。险中有夷，危中有利。要想有卓越的结果，就要敢于冒风险。

1752 年 7 月的一天，富兰克林在野外放风筝，进行捕获雷电的试验。他的风筝很特别，用杉树做骨架，用丝手帕当纸，扎成菱形的样子。风筝的顶端装了一根尖尖的铁针，放风筝的麻绳的末端拴着一把铁钥匙。当风筝飞上高空不久，突然大自然发怒了，大雨降临，电闪雷鸣。富兰克林对全身被淋湿毫不在意，对可能被雷击中也不畏惧，而是全神贯注于他的手。当头顶上出现闪电的瞬间，他感到自己的手麻酥酥的，他意识到这是天空的电流通过湿麻绳和铁钥匙导来的。

他高兴地大叫：“电，捕捉到了，天电捕捉到了!”

瑞典化学家诺贝尔为了完成科学发明，一生都在死神的威胁下，冒着生命危险研究烈性炸药。1867 年秋，在一次试验中牺牲了一位亲兄弟的生命，父亲负伤变成了残废，他的哥哥也身受重伤。在这些代价面前，一旦机会来临，他自然会死死抓住不放。事情就是这么巧，有一天，诺贝尔意外地发现搬运工人从货车上卸下甘油罐，而从有裂缝的甘油罐中流出来的液体，居然和罐子与罐子之间塞进的硅藻土混合而成为固体，没有发生爆炸。

固体物在搬运、贮存上当然都很安全，这个想法给诺贝尔一个有益的启示。

他抓住它进行实验，证明硅藻土是一种很好的吸附剂，它能吸附三倍于自身重量的硝化甘油仍保持干燥，并可以把硝化甘油的硅藻土模压成型，即使被引爆，它的爆炸力与纯净的硝化甘油相等。这样，诺贝尔就发现了一种既有强大威力又安全可靠的烈性炸药，从而使烈性炸药得到了广泛的应用。

在成功人士的眼中，生产本身对于经商者来说就是一种挑战，一种想战胜别人赢得胜利的挑战。所以，在生意场里的人，人人都应具有强烈的竞争意识。“一旦看准，就大胆行动”已成为许多商界成功人士的经验之谈。

生活中到处都是机遇，只是看你是否会把握，是否会用自己的行动去抓住它。如果一个人抓住机遇，那这个人就已经成功了一半，而另一半就是我们所说的，也是最重要的——行动！机遇对每个人来说是一样的，但是，对不同行动力的人又是不一样的。机遇只留给有强烈创业欲望及事业心的人，他们会用行动去得到机遇。这样的人生活处事时时留心，善于通过健康心理的作用透视现象，产生超前思维，并大胆设计付诸行动，这样才会有一个好的人生。

行动会使一个人实现梦想，行动也会使一个人在平凡中脱颖而出，也只有行动才有可能成功，一百次的心动不如一次的行动。大胆行动，行动创造价值，积极行动可以使你抓住成功的机遇，在我们的生活中，我们应该用敏锐的目光去发现机遇，用果敢的行动去抓住机遇，还要用坚持不懈的努力去把机遇变成真正的成功。

做事做到位

在社会上，每个人都有自己的位置，每个人也都有自己的职责：医生的职责是救死扶伤；军人的职责是保卫祖国；工人的职责是生产合格的产品；教师的职责是培育人才……

社会上每个人的位置不同，职责也有所差异，但都有一个共同的最起码的做事准则，那就是做事做到位。做事做到位，就是要有严谨的做事态度，对要做的事情不能敷衍，认真去办，并把自己所做的事情力争做到最好。

能够做好自己的事情，是成功的第一要素，把事情做到位，是有效执行的第一要素。齐格勒说："如果你能够尽到自己的本分，尽力完成自己应该做的事情，那么总有一天，你能够随心所欲地从事自己想要做的事情。"反之，如果你凡事得过且过，从不努力把自己的事情做好，那么就永远无法达到成功的顶峰！

对很多事情来说，执行上的一点点差距，往往会导致结果的巨大差异。事情没有做到位，甚至相当一部分人做到了99%，就差1%，但就是这点细微的区别使他们很难取得突破和成功。

闻名世界的"塑料大王"王永庆在年轻时曾经吃过很多苦。16岁时，他就用父亲借来的两百元钱开了一家不大的米店，米店虽小，但他始终精心经营着。

当时，大米加工技术落后，混杂着很多的米糠、沙粒、小石头等，买卖双方早已是见怪不怪。但王永庆却没有习以为常，他选择了更进一步的服务方式——在每次卖米前都把米中的杂物拣干净。

王永庆卖米多是送货上门，但并非送到就算，他还会帮人家将米倒进米缸里。如果米缸里还有米，他会先将旧米倒出来，将米缸刷干净，然后再将新米倒进去，将旧米放在上层，这样，米就不至于因存放过久而变质。

王永庆的这些行为可以说都是举手之劳，但却为顾客带来了很多的方便，不少顾客深受感动，只买他的米。就这样，他的生意越做越好，最终，他成为台湾工业界的“龙头老大”。

小小的卖米生意，王永庆却将其做得如此细致到位，这也难怪他日后会成就霸业了。所以，我们也就不难想象，为什么像王永庆这样的成功者在世界上永远只是少数，正是因为那些有着和他同样理想的人，都是在做事不到位上，把自己的成功机会给扼杀了。

我们生活中出现的很多问题，一开始的确只是一些细节、小事上不能做得完全到位，但恰恰就是这些细节的不到位，常常会造成较大的影响。

比如，水温升到 99℃，还不是开水，其价值有限：若再添一把火，在 99℃的基础上再升高 1℃，就会使水沸腾，并产生大量水蒸气来启动机器，从而获得巨大的经济效益。

一百件事情，如果九十九件事情做好了，一件事情未做好，而这一件事情对自己来说可能就是 100%的影响。

一个人看见一只幼蝶在茧中拼命挣扎了很久，觉得它太辛苦了，出于怜悯，就用剪刀小心翼翼地将茧剪掉了一点点，让它可以较为容易地爬出来。然而，这只幼蝶爬出不久就死掉了。这是因为，幼蝶在茧中挣扎是生命过程中不可缺少的一部分，是为了让身体更加结实、翅膀更加有力。即使是一个小小的外力的作用，都会让它的发育和成长无法达到正常的标准，丧失生存和飞翔的能力。

遗憾的是，现实中像幼蝶这样的事情却时有发生，而且很多情况下，这都是源于做事者自身的不良心态。

做作业时马马虎虎，考试时粗心大意，面对错误敷衍塞责；只管上学、上班却不问贡献；只管接受指导、安排，却不顾结果；得过且过、应付了事，将把事情做得“差不多”作为自己的最高准则；做事情能拖就拖，很少在规定的时间内完成任务……

这些都是做事不到位的具体表现。而这样做事的人，又怎么能担当重任呢？

做事到位是每一个人最起码的做事准则，也是最基本的做人要求。只有做事到位，你才能真正提高办事效率，才能获得更多的发展机会，才能赢得学业和事业上的成功。因此，你必须养成做事做到位的好习惯，而方法有以下几种：

首先，必须拒绝投机取巧。

很多人常常不愿意付出与成功相应的努力：他们希望到达辉煌的巅峰，却不愿意经过艰难的跋涉；他们渴望取得胜利，却不愿意做出牺牲。这是一种普遍的投机取巧心态，而成功者的秘诀之一就在于他们能够超越这种心态。

无论事情大小，如果总是试图投机取巧，可能表面上看来会节约一些时间和精力，会获得一时的便利，但结果往往是浪费更多的时间、精力和钱财，甚至会在心里埋下隐患，使自己的意志无法坚定，也就无法实现自己的任何追求。

从长远来看，投机取巧有百害而无一利，不但会令人的能力退化，还会令人心灵堕落。只有勤奋踏实、尽心竭力地做事情才是最高尚的，才能给人带来真正的幸福和乐趣。

其次，做事情要一丝不苟。

有些人内心充满了激情和理想，然而一旦面对平凡的生活和琐碎的事情，就变得无可奈何，他们会对自己说："如此枯燥单调的事情，根本不值得我全心投入！"

在实际生活中，我们必须脚踏实地地衡量自己的实力，不断调整自己的方向，才能一步一步达到自己的目标。每一件事，不论大小都值得用心去做，而且对于那些小事更应该如此。那些在事业上取得一定成就的人，他们无一不是从简单的事情和基层的工作中一步一步走上来的。他们总能在一些细小的事情中，找到个人成长的支点，不断调整自己的心态，用恒久的努力打破困境，走向卓越与伟大。

一位先哲说过："如果有事情必须去做，便积极投入地去做吧！"做事情一丝不苟，能够迅速培养我们的品格，使我们获得智慧，加速我们的进步与成长，带领我们往好的方向前进，鼓舞我们不断追求进步。

最后，要追求一种精益求精的做事状态。

一年有三百六十五天，一天有二十四小时，一小时有六十分钟……一些人经常在应付中生活，与应付相伴，做一天和尚撞一天钟，从不打算认真踏实地做好每一件事。他们没有奋斗目标，没有成就感，终日心思惶惶，过着无趣的生活。

这是一种缺乏责任心的表现，也是隐藏在成功道路上的一颗定时炸弹，时机一到，炸弹就会轰然爆炸，贻害无穷。有些人本来具有出众的才华，很有前途，但他们因为没有养成精益求精的好习惯，后来也就无法成就一番伟业。

做事是我们生活的重要组成部分，如果总是应付了事，不但会降低做事的效率，而且还会使我们丧失做事的才能。成功者无论做什么事情，都会以最高的标准要求自己，能做到最好的，就必须做到100%。

1987年，一个与国内房地产公司合作的外资公司的工程师，在拍摄项目的全景时，本来在楼上就可以拍到，但他硬是徒步走了两千米爬到一座山上，连周围的景观都拍得很到位。

当时，有人问他为什么要这么做，他只回答了一句："回去后，董事会成员会向我提问，我要把整个项目的情况告诉他们才算完成任务，不然就是事情没做到位。"

这位工程师的人生信条就是："我要负责做的事情，不会让任何人操心。任何事情，只有做到满分才是合格，九十九分都是不合格，六十分就是次品、半次品。"

一个人成功与否，就在于他是不是做什么事情都力求做到最好。事无大小，竭尽心力，力求完美，执行到位，这是成功者的标志。所以，你只有动用自己的全部智能，把事情做得比别人更完美、更快速、更准确、更专注，才能成为一个执行超人，一个成功的人。

拒绝拖沓，将拖延终结在摇篮里

没有谁一出生就带有拖延的毛病，也没有谁天生就是慢性子，拖延症的“养成”从来都不可能一蹴而就，它需要一个过程，这个过程很可能并不短暂。

不爱睡懒觉的人有，但绝对不多，周末的时候，窝在床上，睡觉睡到自然醒实在是一件再幸福不过的事情。这样的幸福，我们每一个人都享受过，并悠悠然乐在其中，难道这就是拖延？这就是错误？

这个世界没有神，即便是神也不可能永远都全神贯注。工作累了，喝杯咖啡，聊聊天，将任务往后推一推，这无可厚非，难道这也是拖延？这也是罪过？

不，睡睡懒觉，拖拖工作，这是人之常情，每个人都会有这样的经历，真要较真的话，这也只能算是拖沓，而不是拖延。

拖沓的习惯，每个人或多或少都会有，日常生活中，性子慢一些也无伤大雅，可拖沓却是拖延的种子，也许，就在我们不经意间便会生根发芽。

地上一点点微弱的火星，很少有人去在意，火星引发的燎原大火却让人心胆俱寒。我们常说的“千里之堤，溃于蚁穴”，并不是没有道理的。

拖沓就是我们心中的火星，看上去那么不起眼，没有谁会认为它能带来什么危险，可一旦给它“蔓延”的时间，它就会蜕变成拖延的漫天大火，将我们焚烧得渣都不剩。

当然了，很多时候，微弱的火星在没有成长起来之前就已经熄灭了。但是，未雨绸缪，防微杜渐，我们却不能因为99%的熄灭，而忽视那1%的燎原，否则，必将后悔莫及。

拖沓的确是小毛病，但拖延症却是大毛病。毛毛虫到了蛹期会结茧，破茧之后飞出的是美丽的蝴蝶，拖沓也会“结茧”，只不过破茧之后，出来的却是拖延。

我在一本学生类的杂志上看到过这样一篇报道：

林夕燕今年17岁，长相甜美、性格温和、成绩优异、多才多艺，是H市一中当之无愧的校花，老师和同学们都很喜欢她。然而，林夕燕什么都好，就是有个坏习惯——拖沓，不管做什么事，她都喜欢拖一拖，“慢条斯理”的样子让所有人都为她着急。

每次交作业，“压轴”的那个绝对是林夕燕，即便是班上最调皮的肖豪，都比她交得早；每次考试，最后一个交卷的也肯定是林夕燕，即便卷子上的题她不是不会做。因为她的种种表现，“压寨夫人”的名号扣到了她头上，她也为自己的拖沓付出了代价。

高考的时候，林夕燕一如既往慢悠悠地答题。当年高考题量特别大，试题的难度也不小，时间本来就紧，林夕燕因为拖沓，本来会做的题也没做完，不会做的题那就更不用说了，结果，本来有望读一本的她，却连专科都没有考上，只得复读一年。

面对失败，林夕燕痛苦不已，她告诉老师：“我知道拖沓不好，但却仿佛是拖成瘾了。”以前，她做卷子之前为了舒缓心情，会下意识地转一分钟铅笔，可是后来，转铅笔的时间越来越长，从一分钟变成一分半钟、两分钟、三分钟、五分钟，甚至十分钟、二十分钟……

老师感叹不已。林夕燕这是得病了，病的名字叫拖延症，必须早治，治不好会贻害无穷，而造成林夕燕患病的原因，正是她的“一分钟”，她的拖沓。

拖沓是拖延的母亲，而拖延则是失败的帮凶，它伤了林夕燕。同样拖沓的我们又凭什么保证自己不是林夕燕呢?

拒绝拖沓，将拖延扼杀在摇篮里。拖延症是一种很复杂的心理疾病，人患病的原因有很多，有人患病是因为恐惧失败，有人患病是因为害怕成功，有人患病是因为不甘心被命运摆布，有人患病是因为体质特殊而无法集中精力。但是，拖延症最大的“病灶”却不是这些，而是拖沓。拖沓的“潜移默化”，拖沓的“步步蚕食”，拖沓的“逐渐渗透”，才是我们沉沦的元凶。

我以前给一家杂志社写稿，听杂志社的一位编辑讲过他们办公室一位同事的事情，印象深刻。因为这位编辑的同事就是因为拖沓最后丢掉了工作，我们暂且称这位编辑的同事为丽丽。

丽丽是办公室远近闻名的超级“名磨”，人送外号“肉夹馍”，这可不是因为她擅长做肉夹馍或者她对肉夹馍情有独钟，而是因为她这个人非常磨蹭。有时候看着一座山一样的事情堆在她眼前，摊开的文件，一个该打的电话，一封该发出去的邮件，一篇要尘埃落定的文稿……别人都替她着急了，可她自己还是没有丝毫紧张的感觉，总是不紧不慢，一边咬着手指甲，一边盯着电脑发呆。

每次领导分给她重要的选题，都会狠狠触动她的神经，并在心里暗下决心要把它做好：“这么棒的选题，自然要做得出彩，当然要深思熟虑后再动手。”丽丽凡事要求尽善尽美，所以从任务下达那天开始一直到最后期限，丽丽迟迟没有动手。她总是告诉自己，最合适的写稿时间还没有到来，需要耐心等待。今天等明天，明天等后天，等来等去的结果就是一拖再拖，每次都是等到过了交稿的最后期限，总编催很多遍她才手忙脚乱地赶稿子。可是赶稿子的时候也还得拖拉几天，今天写不完，明天再写吧，今天还跟朋友约好了去逛街呢，正好路上可以和朋友讨论一下，顺便理一下自己的思路，于是时间又这么拖过去了。由于她的稿子总是姗姗来迟，三番五次后，有什么好的选题都绕着她走了，这对她自己来说确实工作压力减轻了不少。不过不久后，她因为严重地拖延工作就被老板给辞退了。

拖沓诚享受，拖延价太高。珍惜生命，远离拖沓，就从当下开始做起吧！

依赖，会丧失独立的权利

如果你是一名“资深”拖延者，你是否有这样的经历：学生时代，你习惯性地等待父母为你准备好一切后再出门上学，晚上回家不敢一个人走夜路；择业时，你问过所有人的意见才决定从事什么职业；工作中，领导让你执行某个任务，你总是让某个前辈陪同……

不少拖延者都有依赖他人的坏习惯，缺乏勇气，害怕独自执行，他们宁愿选择拖着。事实上，无论是谁，要想做出成绩，乃至获得某个领域的成功，都必须要独立思考，敢于走在人前，依赖者只会成为别人的附庸，并且，你是否考虑过，那个被你依赖的人是何感想？

我有几个很要好的朋友，庞晓菲就是其中一个。她是个美丽的女子，皮肤白皙，婀娜多姿，温文尔雅，但就是有一点不好，她是个典型的“小女人”，一点主见也没有。对丈夫言听计从，就连和我们这些朋友的交往中，她也总是显得很被动，周末晚上看什么电影也要询问朋友。

最近，庞晓菲遇到了一件很苦恼的事，她发现丈夫好像有点儿不对劲，直觉告诉她，丈夫可能有了外遇，她不知道怎么办，便把倩倩约出来。

“我该怎么办啊？”庞晓菲一见到很要好的朋友倩倩就迫不及待地问。

“什么怎么办啊，找他摊牌啊，问清楚情况。”倩倩是个急性子。

“我哪儿敢啊，这么多年来，都是他在挣钱养家。”

“庞晓菲，我真不知道说你什么好，你知道吗？你最大的问题就在这儿。”倩倩脱口而出，她也不知道这样说会不会伤害自己的好朋友。

“什么问题？”

“太过于依赖别人了，得了，索性我今天把话说开吧。你知道这么多年以来，你为什么都没什么朋友吗？因为别人觉得和你在一起挺累的，什么都要问他，你的时间很充裕，一个人无聊，但大家都有工作啊，都得养家糊口。可能你和你老公在相处的过程中也是这样，你们家什么都是他做主，时间一长他觉得腻了。可能我说这些你会伤心，但作为你的好朋友，我觉得我有必要对你说。”

听完倩倩的一番话，庞晓菲好像被人当头一棒，但她很快反应过来：“没事，我知道你是为了我好，也许我是该好好想想，也需要改变一下了。”

从这个案例中，我们看到的是，依赖者缺乏主见，无论是做事还是做人，他们习惯性听从别人的意见，这样只能被别人牵着鼻子走，并且，这还会让他人产生一种压抑的感觉。

有人说，生活最大的危险不在别人，而在于自身。不在于自己没有想法，而在于总是依赖别人。的确，依赖所带来的拖延足以抹杀一个人前进的雄心和勇气，阻止自己用努力去换取成功的快乐。依赖会让自己日复一日地停滞不前，以致一生碌碌无为。过度依赖，会使自己丧失独立的权利，也是给自己未来挖下的陷阱。

我看到过这样一个故事：

有一个叫约翰森的人，19 岁那年，有个朋友和他约好，周日早上，他们一起去钓鱼，约翰森很高兴，因为他还不会钓鱼。

因此，头天晚上，他先收拾好所有装备，比如网球鞋、鱼竿等，并且，因为太兴奋，他居然穿着自己刚买的网球鞋就上床了。

第二天一大早，他就起床了，把自己的东西都准备好，并且，他还时不时地朝窗外看，看看他的朋友有没有开车来接他，但令人沮丧的是，他的朋友完全把这件事忘记了。

约翰森这时并没有爬回床上生闷气或是懊恼不已，相反，他认识到这可能就是他一生中学会自立自主的关键时刻。

于是，他跑到离家最近的超市，花掉了所有的积蓄，买了一艘他心仪已久的橡胶救生艇。中午的时候，他将自己的橡胶救生艇充上气，顶在头上，里面放着钓鱼的用具，活像个原始狩猎人。

随后，他来到了河边，摇着桨，滑入水中，假装自己在启动一艘豪华大邮轮。那天，他钓到了一些鱼，又享用了带去的三明治，用军用水壶喝了一些果汁。

后来，他回忆这次的经历，他说，那是他一生中最美妙的一天，是生命中的一大高潮。朋友的失约告诉他，凡事要自己去做。

约翰森的故事告诉我们，很多时候，事情并没有你想象的那么难，你只需要走出第一步。

其实，人生成功的过程，也就是个人克服自身性格缺陷的过程，如果你也有依赖的问题，就必须从现在起，靠自己的努力克服。对于一些人来说，他们一旦失去了可以依赖的人，就会常常不知所措。如果你具有依赖心理而得不到及时纠正，发展下去有可能会形成依赖型人格障碍。为此，你可以从以下几个方面纠正：

1.充分认识到依赖心理的危害

这就要求你纠正平时养成的习惯，提高自己的动手能力，不要什么事情都指望别人，遇到问题要做出自己的选择和判断，加强自主性和创造性。学会独立地思考问题，保持独立的人格和思维能力。

2.要破除习惯性依赖

对于依赖型人格而言，他们的依赖行为已成为一种习惯，为此，首先需要戒除这种不良习惯。你需要检查自己的日常行为中哪些是要依赖别人去做的，哪些是自主决定的，只需要坚持一个星期，然后将这些事情分为自主意识强、中、差三等去做。

3.要增强自控能力

对于自主意识差的事情，你可以通过提高自控能力来改善；对于自主意识中等的事情，你应寻找改进方法，并在以后的行动中逐步实施；对于自主意识较强的事情，你应该吸取经验，并在日后的生活中逐步实施。

4.学会独立解决问题

依赖性是懒惰的附庸，要克服依赖性，就得在多种场合提倡自己的事情自己做。因此，在生活中，别再让他人为你安排一切；对于工作中的事，也学会独立解决吧；在人际交往中，也别总是站在别人身后，主动伸出你的双手吧。

拖延会成为习惯

我们还小的时候，就听过这样一首儿歌：“丢了一个钉子，坏了一个蹄铁；坏了一个蹄铁，折了一匹战马；折了一匹战马，伤了一位将军；伤了一位将军，输了一场战斗；输了一场战斗，亡了一个国家。”对于拖延者说来，这首儿歌应该非常合适。拖延不是什么大事，甚至身边人也愿意去理解，但久而久之，它对我们的危害就没办法弥补。所以，对于拖延这种会让人上瘾的习惯，我们应该改变它，并且战胜它。

我们都很清楚，一旦自己陷入拖延的陷阱，就很难自拔，因为每次努力的摆脱都会让我们感到痛苦。可是，这种摆脱的痛苦却远比最终无法改变的永久损失要划算得多。《战胜拖拉》的作者尼尔·菲奥里曾说：“我们真正的痛苦，来自因耽误而产生的持续焦虑，来自因最后时刻所完成项目质量之低劣而产生的负罪感，还来自因为失去人生中许多机会而产生的深深的悔恨。”所以，相比这悔恨，我们还有多少痛苦不能承受呢?

我有一个妹妹，叫小南。她大学毕业没多久，现在是个上班族。因为从小到大一直没离开过家，从来没做过饭。所以，自理能力很差。现在她上班了，平时自己还是不怎么做饭，家里储存了很多零食，以备不时之需。这天是周六，她收拾橱柜的时候发现以前买的东西都放坏了，就想着收拾收拾拿出去扔了，结果事一多，就给忘了。第二天她又想起来，就想着等到吃完晚饭下楼散步时带出去。可晚饭后她接着看没看完的电视剧，没有下楼，快睡觉的时候才想起来橱柜里坏的食物没有扔掉，但这时候她已经不想收拾了。就这样，直到下个周末才再次想起来去扔的时候，橱柜里已经一片狼藉了：橱柜里满是虫子。最后，小南花了一天的时间打扫橱柜。

扔个垃圾而已，每次都想着，这次忘了，下次再说吧。但是总会下次又等下一次，直至垃圾成灾。做事情也是这样的道理，什么事情都不能拖延，事情拖得越久，麻烦往往也会越大。

有人说“拖延等于死亡”，很多人感觉这是在危言耸听，其实不然。

我发小小伟最近感到自己的胸口有点疼，但是他自己毫不在意。我们好多朋友都建议他去医院检查一下，他拖着不去，还说：“最近没时间去什么医院，我本来就很懒啊。”

两个月之后，小伟身上的疼痛越来越厉害了，疼得实在是拖不下去了，于是，他这才去了医院做检查。检查结果是胸腔积水，这个时候他才意识到自己这次真的是摊上大事了。

医生告诉他，如果早来医院，吃点消炎药、打几瓶点滴就可以了。现在病情严重了，需要进行手术治疗，如果再拖下去的话，可能就会出人命。

刚开始的时候不过是一个小毛病，拖一拖也没什么关系。但是等自己疼得没有办法忍受了，再去医院检查的时候，就会后悔没有早点儿来医院。也许这一次你的生命健康没有什么大碍，只能算你幸运。可拖延成习惯，以后每次还都能这么幸运吗？

大卫是美国某个火车站的火车后厢的刹车员，人特别机灵，对谁都是乐呵呵的，乘客和一起工作的同事都喜欢他。

一天晚上，一场突降的暴风雪使得火车晚点，这就意味着大卫需要加班了。和平时一样，他的嘴里开始不停地嘟哝："这个鬼天气，还让不让人活了！真是的，烦死人了！"他一边小声嘀咕，一边想着如何能够逃开这次加班。

屋漏偏逢连夜雨，因为这一场突来的暴风雪，一辆快速列车不得不改变原来的路线，几分钟之后就已经拐到大卫所在的轨道上了。列车长接到通知之后就马上给大卫发出了指令，让他拿着红灯到后车厢去。做过多年的刹车员，大卫知道这件事情的严重性，可他想到的是，后车厢还有一名工程师和刹车员，也就没有太在意。他还笑着和列车长说："老兄，不用这么着急，后面有人守着呢，我拿件外套就马上过去。"列车长很严肃地告诉他："人命关天，一分钟都不能等。那列火车马上就要进站了！"

大卫看到列车长这么严肃的样子，于是，他也很严肃地说："我知道了！"列车长听到答复之后，就匆匆忙忙地向发动机房跑去了。

大卫平时已经习惯了做事拖拖拉拉，以此来消磨无聊的加班时间，这一次也不例外。他想，后车厢还有人呢，安全着呢，没有列车长说得那么严重。他习惯性地喝了几口小酒，驱走身上的寒气，吹着口哨慢慢悠悠地向后车厢走去了。等到他快要靠近后车厢的时候，突然想起来这时候的后车厢是没有人的，因为在半个小时之前列车长已经把他们调到前面的车厢去处理事情了。大卫慌了，快步跑过去，但是已经太晚了。那辆快速列车的车头撞上了前面的火车，紧接着就是巨大的碰撞声和乘客的呼喊声。

有的时候，习惯性的拖延会带来不可忽视的巨大后果。看似只不过是不起眼的、小小的拖延症而已，和那些严重的问题距离远着呢。但其实不然，每一个细微的环节都和生命有关系。

第四章

不害怕失败，不恐惧成功

诱发每个人恐惧的事件并不相同，但最终呈现出来的心理状态却是相同的。那些对自我要求过于完美、太在乎别人看法、心理素质较差的人最容易被恐惧所困扰。其实，恐惧是自我消极暗示的结果。在一个陌生的环境里，人人都有恐惧，只是情绪控制能力的不同，才让不同的人之间表现出巨大差异。

拖延是恐惧产生的原因之一

强有力的行动是治愈恐惧的良方，而犹豫和拖延将不断地滋生恐惧。在《少有人走的路》中，派克说：“人大部分的恐惧都与拖延有关，我们常常会害怕改变，其实都是因为自己太懒了，懒得去适应新的环境，懒得去学习新的知识，涉足新的领域。但如果总是这样的话，如何能让自己成熟起来呢?”可见，拖延是恐惧产生的重要原因之一。

我曾经在一本书中看到一段话，这段话生动地讲述了拖延者的心态：“这就像一个跳得很高的跳高运动员。你训练了几个月，在身体和精神上已经调整好了自己，一遍又一遍地尝试跳过横杆并打破纪录。然后，当你终于下决心开始跳了，新的担忧和恐惧马上袭来：如果我跳得比之前高了，别人会怎么做？他们会不会把横杆升高？当诸如此类的担忧越来越多时，拖延自然成为必要的第一选择。从拖延到恐惧，到痛苦，一直恶性循环。”

要克服这种恐惧和担忧，我们要做的就是在行动之前必须充分地酝酿，一旦下定决心，就应该果断地行动，当你越是积极地行动，就越能够驱散内心的恐惧。

我有个同学，大学毕业后就在我们当地结了婚。有了孩子后，她就成为一个全职家庭主妇。这样枯燥的人生让她很恐惧，她想着：难道我一辈子就这样了吗？她不甘心，想开一家书店。但当她把想法告诉了家人后，没有人愿意支持她，都想不明白为什么她有孩子不照顾，要出去做这样一个生意。她的丈夫也问她，到底在犯什么病。但我这个同学坚定地和她的丈夫说："我承认，我开书店是带有自己的理想和情怀的。但我也并非只是为了满足自己的一个愿望而糟蹋钱。我在决定要开书店后，做了十分详细的考虑和分析，也对市场做足了调研，有了详细的运营策略。现在虽然还没有开始，但我已经对这家书店做了最好和最坏的打算。如果书店好起来，能增加城市人口的阅读量，我觉得我做了有意义的事，不管对这个城市，还是对我们这个家庭；如果书店经营不善，亏本了，我现在也有了预算，亏多少都在我的控制范围内。所以，当我做好了所有的准备，我就会第一时间让书店运营起来。"

我这位同学的行为才是不拖延的表现，也就是不害怕失败，也不恐惧成功。她能做到这一点很重要的原因就是，她不害怕改变，她能把控失败。事实上，能够审视和接受某些行为带来的改变，都是对付拖延的最好的办法。

但凡在某个领域做出重大成就的人都是货真价实的行动派。他们从不屈从于惰性，无论做什么事情都雷厉风行。比如，高产作家威尔斯成功的秘诀就是有了灵感立即记下来，绝不让自己思想的火花稍纵即逝。即便到了深夜，只要大脑在电光火石的一瞬涌现出了灵感，他也不会因为想要睡觉就把工作拖到第二天，而是会马上打开电灯，拿起放在床头的笔，马上记录灵感，然后才肯就寝。

马克·吐温说过："勇敢并非没有恐惧，而是克服了恐惧，战胜了恐惧。"而那些被恐惧击败了的人，他们的拖延行为其实是一种逃避，是心理上的自我保护机制在发挥作用。如果我们要进步，我们就必须认识到自己的恐惧——这是克服恐惧的前提。

如何战胜恐惧呢?

首先，我们得知道自己到底在恐惧什么。通常来说，不外乎以下两种心理:

一是对失败的恐惧，也就是“失败恐惧症”。心理学家认为，它源自于人们看待事物的心态。有的人面对挑战时，持消极心态，他们认为人的智力和才能是天生的，事情没做好，说明自己能力有问题。反之，则代表个人能力强，对自我很满意。这样一来，生活中的每一件事情都会成为考验。有一件事情没做好，自信心就会崩溃。压力这么大，害怕失败也就理所当然了。所以，他们只要发现一些不太好的苗头，就开始拖拖拉拉，拖到最后，要么直接放弃，要么匆忙完成任务，效果很差。

二是对未知的恐惧。“心理舒适区”理论告诉我们，每个人都有自己习惯的心理和行为模式，一旦离开熟悉的模式，尝试新事物，就会自然而然地感到焦虑与恐惧。有的人特别向往一线城市的繁华，但就是不敢走出家乡的小镇，不愿离开心理舒适区。类似的例子很多，走出舒适区确实是一件很痛苦的事情，然而，拖延只能暂时维系心理舒适区，就像温水煮青蛙，并不能从根本上解决问题。

解决问题的办法倒也简单，从拖延症患者到行动派，只需要“马上去做”这四个字。“马上去做”未必马上能够做到，但只要你去做，就已经成功了一半。而因为害怕失败就不敢去做，才是最大的失败。

无论我们追求什么，总是要付出成本的。计划再完美，如果迟迟不去行动，只会颗粒无收。与其临渊羡鱼，不如退而结网。不要羡慕别人，也不要将希望寄托于虚无飘渺的明天。从今天起，从此刻起，只要下定了决心，就马上去行动，别让拖延成为滋生恐惧心理的温床。

你足够勤奋吗

发明家爱迪生说："天才，就是1%的灵感加上99%的汗水。"无论你拥有怎样的天资，唯有勤奋才能让你收获成功。勤奋就是坚持不懈地努力，而所有的赞誉和掌声只是这种努力后所达成的结果。所以，我们羡慕别人能够享受高品质的生活时，为这个世界的不公而心生抱怨时，不如扪心自问：你是否是一个懒惰的人，是否做什么事情都一天拖一天，你真的足够勤奋吗？

拖延是一个很神奇的东西，它能够卸掉你身上一切积极的配件。当你想开足马力，勇往直前时，拖延会在内心告诉你：这么多事情，今天怎么能做完，明天再做吧，从明天开始也不晚。当你听从拖延的建议，你将会发现，你离勤奋越来越远，成功更是遥不可及。

当被问及成功的主要原因时，比尔·盖茨回答说："工作勤奋，我对自己要求很苛刻。"无独有偶，NBA（美国职业篮球联赛）的传奇巨星科比在谈及自己成功的秘诀时也曾说道："我知道每天凌晨四点时洛杉矶的样子。"

天道酬勤，一个人的成功总是缘于他的勤奋。一分耕耘，才能有一分收获，在通往成功的道路上，无不浸染着勤奋拼搏的血汗与泪水。我们只有奋发图强，坚持不懈，永不气馁，才能成功地实现自己的人生价值，才能得到幸福而激扬愉悦的人生。

菲尔普斯是世界泳坛的一段传奇，被誉为“永远不老的飞鱼”。他有着比1.93米的身高还多出7厘米的超长臂展，肺活量是一般人的两倍。很多人认为，他之所以能够在泳池里创造出一个又一个奇迹，都得益于万里挑一的身体天赋。殊不知，那些被掩盖在金牌背后外人无法看到的付出，十几年如一日的辛勤汗水，才是真正激发他潜能极限的力量。

菲尔普斯说，只有天赋，你永远无法赢得那些奖牌。他从十一岁起就以夺取奥运会金牌为目标，开始极其艰苦的训练，正常孩子的娱乐活动从此与他远离；他每天都会在早晨五点三十分左右起床去训练，即使圣诞节也不例外。训练紧张时，他每周至少要在水里游一百千米。

没有这种坚持不懈的奋斗，没有这些超出常人的付出，就不会有世界纪录被一次次打破的精彩，他就不会成为泳池奇迹的缔造者。

菲尔普斯用自己的实际行动证明了，成功不只取决于天赋，更重要的在于，你是否愿意为了1%的可能付出99%的汗水。很多人虽然天赋不错，虽然家境优越，但却疏于自我管理，不肯付出努力，总是在各种不切实际的幻想中度日，最终只能是两手空空，一无所获。

中国著名作家冰心的《繁星》里有这样一句话：“成功的花，人们只惊慕她现时的明艳！然而，当初她的芽儿，浸透了奋斗的泪泉，洒遍了牺牲的血雨。”每一位成功者的成长历程，所堆积的乃是超越常人的辛勤的付出。人生想达到一定高度，就必须不断攀登，哪怕疲惫不堪，哪怕伤痕累累，也要一步步向上爬，唯有如此，才能登上人生的顶峰。所以，机遇和荣誉总是垂青勤奋者，我们要有一颗充满激情的进取心，以自己的理想为目标，发奋图强，矢志不移，才能达到成功的彼岸。

斯蒂芬·金是世界著名的恐怖小说作家，他成长的经历十分坎坷，最潦倒时连电话费都交不起。但他凭借自己的努力，终于成为享誉全球的文学大师。他谈起成功的秘诀，只有两个字：勤奋。

每天天亮时，他就会伏在打字机前，开始一天的写作。一年三百六十五天，他几乎都是在文学创作中度过的。他允许自己休息的时间只有三天：生日、圣诞节和独立日。

勤奋给他带来了永不枯竭的灵感。其他作家在没有灵感时就会去做别的事，让自己的心情得到放松。但他在没有什么可写的情况下，仍然坚持每天写五千字，以此来保持创作的状态。

有人说，阳光每天的第一个吻，肯定是先落在勤奋者的脸颊上。而斯蒂芬·金无疑就是这个幸运的人。

人生长路，步履维艰。只要我们远离拖延，以勤奋为准则，以不断进取为动力，永不停下向前的脚步，永不放弃自己的理想，即便生活中充满了荆棘与坎坷，我们也一定能拥抱成功的希望与辉煌。

德国政治家威廉·李卜克内西说："才能的火花，常常在勤奋的磨石上迸发。"勤奋是走向成功的唯一途径，没有勤奋，天才也会变成傻瓜。世界上从来没有不劳而获的美好，拖延从来不会带给人成功。我们只有通过勤劳的付出，才能获得丰硕的成果。

别让沮丧情绪在生活里蔓延

在生活中，我们经常会感到莫名的沮丧和烦闷。特别是在经历一些不顺心的事情以后，低落的情绪会让我们看什么都不顺眼，一点精神都提不起来。

上班总是走神，和家人相处总不耐烦，就算自己最喜欢的书也完全看不下去。有时触景生情，心中就会非常的伤感和失落。

想象一下，当我们处于这样的沮丧情绪时，还有心情工作或者做一些原本打算做的事情吗？肯定不会。这时，伴随着沮丧而来的就是拖延，我们会把事情一拖再拖，想着心情好一点时再做。

由于经济不景气和就业压力不断增大，许多希腊年轻人对自己的国家感到绝望。他们抱怨自己是希腊有史以来最沮丧的一代，虽值大好年华，有能力做很多事情却什么也做不了，他们有的干脆把自己看成是永远的失败者。由于很多年轻人有类似想法，希腊整个国家弥漫着沮丧的气氛。人们每天碰面都在讨论着悲伤烦闷的事情，有的人已经计划离开自己的祖国。

沮丧的情绪对个人的生活也会造成极大的负面影响。前些年，曾经出演《成长的烦恼》中伯纳的演员安德鲁竟然离奇失踪。

据知情人士透露，他在失踪以前，因为一些事情而导致情绪十分低落和沮丧。一个在荧屏上曾经给无数人带来欢乐的演员，竟然也因为糟糕的情绪做出让人如此不解的事，沮丧的破坏力可见一斑。

生活中，难免会遇到糟糕情绪的困扰，失望的事情发生时，每个人都会感到沮丧。但是，每个人在应对这种情绪时的反应却不尽相同。

同样是因为误会遭到领导批评，有的人回家就给家人脸色看，或是把孩子臭骂一顿，而有的人则是选择打一场篮球出出汗，或是在家什么都不想，痛痛快快喝上几杯，让负面情绪得以释放。

同样是找不到合适的工作，有的人整天唉声叹气，颓废绝望，感叹着世道的不公，而有的人却能从自身找问题，努力从各个方面提升自己的能力和价值，并愿意把自己的教训和经验积极地去和身边的人分享，让大家感到更多正能量。

所以，一个人感到沮丧并不可怕，关键是我们不能任凭沮丧情绪在生活里蔓延。

我朋友陈磊的妻子怀孕时已经三十七岁。无论是他自己，还是双方父母，做梦都希望这个孩子能平安降生。可天不遂人愿，陈磊的妻子流产了。

沉重的打击让陈磊几乎万念俱灰。他不责怪妻子，内心却怎么也高兴不起来。他每天阴沉着脸，回到家也不爱说话，头发已经很长了，也不愿意去修剪，一脸颓废的样子，还时不时唉声叹气。以前休息时，他总爱和朋友去打台球，如今他只是关上灯坐在沙发上一个劲地抽烟。

陈磊的情绪影响到了妻子。由于心情的压抑，妻子刚刚做过流产手术，身体又出了问题。医生说，如果恢复得好，一般九个月以后就可以重新怀孕。可按照现在的情况，他们至少要等到三年以后。

在动荡不安的环境中，沮丧的情绪可能会一直困扰着我们。之所以有人能够苦中作乐，而有的人却亲手毁掉了自己的生活，就是因为看待负面情绪的方式不同。

如果把眼前的困境看作末日，那么生活就注定充满凄凉。但如果告诉自己咬咬牙就过去了，日子总要开心地过，那么再不幸的事也不会影响到你的心情。孩子没了，至少你还有相濡以沫的妻子，还有需要照顾的父母，还有一个完整而温暖的家庭，仅仅为了这些，就应该重新打起精神，沮丧又能解决什么问题呢？

在日本，有一对奶农夫妇，虽然上了年纪，却依然像年轻时一样相爱。后来，严重的糖尿病并发症导致妻子失明，本来开心的她从此变得悲观起来，每天把自己关在家里，在沮丧和黑暗中生活着。

丈夫是一个非常乐观的人。他不忍心看着妻子在绝望中痛苦挣扎，决定用自己的方式让她重新快乐起来。于是，他在自家门前建了一个花园，里面种满各种花。

虽然妻子无法看到花园里的姹紫嫣红，但扑鼻的芳香最终让她走出了房门。她听丈夫描述各种鲜花的美丽形态，感受着自己被花海所围绕时的甜蜜与幸福。

从那时起，妻子每天都到花园里逛一逛。她脸上终于露出了久违的笑容。

一个人摆脱沮丧的情绪并不是什么难事，只要善于去发现身边的美好，只要愿意为别人去创造美好，我们的生命就不会被沮丧所占据，而随处可见的一定都是快乐和幸福。

英国物理学家威廉·吉尔伯特说："我们不要沮丧，每一片云彩都会有银边在闪光。"我们应该成为自己生活的主宰者，悲观沮丧并不可怕，只要勇敢面对、及时调整，就能走出困境。相反，如果任由沮丧的情绪在生活里蔓延而不加制止，那么情况只会越来越糟。

破除拖延习惯的第一步：破除自我怀疑

我们都知道，自信是对自己的高度肯定，是成功的基石，是一种发自内心的强烈信念。相反，如果一个人总是自卑，认为自己这不行那不行，那么，久而久之，他便真的不行了。事实上，自卑也是人们拖延行为产生的一个重要原因。

在拖延者的心中，经常会有这样一些声音："这件事我肯定做不了。""我不想被嘲笑。""太难了，我无力应对。"这些负面的评价让人们消极地对待手头上的工作，因为在他们的潜意识中，要想最大限度地逃避失败的打击，就只有拖延时间。其实，我们不难想象，任何一个自卑的人都不可能取得工作上的成就，因为他们总是在自我设限，他们认为自己在规定时间内做不到。他们不敢挑战更大的目标，更不敢参与人际竞争，对于别人的成功，他们也只能自怨自艾，一旦出现挫折，他们很难走出来。相反，一个人一旦有了自信，就会积极向上，会比别人更有执行力，更有耐挫力，当他们遇到问题时，也更有勇气面对，而正是这种力量指引着他们不断走向成功。可见，破除拖延习惯的第一步，就是破除自我怀疑。

有一个女孩名叫玛丽，从小就很自卑，总是觉得自己长得不够漂亮，不会被别人喜欢。她每天走路都低着头，生怕被别人看到"丑陋"的脸。

有一次，她在一家商店发现了一只非常漂亮的蝴蝶结，于是毫不犹豫地买了下来，并戴在头上。店主夸赞她戴上蝴蝶结以后简直变了一个人，比平时还要漂亮许多。玛丽内心却充满了怀疑：一个蝴蝶结能带来这么大的改变？她虽然不怎么相信，但为了不让钱白花，就强迫自己抬起了头，急切地想让其他人也看看她是否真的变漂亮了。

由于走得太急，玛丽出门时和一个路人撞在一起。她忘记了说一声“对不起”，便一溜烟地向学校跑去。

玛丽刚一进校门便迎面遇到了老师，老师看起来十分惊讶：“玛丽，你今天真美，特别是你抬起头来的时候。”老师的赞美让她自信了许多，当她走进教室时，马上成为同学们关注的焦点。在大家眼中，抬起头的玛丽似乎变成了另外一个人，因此得到了更多赞美。

玛丽以为，自己之所以能得到这些赞美，一定是蝴蝶结的功劳。可当她走到镜子前的时候才惊讶地发现，她头上根本没有蝴蝶结，那蝴蝶结一定是在撞到行人时弄丢了。

如今，玛丽已经是美国 HBO 电视网著名的节目主持人。

如此看来，很多时候我们并不见得有那么糟糕，也未必就比别人差。之所以自卑，还是因为没有准确客观地评价自己。一旦被自卑先入为主，我们便不能冷静地分析自己所面临的苦难，不能理智地评判自己的得失，更不能清晰客观地理解别人对自己的期望和评价。

把自己看得一无是处，往往就会失去对生活的信心，对那些自己本来可以做好的事情也会草率地放弃。很多不该发生的悲剧，都是我们自己造成的。如果你都看不起自己，又能指望谁会看重你；如果你都相信自己注定会失败，又能指望谁来拯救你？

我有个发小，叫李晓军，是我们当地的一个农民。我们一起上的小学，他在初中毕业后，就没有再继续读书，而是回家帮忙种地，地里不忙时，他就出去打工。就种菜而言，他的确是一把好手。但是，他却有一些自卑，总是觉得自己不如别人，也不善于和别人沟通，所以种出来的蔬菜总是没有好的销路。

有一次，他到一座高档写字楼办事，而他要找的人恰好没在，其他人让他坐下等一等。他觉得自己身上都是土，生怕把人家的桌椅弄脏，更何况自己穿的是旧牛仔裤和球鞋，与那些衬衫西裤的办公人员比起来格格不入。与其让别人嫌弃，不如自己识趣一点，于是他拒绝了别人的好意，在大楼外一个长椅上坐了下来。

写字楼餐厅的经理此时恰好经过，看到坐在长椅上的李晓军，他是李晓军的初中同学，便邀请李晓军到餐厅去吃午饭。

用餐期间，餐厅经理在和李晓军聊天时无意间提到，如今每天给餐厅送来的蔬菜质量越来越差，前几天还有人吃坏了肚子，所以他们打算换一个承包商。既然李晓军种地是一把好手，便想让他来试一试。李晓军虽然不太情愿，可盛情之下难以拒绝，也只好应承下来。

李晓军硬着头皮给餐厅送了几次菜，受到了大家一致好评。他送的蔬菜不仅质量一流，关键是他为人诚实守信，每天不管刮风下雨，他送菜的小货车总能准时抵达餐厅门口。

几年下来，李晓军靠着自己的勤劳和诚信，不仅扩大了农场规模，还成为当地小有名气的蔬菜供应商。

李晓军的经历告诉我们，不要总觉得自己低人一等，即使你不够美丽、不够富有、不够聪慧，也一定有强过其他人的地方。

要善于发现自己的长处，肯定自己的优势，提高对自己的评价。别人不是十全十美，你也不会一无是处。即使你有缺点或不足，也没必要不好意思，立志发奋努力去改变它，“知耻而后勇”不仅不丢人，反而更值得别人尊重。

美国酒店大亨康拉德·希尔顿说：“许多人一事无成，就是因为他们低估了自己的能力，妄自菲薄，以至于缩小了自己的成就。”我们没必要感到自卑，即使和他人比起来，我们在某些方面有着些许的不足，我们依然可以想方设法地去克服，可以充分地去发挥我们自身特有的优势，又哪里有时间去为那些不足自怨自艾呢？

拒绝安逸，决不拖延

很多人总是习惯于做事向后拖延一步。他们总是要找到很多借口、很多理由，或是因为外界环境太恶劣，或是因为自身准备不充分，或是还没等到行动的大好时机。总而言之，就是要继续心安理得地享受着平静和安逸。可是，安逸久了会让人产生惰性，即便真的准备好了、条件成熟了、时机来临了，他们依旧不愿意采取行动，依旧享受着安逸之后的又一个安逸。直到失败结果降临的那一天，他们才真正体会到因拖延而带来的悔恨。

有一条人生失败的教训不能不为我们所铭记：总是心动的时候多，行动的时候少。你想成为一名健身达人，却总是告诉自己等天气好一点再开始锻炼；你想考取注册会计师的资格，却总是告诉自己等明年复习得充分一点再报名考试；你想创业开一家自己的店，却总是告诉自己等心情好一点、头脑清楚一点再开始自己的计划；你想给父母和家人更多的呵护和关爱，却总是告诉自己等钱挣得足够多再去考虑让他们过上更好的生活。

人生中很多大好的时光和机遇，就在这样无休止的等待中被错过。天上不会自己掉馅饼，世间的很多成就不是要等到万事俱备以后才有采取行动的理由，如果真是那样，为理想而拼搏也就没什么特别的意义了。做事之前计划周详能够减少出错的概率，但这并不能成为一个人畏首畏尾、瞻前顾后的借口。

如果不能果断采取行动，再完美的计划和目标也永远都是空想和纸上谈兵。

在美国南北战争时期，西点军校的高才生麦克莱伦将军被誉为“小拿破仑”。可他在与南方军交战中迟迟无法取得实质性突破，一时间成为笑柄。

他总是抱怨装备不够精良，抱怨没有足够时间训练士兵，总向总统提出各种各样的要求和条件。可当拥有了这一切时，他依旧以准备不充分为由，拒绝向敌方发起进攻，或是过分谨慎不肯追击敌人而错过许多取胜的机会。

在一次非常关键的战役中，他因为犹豫不决，在军队人数是对方两倍的情况下，错过了全歼敌军的机会，使战争不得不多持续了三年，因此而造成不必要的人员伤亡和财产损失不计其数。总统最终对他失去了耐心，解除了他的军职。

有人这样评价麦克莱伦：“有一种超越任何人想象的惰性，只有阿基米德的杠杆才能撬动这个巨大的静止。”

拖延会导致战争失败，也会让我们的人生一无所获。很多人总是抱怨自己情绪不好、状态不佳、时运不济，总想把今天该努力的事拖到明天再说。明日复明日，明日何其多。时间对我们每一个人来说都是有限的，我们拖延越多的时间，就会浪费更多宝贵机会。更何况，成功本就不是唾手可得的，真等到一切都准备好了，别人或许早就先行一步，哪里还轮得上你。

很多人虽然有着雄心壮志，到头来却一事无成，就是因为他们一直在拖延，将所有好的时光都消耗殆尽。那些真正能取得成功的人，往往都深刻地懂得行动胜于一切的道理。

香港富豪李嘉诚一直是一位日理万机的精明商人。可是，他的办公桌却非常整洁，陈设也非常简单，桌面上甚至连一页纸都没有。这是因为他始终秉持着“今日事，今日毕”的做事原则。

不仅如此，他还把这个原则作为管理企业员工的信条。在他看来，人要是有了拖延的恶习，进取心就会随之减少。在通往成功的道路上，每一秒钟都是最大的错过。

无独有偶，美孚公司是世界五百强之一，在公司高层的办公室，都挂着一个写有“决不拖延”字样的白板。“决不拖延”是这家公司的行为准则。在他们看来，避免拖延的唯一方法就是随时行动，因为没人会为你的拖延承担后果和损失，每一名员工都不能拖延哪怕半秒钟时间。

人有时就要有豁出去的精神，不管未来结果怎样，倾尽全力把眼前的事情做好。也许在取得成功之前，我们不得不放弃舒适安逸的生活，要进行很多艰苦的努力，甚至忍受很多挫折和坎坷带来的煎熬，但这也正是人生奋斗的意义所在。正如卡耐基说的那样：“没成功之前要做与成功有关的事情，成功之后才可以做自己喜欢的事！”

美国著名政治家本杰明·富兰克林说：“千万不要把今天能做的事留到明天。”拖延，往往源自对失败的恐惧。但如果你已经确定了你的目标，就把这种恐惧暂时丢弃，全身心地准备放手一搏。等待和逃避不会迎来成功的眷顾，赶快行动，决不拖延才是你明智的选择。

第五章

早一刻行动，早一刻成功

我们需要的动力和自律比我们想象中的要少。我们花费了太多时间、精力和注意力怀疑自己的决定。然而，忽视这些犹豫不定的情绪也是不可能的。那有什么解决方法呢？解决办法就是安排专门的时间来重新考虑，你的决定不会被当时的诱惑左右的时间。在设定的下一次考虑的时间到来之前不要再怀疑。重要的是，你做决定的时候应该是你的思维状态良好的时候——你最不需要意志力的时候，因为在这种时候，你才能做出最好的选择。

现在就付诸行动

请你现在就开始行动，如果不立即行动，一切理想都毫无价值；计划渺如尘埃，目标也不可能达到。一切的一切毫无意义——除非你立即行动。

立即行动会使怒狮般的恐惧减缓为蚂蚁般的不屑一顾。

1924 年，乔治·马洛里带着一个信念，为了一句名言“因为山在那里”不远万里来攀登那座足以让每一个登山者热血沸腾的珠穆朗玛峰。就因为山在那里，就因为一个长久的信念，他决定立即行动。

那一双脚或许就是为亲近珠穆朗玛峰而生，它走了那么多路，每一步都是为了与这次行动缩短距离。

陪同他前往的是一个不会说话的美丽影像——他妻子的照片。他有一个无比浪漫的计划，将妻子的玉照放在珠穆朗玛峰的山顶上。他要和生命中的一个挚爱共同分享另一个挚爱。

然而，他却在雪雾中失踪了。

1999 年，埃里克·西蒙森率领一支探险队攀登珠穆朗玛峰。在距顶峰只有 600 米远的地方，他们发现了乔治冰冻了 75 年的遗体。

所有的人都在为他惋惜，同时也为他骄傲。他虽然没有达到那个目标，虽然没有完成那个计划，但是他的行动让全世界为之瞩目，为之敬佩。他为登山者开辟了一条勇攀高峰的精神道路。

乔治·马洛里的行动是有一定成效的。立即行动的人不管成功与否，都是一方英雄！

乔治虽然在距峰顶600米的地方死了，但他的精神激励了一代又一代的登山者。我们相信这种精神也能激励生活和事业中的你、我、他。

现在就付诸行动！不要把今天的事情留给明天。立即行动吧！即使你的行动不会带来快乐与成功，但是动而失败总比坐以待毙好。行动也许不会结出快乐的果实，但是没有行动，所有的果实都无法收获。

立即行动！立即行动！立即行动！从今往后，我们要一遍又一遍地重复这句话，直到成为习惯。好比呼吸一般，成为一种本能。有了这句话，你就能调整自己的情绪，迎接失败者避而远之的每一次挑战。

只要能把握住现在，你也能把握住将来。现在比明天更有价值，明天是为懒汉保留的工作日，你并不懒惰；明天是弃恶从善的日子，你并不邪恶；明天是弱者变为强者的日子，你并不软弱；明天是失败者借口成功的日子，你并不是失败者。你只要现在，今天是你的日子。

谁都渴望成功和快乐。但是如果拖延、倦怠，不去付诸行动，便会在失败、不幸和夜不能寐的日子里渐行渐远。成功不是等待，如果你稍一迟疑，它就会投入别人的怀抱，永远弃你而去。

人生成功的秘诀就是：抓住现在，不要沉湎于过去。

有些人之所以不能免于失败，是因为不能抓住现在，没能发现生命的美好。

为什么一个人必须活在现在的状态中呢？其实，答案很简单：如果你劲头百倍地度过现在的时光，时间将一闪而过，显然不会有沮丧或忧虑的时刻。心理医生在从事心理咨询时不可避免地会碰上抑郁症患者，而最佳药方便是让患者拥有充实的活动。繁忙的人很少有时间表露自己的情绪问题。当然，过于繁忙本身也是不值得提倡的，但对于那些消极者、有抑郁倾向的人而言，积极地投身于现在的工作或各种活动中便是迄今克服危机最为有效的良方，尽管道路是曲折的，但是未来光明一片。

潜力总是在行动中被挖掘

对于要着手做的事情，总是犹豫不决，担心自己的能力无法胜任而拖延下去。这样的自卑情绪在很多人身上都会流露出来，但是去做了之后，总会发现事情并没有想象中的那么艰难。很多人对于未来要完成的工作往往会心生恐惧。然而，如果你不去行动的话，你永远也无法挖掘自己的潜力。美国心理学家威廉认为：对于普通人来说，他们一生仅仅运用了自己10%的能力。其实，还有90%的潜力可以挖掘。另一位美国学者则认为：人仅仅开发了他们自身6%的能力。苏联学者伊凡也认为人自身潜藏着巨大的能力，他说："如果我们迫使头脑开足一半的马力，那么我们就可以毫不费力地学会40多种语言，把苏联的教科书从头到尾地背诵下来，并完成几十个大学的必修课程。"潜力总是要在行动之中不断挖掘的，如果我们仅仅停留在想象阶段，告别拖延症、提升执行力，也不过是纸上谈兵而已。

然而，每个人都有惰性，这也正是每个人都喜欢在幻想中成功的一个重要原因。惰性阻碍着人的行动，使人躺在滋生堕落的温床上，渐渐失去了挖掘自身潜能的机会。如何战胜自己的惰性？或许只有行动这唯一的方法。当我们心中蹦出一个想法时，不要去考虑实现它有多困难，只管去行动，因为只有跨出第一步，才能切实地感受到实现这个灵感的困难程度如何；也只有跨出这第一步，才能促使自己积极地寻求解决困难的方法，促使自己不断地提高自身的执行力。

在一次应邀为文学系的学生讲课的过程中，美国著名作家克莱尔·利尤西斯向在座的学生问了这样一个问题："你们中间有多少人想成为真正的作家？"

在座的同学纷纷举手，表示自己志愿成为一名作家。

利尤西斯向台下看了看，然后微笑着一边把讲义放进自己的口袋，一边说道："既然大家都想当作家，那么我只能给你们讲一句话了，那就是回家去写！"说完，他就走出了教室。

是的，不仅利尤西斯这样讲，翻开一些讲授文学创作的书籍，我们也可以从中找到这样至关重要的一条：如果你想要从事文学创作，那么就马上开始你的写作生涯。是啊，如果你想从事一件事情，却从不投入行动，那么你永远都不可能完成这件事情。

行动可以发掘我们的潜力。然而，不仅仅如此，行动还可以培养出我们的自信。

14世纪时，蒙古皇帝莫卧儿在一次战役中大败。他独自躲在一个废弃的马厩中，内心充满了对失败的恐惧。这时，他看到一只蚂蚁嘴里咬着一粒比自己身体大出许多倍的玉米粒，艰难地在垂直的墙壁上爬行着。但是，玉米粒实在很沉重，这只蚂蚁不知从墙上摔落了多少次，可它一直坚持着向上爬。终于，蚂蚁咬着玉米粒爬进了自己在墙壁上的蚁窝。看到这里，莫卧儿大叫一声跳了起来，蚂蚁尚能如此，我为何不能？莫卧儿又重整旗鼓，终于打败了自己的敌人。

无独有偶，在19世纪，一位英国的将军也因为受到相似经历的激励，取得了最终的胜利。这位将军在之前的战斗中屡战屡败。一天，他因为战败而躲到了一间农舍里。在这间农舍里，他无意中发现了一只正在结网的蜘蛛。这只蜘蛛在风雨中拼命地织网，但是蛛丝却被风雨一次次地打断。不过这只蜘蛛并没有气馁，最终结成了蛛网。这位将军深受鼓舞，最终取得了一场关键战役的胜利。这位将军就是在滑铁卢战役中击败拿破仑的威灵顿将军。

不论是蜘蛛，还是蚂蚁，它们的行为或许是出于本能，但它们所带给人们的鼓舞却是实实在在的。面对一次次的失败，只有行动，才能给自己反败为胜的机会，也只有行动，才能重新树立被失败击溃的信心。

行动，无疑是我们获取成功的根本保障。一切成功都不是海市蜃楼，它生长在我们的头脑之中，期盼着我们将其物化于外。作为心中的蓝图，成功需要我们一笔一画、一砖一瓦地建造出来。唯有立刻行动，才能给自己一次成功的机会。在追求成功的道路上，行动使我们跨越千沟万壑，使我们发现一个全新的自己，使我们抛却了启程时的恐惧，开始享受一路上的无限风光。唯有一刻不停地行动，才能强大我们自己，才能无限地提高我们的执行力。

要执行，就必须马上行动

可以说，在诸多执行力很强的人眼里，“马上行动”是他们保障执行的法则。的确，行动和速度是执行的关键。要执行，就必须做到马上行动、决不拖延。今天，执行往往打的是速度战，时间是无比宝贵的，如果我们不能抢在别人的前面行动，别人就会把我们甩在后面。

汤姆·霍普金斯是房产销售吉尼斯世界纪录保持者，据说，他平均每天卖一幢房子，很多人企盼得到他的成功秘诀。

一次，有人问他：“请问，您获得如此巨大的成功，您的秘诀是什么？”

“马上行动！”汤姆的回答出乎所有人的意料。

“那您告诉我，当您遇到困难时都是如何处理的？”

“马上行动！”汤姆笑着回答道。

“当您遇到挫折的时候，您是如何去克服它的？”

“马上行动！”

“未来当您遇到瓶颈的时候，您要如何突破？”

“马上行动！”汤姆依然微笑着回答道。

“马上行动！”对于成功的秘诀，汤姆只有这四个字。

或许你和那个提问者一样，对汤姆这样的回答感到很失望，但是，这就是执行的秘诀呀，只不过你不懂得利用这个秘诀而已。汤姆的成功来源于立即执行。

1923年，艾尔弗雷德·斯隆任通用汽车公司总裁。斯隆虽然年纪轻，却有着过人的智慧。为了能够满足消费者，斯隆就任总裁后，加快研制新型轿车。

当时与通用汽车公司同驻底特律的，还有美国最大的福特汽车公司，总裁埃兹尔是老福特的长子，他也以年轻企业家的敏感，嗅到了斯隆的更新意识。于是，他和技术人员重新设计了一种T型车。当埃兹尔乐滋滋地把这种新车拿给老福特看时，被老福特完全否定了。

老款式的T型车，曾获得“廉价小汽车”的名声，广受美国民众的欢迎。对于老福特来说，T型车是他的神话，是他的孩子，是他梦想得以实现的载体。老款T型车承载的是他的辉煌，他不许任何人向它挑战。

老福特愤怒地对儿子说：“老款T型车销售得很好，我不打算开发什么新车，拖一拖再说吧。”

虽然老福特可以愤怒地压制儿子，但却无法阻止通用汽车公司的总裁斯隆。1925年，通用公司推出了崭新的雪佛兰。新车问世的当年，就迫使福特汽车的市场占有率从57%下降到45%，次年又滑落到40%以下。

副总裁坎茨勒再不能看着公司的销售业绩继续下滑，而如果要马上研制开发新型汽车，必须先征得董事长老福特的首肯。于是坎茨勒语气委婉地写了一份备忘录，呈送给老福特，再次探讨车型问题。尽管备忘录充满了对老福特致敬的话语，但老福特也看出了奉承词句后的不满。于是，趁埃兹尔赴欧洲考察和度假之机，老福特撤掉坎茨勒副总裁的职位，将他轰出了公司。

福特公司研制开发新车型的计划也就这样被搁置起来了，一拖再拖。

老福特再固执，也不能无视老款T型车销量的飞速下滑。没有办法，他只好采用削价的方式来刺激消费者。然而，消费者的口味变了，削价已失去了往日的效力，没有挽住T型车销量下滑的总趋势。

不能再拖了，老福特也不得不承认这一点，于是他又重新组织技术人员研制开发新款汽车。直到1927年10月，一辆新A型车，才从福特的装配线上开下来，加入了汽车行业新的竞争。

可惜为时已晚！通用汽车公司凭借新款雪佛兰，抢占了大部分本应属于福特公司的市场，通用汽车公司打了一场漂亮的时间差战。

而这一次老福特拖拉不决的决策，是他辉煌一生的严重失误。等于他自己拱手让出了得来不易的市场份额，等于他自己亲手为通用汽车公司的崛起添砖加瓦。

染上了拖延恶习的人，与成功的距离会越来越远；而那些不找任何借口、决不拖延的人才能得到成功女神的青睐。在很多时候，我们已经具备了知识、技巧、能力、良好的态度与成功的方法，不能成功很可能就是因为我们的行动不够快。拖延就意味着失去机会，只有立刻去做，才能达到自己的目的。

把思维锁定在一件事上

你也许曾这样想过，这世界对人们很不公平，为什么有的人很杰出，而有些人却很平庸呢？那些找到最适合自己的位置的人，只是把思维锁定在一件事上，并且立即投身于行动。而那些处在落后行列中的人，尽管他们也有美好的愿望，也只做一件事，但他们只凭想象来完成，而不去投身于行动之中。这一看似小小的差别，却葬送了给后者提高生活质量的机会。

这也就是说，行动意愿的强弱，能决定你的人生结局。同时，它也决定你能遇到多少好运和霉运，你的人生也因此精彩或平庸。

很多人在成功之前做过许多不相关的职业，但是他们的成功都开始于他们的行动中。而有的人则只会报怨生活的难耐，幻想着过舒适的生活，却不知道去投入到行动中。只有先投入行动，才能有成功的机会，因为只有在实际行动中，才能找到处理问题的最佳办法，也只有在实际行动中，才能遇到你喜爱的生活方式。

先为自己定一个目标，最好是你所向往的，然后开始用行动去接近目标。想到目标之后，立即就去做，不管结果如何，只要对你达到目标有所帮助，那么你的生活就会有所改变。虽然你可能没有实现计划的目标，但是在这一过程中，你会获得一些始料未及的进步与机会，那时的情况可能会比你现在的情况好上许多。

一个初中毕业生，没有考上高中，就放弃了学业，他对人生根本没有什么目标，十几岁便游手好闲，整日里吃喝玩乐，本身也没有什么追求。在他18岁那一年父亲因病去世，他不得不承担起生活的重担，因为母亲没有什么收入，而弟弟还正在上学。他想去城里当一名厨师，可他因为没有手艺，只好先去一家餐厅当了一名服务生。在城里他意识到知识的重要性，于是，他下班后就找几本书读，他和餐厅的厨师住在一起，一次他无意中听到两个厨师说最近鸡蛋很紧缺。于是他想反正自己的母亲在家也养几只鸡，不如多养一些，把鸡蛋卖到城市里，以维持生计。

于是他把这一想法告诉了母亲，母亲同意了。三个月以后，为了推销鸡蛋，他跑了几家餐厅和市场。虽然吃了不少冷言冷语，但还是把鸡蛋全都卖掉了。

在这一过程中，他又认识了几个鸡蛋经销商。那些鸡蛋经销商表示，如果他有更多的鸡蛋，他们都愿意买下来。这样的一个机会他怎么能轻易放掉呢？于是他辞了工作，回家办了一家养鸡场。就这样，几年以后他成了一个很有钱的人。

在现实生活中，先行动起来的意愿，能让你在行动的过程中体验实际的生活经历，会使你全面地深入思考，比坐在家里想那些不切实际的理论强多了。即使最后行动的方向有误，也会给你提供有用的信息，使你在今后的生活道路上有足够的经验应付类似的困难。

其实人们对认准的事不采取行动的原因，不仅仅是犹豫不决，还有畏惧的因素存在。当你对自己畏惧的事采取了行动以后，你的自信就会越来越强。若你勇敢地克服了畏惧，你会相信自己是最优秀的，这种感觉会让你有较强烈的进取心。相反，如果因为你优柔寡断而没有行动，一遇到失败，就立马感到自信心在逐渐减弱，你的斗志也会受其影响而随之降低。

认准的事就要行动起来，行动比无谓的想象更切合实际，即使你以前做得很不好，也要对自己说：我一定行。这会提高你的自信，让你果敢地行动起来。为了你已确定的人生目标，让行动的意愿决定你的人生吧。

一次执行胜过千万次的心动

很多时候，一次成功的执行就躲在那些异想天开的一念之间，藏在那些一闪即逝的灵感火花之后。想法固然重要，但若没有说干就干的魄力，心动之后马上行动的干脆，就算有千万次的心动，一切事情也不会发生，万事不过都是水中月、镜中花罢了。

1989年4月，香港女作家梁凤仪发表了她的第一部小说《尽在不言中》，这本书一出版便一炮打响，为她“财经系列小说”开了个好头。

此后，她开始以令人难以置信的速度，以近乎批量生产的方式，有系统地创作起小说来。

1990年，梁凤仪写出了《醉红尘》等6部长篇小说。1991年，她更上一层楼，竟然一口气出版了《花帜》等一系列作品。

当时，梁凤仪的财经小说发行量特别大，在港台地区刮起了一阵猛烈的“梁旋风”，她的出版商都赚了个盆满钵满。

梁凤仪心中一动，自己的小说既然如此受欢迎，如此能创造经济效益，为什么不自己办出版社呢？说干就干，于是，她亲任董事长和总经理，成立了香港“勤＋缘”出版社。“勤＋缘”出版社获得了很大的声誉，由此而来的是巨大的经济效益。仅仅在建社的一年半以后，“勤＋缘”出版社便收回了“八位数字”的投资，并在两年以后，一跃成为香港三家营业额最高的出版社之一。

如果没有梁凤仪的那一心动，就不会有“勤＋缘”出版社的诞生，更不会有今天的壮大和辉煌。这说明不管我们有了怎样的想法，无论是实际的还是看似荒唐的，只要拥有必胜的决心，再配合确切的行动，就会有成功的可能。

有时，执行和拖延的差别就在于是否有行动。从这个角度来看，世界上其实只有两种人：空想家和行动家。

空想家善于谈论、想象、渴望甚至设想去做大事情，他们总会产生很多的梦想，却很少行动，或许是缺乏实践的勇气，或许是缺乏实践的能力；而行动家则是只要有了想法，就会迅速做出反应，毫不迟疑地去尝试、去实践，在不断的行动中走向成功。

在现实生活中，总有许多空想家存在。他们是“言语上的巨人，行动上的矮子”，虽然时不时地喊出几句豪言壮语，却总不能付诸到实际行动中，因此，他们最终还是一事无成。曾经有媒体报道过这样一个故事：

一个青年拿到硕士学位并在社会上闯荡了两年后，决心自己创立一番事业，而此时他恰好对市场上刚出现的一个新项目产生了浓厚的兴趣。于是，他开始搞市场调查、研究可行性、撰写计划书等。

就这样，足足忙了大半年，正当他的疑问越来越多，出发的脚步越来越迟疑时，却获悉几个下岗女工早已经把这个项目开展得如火如荼，生意做得遍布全国了。

生活中此类人确实不少，将著名诗人艾青的“梦里走了许多路，醒来还是在床上”这句话送给这些人，真是再合适不过了。

他们小心谨慎，为了达到理想和目标，他们研究来研究去，考察了许多实际情况，制订了很多详细的计划。可是，他们就是不按照计划去执行，而是左思右想，推翻了原有的计划，重新制订计划，而新计划列出后，又马上会被更新的计划所取代……就这样一而再再而三，在周而复始中时间已经白白流逝，最终，他们也会因为拖延而一无所获、一事无成。

这些“只会想不会做”“只动脑不动手”“三思而不行”、畏首畏尾的人就是典型的只想不做或者只想而做不到的空想主义者。还有些人心中理想很多，今天冒出一个这样的打算，明天制订一个那样的计划，信誓旦旦地立志要做一个拓荒者，甚至还发出了不达目的绝不回头的豪言壮语。而结果仅仅是三分钟热度，第一天、第二天坚持了，第三天勉强地坚持了，到了第四天，豪言壮语就被抛到九霄云外了。这同样也是想和做的严重脱节，心动过后没有实质性行动的表现。

不拖延，提高执行力，要心动更要行动！没有行动，一切都不会出现，哪怕是失败的经验都不会得到；没有行动，就算机遇来了，也只能白白错过；没有行动，就算运气来了，也毫无知觉。

很久以前，有这样的一个笑话：有个落魄不得志的中年人每隔三两天就到教堂祈祷，而且他的祷告词几乎每次都相同。

第一次他到教堂时，跪在圣坛前，虔诚地低语：“上帝啊，请念在我多年来敬畏您的分儿上，让我中一次彩票吧！阿门！”

几天后，他又跪着祈祷：“上帝啊，我愿意终生服侍您，求您让我中一次彩票吧！”

又过了几天，他再次出现在教堂，重复着他的祈祷。

到了最后一次，他又跪着说：“我的上帝，为何您不听我的祈求？让我中一次彩票吧！”

就在这时，圣坛上发出宏伟庄严的声音：“我一直在垂听你的祷告。可是——最起码，你也该先去买一张彩票吧！”

要中奖，光有愿望是不够的，起码要买一张彩票；要成功，光有梦想也是不够的，起码要付出一些行动。如果没有行动在先，任谁也帮不了你！

心动，不能离开行动。如果说心动像一块火石，那么行动就是一片钢板，只有两者碰撞，才能迸发出成功的火花。只有心动没有行动，只不过是白日做梦，决不会有所收获。

只有抓紧生命里的每一分钟，不让光阴耗费在蹉跎中，踏踏实实地去把想法变成行动，才能取得应有的成绩；只有下定一个不更改的决心，历经学习、奋斗、成长这些不断的行动，才有资格摘下成功的甜美果实。只会做黄粱美梦的“空想家”永远只是拖延者，只有善于行动的实干家才能有强大的执行力，才有能力向着理想的目标，一步步踏实地迈向成功。

所以，在执行过程中，心动不如行动，心动更要行动！光有理想是不够的，必须付诸行动，否则到头来也只是竹篮打水一场空。而早一刻行动，就可能早一刻成功！“三思而后行”固然应该，“三思而不行”却是万万不该。克服拖延，就是不要让对未知的恐惧阻挡住前进的脚步，勇于探索才是拒绝拖延的良方。

第六章

事前有计划，行动有保障

人们常说，成功是靠辛勤的汗水和努力换来的。努力确实为成功提供了必不可少的条件，但是只知道努力是远远不够的，在行动的时候还应该讲究方式方法和效率。而方法是什么？效率从哪儿来呢？答案就是计划。

计划是顺利执行的保障

有这样一句话："凡事预则立，不预则废。"意思是说无论有什么样的行动，只有预先做好了安排，有了准备，有了计划，行动才能成功，否则就会失败。告别拖延症、提升执行力，最重要的就是制订计划，而效率也正是从合理的计划中得来的。制订周密详细的计划，是建立正常的行动秩序、提高行动效率必不可少的步骤之一，它能推动行动顺利进行。

培根说："我们做计划是为了确保自己正在做最重要的事情，为了更好地配合他人的行动，对那些突发的事情做出快速的反应。"人们常说："平时行动无计划，急时行动无头绪。"可见，计划是顺利执行的保障。如果我们能养成在行动前制订一个详尽合理的计划的习惯，那就可以用最短的时间做好要做的事。

当有了一个目标，尤其是一个需要长期努力才能达到的目标时，还需要制订一个详尽的计划，以此增强我们的自觉性，减少盲目性，这样也使我们可以依照计划合理地安排行动时所需要的人力、物力、财力和时间，从而使各项行动有条不紊地进行。

然而，很多人在行动之前却从不制订任何计划，他们不会也不屑于制订计划，总是很随意地想干什么就干什么，走一步算一步。

这种无计划的行动，导致了既无秩序又无效率，以致虽然我们整天都是一副忙忙碌碌的样子，但若被人问起都做了什么、取得了什么成绩时，我们可能自己都不清楚。

天长日久，忙碌已经成为行动的一种必要的表现形式，如果不忙碌，好像就不是在行动，而对效率、成绩和结果却从来不问。

这就是行动没有计划、不讲究方法造成的。没有计划作为指导，行动者就好比无头苍蝇，永远脱离不了压力和繁忙，永远被行动撵着走，最终一事无成。

所以说，有计划才会有效率，让计划成为行动的先导，成功的目标才不会迷失，才不会越来越远，才不会遥遥无期，行动起来才更有方向感，更有节奏感，更敏捷轻快。

那么，计划该怎样制订呢？

首先，让我们来看一个故事：

迈克尔是一个狂热的音乐爱好者，成为一个音乐家是他一生最大的目标。但他知道写歌词不是自己的专长，所以又找了一个名叫凡内芮的年轻人来合作。然而，面对那遥远的音乐界，他们一点渠道都没有。

1976 年冬天，在一次闲聊中，凡内芮对迈克尔说："你想象过自己在五年之后会做什么吗？先好好想一想，然后再告诉我。"

迈克尔沉思了几分钟后说："五年后，我希望有一张属于自己的专辑，能够受到大家的欢迎，并且还能够得到大家的肯定。我还希望能够和世界知名的音乐家一起交流、一起工作。"

凡内芮据此列了如下一张清单：

如果第五年你有一张唱片发行，那么第四年就需要和一家唱片公司签合约。

第三年，你就要有属于自己的作品，可以拿给很多唱片公司试听。

第二年，你需要有自己的主打歌曲。

第一年，就一定要把你所有准备要录音的作品全部编曲，排练好。

第六个月，就要把那些没有完成的作品加以改进。然后让自己筛选。

第一个月，就要把目前这几首曲子完工。

第一个礼拜，你就要先列出一个清单，排出哪些曲子需要修改，再好好地完善一下。

然后，凡内芮说："看，现在一个完整的计划已经有了，接下来就需要你认真地按照这个计划执行了，这样到了第五年的时候，你的目标就可以实现了。"

后来迈克尔的梦想果然实现了，恰好是在第五年，迈克尔的唱片开始在北美畅销起来，而且，他每天都和世界知名的音乐人一起工作。

我们不妨也这样尝试着制订一个计划，以自己的目标为终点，采用时光倒叙的手法，一步步推出每个阶段所要做的具体事项。

当然，这仅仅是制订计划的方法之一。但无论用什么方法，我们都必须明白：光有目标是不够的，重要的是要有具体计划，要把计划中的每一步都填好，然后一步一步地去完成它。当最后一步完成的时候，我们就会发现，目标已经实现了。

有人说"人生是可以策划的"，如果是这样的话，成功同样也是可以策划的。让计划成为行动的先导，这样会使我们告别拖延症、提升执行力，顺利达到目标。

可行性是计划最重要的核心

有计划不一定就能保证执行的顺利进行，一个切实可行的计划才是顺利执行的基础。不可否认，可行性是所有计划必须具备的关键要素。如果一个计划失去了可行性，那么不管它制订得多么华丽，也只能是空中楼阁和镜花水月。所谓的“可行性”，就是一个计划必须具有实际的意义，能够在实践中进行操作，并取得计划中的效果。很多人虽然苦心孤诣地为自己打造了几年规划，但却没有取得预期的成效，他们失败的原因有很大一部分就是他们的计划缺乏了一个最重要的核心，即可行性。

让我们看看第二次世界大战中，盟军是如何制订“诺曼底登陆”计划的。

1943 年 5 月，英国和美国召开紧急会议，会议决定于 1944 年 5 月在欧洲大陆实施军事登陆，为开辟第二战场奠定坚实的基础。这一决定出来之后，英国陆军中将 F. 摩根担任参谋长，率领同盟国欧洲远征军最高参谋部（简称“考萨克”）对登陆计划做出详细的安排。计划首先要确定的就是登陆的地点，他认为登陆的地点必须要符合以下三种情况：(1) 登陆的地点要靠近英国海岸，轮船航渡的距离越短越好；(2) 要处于从英国机场起飞的战斗机的飞行攻击半径之内；(3) 登陆地点附近要有大的港口，便于舰艇的停靠。“考萨克”认真研究了欧洲东海岸的海岸线，他们发现只有三处地点同时具备上述三项要求。这三处地点分别是：康坦丁半岛、加莱和诺曼底。经过进一步的比较分析，“考萨克”首先否定了康坦丁半岛。因为此处地形过于狭窄，不利于部队展开。加莱和诺曼底则各有利弊。加莱距离英国最近，只有33千米，而且靠近德国本土。但是这一区域也是德军防御最坚固的地方。德国不仅在这里布置了重兵把守，而且修建了坚固、完善的工事，可谓是易守难攻。此外，这个区域不仅没有大的港口，而且缺乏内陆交通线，不利于登陆后的纵深作战。相比之下，诺曼底虽然距离英国本土较远，但是这一区域德军的防守较为薄弱，地形也相对开阔，利于部队展开作战，而且诺曼底距离法国北部最大港口瑟堡只有80千米，便于舰艇的停靠。经过几次权衡利弊，“考萨克”最终选择了在诺曼底登陆。

1943年6月26日，“考萨克”开始制订具体的作战计划。他们以“霸王”作为此次登陆行动的代号。以“海王”作为海军相关行动的代号。在初步的计划中，“考萨克”决定以三个师的兵力作为第一梯队，在卡朗坦至卡昂之间的32千米宽的三个滩头进行抢滩登陆。同时，他还决定空降两个旅，以八个师的兵力作为第二梯队。计划在两周内占领瑟堡。

对于“考萨克”来说，作战计划中最大的难题在于如何解决最初的补给问题。“兵马未动，粮草先行”，对于任何一支队伍来说，补给都是取得战争胜利的重要保障。因此，如何保障夺取瑟堡港口之前的两周内盟军的补给，就成了“考萨克”必须解决的难题。要知道，在计划登陆的五、六月期间，诺曼底经常是大风大浪的天气。如果没有港口停靠补给船，只靠抢占的滩头作为补给点，那是远远不够的。经过多方的讨论，英国海军少将约翰·休斯·哈莱特提出了自己的意见，即修建人工港口。在别无他途的情况下，这个意见最终得到了“考萨克”

的批准。

1943年7月15日，摩根将“霸王”计划提交给了英美联合参谋长委员会。

1943年8月，英美召开的魁北克会议批准了“霸王”计划。

1943年11月，英美苏在德黑兰会议上决定于1944年5月发动“霸王”行动。

1943年12月，欧洲同盟国远征军最高司令艾森豪威尔在看过“霸王”计划后，认为部队正面突击的范围过于狭窄，兵力也不是非常的充裕，所以，他提出了自己的修改计划：将正面登陆的海岸线扩大到80千米，登陆的滩头也增加到五个，在兵力的部署方面也应该要加强，他的这一提议最终得到了上司的批准。

之后，针对具体的登陆日期，艾森豪威尔又做了具体的部署。对于登陆的日期，陆军要求在涨潮时登陆，以减少部队暴露在海滩上的时间；海军要求在落潮时登陆，以减少德军工事对登陆艇的破坏；空军则要求在有月光的时间，以便空降部队可以识别地面目标。针对这一复杂的三军协同问题，艾森豪威尔和“考萨克”针对五个不同的登陆地点，做出了细致的分析，并最终确定在1944年6月5日开始登陆。

1944年1月21日，艾森豪威尔在诺福克旅馆召开了远征军最高司令部会议，最终确定了登陆计划，即战役的最终目的是在欧洲开辟第二战场，为战胜德国奠定坚实的基础。战役决定在诺曼底实施登陆，并夺取登陆点。在登陆后的第十二天，计划将登陆地点扩展到宽100千米，纵深100千米的区域。计划在登陆地点的右翼空降两个美国伞兵师，切断德国从瑟堡开出的增援部队；在左翼空降一个英国伞兵师，夺取康恩运河的渡河点；第二阶段，冈城、卡朗坦、伊济尼、贝叶被攻占；第三阶段，攻占布勒塔尼，向塞纳河推进，直取巴黎。

同时，为了保证“诺曼底登陆”计划的顺利实施，盟军还实施了一系列迷惑德军的行动。比如，海军和空军的佯动，运用双重间谍和电子干扰，在英国东南部通过伪装部队和船只的集结，以及利用巴顿将军在英国的演说等。此外，他们还找了一个和蒙哥马利长得很像的人来冒充他，以造成蒙哥马利一直在北非指挥作战的假象。经过种种的战略欺骗，终于使德军统帅做出了错误的判断。将其主要兵力部署在了加莱地区，从而造成了诺曼底的空虚，为盟军登陆创造了有利的条件。

“诺曼底登陆”作为一次关系第二次世界大战战局转折的重要军事行动，它制订的每一步计划都围绕着“可行性”来进行论证。为了支撑计划的“可行性”，制订计划的人员将他们之前的登陆经验全部拿来做参考。根据自己的战略企图，“考萨克”充分考虑到战争中可能遇到的每一个细节，并有针对性地做出了相应的对策和决定。在制订主计划的同时，他们还制订了相关的辅助计划，通过开展一系列的心理战，蒙蔽了对手对自己真正意图的判断，从而为主计划的顺利进行创造了良好的外部条件。

“诺曼底登陆”已经载入了世界军事经典战役的史册之中，而它的规划过程，也无疑给我们留下了宝贵的借鉴经验。通过对制订计划过程的了解和分析，我们可以发现如下几个特点：

1. 时刻围绕“可行性”进行规划；
2. 借鉴全部的相关经验；
3. 充分考虑可能遇到的所有问题；
4. 做好每一个具体的过程，规划好每一个具体的细节；

5. 制订出相关的配合计划。

正如上文所说，如果没有切实可行的计划，任何人都无法取得成功。所以，在制订计划的过程中，我们一定要将“可行性”作为制订计划的核心思想，将自己的实际情况与现实的社会情况进行认真的分析比较，做出最适合自己的计划。只有这样，才能告别拖延症、提升执行力。

培养完成任务的意志力

很多人都会有这样的经历：从书市买来一大堆书，想要提高自己，但结果这些书却只起到了填充书架的作用；从体育用品店买来一副昂贵的羽毛球拍，想要锻炼身体，结果这两支球拍却只起到了装饰墙壁的作用；给自己设计了一个完成任务的计划，准备监督自己提前或者按时完成任务，结果还是拖到最后一天才匆忙完成。

这样的人对计划的事情、需要完成或者想要完成的事情，总是一拖再拖，这是因为他们缺乏连续、均衡完成任务的意志力。

有人对中学生假期作业的完成情况做了一个调查，并画出了一张假期时间和假期作业完成量的函数图。从图上可以看出，整个假期前 3/4 的时间，假期作业完成量几乎都为零，到了最后 1/4 的时间，假期作业完成量才逐渐缓慢上升，直至假期的最后两天，假期作业完成量急速上升并达到顶点。

从这个调查中我们可以很明显地看出拖延对任务完成的影响。而生活中，在时间充裕的情况下，很多人不管工作量多少，假如缺乏监督，长时间地坚持工作往往很难。人们总是将事情不断地往后拖，直到最后不得不完成。这种拖延习惯的影响就是：最后时刻的工作量特别大，而且任务完成质量很低。对此，心理学家做了一项实验进行研究。下面我们就来看看这个实验，从实验的角度来探索一下拖延会产生什么样的负面影响。

2002 年，哈佛大学的克劳斯教授做了一项实验。实验以大学生为被试者，克劳斯教授将被试者分成了 A 班、B 班和 C 班。

克劳斯教授要求被试者们在 3 周内完成 3 篇论文，并告诉他们，假如他们过期不交，则视作 0 分。除此之外，克劳斯教授对 A 班的同学说，他们可以在第三周的最后一天上交这 3 篇论文；对 B 班的同学说，他们需要自己预先安排好每篇论文的上交时间，把这个时间报告给自己，并按照这个时间上交每篇论文；对 C 班的同学说，他们在每个周末时，必须上交一篇论文。

论文都上交后，克劳斯教授对论文进行评分，并将 3 个班被试者的论文成绩进行比较。通过比较可以发现，3 个班中 C 班的论文最好，其次是 B 班，论文成绩最差的是 A 班。

从上述实验中 3 个班的被试者论文所得的分数情况，克劳斯教授得出以下结论：拖延会影响任务完成的质量，一般情况下，到最后时累积的任务量越多，任务完成的质量也就会越差。

其实，从拖延的表现可以看出，它对工作任务的顺利实施以及任务的完成来说是非常大的阻力。因此，想要控制自己，让自己按照计划完成任务，很有可能需要与拖延心理对抗。只有在战胜拖延的情况下，才有可能有毅力按照计划较好地完成任务。

将这种现象和上述实验所得结果相结合，我们可以得到如下启示：不要将事情拖到最后才做。如果将任务拖到最后再做，就会影响任务的完成质量。而且拖得越严重，任务的完成质量也就越差。

怎样才能降低或者避免拖延对于任务完成质量的影响呢？我们可以从实验中借鉴一些方法。

实验中的被试者同样是在3周之内完成3篇论文，但是因为上交的方式不一样，所以最后上交的论文质量也不一样。由此，我们也可以通过分段完成工作任务来提高任务完成的质量，降低拖延的负面影响。

除此之外，我们还可以利用一个小技巧"骗"一下自己，让自己提前完成任务。比如，本来任务完成时间是一周，但是你可以"骗"自己任务完成时间只有4天，并在4天之内抓紧时间将任务完成。然后，在剩下的3天时间里，对所完成的工作进行适当的修正。

每当按时且较好地完成工作任务时，你可以给自己一些小小的奖励。这样可以强化你按时完成工作任务的行为，从而培养出按时完成任务的习惯。

让拖拉逐渐消失在生活中

拖拉是每个人都存在的一种天性。迄今为止，还尚未找到有效的措施彻底击败它，但我们可以尽量尝试去克服它。试试以下方法吧：

第一，找人来督促你正在做的事情。

第二，找出自己拖拉的原因，此时你要明确：只要有一件事情你知道该怎么做却迟迟没有做，那你就是在拖拉。

克服拖拉需要经历两个阶段：外在表现和内心改变。但首先要彻底地改变自己以前的不良行为习惯，为自己塑造一个成功模式，明确一下自己的位置。目的就是当你做一件事情的时候不要让拖拉成为你的绊脚石。

一般来说人在精力充沛的时候，往往比较适合处理复杂的工作，而简单的工作则适合在疲惫时去做。多数人经过一夜的休息之后，在上午感觉精力十分充沛，此时就适合将手头上的工作完成，这样效率也会非常高。在工作的时候要尽量避免外界的干扰，只有这样，你的注意力才会高度集中。

其次，要清楚地知道什么事情才是最重要的。你应该把全部的精力都放在你认为比较重要的事情上面，明确一下对你比较重要的事情，别让你的时间和精力都浪费在那些“不应该做的事”上面。当你在做完你认为比较重要的事情之后，回过头来想想自己的收获，是否还有不足的地方需要改进。从而，对自己做出一番评价。

从重要的事情里找出你能做的事，并从它做起。成功往往就是从点滴开始做起的，那些微小的事情可以为你的成功奠定基础。不管这一天是多么的忙碌，你都要完成之前所定下的目标。适时地调整自己要做的事，把自己认为比较重要的事情排在前面。

每个人在工作中都不可能做到面面俱到，所以有选择地做一件事情是至关重要的。考虑一下自己未来的发展，不要把时间和精力放在一些琐碎的事情上，也不要将时间浪费在毫无价值的事情上。

时时刻刻监督自己的行为，当你认识到自己的拖拉行为时，应该毫不留情地制止。原谅自己以前的错误，对可能出现的新错误要有思想准备。为私事和工作留出各自的时间。

但是，有时候你除了“什么都不做”之外，别无选择，你要接受这样的现实及其结果，放弃这件所谓“应该做的事”。你应该利用这些时间让自己放松放松，接下来再去处理别的事情。

克服拖拉的最佳办法就是让它逐渐消失在你的生活中。要实现这一点，有些事要多做，有些事要少做，有些事要采用完全不同的方法去做。把多种方法结合起来，不断挖掘适用于自己的技巧。

第七章

告别拖延症，提升执行力

如果一个人总是将事情推迟到将来，那他就是在逃避现实，怀疑自己，甚至是在欺骗自己。拖延时间的心理会使一个人在现实中变得懦弱，并不断依赖幻想。他们总是不分事情的轻重，一律拖延，明日复明日，最终碌碌无为。

会休息才会工作

对于休息和工作，不同的人有不同的看法。有些人认为，时间很宝贵，为了在工作上获得更高的成就，应该争分夺秒地工作；而有的人却认为，会休息才会工作，休息与工作应该合理安排。

持前一种观点的人，在工作上非常努力，人们经常把这一类人称为“工作狂”。而持后一种观点的人，会分配一些时间在休息和娱乐上。他们认为，过度的工作不但会对身体健康造成不良影响，还会对工作产生消极影响，使工作效率降低，决策发生失误等。因此，他们认为，与其因为过度工作对身体造成负担而妨碍下一步工作，还不如调节好工作和休息时间，保持自己的身体健康，也让自己更有效地工作。

心理学家在研究人们的自我控制和休息之间的关系时发现，自我控制过度导致的意志力耗竭状态会造成个体智力水平暂时下降，认知任务的完成质量降低。因此，心理学家建议人们合理地调节自己的工作与休息。

在对自我控制的研究中，心理学家发现意志力会在自我控制过程中逐渐被消耗。所以，当个体在完成一些需要自我控制的任务之后，意志力就会处于一种耗竭状态。当个体意志力处于耗竭状态时，个体对自己各方面的控制力会下降，在很多方面的表现都会变差。在近期的研究中，心理学家发现，自我控制过度时，个体的智力表现也会变差。

2003年，哈佛大学的心理学家马歇尔发表了一项研究成果，他指出，当个体的意志力资源耗竭时，个体的认知加工能力下降，显示出的智力水平会降低。

实验者先是招募了一些被试者，并将他们随机分成两组：实验组和控制组。然后，实验者要求实验组的被试者完成一些会消耗意志力资源的自我控制任务。而控制组则没有。实验者的目的在于让实验组的被试者在参加下一个任务的时候，意志力处于耗竭状态，而控制组被试者则处于正常状态。

当实验组被试者完成自我控制任务之后，实验者让被试者完成13道从GRE测试（美国研究生入学考试）中抽取的解析题。实验者告诉被试者，他们完成题目的时间只有10分钟。假如10分钟之后，被试者依然没有完成题目，那么实验者将强行结束任务。

最后，实验者对两组被试者的解答进行评分，并进行对比。结果发现，相对于控制组的被试者，实验组的被试者答题的正确率明显偏低。也就是说，意志力处于耗竭状态的被试者的答题正确率低于意志力处于正常状态的被试者。

根据实验结果，实验者得出结论：意志力的耗竭，会导致个体认知任务的完成质量明显下降。

心理学家对实验进行分析，认为意志力的耗竭会使个体显示出来的智力水平下降，从而导致个体在完成对智力有要求的任务时，任务的完成质量降低。

从实验的结论和心理学家的观点来看，当意志力处于耗竭状态的时候，是不适合进行认知任务的。在学习或者工作中，常常需要个体用意志力控制自己抵制某些欲望（比如休闲欲、交往欲、睡眠欲等），拒绝诱惑，控制自己坚持学习与工作。学习和工作不仅仅是一个消耗体力的过程，还是一个自我控制的过程。

从上述实验可以知道，当个体的意志力耗竭时，个体认知任务的完成质量就会下降。而学习和工作一般都是与智力相关的认知活动。因此，当学习或工作过度时，其效率一般也会下降。当意志力耗竭时，我们不应该再继续完成某些和智力相关的任务，而应该适当地休息，使自己的状态尽快得到恢复。

首先，应该合理安排工作和休息的时间，这样可以避免自己陷入意志力耗竭状态。其次，应该合理安排工作任务，不要将重要的认知任务放在意志力耗竭时进行。可以先将一些难度比较大、比较重要的工作任务安排在状态好的时候进行，然后再将剩下的工作任务，按照紧急和重要性安排在剩余的时间里进行。这样，不但可以调节自己的工作状态，而且还可以在有限的时间内把更多事情做得更好，执行力自然就提高了。

改正坏习惯，远离拖延症

阻碍一个人执行的往往是很多坏习惯：早晨赖床的习惯会让一个人上班迟到；爱找借口的习惯会让工作拖到最后；不珍惜时间的习惯会让人工作效率低下……总之，这些坏习惯会毁了一个人的执行力。

在工作中，有四种坏习惯最可怕，它们会让一个人患上工作拖延症。如果你能够加以克服，不仅会使你的工作变得生动有趣，而且还可以提高你的工作效率。这四种坏习惯如下所述：

第一种工作上的坏习惯：公办桌上杂乱无章，严重影响解决问题的效率。

你的办公桌上是个什么样的情景？是不是杂乱无章地堆满了各种信件、报告和备忘录？当你看到自己乱糟糟的桌子时，你是不是会紧张地在想：我还有什么工作没有完成？怎么看起来我有这么多没有完成的工作！你是不是会因此而感到焦虑，觉得工作如此繁重，从而对工作产生了厌倦？著名的心理治疗师威廉·桑德尔博士就遇到过这样的病人。

这位病人是芝加哥一家公司的高级主管。他刚到桑德尔博士的诊所时，看上去满脸的焦虑。他告诉桑德尔博士，自己的工作压力实在是太大了，每天总有做不完的事情，但无可奈何的是又不能够辞职。桑德尔博士听完他的一席话之后，指着自己的办公桌说："看看我的桌子，你发现了什么？"这位主管顺着桑德尔博士手指的方向看去，回答道："比起我的办公桌，你的办公桌实在是太干净了。”桑德尔博士听了他的话微笑说道：“是啊，这样干净是因为我总是在第一时间将工作处理完，这样一来我的桌子上就不会有太多的工作啦，你可以试一试我的方法。”

那位主管一脸疑惑地看着桑德尔博士。3个月之后，桑德尔接到了那位主管的电话。在电话里那位主管非常高兴，他对桑德尔博士说，你的方法简直太神奇了，现在他看到自己的桌子再也不会像以前那样有那么大的压力了。“现在我的桌子也和你的一样干净了。”就这样，桑德尔博士治愈了这个高级主管的焦虑症。

著名诗人波布曾写过这样的话：“秩序，乃是天国的第一条法则。”芝加哥西北铁路公司的董事长罗南·威廉士说：“我把处理桌子上堆积如山的文件称为‘料理家务’。如果你能把办公桌收拾得井井有条，你将会发现工作其实很简单。而这也是提高工作效率的第一步。”

看看自己的办公桌，如果文件堆积如山，那就开始清理它吧。

第二种工作上的坏习惯：工作中分不清事情的轻重缓急。

著名企业家亨瑞·杜哈提说，如果一个人同时具备了他心中的两种才能的话，不论开出多少薪水，他都愿意。这两种才能是：善于思考；能够分清事情的轻重缓急，并据此做好工作计划和安排。

查尔斯·鲁克曼在12年之内，从一个默默无闻的人，一跃成为公司的董事长。他说这都归功于他具有的两种能力。第一，善于思考；第二，能按事情的重要程度安排做事的先后顺序。查尔斯·鲁克曼说：“我每天都会在早晨5点钟起床，因为此刻正是思维活跃、清晰的时候。在这个时候，我可以就近期的工作进行一些规划，排出事情的重要程度，以便安排自己的工作。”

第三种工作上的坏习惯：不能果断处理问题，导致问题总是处于悬而未决的状态。

霍华德先生说，在他担任美国钢铁公司董事期间，董事们总要开很长时间的会议。因为，会议期间要讨论很多议题，但是大部分议题却无法达成共识。其结果是，工作效率无法提高，而董事们的工作量又十分繁重，每位董事基本上都要抱上一大堆报表回家继续工作。

针对这种毫无效率的工作方式，霍华德先生向董事会提出了自己的建议：每次开会只讨论一个问题，而且必须做出最后的定论。霍华德说，虽然这个做法也有其弊端，但是总比悬而未决、一直拖延来得要好。最终，董事会采纳了他的建议。霍华德先生说，很快，这种方式就体现出了自己的优势。他们很快就把那些积累了很长时间的问题解决了，董事们干起活来也觉得轻松了许多，不必再把家庭作为自己的第二工作场所了。

不得不说，这确实是一个提高工作效率的好方法，值得你我借鉴。

第四种工作上的坏习惯：喜欢大包大揽，不相信自己的部下或者同事。

很多人都有这种工作习惯，所有事都喜欢亲力亲为。结果，他们总是被那些琐碎的事情纠缠得筋疲力尽，无法享受自己辛苦打拼来的幸福生活。这种现象普遍存在于很多领域之中。人们总是不放心其他人，担心那些人会把事情搞砸。于是，他们不得不不厌其烦地处理那些在工作中出现的细微事情。喜欢大包大揽的人，始终处于一种紧张而又焦虑的生活之中。

然而，要试着相信他人，将自己手中的工作分一部分交给他人来完成，对于一个责任感太重的人来说也是不容易的。如果一个人没有能力承担你交给他的工作，那么必将会影响到你其他的相关工作，进而损害你的声誉。可是，如果我们要摆脱终日紧张的工作状态，就必须要学会分权，学会量才而用。将那些无关大局的琐碎工作交给他人，你不仅会提高自己的工作效率，还会真正体会到工作的乐趣。试一试吧！

上面列出了在工作中容易养成的四个坏习惯。在告别拖延症、提升执行力时，请检查一下自己在工作中是否正在犯上述的错误。如果有，请马上改正，这样你才能远离拖延症！

利用周末放松身心

星期一会给人带来两种负面的心理：今天是星期一，还早，事情到周三做也不迟——拖延因此就产生了；另一种则是，星期一成了上班族最怕面对的一天，因为才星期一，繁重的工作就开始了，这会让人不由自主地感觉到心情抑郁，做事缺乏激情，拖延也会就此产生。其实，星期一所造成的心理效应并不仅仅局限于这一天，在星期日的傍晚，很多上班族就已经开始感觉到心情沉重，因为他们知道，自己马上要面对“黑色星期一”了。

在两种心理的影响下，星期一往往工作效率不高，而这也会进一步加重人们忧郁和烦躁不安的情绪。那么如何才能在星期一保持一种轻松的心情呢？这就要求我们在告别拖延症、提升执行力时，学会充分利用周末休闲的时光，以此来调节自己的生活与工作的关系。

首先，要充分利用好星期五晚上的时间。

星期五是一周工作日的最后一天。下班之后，人们摆脱了一周烦琐的工作，内心会顿时感到轻松许多，因为此刻再也不用为明天的工作而烦恼了。放松的心情是一个人进行休闲活动的必备条件，因此这一天晚上的时间是极其宝贵的。如果我们从星期五晚上就开始自己的休闲计划，那么必将大大延长周末休闲的时间，提高周末休闲的质量。

至于如何开展自己的休闲活动，则因人而异。有些人喜欢在星期五晚上约上自己的朋友吃饭；有些人喜欢在星期五的晚上看电影；有些人喜欢回到家中静静地读上几篇放松心情的文章；有些人则喜欢尽早回到家中与家人团聚。不管休闲的方式如何，目的都是要放松这一周以来的疲惫的身心。但是，在这里，我们要提醒一些朋友注意的是：星期五晚上切不可休闲过度，也就是说，我们不可以将自己的精力完全在这一晚上释放出去，因为我们还要考虑接下来的星期六和星期天。如果在星期五的晚上太过放纵，那么势必导致星期六的时间也会被白白地浪费。因为，在星期五晚上的放纵之后，你需要时间来恢复自己的精力。因而，我们必须合理地安排星期五晚上的休闲活动，做到适度地放松。

其次，将一些需要耗费体能的休闲活动放在星期六。

星期六是一个周末的开端。对于我们来说，这一天适合进行耗费体能的活动。因为，如果我们把这些活动放在星期天的话，那么我们将会带着疲惫的身体面对星期一的工作。而这无疑会加重我们星期一时的忧郁心情。所以，星期六我们可以从事一些体育运动。比如，篮球、羽毛球和网球等。对于上班族来说，经常性的体育锻炼是十分必要的。强健的身体带来敏捷的思维，这不仅可以提高我们的工作效率，还有助于改善我们的情绪。

除了激烈的体育运动，我们也可以进行一些舒缓的休闲运动，比如远足。远足对于人们来说，是一次重归自然的休闲活动。当我们挎着背包，远离城市的喧嚣时，我们内心深处会油然而生出一种恬静又略带兴奋的心情。由于远离城市熙攘的人群，我们会暂时忘掉城市生活中激烈的竞争，而沉浸在完全的自我放松之中。在这里，目力所及的只有郊外的自然风光，而不会有激烈竞争之下人们扭曲的面孔。自然，压力也会随风而逝。此外，空旷、辽远的自然景观也会使我们不由自主地打开过度保护的内心，充分地享受与他人交流与合作的畅快。

总之，我们应尽可能地将耗费体力的休闲活动安排在星期六。

最后，在星期天充分地放松自己的身心。

星期天是休养生息的好日子。在这一天，我们要从事一些最能放松自己身心的活动。比如，看一本小说，看一部电影，修理一下自己的头发，或者约朋友一起聚餐等。

经过一天放松身心的活动，我们就来到了星期天的晚上。这个时刻，我们可能会感到内心一阵的恐慌。因为，我们已经意识到马上要面对星期一了。此时，休闲活动对我们来说已经不能解除恐慌心理，相反，这种心理会逐渐占据上风，扰乱我们的休闲活动。那么，我们该如何度过星期天晚上的时间呢？

如果我们因为星期一的到来而开始心情抑郁的话，那么我们索性就把星期天的晚上作为一周工作的开始。在这个时间段，不必去做具体的工作，只用来规划一下下一周的工作。经过对下一周，或者接下来一个月的工作规划，我们脑海中就会自然浮现出清晰的工作思路。那么，从星期一早上开始，我们就可以马上投入到一周的工作之中，以最高的效率完成自己的工作。

经过对周末休闲时间的充分安排，我们不仅可以尽情地享受休闲所带来的美好生活，还可以很有效地克服“星期一忧郁症”。不妨改变一下自己之前的时间观念，按照上面提供的方法试验一下，或许你就不再惧怕星期一。

清除压力的有效方法

压力无所不在，就像无孔不入的空气，已成为人们行动的情感障碍。然而，这却是每个人都无法逃避的现实，假如你不会化解它，那么，它带给你的危害将会是致命的！它不但会令你工作效率低下，而且更主要的是，你会觉得心情郁闷、焦虑、心事重重甚至沮丧不堪。我们经常会听到这样的抱怨：

“好累呀！一天到晚腰都快累断了！”

“烦死了，对着乏味的工作一点儿兴趣都没有！”

“唉，这样的苦日子真不知何时是个头！”

看看那些执行力超强的人，他们的工作同样紧张而又繁忙，但他们却能很好地缓和劳累的神经，让自我的身心在最大限度上得到松弛，能够在愉快的氛围中将压力轻松化解掉；他们每天上班时，总是带着阳光一般灿烂的笑脸和令人羡慕的充沛精力！

是的，每个人在面对工作时，要想尽力保持绝对清醒的头脑，要想让自己的智慧最大限度地得以发挥，少给或不给自己的工作留下遗憾，就必须尽量让自己的身心处于一种绝对松弛的状态中。那么，我们该如何清除压力呢？

甲骨文公司的创始人及现任总裁拉瑞·埃利森说：“我以前是个很糟糕的‘烦恼大师’。不过，现在可不是了。”他在讲述这一变化的原因时，总会说到这么一段亲身经历：

“曾经，我有过这样一次经历，它使得我在工作中的烦恼全部消失——我希望能永远如此。有了那一次的经历，今后所有的烦恼对我来说都将会变得微不足道。”

在很久以前，拉瑞一直希望自己能有机会在阿拉斯加的一艘渔船上工作一个夏天，于是他就找了一份在阿拉斯加科地亚克的一艘约 10 米长的鲑鱼拖网船上的工作。在这艘船上有一个船长、一个副船长、3 名船员，剩下的都是一些日常打杂的水手，多数是北欧人，而拉瑞正是北欧人。他所做的工作是所有人都不愿意干的活——洗甲板和保养机器。由于鲑鱼拖网必须配合潮汐进行，所以有的时候会连续干两个星期，尽管小船舱里马达的热气和恶臭令他作呕，但他还是要修船，然后再去制作罐头。

他常常穿着一双长筒胶鞋，但是鞋里面总是湿湿的，有时候他的双脚便在这鞋里泡上一天。然而，上面所提到的工作跟他主要的工作相比较真的不算什么。拉网才是他主要的工作。

这个工作说起来非常简单，只要站在船尾把渔网的浮标和边线拉上来就可以了。但是，事实上这网非常重，要想把它拉上来就得使出全身的力气，处理不好的话渔网没被拉上来，船本身却被拖下去了。他这样做了好几个星期，几乎干到最后手脚都不听使唤了。他全身痛得很厉害，而且还一连痛了好几个月。

当终于有时间休息了，他便睡在一个临时搭成的柜子上盖着潮湿的被褥，虽然他的身上疼得非常厉害，但是劳累了好几个月的他却睡得非常香，因为，现在任何事情都没有让他睡觉来得更实在。

尽管这里的条件非常艰辛，工作也十分辛苦，但他还是非常庆幸能够有如此宝贵的经验，因为它们使他懂得了看似艰苦的、熬不过的事情最后还是挺过来了，并且，他也从中学会了很多。直到现在，一旦遭遇了困难，他就经常反问自己："拉瑞，这会比拉网更辛苦吗？"他总是回答自己说："不，没有比拉网更辛苦的事情了！"

于是，他便重新振作起来，勇敢地接受挑战。拉瑞认为，偶尔有一次这样的经历并不是一件坏事情，如果一个人将世界上最艰苦的事情都完成了的话，那么今后无论遇到什么问题，都能轻而易举地化解了！

"事实也确实如此，想想你之前所经历的那段最艰苦的日子，然后再与你面前的困境比较，这时你就会明白，与以前的事情相比，这些都不算什么！

"此外，养成早晨向遇见你的每个熟人热情打招呼的习惯，这会帮助你缓解压力。当你在和别人打招呼的时候，会让你的内心获得快乐，同时这些问候和致意也给了别人一整天勤奋工作的巨大动力。向电梯的操作员问候，向给你加油的加油站服务人员问候，向清扫楼道的勤杂工问候，他们都是做着重要工作的人，而他们也会由于你的热情而获得一些额外的快乐！

"这时你或许在想：每天早上总是起不来，然后慌慌忙忙地到公司，哪有愉快的心情和别人打招呼呢？其实在一开始的时候我也是这样想的，但是学会早起是一个人的习惯问题，有人说过养成一个习惯需要 20 天的时间，那为何不从今天开始养成这个有利于自己和他人的习惯呢？或许在一开始的时候，你得付出一些代价。但是一旦你养成这个习惯，你将会受益无穷。渐渐地你就会发现早晨是你一天之中最快乐和最有意义的时间。

"当我在早上 6：30 到达我的办公地点之后，我就会关上办公室的房门，打开一盏灯独自享受这'虔信的时刻'，只有这样我才得以拥有完全的隐私和适合于沉思的柔和而温暖的气氛。一旦准备工作就绪，我便以下面的方式开始：

“我坐在一张舒服的椅子上，听着放松的音乐，然后，将我的头向后斜仰，控制我思想的方向，让我的整个身心完全处于放松的状态，我的思想同我的身体的每一个部分交谈，从我的脚趾开始：

我的大脑被完全放松，
我的面颊被完全放松，
我的脖子被完全放松，
我的手臂被完全放松，
我的手被完全放松，
我的脚被完全放松，
我的腿被完全放松，
我的髋部被完全放松，
我的胃部被完全放松，
我的胸部被完全放松，
我的心脏被完全放松。

我的整个身体现在已经被完全放松，做好了沉思的准备——完全被放松了。我已经准备好接受新的挑战，然后充满信心地迎接新的一天!”

拖延和一个人的情绪不好有很大的关系。压力越大，做事的效果就会越差，人只有在轻松的状态下才能更好地完成工作。人没有压力、心态轻松，懒惰、压抑、精神颓废等引起拖延的因素往往会无所依托，人做事的执行力自然就提高了。

找到自己工作的价值所在

任何工作都没有高低贵贱之分，只是人们习惯性地用主观的态度去对待不同的工作，比如一些个人色彩。于是就有人将工作分为好与坏，或者体面还是不体面。大多数人认为工资高的工作或者是公务员都是非常体面的工作；而一般工资比较低的工作则是不那么体面的，甚至是很丢人的。

如果每个人都只是追求好的工作，那么不好的工作不就没有人去做了？这样的话是非常危险的。

我们每个人都应该尊重自己所从事的职业，如果认为劳动是卑贱的，那就大错特错了。就在罗马帝国不可一世之际，罗马一位著名演说家说："所有手工劳动都是卑贱的职业。"今天，同样还有许许多多的人认为自己所从事的职业是低人一等的，那是因为他们都没有意识到自己工作的价值所在。他们之所以一直坚守在这个岗位上是因为生活的需要，他们轻视自己所从事的工作，自然也就无法投入全部身心。他们在工作中一贯敷衍塞责、得过且过，时时刻刻想着该怎样做才能够摆脱这种不堪的局面。这样的人注定将是一事无成的。

所有正当合法的工作都是值得我们尊重和珍视的。只要你通过自己的劳动去换取你应得的报酬，没有人能够贬低你的价值。关键是看你如何摆正心态去认识你自己的工作。那些只知道要求高薪，却没有上进心和责任心的人，无论对自己，还是对公司，都是毫无价值可言的。

尽管工作本身不存在贵贱之分，但是每个人面对工作的态度却是截然不同的。一个人能不能把一件事情做好，只需要看他对待工作的态度就可以了，而一个人的工作态度往往又与他本人的性情和才能有着密不可分的关系。一个人的工作态度在他的工作上会有所体现。所以，了解一个人的工作态度，在一定程度上就可以看出这个人的人品。如果一个人不能够用正确的心态去面对自己的工作，那又何谈尊重自己，这样的话工作自然也不会做好。

当今社会，有一些人不尊重自己的工作，不把工作看成创造事业的必由之路和发展人格的工具，他们只是将其视为生活的来源，认为工作是生活的代价，是一种无可奈何又不可避免的劳碌，只要安于现状地工作，每个月拿着工资就已经足够了。这一错误观点使其一事无成！像这样的人一般都是被动地去适应生活，他们根本不会想着如何通过自己的努力去改善现在的生活环境。对于他们而言，公务员更“体面”；他们不喜欢从事体力劳动，不喜欢商业和服务业，他们认为自己应该有一个好的职位，上班的时间应该自由一点，让自己活得更轻松些。他们总是不满世俗，固执地认为自己在某些方面更有优势，身在福中不知福，此山望见彼山高。

天生我材必有用，懒懒散散只会使人变得更加颓废。有的人通过自己的不断努力创造出属于自己的辉煌，为社会做出了贡献；另外一些人没有自己的目标，干什么事情都缩手缩脚，浪费了天生的资质，到了晚年才痛恨不已。本来可以创造辉煌的人生，结果却与成功失之交臂，不能不说是一个巨大的遗憾。

其实，任何一件事情都有它存在的价值，所以我们在做一件事情的时候应该用心去做。卢浮宫收藏着莫奈的一幅画，画中描绘的是女修道院厨房里的情景。画中有一个天使正在用非常优雅的姿势提着水桶，另一个天使正在架水壶烧水，还有一个则穿着厨衣，正在伸手去拿盘子——即使日常生活中再普通不过的事情，也值得天使们全神贯注地去做。

所有的事情都有它存在的道理。假如你是图书馆的管理员，当你在整理一些书籍的时候，是否感觉到自己已经取得了一些进步？如果你是一个砖石工或泥瓦匠，可曾在砖块和砂浆之中看出诗意？如果你是一名教师，你是否对于每天按部就班的工作感到厌烦？

假如我们每个人都用狭隘的眼光来看待自己的工作，或者仅用世俗的标准来衡量自己的工作，时间久了，任何工都会变得枯燥乏味没有任何吸引力。这就好比教堂的窗户，窗户非常灰暗，而且还落满了灰尘，只剩下单调和破败的感觉。但是，当你慢慢地跨过门槛，走进教堂，这时你将会发现原来里面是这么绚烂多彩。阳光洒在玻璃上发出红光，形成了一幅幅美丽的图画。

由此，可以得出这样的启示：我们每个人看待问题都存在一定的局限性，必须用心去体会才能发现事物真正的本质。打个不恰当的比喻，工作就好比臭豆腐，看上去或许不是特别的好，闻起来也有股怪怪的味道，但是只要你勇敢地将其放在嘴里，或许你就会爱不释手。只有深入其中，才知道其中的乐趣。只有这样，才能保持恒久的激情。

日常生活中的每一件事情，即使再普通，我们都应该尽职尽责、全力以赴地去完成。而工作本身无法说明自身的性质，工作是否单调乏味取决于我们行动时的精神状态和工作时的心境。只有做到一步一个脚印，才不会轻易跌落。通过工作获得真正力量的秘诀就蕴藏在其中。

人生的目标贯穿在整个生命过程之中，你在工作中所持的态度，会把你与周围的人区别开来。态度有可能使你的思想更开阔，也有可能使其更狭隘，或者使你的工作变得更加高尚，或者变得更加低俗。

做出决定要果断

处事果断是我们在处理任何事情时所必须掌握的要领。在大多数情况下，机会往往会因为你的犹豫而稍纵即逝。雷厉风行难免会犯错误，但是也总比那些做事犹豫不决、拖拖拉拉、什么也不敢做的习惯要好。

荻奥是某公司的一位业务员，前几天，他去拜访一个小镇上的一位房地产经纪人，想把一门推销与商业管理课程介绍给这位房地产经纪人。

荻奥来到房地产经纪人办公室的时候，那位经纪人正在一台古老的打字机上打着一封信。

荻奥做了自我介绍，接下来便向那位经纪人推销他的课程。

那位房地产经纪人听得津津有味，但是很奇怪的是他听完之后却迟迟不肯表态。

于是荻奥问道："难道你不想参加这门课程吗？"

这位房地产经纪人以一种无精打彩的声音回答说："我也不清楚自己到底是不是想参加。"不难看出这位经纪人有点犹豫不决。

荻奥这时候站起来，准备离开。但接着他采用了一种多少有点刺激的战术，使房地产经纪人为之一振。

"接下来我要说的一些话你可能不是很喜欢听，但是我想会对你很有帮助的。

"首先看看你的办公室，地板这么脏，墙壁上全是灰尘。你现在用的打字机早就被淘汰了。你的衣服又脏又破，你脸上的胡子也没有刮干净。

“看到你的这种情况，就可以想象在你家里，你太太和你的孩子过得也不是非常好，你太太对你不离不弃，一直跟着你，你现在这种情况我想并不是她当初所希望看到的。

“请记住，我对你说的这一切并不是把你当作还没有进入我们学校的学生，就算你现在马上支付学费，我也不会接受。假如我接受的话，你也不会拥有去完成它的进取心，而我也不愿意看到我们的学生失败。

“你最大的失败就在于你做事情犹犹豫豫，一点也不果断，我想现在的你应该已经习惯了，遇到事情逃避责任，无法做出决定。结果到了今天，即使你想去做也不会有机会了。

“如果你告诉我，你不想参加这个课程，那么，我会同情你，因为我知道，你是因为没钱才如此决绝地拒绝。但结果你说什么呢？你承认并不知道自己究竟想参加还是不想参加。你已养成逃避责任的习惯，无法对影响到你生活的所有事情做出明确的决定。”

那位房地产经纪人十分惊讶地呆坐在椅子上，但他并不想对这些尖刻的指控进行反驳。就在这时，获奥说了声再见，走了出去，随手关上了房门。但过了一会儿，他又走进房间，来到房地产经纪人面前，微笑着坐了下来说：“刚刚我所说的话多有冒犯，还请你原谅，但我倒是希望能够触怒你。现在让我以男人对男人的态度告诉你，我觉得你有这个能力和智慧，但是，非常可惜的是你养成了一个非常不好的习惯。不过你可以再度站起来。我可以扶你一把，只要你可以原谅我刚刚所说的那番话。

“这个小镇根本不适合做房地产生意。而你也并不属于这个地方，你赶紧找一套干净的衣服，然后和我一起去华盛顿。我会介绍与我同行的人给你认识。他们可以给你一些赚大钱的机会，同时还可以教你一些同行业的知识，这些在你以后投资时可以运用。你愿意和我一起吗?”

使人意想不到的是，那位房地产经纪人竟然抱头痛哭起来。最后他慢慢地站了起来，和获奥握握手，对于获奥的劝告他由衷地感谢。最后，他签字报名参加推销与商业管理课程，交了头一期的学费。

两年以后，这位房地产经纪人成为圣路易市最成功的房地产经纪人之一。他开了一家拥有 60 名业务员的大公司，自己当上了大老板。他还指导其他业务员工作，每一位准备到他公司上班的业务员，在还没有被录用之前，都会被他叫到自己的办公室将其转变的过程告诉这位新人。

犹豫不决的人常担心事情的凶吉好坏，害怕今天一旦做出了一个决定，明天会发生一些不好的事情。所以，总是不能够果断地做出决定。事实上，他们往往会因为犹豫不决而失去更多的机会，埋没很多好想法而不自知。还有一种人，因为不想承担相应的责任而迟迟不愿意采取任何行动，瞻前顾后。还有一种人是被自己假设的问题困扰而难于决断。

杨顺是个很有理想的年轻人，但他到了 35 岁却还没有什么作为。这是因为他有一个坏习惯：在行动之前总是想得太多。3 年前他曾经想过开一家高档洗衣店，朋友们很支持他的想法，鼓励他赶快行动。但杨顺却前怕狼后怕虎，然后开始在心里犯起了嘀咕：“虽然市场调查显示，很多人都有这个消费能力，但是如果客人太挑剔的话，这又怎么办？我只能买得起国产的干洗机。”杨顺琢磨了好久，他的朋友都开始着急了，虽然他嘴里说过两天就去选店面，但是却一直没有行动。时间过了好久，最后，开店计划也就不了了之了。一年之中，城里开了许多家干洗店，而且生意都非常好。杨顺这时便后悔自己当初的犹豫，朋友劝他现在开店也还来得及，但杨顺又开始担心竞争的问题。

杨顺如果一直这样的话，恐怕干洗店一辈子也开不起来，因为他习惯于被假设性的问题所烦恼，事情还没有开始，自己就开始打退堂鼓了。有时候我们往往离成功只有一步之遥，但由于自己的犹豫不决而错失良机，很多失败者就是拖延了一辈子也没付出这几分钟。

不要任务还没开始实施，就去做各种完全没必要的预测。只有当事情真正付诸行动的时候，你才会发现你之前所有假设的问题都不存在，即使真的发生了，你也会找到方法解决。如果一个人在事情还没有开始之前就给自己设置障碍，那他永远只会停在事情的点。因此，只要做好行动计划，并用心去执行，脚踏实地地做好每一件事，你所付出的努力就会有收获。

自我提升

精进

卜兴丰◎编著

吉林出版集团股份有限公司
全国百佳图书出版单位

图书在版编目（CIP）数据

精进 / 卜兴丰编著 . -- 长春 : 吉林出版集团股份有限公司, 2021.3

（自我提升）

ISBN 978-7-5581-9706-2

Ⅰ . ①精… Ⅱ . ①卜… Ⅲ . ①自我完善化 – 通俗读物 Ⅳ. ①C912.1-49

中国版本图书馆 CIP 数据核字 (2021) 第 036311 号

ZIWO TISHENG

自我提升

编　　著：卜兴丰

出版策划：齐　郁

责任编辑：刘　洋

助理编辑：邓晓溪

装帧设计：李　荣

出　　版：吉林出版集团股份有限公司

（长春市福祉大路 5788 号，邮政编码：130118）

发　　行：吉林出版集团译文图书经营有限公司

（http: //shop34896900.taobao.com）

电　　话：总编办 0431-81629909　营销部 0431-81629880 / 81629900

印　　刷：天津海德伟业印务有限公司

开　　本：880mm × 1230mm　1/32

印　　张：25

字　　数：630 千字

版　　次：2021 年 3 月第 1 版

印　　次：2021 年 3 月第 1 次印刷

书　　号：ISBN 978-7-5581-9706-2

定　　价：150.00 元（全 5 册）

前言

生活中，从来都是付出才有收获，有苦才有甜，苦尽才能甘来。没有什么轻松的收获，没有毫无困难的一帆风顺的路。我们要认识到这一点。

很多时候，我们之所以抱怨困难，或者认为困难阻碍了自己，是因为我们没有认识到，生活中出现困难是最正常的事，没有困难才是不正常的。

事实上，所有的提升、所有的成长，都是在克服困难的基础上才获得的。我们唯有把生活中出现的困难当作正常的事去对待，认识到每一个不顺、困难都是通向提升和成长的台阶，才能从容以对。也因此，很自然地，我们只有通过努力才能登上那由困难、不顺铺就的通向更好生活的台阶。

当我们认识到这一点，心中就没有不平，没有抱怨，没有内耗，唯有向上成长的勇气、力量和行动。

我们常说，要接纳生活中的所有。而接纳的重要基础，就是我们必须从内心认识到，发生的一切都是正常的。对于正常的东西，我们自然不会再排斥，不会再对抗，也就没有了内耗。由此，我们才能以更好的心态去提升，去成长，去创造更好的生活。

生活中没有克服不了的困难，只有供我们提升与成长，走向更好生活的台阶。我们需要做的就是甩开胳膊，迈开腿，干起来，登上去。

改变与进步需要你摒弃旧思想，吸纳新观念和新思想，还需要坚强的毅力。要想取得大进步，你要有决心坚持自己的做事风格，如果你仍然没有获得应有的财富、健康，没有处理好各种人际关系，没有获得自由和成功，那么你必须尽快努力改变，从而慢慢进步。

如果坚持并实施这些步骤，你也不难迎来预期中的蜕变。

目　录

第一章　信用是一切活动的起点

第二章　让品格忠实于德行

第三章　做对人生负责的人

第四章 真诚坦率的人格魅力

第五章 谦逊人恪守的平衡关系

第六章 贪婪是灾祸的根源

第七章 建立相互宽容的人际关系

第八章 交友与做人

第九章 举止有礼，走进心灵

第十章 人生的精彩离不开学习

第十一章 从自省的镜子中看清自己

第一章

信用是一切活动的起点

信用是商业社会最起码的游戏规则，也是降低交易成本的必然途径。信用一旦出了问题，就像长堤被破裂开一个小缝，整个堤坝被洪水冲垮只是瞬间的事情。

一个人要想在商业社会中立足，首先就要在信用上站稳并提升，这是一切活动的起点，就像赛跑者不能在起跑线上跌倒一样。

做一个可靠的人

你要让你的信用代表你，让你的名字走进每一个与你打过交道的人心中，你要使他们信赖你，觉得你是一个可靠的人。

如果你以前没有运用这个秘诀，那么，你现在便开始吧！

一个人的功成名就，外界只是起一个辅助作用，最主要的是靠自己的奋斗与努力。信誉也只能由自己去博取，决不能依靠别人的施舍。富兰克林在二十四岁时就知道事业的成功要靠自己去争取。于是，他用借来的钱，购买了同事的股份，从而变成了一家印刷公司和一个小报的老板。他从小立志：希望自己成为一个“自立人”，自己的命运由自己主宰。

富兰克林就是这样的一个人，他不但立志去改正自己的缺点，并时时注意让别人认识他的作为。他说：“我要在大众中博得声誉，我得时常留意自己。不但要真实、勤奋、俭朴，更要尽力避免任何不利于树立自己正面形象的言行举止。我待人接物，从没逾越正常交往的范围。有时从纸店里买了纸，也是自己用一辆小车推回来。时间一久，别人都认为我是一个既勤俭，又有上进心的青年。因此，要求与我进行业务上的联系的人也越来越多。于是，我的事业发展得一帆风顺。”

富兰克林用这种方法，很巧妙地引起了别人的注意。所以，能干、聪明的人，知道荣誉是不能凭空而生的。

美国的名人培尔特的成功，又是一个典型的例子。别人在评价他时曾经说：“培尔特用勤劳、智慧在众人的心目中树立了一个笃诚和守信的形象，正是由于这种好名声，人们愿意与他结交，结果，他获得了伟大的成功。”获得众人的信任，铸就自己的信誉，不论你采取何种方法，笃诚、守信及勤劳是最根本的要诀。

诚信是最重要的美德

三国时，蜀汉建兴九年，诸葛亮用木牛流马运输军粮，再次出兵祁山（今甘肃礼县东北祁山堡），第四次攻魏。魏明帝曹叡亲自到长安指挥战斗，命令司马懿统率诸将领，自己率大军直奔祁山。面对着兵多将广、来势凶猛的魏军，诸葛亮不敢轻敌，于是命令部队占据山险要塞，严阵以待。魏蜀两军，旌旗在望，鼓角相闻，战斗随时可能发生。在这紧要时刻，蜀军中有 8 万人服役期满，已由新兵接替，正整装待返故乡。魏军有 30 余万人，兵力众多，连营数里。蜀军在这 8 万老兵离开后更显单薄。众将领都为此感到忧虑。这些整装待归的战士也在忧虑，生怕盼望已久的回乡愿望不能立即实现，估计要到这场战争结束方能回去了。

不少蜀军将领进言，希望留下这 8 万人，延期一个月，等打完这一仗再走。诸葛亮断然拒绝道："统率三军必须以绝对守信为本，我岂能以一时之需，而失信于军民。"诸葛亮停了一停，又道："何况远出的士兵早已归心似箭，家中的父母妻儿终日倚门而望，盼望着他们早日归家团聚。"遂下令各部，催促兵士登程。此令一下，所有准备还乡之人在意外的同时更是欣喜异常，感激得涕泪交流，纷纷说丞相待他们恩重如山，要求留下参加战斗。那些在队的士兵也受到极大的鼓舞，士气高昂，摩拳擦掌，准备痛击魏军。

诸葛亮在紧要关头不改原令，使还乡的命令变成了战斗的动员令。他运筹帷幄，巧设奇计，在木门设下伏兵。魏军先锋张郃是一员勇将，被诱入木门埋伏圈中，死于乱箭之下。蜀军人人奋勇，个个争先，魏军大败，司马懿被迫引军撤退。犒劳三军之时，诸葛亮尤其褒奖了那些放弃回乡、主动参战的士兵。蜀营中一片欢腾。

诸葛亮取信于士兵，宁使自己一时为难，也要对士兵、百姓讲诚信。一次欺诈行为可能会解决暂时的危机，但是这背后所隐藏的灾患比危机本身更危险，对此，诸葛亮是深深了解的。

孟子曾说："偏激的言辞，我知道它的片面性；淫说乱语，我知道它的所指；奸邪的话，我知道它的恶意所在；吞吞吐吐之言，我知道它回避的是什么。"这是公孙丑问什么叫知言时，孟子的回答。这就是说，片面、失误、歪斜、理屈这四种过失都与人性的偏激、淫荡、奸邪、躲躲闪闪四种本性有关。因为人的言语是出自人的思想，从他言语的错误便可知他思想的错误。并且内心的真诚或虚伪，尚不可蒙蔽于人，更何况用无理之心去欺骗上天呢？

由此看来，诚信在这世间是最重要的。欺诈之心，时间长了，人们认清了它的本来面目，就会鄙视它、蔑视它、疏远它。

诚实是做人的基本品性

为人不可不诚信，否则靠骗术处世只会让自己遭到惨败，因为诚实是做人的基本品性，而欺骗者最后一个欺骗的对象是自己。

许多人心里认为，“老实的人吃亏”“老实就是无用的代名词”，这种偏见其实是非常有害的。过去企业管理的经验中有“三老四严”之说，“三老”就是“做老实人，说老实话，办老实事”，无数事实证明，诚实的人并不吃亏。

有一则寓言讲的是，从前有一位贤明而受人爱戴的国王，把国家治理得井井有条。国王年纪逐渐大了，但膝下并无子女。最后他决定，在全国范围内挑选一个孩子收为义子，培养成未来的国王。

国王选子的标准很独特，给孩子们每人发一些花种子，宣布如果谁用这些种子培育出最美丽的花朵，那么谁就成为他的义子。

孩子们领回种子后，开始精心地培育，从早到晚，浇水、施肥、松土，都希望自己能够成为幸运者。

有个叫雄日的男孩，也整天精心地培育花种。但是，十天过去了，半个月过去了，花盆里的种子连芽都没冒出来，更别说开花了。

国王决定观花的日子到了。无数个穿着漂亮的孩子涌上街头，他们各自捧着开满鲜花的花盆，用期盼的目光看着缓缓巡视的国王。国王环视着争奇斗艳的花朵与漂亮的孩子们，并没有像大家想象中的那样高兴。

忽然，国王看见了端着空花盆的雄日。他无精打采地站在那里，国王把他叫到跟前，问他："你为什么端着空花盆呢？"

雄日抽咽着，他把自己如何精心侍弄，但花种怎么也不发芽的经过说了一遍。没想到国王的脸上却露出了最开心的笑容，他把雄日抱了起来，高声说："孩子，我找的就是你！"

"为什么是这样？"大家不解地问国王。

国王说："我发下的花种全部是煮过的，根本就不可能发芽开花。"

捧着鲜花的孩子们都低下了头，他们全部另播下了种子。

世界上假的东西很多，它们在一时间也确实蒙蔽了不少人，但假的终究是假的，经不起时间的考验。我们想要成功，靠欺骗手段可能会一时奏效，但远不如诚实走得远。

不要开“空头支票”

所谓恪守信义，是指对许诺一定要承担兑现。答应了别人什么事情，对方自然会指望着你，一旦别人发现你开的是“空头支票”，说话不算数，就会产生强烈的反感。“空头支票”会给人添麻烦，也会使自己名誉受损。对别人委托的事情要尽心尽力地去做，但不要许诺自己根本力所不及的事情。美国前总统华盛顿曾说过：“一定要信守诺言，不要去做力所不及的事情。”他告诫人们，因承担一些力所不及的工作或为哗众取宠而轻易许诺别人，结果却使自己不能如约履行，那是会很容易失去信用的。

东汉时，汝南郡的张劭和山阳郡的范式同在京城洛阳读书。学业结束他们分别的时候，张劭站在路口，望着长空的大雁说：“今日一别，不知何年才能见面……”说着，流下泪来。范式拉着张劭的手，劝解道：“兄弟，不要伤悲。两年后的秋天，我一定去你家拜望老人，同你聚会。”

落叶萧萧，篱菊怒放，这正是两年后的秋天。张劭突然听见长空一声雁叫，牵动了情思，不由自言自语地说：“他快来了。”说完赶紧回到屋里，对母亲说：“妈妈，刚才我听见长空雁叫，范式快来了，我们准备准备吧！”“傻孩子，山阳郡离这里一千多里，范式怎么来呢?”他妈妈不相信，摇头叹息：“一千多里路啊！”张劭说：“范式为人正直、诚恳、极守信用，不会不来。”他妈妈只好说：“好好，他会来，我去打点酒。”其实，老人并不是相信，只是怕儿子伤心，宽慰宽慰儿子而已。

几日后，范式果然风尘仆仆地赶来了。旧友重逢，亲热异常。张劭的妈妈激动地站在一旁直抹眼泪，感慨地说：“天下真有这么讲信用的朋友!”范式重信守诺的故事一直被后人传为佳话。

讲信用，守信义，是立身处世之道，是一种高尚的品格和情操，它既体现了对他人的尊敬，也表现了对自己的尊重。

讲信用是忠诚的外在表现。人离不开交往，交往离不开信用。“小信成则大信立”，治国也好，理家也好，做生意也好，都需要讲信用。一个讲信用的人，能够言行一致，表里如一，人们可以根据他的言论去判断他的行为，进行正常的交往。如果一个人不讲信用，说话前后矛盾，做事言行不一，人们无法判断他的行为动向，这种人是无法与之进行正常交往的，更没有什么魅力可言。守信是取信于人的第一要素。具有人格魅力的人，应该是守信的人，诚实的人，靠得住的人。

信守诺言的巨大价值

你不要轻易向别人许诺什么，一旦许下了诺言就要恪守诺言，你要给人一种遵守诺言的印象，这种印象将给你的生活和事业带来莫大的帮助。古有“赏千金者不如季布一诺”之典，说明信守诺言的价值。

信守诺言是人的美德。但是有些人在生活或生意上经常不负责地许各种诺言，却很少能遵守，结果给别人留下恶劣印象。如果你说过要做某件事情，就必须办到；如果你办不到，觉得得不偿失，或不愿意去办，就不要答应别人，你可以委婉拒绝，但绝不要说：“没问题!”如果你说试试看而又没有做到，那么你给对方留下的印象就是：你曾经试过，结果失败了。

良好的信用能给别人留下良好的印象，你是否守住了自己的诺言？你是否轻易地许以承诺？你是否值得他人委以重任？还是你总是忘掉别人委托之事？当别人向你打听事情时，你转达了多少次错误信息？你是否多次提供不实的材料？

当然，有一些诺言能否兑现得了，不只是取决于主观的努力，还有一些客观因素的影响。有些照正常的情况是可以办到的事，后来因为客观条件起了变化，一时办不到，这是常有的事。我们在工作和生活中要有诚信，不要轻率许诺，许诺时不要斩钉截铁地拍胸脯，应留一定的余地。当然，这种留有余地是为了不使对方从希望的高峰坠入失望的深谷，而不是给自己不努力找借口。

轻诺者，必寡信。在与人交往时，我们常常听见或说过那些并非出自本意的客套话，而人们对于这些社交辞令也往往不加重视。

比方说，当一群人在谈论戏剧时，你可能会听到这样的对话："我非常喜欢欣赏戏剧，尤其是刻画现代人生活点滴的戏。"

"你真喜欢那样的戏呀！真巧，我认识一位剧场经理，他们的剧场最近要推出你欣赏的戏种。这样吧，改天我帮你要一张门票。"

这是极典型的双方均不认真的社交会话。如果说这是约定，倒不如说它是谈话时的润滑剂。

如果有一天，当你与客户谈话谈到海南的椰子很有名时，你说出此话的原因，当然不是在暗示他，你想要吃椰子，而只是将名产列入话题罢了！因此，在听到这位客户说"正好下周我去海南，到时候我带回来两个送给你"后，你自然摆出一副煞有介事的模样，回应"好啊！"实际上，你从未将此话当真。

但令你吃惊的是，一星期后你收到了这位客户送来的椰子！你会惊讶，是因为料想不到在世界上竟然还有如此老实憨厚的人。也许就是这一次，让你对这位客户的印象非常好。

一些人在面对自己曾许下的诺言时，常以轻率的心态处理。

比如，有人以为逢人便说"改天我们去吃个饭吧"或"改天我们去喝杯咖啡"是八面玲珑的做法，实际上，所得到的效果却适得其反。

表面上，对方也会因场合的关系而应声附和，但在私底下却对你经常开支票，而且是不能兑现的空头支票，产生极大的反感，对你的信赖程度更是逐渐降低。

曾子杀猪取信说的就是这样一个故事。一天，曾参的妻子上街，儿子哭闹要跟着去，妻子哄他说：“你在家里等着，妈妈回来杀猪给你吃!”儿子信以为真，不哭闹了。妻子从街市回家，只见曾参正拿着绳子在捆猪，旁边放着一把雪亮的尖刀。妻子赶上去说：“我刚才是哄孩子，你怎么当真呢?”曾参严肃而认真地说：“那可不行，当父母的不能欺骗孩子。如果父母说话不算数，孩子小不懂事，就会跟着学，这样就起了教孩子说假话骗人的作用，那就太不好了。”妻子为难地说：“那可怎么是好?”曾参果断地说：“就照你说的办吧！这叫‘言必信，行必果’。”

有的人面对别人的请求时，虽然心里很想拒绝，但是觉得拒绝了对方，便是伤害了对方的自尊心，或是担心被指责为不讲义气，所以就违心地答应下来，随后懊恼不已，因为不能够实现，往往失信；有的人好轻易许诺，以显热情，但又没有足够的能力兑现诺言，往往失信；有的人事到临头或心情激动时，慨然应允给别人某件物品，以示慷慨，可冷静之后，又十分不舍，后悔莫及，吝啬占了上风，常常失信；有的人对于自己根本办不到的事，也拍胸脯，打包票，事后总不能兑现，时常失信。他们往往不知道做人要以严格守信为先，不知道既然许诺他人，就要不惜一切地给予，绝不能吝啬，就要竭尽全力去实现而毫不动摇的道理，这样做的后果往往使他人怀疑和不信任你。

所以，是否对他人许诺要根据自己的实际情况来决定，当自己无能为力或心里不愿给予或是难以给予的时候，我们应保持缄默，或者诚实地说一声“不”“对不起”。在回绝的时候应做到友好、轻松、诚恳，因为这样的拒绝并非恶意，别人会理解你的苦衷并给予体谅的。

信守承诺是非常严肃的事情，对不应办的事或办不到的事，千万不能轻率应允。一旦许诺，就要千方百计去兑现。否则，就会像老子所说的那样："轻诺必寡信，多易必多难。"一个人如果经常失信，一方面会破坏他的形象，另一方面还将影响他的事业。

明代《郁离子》一书中有如下一则商人因失信而丧生的故事：济阳某商人过河船沉，他拼命呼救，渔人划船相救。商人许诺："你如救我，我付你一百两金子。"渔人把商人救到岸上。商人只给了渔人八十两金子，渔人斥责商人言而无信，商人反责渔人贪婪。渔人无言地走了。后来，这商人又乘船遇险，再次遇上渔人。渔人对旁人说："他就是那个言而无信的人。"众渔人停船不救，商人淹死河中。这就是言而无信的后果。

第二章

让品格忠实于德行

正直做人，才能公道做事。正直就是力量，从某种意义上说，这句话比“知识就是力量”更为准确。

为人处世，正大光明

正直，就是要为人正派，不搞歪心眼。正直的人，为人处世应该正大光明，坦诚相待。有一种人在人际交往中很爱搬弄是非，所到之处，飞短流长。这些人或以传播别人的隐私为乐，或以打听别人隐私的本领为荣，或心术不正、居心不良，故意制造谣言。这种人在一个地方要不了多久，就会名声扫地，让人生厌。

正直的人，应该能够坚持原则，伸张正义，敢于同歪的、邪的人和事做坚决斗争。见到错事不敢管、不愿管，“事不关己，高高挂起”，这并不是宽宏大量，而是胆小怕事。对于坏人坏事，一味退让、姑息养奸是不行的，必须坚决与之斗争。即使有时必须为此付出高昂的代价，也要毫不动摇地坚持原则，宁肯丢掉个人利益，也不能丢掉一身正气。

正直的人，发表意见、处理问题时，应当以公为本，秉公而行，不计个人恩怨。祁黄羊“内举不避亲，外举不避仇”，之所以被传为千古美谈，就是因为他秉公办事。而要秉公办事，就不能受人私惠。吃人东西嘴软，拿人东西手软。一旦占了人家便宜，说话办事就会丧失原则，正派和公道也就不易做到了。

正直，还表现在待人接物中有端庄的风度，保持人格的尊严。吹牛拍马，阿谀奉承，是很不正派的行为，低声下气拍马屁，抱粗腿，必然丢掉人格。一个人如果失了端庄，失去人格，一味低三下四，奴颜媚骨，也就不能算作一个正直的人。

以高标准要求自己

美国成功学研究专家阿戈森认为，在英语中“正直”一词的含义是指完整。在数学中，整数的概念表示一个数字不能被分开。同样，一个正直的人也不会把自己分成两半，他不会心口不一，想一套，说一套——因为实际上他不可能撒谎；他也不会表里不一，信一套，干一套——这样他才不会违背自己的原则。我们坚信自己言行一致、表里如一，才会让自己具有充沛的精力和清晰的头脑，使得我们不论做任何事都能获得成功。

正直意味着时刻以高标准来要求自己。

许多年前，一位作家在一次失败的投资中，损失了一大笔财产，濒临破产。于是他精打细算，用他所赚取的每一分钱来还债。三年后，他仍在为此目标而不懈地努力。为了帮助他，一家报纸想要为他组织一次募捐，这的确是个诱惑，因为有了这笔捐款，作家就可以结束这折磨人的负债生涯了。

然而，作家拒绝了。几个月之后，随着他一本轰动一时的新书问世，他偿还了所有剩余的债务。这位作家就是马克·吐温。

正直意味着有高度的名誉感。

名誉不是声誉。弗兰克·赖特曾经对美国建筑学院的师生们说：“这种名誉感指的是什么呢？想想，什么是一块砖头的名誉感呢？那就是一块实实在在的砖头。什么是一块板材的名誉感呢？那就是一块地地道道的板材。什么是人的名誉感呢？那就是要做一个真正的人。”弗兰克·赖特恰恰如此，他不愧为一个忠实于自己做人标准的人。

正直意味着具有道德感并且始终如一地遵从自己的良知。

马丁·路德在临刑前面对着他的敌人说：“一个人若去做任何违背良知的事，既谈不上安全稳妥，也谈不上谨慎明智。但是我坚持自己的立场，上帝会帮助我，我决不能做其他的选择。”

正直意味着有勇气并坚持自己的信念，这一点包括有能力去坚持你认为是正确的东西。正直意味着自觉自愿地服从，从某种意义上说，这是正直的核心，没有谁能迫使你按高标准要求自己，也没有谁能勉强你服从自己的良知。

正直使人具备冒险的勇气和力量，正直的人欢迎生活的挑战，决不会苟且偷安，畏缩不前。一个正直的人永远是充满自信的。

正直经常表现为坚持不懈、一心一意地追求自己的目标，拒绝放弃努力和坚忍不拔的精神。“我们决不屈从！决不，决不，决不，决不。事物无论大小巨细，永远不要屈从，唯有屈从于对荣誉和良知的信念。”温斯顿·丘吉尔是这样说，也是这样做的。

正直的人都是坚忍不拔的，他们似乎有一种内在的承受能力，使他们能够经受住各种挫折甚至是不公平的待遇。

林肯在1858年参加参议院竞选活动时，他的朋友警告他不要发表演讲。但是林肯答道：“如果命里注定我会因为这次讲话而落选的话，那么就让我伴随着真理落选吧！”他是坦然的。这一次他的确落选了，但是两年之后，他就成为美国的总统。

忠于自己，言行一致

正直的品行会给一个人带来许多好处：友谊、信任、钦佩和尊重。人类之所以充满希望，其原因之一就在于人们似乎对正直的品行更具有一种近于本能的识别能力，而且不可抗拒地被它所吸引。

无论你在任何时候、任何情况下，和什么人在一起，都要忠于自己、言行一致、坚守自己的信仰及价值观，这便是正直的表现。

如果你不正直，最终将失去一切。因为，别人无法相信你，不愿和你一起工作，或跟你进行交易。如果没有人愿意和你共事，你的事业将会失败，无论任何事业的结果都将一样。

一位推销员讲道：大学毕业后，我曾经在一家销售牛乳代替品的乳液饮料公司工作，我是一名经销商，业绩达到全公司最高点，并拥有两个销售站，但是由于公司内部领导人员缺乏正直及踏实的精神，导致整个公司瓦解。

专注于你是谁而不是你做了什么，因为你是谁正是你的价值所在。

你到底是什么样的人？你重视什么？你怎么生活？你和其他人有什么关系？你有什么特质？这些是非常重要的事情。因为，你是什么样的人将决定你做什么样的事。

一个正直的人会在适当的时机做该做的事，即使没有人看到或知道。亚伯拉罕·林肯说得好："正直并不是为了做该做的事而有的态度，正直是使人快速成功的有效方法。”

正直、诚实、一贯性、坚持、负责——这些都是使一个人成功的特质。而我认为这些也是我们人生中最值得追求的目标。

你觉得自己是这样一个人吗？我认为，“做一个正直的人”，应该是每个年轻人首先要树立的目标。

正直是应聘者的基本素质

西蒙·福格是英国《泰晤士报》的总编。每年5～6月份，他都要接到一些大学的请帖，要他去做择业就业方面的演讲，因为他曾在寻找职业方面创造过神话。他讲得最多的是一位护士的故事。

这位护士刚从学校毕业，在一家医院做实习生，实习期为一个月。在这一个月内，如果能让院方满意，她就可以正式获得这份工作，否则，就得离开。

一天，交通部门送来一个因遭遇车祸而生命垂危的人，实习护士被安排做外科手术专家——该院院长亨利教授的助手。复杂的手术从清晨进行到黄昏，眼看患者的伤口即将缝合，这位实习护士突然严肃地盯着院长说："亨利教授，我们用的是十二块纱布，可是你只取出了十一块。"

"我已经全部取出来了，一切顺利，立即缝合。"院长头也不抬，不屑一顾地说。"不，不行。"这位实习护士高声抗议道，"我记得清清楚楚，手术中我们用了十二块纱布。"院长没有理睬她，命令道："听我的，准备缝合。"

这位实习护士毫不示弱，她几乎大声叫起来："你是医生，你不能这样做。"直到这时，院长冷漠的脸上才露出欣慰的笑容。他举起左手握着的第十二块纱布，向所有的人宣布："她是我最合格的助手。"这位实习护士理所当然地获得了这份工作。

西蒙真是聪明而又用心良苦，他之所以不讲自己的经历而说那位实习护士，是因为他明白，在寻找工作方面，仅有敏锐的头脑是不够的，更重要的是还要有正直的品性。小到一个单位，大到一个国家，它们真正需要的往往是后者。

第三章

做对人生负责的人

古人云：修身，齐家，治国，平天下。如果一个人能对自己的家庭负责，那么，在包括婚姻和家庭在内的一切社会关系上，他对自己的行为都会有一种负责的态度。如果一个社会是由这些对自己的人生负责的成员组成的，这个社会就必定是高质量的、有效率的，当然，也会是和谐的。

信誉的巨大力量

当年松下幸之助之所以和山本武信合作开发车灯市场，是因为看中了山本武信勇于负责的品格。

那是在第一次世界大战中，山本武信还年轻，几笔生意做下来非常成功，但战争结束时，受到战后经济不景气的影响，生意赔了。他由于缺少经验没有及时“停船”或是“避一避风”，赔得一塌糊涂。摊子铺得越大，雇员越多，亏损就越大。当时他还在银行借了许多款，于是做了破产清理。

按一般商人的心理，总要想尽方法保留和转移一些财产，秘而不宣以求东山再起。山本武信何尝不想东山再起？但他所采取的方法和诚实不欺的态度却与别人不同。他把所有的财产造册提供给债权人和银行，私人物品——包括金壳怀表都拿了出来。这样做他还觉得不够，又把太太的私人物品，甚至她的陪嫁——包括钻戒、金戒指等首饰全部交出。银行经理非常感动，对他说：“山本先生，这一次的损失固然是你的责任，但战后的不景气，不是以你个人的能力所能解决的。你要负责的诚意，我十分了解，可也不必做到这种程度。店里的财产，当然要请你全部拿出，至于你身上常用的物品就不必拿出来了——尤其是太太的……请带回吧！”

山本武信并非哗众取宠之辈，而是出于负责任的考虑，这种光明磊落的态度成为他日后成功的一个重要原因。在经历了不景气之后，日本的经济开始爬升。山本武信又向银行申请贷款，银行认为此人信誉极佳，如同以往一样给予了支持。他凭借这笔贷款和过去的经验和教训，终于重整旗鼓，发展了他的化妆品制造业务和批发业务。

山本武信把自己的故事一五一十地讲给了松下幸之助，博得了松下幸之助的极大信任，也使松下幸之助终于下定决心将车灯的总代理权交给山本武信。

有一个日本小孩儿，他父亲生前是个生意人，在创业不久就不幸因意外去世了，留下巨额债务。父亲去世的时候，小孩儿只有 12 岁。按法律规定，小孩儿完全可以不承担这些债务，正当父亲的债权人们后悔莫及的时候，小孩儿却一一上门拜访，许下诺言说，给他 20 年时间，他会全部还清父亲的债务。20 年！一生中有几个 20 年，小孩儿却要用它还不应自己承担的债务，这需要多大的勇气呀！没有几个债权人对此抱有希望，但事已至此并无更好的办法，只有听之任之了。小孩儿于是开始了他的还债生涯。在他 27 岁那年，他还清了所有债款，提前了五年！小孩儿缩短了还债时间的原因很简单，一是自己许下的诺言成了一股强大的动力，促使他不断朝着目标奋斗；二是随着自己不断兑现自己的诺言，债权人对他产生了极大的信任(如果小孩儿不兑现诺言的话，他也许一辈子得不到这笔财富)，比以前更加愿意与他合作了。与他合作的人越来越多，生意也越做越大，因而钱也越赚越多。小孩儿自己也许没意识到，他勇于负责的行动让他获益终身。由于他花了十五年时间去还一笔笔本来不属于他的债务，他的信誉在生意圈子中产生了一股巨大的力量，几乎没有人不愿意与他发生生意往来关系，结果便是他成了一个富翁。

勇于担当大任

一个有责任心的人，给他人的感觉是值得信赖与尊敬。而对于一个没有责任心的人，没有人愿意相信他、支持他、帮助他。

威尔逊是美国历史上一位伟大的总统，在这个重要的位置上，他深知自己的责任与义务，并且他也认为，做一些超出自己范围的事情，总会得到更多的回报。他曾经说："我发现，偶然的责任是与机会成正比的。"

有人说法国的戴高乐是个狂热的民族主义者，这是没错的。幼年的戴高乐在与兄弟们玩战争游戏时，总是坚定不移地由自己来充当法兰西一方。他坚持称"我的法兰西"，决不准任何人对其染指，甚至不惜为此与他的哥哥打得头破血流，直到他的哥哥无奈地承认："好了，我不和你争了，是你的法兰西，是你的。"日后果然是戴高乐担当了拯救法兰西民族危亡的大任。这也说不上是天意，因为戴高乐自小就始终以拯救法兰西为己任。

凡有所建树者，必有一种担当大任的责任感。古今中外，莫不如此。礼崩乐坏之时，孔子四处奔走，推行他的"大道"；民族多事之秋，班超毅然投笔从戎，立下不朽功业；国家分裂之际，祖逖闻鸡起舞，自强不息。

逝者如斯，这种担当大任的使命感却应让其得以代代相传。勇于担当大任，就是应该清楚地知道什么是自己必须做的，不需人强迫，不要人指使。二战初始，法国投降，剩下英军孤立无援地同纳粹德国作战。骄傲的德国人以为接下来他们的任务就是准备迎接“胜利”的到来。1940 年 7 月 19 日，希特勒在国会大厦做了长篇演说，先是对丘吉尔进行了一番痛快淋漓的臭骂，而后要求英国人民停止抵抗，并要求丘吉尔做出答复。而就在他的这番劝诫发出不到一个小时，英国广播公司就用一个简单的词做出了答复：

NO!

后来丘吉尔回忆说，这个“NO”不是英国政府通知广播电台的，而是广播电台的一个播音员在收到希特勒的演讲后，自行决定播出的。丘吉尔从内心为他的人民感到骄傲。何止是丘吉尔，读到这个故事的每一个人，又有哪个不为这个敢当大任的播音员叫好？

热情的基点是责任感

1903年诺贝尔文学奖得主马丁纽斯·比昂逊在从事文学创作的同时，也是一位社会学家。他说："一个人越敢于承担责任，他就越会意气风发；如果一个人有足够的胆识与能力，他就没有什么该讲而不敢讲的话，没有什么该做而不敢做的事，更没有什么心虚畏怯之处。"

托尔斯泰也曾经说过："一个人若是没有热情，他将一事无成，而热情的基点正是责任感。"

许多年以前，伦敦住着一个小男孩，自幼贫病交加，无依无靠，饱尝了生活的艰辛。为了糊口，他不得不在一家印刷厂做童工。

环境虽然艰苦，小男孩的志气却不短。他早就与书报结下了不解之缘，常常贪婪地伫立在书橱前，不住地摸着衣兜里仅有的几个买面包用的先令。为了买书，他不得不挨饿。一天早晨的上班途中，他在书店的书橱里发现了一本打开的新书，便如饥似渴地读了起来，直到把打开的两页读完才走。翌日清晨，他又身不由己地来到了这个书橱前，奇怪，那本书往后翻开了两页！他又一口气读完了。他是多么想把它买下来呀，可是书价太高了。第三天，奇迹又出现了：书页又按顺序翻开了两页，他又站在那儿读了起来。就这样，那本书每天都往后翻开两页，他每天来读，直到把全书读完。这天，书店里一位慈祥的老人抚摸着他的头发说："好孩子，从今天起，你可以随时来这个书店，任意翻阅所有的书籍，而不必付钱。"

日月如梭，这个少年后来成了英国一家晚报的主编，他就是著名的作家和记者本杰明。

本杰明之所以自学成功，是因为他苦读善学，也是因为他遇到了一个极富有责任感的人。善良的老人倾注给他的是人间最美好的东西，温存怜悯，爱护关怀，鼓舞鞭策。他向身处困境的少年打开了向往美好生活的心扉，引导他步入知识的世界。

对生活的热爱，对人类、对大自然、对一切美好事物的热爱，会使一个人认识自己身负的使命以及应该去承担的责任，从而努力对社会作出贡献。

没有责任感的军官不是合格的军官，没有责任感的员工不是优秀的员工。责任感是简单而无价的。工作就意味着责任，责任意识会让我们表现得更加卓越。

美国西点军校的学员章程中规定：每个学员无论何时何地，无论穿军装与否，也无论是在担任警卫、值勤等公务时，还是在进行自己的私人活动时，都有义务、有责任体现自己的责任感，而不是为了获得奖赏或别的什么。

这样的要求是非常高的。但西点军校的理念是，没有责任感的军官不是合格的军官。在任何时候，责任感对自己、对国家、对社会都不可或缺。正是这样严格的要求，让每一个从西点军校毕业的学员都获益匪浅。

西点军校认为，一个人要成为一个好军人，就必须遵守纪律，有自尊心，并为他的部队和国家感到自豪，对于他的同志们和上级有高度的责任义务感，对于自己表现出的能力有充分的自信。而这样的要求，对每一个企业的员工同样适用。

要将责任根植于每一个人的内心，让它成为我们脑海中一种强烈的意识，在日常生活和工作中，这种责任意识会让我们表现得更加卓越。我们经常可以见到这样的员工，他们在谈到自己的公司时，使用的代名词通常都是“他们”，而不是“我们”，“他们业务部怎么怎么样”，“他们财务部怎么怎么样”，这是一种缺乏责任感的典型表现，这样的员工至少没有一种“我们就是整个机构一分子”的认同感。

责任感是不容易获得的，原因就在于它是由许多小事构成的。但是最基本的是做事成熟，无论多小的事，都能够比以往任何人做得都好。比如说，该到上班时间了，可外面阴冷下着雨，而被窝里又那么舒服，你还未清醒的懒散让你在床上多躺了两分钟，此时你应该问自己，你尽到职责了吗？还没有……除非你的责任感真的没有萌芽，你才会欺骗自己。对自己的放松就是对责任感的侵害，因此必须去战胜它。

责任感是简单而无价的。据说美国前总统杜鲁门的桌子上摆着一个牌子，上面写着：The buck stops here（问题到此为止）。他桌子上是否真的摆着这样一个牌子，我不能去求证，但我想告诉大家的是，这就是责任。如果在工作中，人们对待每一件事都是“The buck stops here”，我敢说，这样的公司将让所有人为之震惊，这样的员工将赢得足够的尊敬和荣誉。

有一个给布朗太太割草打工的男孩有意给她打匿名电话说：

“您需不需要割草?”布朗太太回答说:“不需要了，我已有了割草工。”男孩又说:“我会帮您拔掉草丛中的杂草。”布朗太太回答:“我的割草工已经做了。”男孩进一步说:“我会帮您把走道两旁的草割得很齐。”布朗太太说:“我请的那人也已做了，谢谢你，我不需要新的割草工人。”男孩便挂了电话。此时男孩的室友问他说:“你不是就在布朗太太那儿割草打工吗?为什么还要打这个电话?”男孩说:“我只是想知道我究竟做得好不好!”

多问自己“我做得如何”，也是一种责任感。

勇于承担责任

一位大学心理学教授说："一个人发展成熟的最明显的标志之一，是他勇于为自己的错误负责任。有勇气和智慧承认自己的错误是不简单的，尤其是在我们很固执和愚蠢的时候。我每天都会做错事，我想我一生几乎都会是这样。然而，我力图在一天里不把同一件事情做错两次，但要想在大部分时间里都避免这种错误，那就不是件容易的事了。可是，当我看见一支铅笔的时候，我就会得到一些宽慰。我想，如果人们不犯错误，也就用不着制造带有橡皮头的铅笔了。"

"不要问你的国家为你做了什么，而要问一问你为国家做了什么。"这是约翰·肯尼迪当年竞选总统时说过的一句话。

事实上，不仅年轻人，包括许多中老年人仍有一种幼稚的心态。总是不停地发牢骚，却很少反省自己。公民抱怨国家，职员抱怨公司，却不去从自己身上找问题。先别问社会给了你多少，先问问你自己为社会作了多少贡献。那些不从自身找问题却终日抱怨的人，只不过是一些"高龄儿童"在撒娇而已。

如果你能负起责任，未来几年你一定能够成为一个举足轻重的人物。

把责任往别人身上推，不正是赤裸裸的劣根性吗？问题是你把责任往别人身上推的同时，等于将自己的人格推掉了。我们就是那么轻易地把责任推给别人，然后又若无其事地站在一旁抱怨都是公司的错，害自己不能发挥所长，都是同事的错，或我的健康情况害我不能怎样等——请问，我们希望让公司、同事和我们的健康来操控我们吗？要记住，只有勇于承认错误的人才能拥有魅力。基于这个原因，为什么不能愉快地扛起这个错，如果你喜欢掌握自己的生活的话。

如果我们过去曾犯过错，现在该怎么办呢？责任的归属又如何？过去发生的事，其影响力有时会延续到今后。比如，一个男人离了婚必须付赡养费；也有人毁了自己的健康，日后在饮食上的禁忌一大堆；或有人犯了罪，最终难逃牢狱之灾。

很明显，我们自己决定我们的行为，也必然面对这些行为所带来的后果。这个认知告诉我们，我们应该以更负责的态度去生活。

那么究竟该如何看待已经发生的事情？实在无法控制错误所带来的后果，绝对不表示我们可以把责任推给过去。我们必须对自己对后果的看法与反应负责，认清我们对于错误招致的后果之反应其实影响深远。问题是：我们想要赢回掌控下一次事件的力量吗？还是让我们的错误和后果拥有操控下一次的力量？当我们负起责任的那一刻，所有的负面情绪都将消失。

一切责任在我

1980年4月，美国营救驻伊朗的美国大使馆人质的作战计划失败后，当时的美国总统吉米·卡特立即在电视里做了这样的声明："一切责任在我。"

"一切责任在我。"这短短的几个字，表现出一种敢于担当责任的大勇！在此之前，美国人对卡特总统的评价并不高，甚至有人评价他是"误入白宫的历史上最差劲的总统"。但仅仅由于上面的那句话，支持卡特总统的人数居然骤增了10%以上。

韦恩博士说："把责任往别人身上推，等于将力量拱手让人。"

我们必须学会像卡特总统那样承担起自己行为的责任，应该积极地寻找任何一点你能够或应该承担的责任，要胜任并愉快地承担起那些责任，而绝不要通过躲避棘手的事情而逃避责任。

当你寻找额外的责任时，你就会提高自信心和提高完成这项工作的信心。你的上司也会增加对你的信心，增加对你所承担的工作的信心。

没有责任的生活就轻松吗？有时候逃避责任的代价可能还会更高。不必背负责任的生活看起来似乎很轻松、很舒服，但是我们必须付出更大的代价。

生活中，遇到问题时大多数的人都会推卸责任。

有个年轻人杀死了两个人，记者问起他的生活以及他犯案的动机。他告诉记者，他生长在一个“破碎”的家庭中，在他的记忆里，父亲总是喝得醉醺醺的，还打他的母亲。他们一家都是靠父亲的偷窃所得过活，这也就是为什么他从六岁开始也跟着偷窃的原因了。采访的最后，他说了这么一句话：“在这种条件下，你能期望出现不同的我吗?”

这个年轻人还有个双胞胎弟弟。记者知道之后，也前去采访他，惊讶地发现他与他哥哥是完全不同的人。他是一位律师，享有很高的声誉，同时还被选入社区委员会和教会委员会。已婚的他育有两个小孩，生活得很美满。

觉得很不可思议的记者问他这一路是怎么走过来的。他陈述了与哥哥一样的家庭背景，但是访问的最后，他说道：“经历了多年那样的生活，我体会到那样的生活会把我带往什么样的地方去。因此我开始思索，在这种条件下，要如何创造不同的我呢?”

同样的基因、同样的父母、同样的教育与同样的环境，两人却有不同的人生态度，以致产生不同的结果。为什么在同样的条件之下两个人会走出完全不同的道路呢？或许他们都曾经认识某个人，带给他们正面的影响，只是其中的一个把他的话听进去了，另一个则把他的话当做耳旁风。也或许他们都曾经拥有过一本好书，也开始阅读这本书，但其中一个继续读了下去，另一个则把书束之高阁。最后，他们发展出完全不同的人生方向。

第四章

真诚坦率的人格魅力

所谓真诚，指的是一个人的思想、品格、言行都要发自内心、自然而然地表现出来。不加修饰，由内而外散发的美，才是最吸引人的、光彩夺目的美。

真诚的反面是虚伪，自欺欺人。靠戴假面具过日子，虚伪矫饰的人一生都在演戏，给人留下伪佞可憎的形象，自己也会因此丧失本性，忍受心理上的折磨。真诚坦率的人不失本色，具有令人愉悦的人格魅力。

至诚之心的精神力量

一个人说话诚实，做事诚实，内心真诚，就会令人信服，故真诚可以消除隔阂，化解矛盾，促进人际关系的和谐美好。古人有“精诚所至，金石为开”的格言，这是说精诚的力量可以使金石开裂，何况人心呢？至诚之心的确有巨大的精神力量。三国时，诸葛亮对孟获七擒七纵，终于使孟获心悦诚服，化解了汉族和少数民族长期积存的矛盾，便是一个有说服力的例证。

今天，我们仍然要遵循真诚待人的原则。上级要以诚对待部属，父母要以诚对待子女，企业经营者要以诚对待顾客，每一个人都要以诚对待同事和朋友……以诚待人，才能得到友谊和真情，才能得到别人的信任和尊敬。人际交往如果离开诚实的原则，相互欺骗，尔诈我虞，那么，人世间便不会有真情，更不会有团结紧密的人际关系了。

真诚的低层次要求是不说谎，不欺骗对方，但在复杂的社会活动中，目的和手段有时是有一定区别的。例如医生为了减轻病人的痛苦，以利于治病救人，往往向病人隐瞒病情，编造一套善意的谎言说给病人，这样才能使病人早日康复。它表现出的并不是虚伪，而是更高、更深层的真诚。

交际需要真诚。日本山一证券公司的创始人、大企业家小池田子曾说：“做人就像做生意一样，第一要诀就是诚实。诚实就像树木的根，如果没有根，树木就别想有生命了。”这段话可以说概括了小池成功的经验。

小池出身贫寒，20岁时就在一家机器公司当推销员。有一个时期，他推销机器非常顺利，半个月内就跟三十三位顾客做成了生意。之后，他发现他们卖的机器比别的公司生产的同样性能的机器昂贵。他想，同他订约的客户如果知道了，一定会对他的信用产生怀疑。于是深感不安的小池立即带着合同和订金，整整花了三天的时间，逐门逐户去找客户。然后老老实实向客户说明，他所卖的机器比别家的机器昂贵，为此请他们放弃合同。

这种真诚的做法使每个客户都深受感动。结果，三十三人中没有一个与小池废约，反而加深了对小池的信赖和敬佩。

真诚确实具有惊人的魔力，它像磁石一般具有强大的吸引力。此后，人们就像小铁片被磁石吸引似的，纷纷前来他所在的公司购买东西或向他订购机器，这样没多久，小池就成了一个富翁。

良好人际关系对成功者的重要性

美国第二十六任总统西奥多·罗斯福说："成功的第一要素就是懂得搞好人际关系。"可见良好的人际关系对成功者的一生是多么重要。

每一个成功者的背后都有一个良好的人际关系圈，他们不管遇到什么困难，都有人相助，因此也就容易成功。所以人际关系对每个人真的很重要，它的好坏直接影响每个人的工作和事业，如果谁缺乏别人的帮助，就不可能成功。

要想自己有良好的人际关系，就必须要真心诚意地关心别人。心理学家研究表明，一个人只要真心对别人感兴趣，两个月内就能比一个要别人对他感兴趣的人在两年内所交的朋友还要多。真诚就是这样成为人们最可贵的精神品质。

你如果真诚地对待自己的朋友、同事或陌生人，他们同样也会以真诚来回报你，这样不仅改善了自己的人际关系，而且也树立了自己的公众形象，从而有利于自己的成功。

你也许读过几十本有关人际交往的书，恐怕还没有找到对你来说更有意义的方法。但阿德勒的这句话很深刻，相信对你会有启发："对别人不真诚的人不仅一生中困难最多，对别人的伤害也最大，人类所有的失败几乎都出自这种人。"

如果你要交朋友，就要挺身而出为别人效力，并且是真心真意地这样，路才会越走越宽。所以，良好的人际关系在你做事的过程中会起到重要的作用。

西奥多·罗斯福总统一直都是个受欢迎的人，甚至他的仆人们也都喜欢他这个主人，也正是因为这一点，罗斯福的黑人男仆詹姆斯·亚默斯写了一本关于他的书，取名为《罗斯福，他仆人眼中的英雄》。在这本书中，亚默斯说出了这个富有启发性的事件：

“有一次，我太太问总统关于一只鹑鸟的事。她从来没有见过鹑鸟，于是总统详细地描述一番。没多久之后，我们小屋的电话铃响了。我太太拿起电话，原来是总统本人。他说，他打电话给她，是要告诉她，她窗口外面正好有一只鹑鸟，又说如果她往外看的话，可能看得到。他时常做出像这类的小事。每次他经过我们的小屋，即使他看不到我们，我们也会听到他轻声叫出：‘呜，呜，呜，安妮！’或‘呜，呜，呜，詹姆斯！’这是他经过时一种友善的招呼。”

这样的一个人恐怕确实很难让别人不喜欢他。

罗斯福卸任后，一天到白宫去拜访，碰巧继任的威廉·塔夫脱总统和他太太不在。他真诚地向所有白宫旧识仆人打招呼，都叫出名字来，甚至连厨房的厨娘也不例外。

书中写道：“当他见到厨房的欧巴桑·亚丽丝时，就问她是否还烘制玉米面包，亚丽丝回答他，她有时会为仆人烘制一些，但是楼上的人都不吃。

“‘他们的口味太挑剔了’，罗斯福有些不平地说，‘等我见到总统的时候，我会这样告诉他。’

“亚丽丝端来一块玉米面包给他，他一边走到办公室去，一边吃，同时在经过园丁和工人的身旁时，热情地跟他们打招呼……

“他对待每一个人都同他以前一样。我们仍然彼此低语讨论这件事，而艾克·胡福眼中含着泪说：‘这是近两年来我们唯一有过的快乐日子，我们中的任何人都不愿意把这个日子跟一张百元大钞交换。’”

完善的人格魅力，其基本点就是真诚，而真诚待人、恪守信义也是赢得人心、产生魅力的必要前提。待人心诚一点、守信一点，就能更多地获得他人的信赖、理解，能得到更多的支持、合作，由此可以获得更多的成功机遇。

我们主张知人而交，对不很了解的人应有所戒备；对已经基本了解、可以信赖的朋友，应该多一点信任，少一些猜疑；多一点真诚，少一些戒备。你完全没必要对你的那些完全值得信赖的同学真真假假，闪烁其词，因为这种行为实在是不明智的行为。我国著名的翻译家傅雷先生说：“一个人只要真诚，总能打动人的，即使人家一时不了解，日后便会了解的。”他还说：“我一生做事，总是第一坦白，第二坦白，第三还是坦白。绕圈子，躲躲闪闪，反易叫人疑心；你耍手段，倒不如光明正大，实话实说，只要态度诚恳、谦卑、恭敬，无论如何人家都不会对你太差的。”以诚待人是值得信赖的人们之间的心灵之桥，通过这座桥，人们打开了心灵的大门，并肩携手，合作共事。自己真诚实在，肯露真心，敞开心扉给人看，对方肯定会感到你信任他，从而卸除猜疑、戒备，把你作为知心朋友，乐意向你诉说一切。其实，每个人的思想深处都有封锁的一面和开放的一面，人们往往希望获得他人的理解和信任。然而，开放是定向的，即向自己信得过的人开放。以诚待人，能够获得人们的信任，发现一个开放的心灵，争取到一位用全部身心帮助自己的朋友。在人们发展人际关系与他人打交道的过程中，如果防备猜疑被诚信取代，就往往能获得出乎意料的好成绩。

年轻人与人交往，一定要注意以下几点。

以诚待人要坦荡无私、光明正大。一旦发现对方有缺点和错误，特别是对他的事业关系密切的缺点和错误，要及时地指正，督促他立即改正。批评确实不大讨人喜欢，但不妨换个角度去使他理解接受，从而沟通彼此心灵，发展友情。

应当知人而交。当你捧出赤诚之心时，先看看站在面前的是何许人也，不应该对不可信赖的人敞开心扉。否则，适得其反。

要想得到知己的朋友，首先得敞开自己的心怀。只有讲真话、实话、不遮掩、不吞吐，才会换得朋友的赤诚和爱戴。正如革命老前辈谢觉哉同志在一首诗中写道："行经万里身犹健，历尽千艰胆未寒。可有尘瑕须拂拭，敞开心扉给人看。"

没有了真诚，一切都无从谈起

在上世纪 50 年代，北大有个叫赵鑫珊的学生。大三考试时，他因为成绩没过留级了。但他平时成绩非常好，怎么会考不过留级呢？辅导员找他谈话后才知道，赵鑫珊是故意的。他告诉辅导员，自己之所以故意考砸，就是因为自己觉得还不够资格毕业。多年以后，已经成为中科院教授、哲学家、作家、文学家的赵鑫珊，在《我是北大留级生》一书中说，“这是自己最得意和最欣慰的事情”，“当年毕业时，故意考砸两门主课，留级一年，原因很简单，一是因为留恋北大图书馆，二是因为《战国策》中的一句话：‘毛羽不丰满者，不可以高飞’。”所以，在进入大四之前，他以这样的方式选择了留在校园，继续学习和深造。这种行为在当时与现在，都是一个疯狂的举动，就算是在才子如云的北大，也堪称绝无仅有。

“毛羽不丰满者，不可以高飞”，说得多好，然而这个世界上仍有许多才不配位与德不配位的人。

古人云：“才不配位，必遭其累。德不配位，必有灾殃。”著名传统文化学者蔡礼旭先生在北大演讲时也说过：“我们常说自己是‘知识分子’，什么叫‘知识分子’？学历高就是知识分子吗？不是的。其实每一个称谓的背后，都暗含着一种责任。”

如何避免德不配位？

说到底，还是一个“诚”字。

中国古人强调格物致知，让读书人研究自然和社会的规律，进而获得一种真知，即天道至诚。有了这种认识，你就会变得很真诚，一生务实。你把实事做出来，相应的头衔自然而然就属于你，这叫“实至则名归”。

所谓“古人诚不我欺”，“诚其意者，毋自欺也”，但凡传统文化入了门的人，都知道中国的学问是有台阶的，是分段位的，但多高的台阶，打基础的还是一个“诚”字，到了最高境界，无非还是一个“诚”字。

举个例子，王安石的儿子叫王元泽，他小时候就很聪明，有人送了王安石一只鹿和一只獐，由于这两种动物普通人不易分辨，送礼者就借机考王元泽：“你知道哪只是鹿，哪只是獐吗?”王元泽眼珠一转，立即答道：“鹿旁边是獐，獐旁边是鹿!”大家听了都拍手叫好。但是，这并不代表王元泽就真的会区分鹿和獐。对普通人来说，这并没什么，有点儿类似的小聪明也没什么不好，至少是灵性的体现。但假设王元泽是位动物学家呢？这样不靠谱的回答肯定不会令您满意，还不如老老实实地“知之为知之，不知为不知”。

《礼记·大学》中讲：“欲修其身者，先正其心；欲正其心者，先诚其意。”正心，指心要端正；诚意，指意要真诚。只要意真诚、心纯正，人就能不断完善自我，进而齐家、治国、平天下。现代人听到这样的话，可能会觉得夸大，其实我们也可以往小处说：哪怕是一个普通学校的普通学生，想学好自己的专业，不需要一点儿基本的学习态度吗？这点儿基本的学习态度，就是诚意正心。

北大清华也好，哈佛剑桥也罢，如果你真的在相应的学习氛围中感受过，你就会知道所谓的学霸，所谓的传奇人物，实际上是一些拥有最虔诚的学习态度的人。因为虔诚，所以他们能够潜下心来，一步一个脚印，扎扎实实，直到把简单的事做得不简单，把平凡的事业做成不平凡，把不可能变成可能。

有句俗语叫“做一天和尚撞一天钟”，其实做和尚远不止撞钟那么简单，撞钟也不是谁都能撞得好的。禅宗有个典故，叫作“敬钟如佛”，说的就是有个小和尚撞钟时因为怀着无比的虔敬之心，因此钟声不同凡响，老方丈深通佛法，一听就听出了奥妙。这个典故强调的是可贵的禅心，也是非常难得的学习之心与事业心。

说到底，诚意正心是一种儒家的修行功夫。而说到修行，以往人们总是把它想得很“高大上”，其实所谓修行，不过就是修正自己的言行的意思。一个人如何才能修正自己的言行呢？还得从心里做起。心里要是不想改，言行怎么可能会修正？心里要是不诚挚，又怎么可能改得了？

著名画家、北京大学中国文化书院导师范曾先生说过：“真诚是自我的完善，道是自我的引导。真诚是事物的发端和归宿，没有了真诚，一切都无从谈起。从宇宙到一棵小草、一滴露珠，都是诚实的存在，我们做人也一定要做诚实的人。诚外无物。我看学生第一看诚实。”

的确如此。诚意正心的对象，主要是对自己而言。王阳明说，“去山中之贼易，去心中之贼难”，所谓心中之贼，无非是那些不良的企图、不好的念头等。所以老子说，“胜人者有力，自胜者强”，真正能战胜心中邪念，让自己始终行走在正确的路上的人，才是强者。不然，愈是有力，愈是胜人，愈是天下人的祸患。

曾经的北大校长周其凤，就是一个心怀赤诚，率真不羁的人，同时他恐怕也是历任北大校长中最受争议的人。以“化学歌”闯进公众视野的他，陆续经历过“抨击美国教育”“对领导媚笑”“亿万富翁论”、“跪哭母亲”等风波，以致于那几年，他无论以何种行为、何种表达方式出现，都会被质疑。但周其凤说得好，“如果说我这个校长有哪一点儿值得你们学习，就是这个！我有我的性格，不想改，我 65 岁了，有人想通过一些事来改变我，说实话，不可能。我对母亲，该哭就哭，该笑就笑；我对学生，该哭就哭，该笑就笑，哭和笑不伤害大家，更不会伤害全国人民，你们放心好了。这是我的情感表达，你不喜欢，没办法，我不是演员，你可以不喜欢我，也不需要你喜欢!”

韩非子说过，“巧诈不如拙诚”，可是真诚的人，有时候确实与这个庸俗的世界格格不入。对此，也没必要为了迎合世俗，一改到底。

表现真诚的技巧

舞蹈家邓肯是19世纪最富传奇色彩的女性，热情浪漫外加叛逆的个性，使她成为反对传统婚姻和传统舞蹈的前卫人物。她小时候更是纯真，常坦率得令人发窘。

有一年圣诞节，学校举行庆祝大会，老师一边分糖果、蛋糕，一边说着："看啊，小朋友们，圣诞老公公给你们带来了什么礼物？"

邓肯马上站起来，严肃地说："世界上根本没有圣诞老公公。"

老师虽然很生气，但还是压住心中的怒火，改口说："相信圣诞老公公的乖女孩才能得到糖果。"

"我才不稀罕糖果。"邓肯回答。

老师勃然大怒，处罚邓肯坐到前面的地板上。

邓肯的回答没有错，但是，真诚并不是对人有什么说什么。

人无论处在何种地位，也无论是在哪种情况下，都喜欢听好话，喜欢受到别人的赞扬。的确，做工作很辛苦，能力虽然有大有小，但毕竟是尽了自己的一份力量，当然希望自己的努力得到他人和社会的承认，这也是人之常情。

那些正直的人，此时也许要实话实说，这就让人觉得你太过莽直，锋芒毕露了。有锋芒也有魄力，在特定的场合显示一下自己的锋芒，是很有必要的，但是如果太过，不仅会刺伤别人，也会损伤自己。

在这里为大家介绍一些表现真诚的技巧。

——表达看法、要求或建议时，话讲得慢一些，容易给人诚实的印象。如果说话很快，则易让人产生轻浮的印象。

——有十足理由的观点或要求，若能以轻声的口气说，就会较容易让人相信和接受。

——与人交谈的时候，上半身往前倾斜，可表现出你对交谈者和所谈的事的强烈关心。

——“随时随地听您的吩咐”，这句话可使对方感觉到你的诚意。

——认真时，有认真的表情，开心时，则尽量去笑，这样做会给人留下良好的印象。

——与客人或朋友、同事握手，一定得比常规距离更近一些，能表示你的友好和热情。

——恪守在谈笑间所订的诺言，可增加对方认为你是很诚实的印象。

——以手势配合讲话，比较容易把自己的热情传达给对方。

……

另外值得一提的是，在日常生活中，人们对事物的看法都属见仁见智，本无所谓对错。比如个人的衣食住行、穿衣戴帽、兴趣爱好等。许多自认为“有话直说”“想到什么说什么”“直筒子脾气”的人，其实是简单地用自己的观念和习惯去衡量别人的态度与行为，一遇到不对自己胃口的事立刻就去指责别人，实际上这并不是对他人善意的真诚，只是自我不悦情绪的随意宣泄。

中国有句老话叫“不看你说的是什么，只看你是怎么说的”。同样一个意思，不同的人有不同的说法，不同的说法也就会产生不同的效果。

我们与人交流时，千万不要以为内心真诚便可以不拘言语，我们还要学会委婉、艺术地表达自己的想法。一句话到底应该怎么说，其实很简单，你只要设身处地从他人的角度想想就可以了。

第五章
谦逊人恪守的平衡关系

古希腊哲学家苏格拉底曾说：谦逊是藏于土中甜美的根，所有崇高的美德由此发芽滋长。

谦逊的人恪守的是一种平衡关系，也就是让周围的人在对自己的认同上达到一种心理上的平衡，并且从不让别人感到卑下和失落。

谦逊是赢得尊重的重要品质

古人有“满招损，谦受益”的箴言，忠告世人要虚怀若谷，对人对事的态度不要骄狂，否则就会使自己处在四面楚歌之中，被世人讥笑和瞧不起。一句话，谦逊是获得成功和赢得人们尊重的最重要的品质之一。

尚未达到成功的人并没有什么值得特别骄傲的，因此，更应该而且必须保持谦逊。已经取得成功的人，也不该自高自大、自鸣得意和自以为是，而应该继续保持谦逊的作风，因为知识是无穷的，没有任何一种力量能够永远战胜未来。而未来才是不骄不躁的裁判，一切自以为是的骄傲情绪都会在这里被无情地判罚出局。

大发明家爱迪生有过一千多项改变人们生产和生活方式的发明，被誉为“发明大王”和“一代英雄”。但在他的晚年，由于越来越严重的骄傲情绪，使得恰恰是在他最志得意满的领域里，犯了错误。他固执地坚决反对交流输电，一味坚持直流输电，结果导致惨败。原来以他的名字命名的公司不得不改为“通用电器公司”，而实行交流输电的西屋电器公司至今仍存在着。这真是“英雄迟暮，骄则自误”。

有些错误是在无知中产生的，还有些错误是由骄傲引发的，被胜利冲昏了头脑，评判事物的标尺就会失衡。所以，即便是取得了一定成就的人，也不应该自以为是和沾沾自喜。

不论是属于意外的幸运，还是经过长期奋斗终于取得了成功，心中充满巨大的快乐，以致一时间欣喜若狂，都是可以理解的。因为，人生中还有什么比成功更值得高兴的事情呢？但是如果一个人仅仅因一次成功，从此就一直这么欣喜若狂，一直就这么得意扬扬，到处显耀自夸，总是表现出一种优胜者的得意忘形和骄傲自满，人们不至于说他是疯子，大概也绝不会敬佩他，而只会鄙视他。

如果自鸣得意者只是怀有一种优胜者良好的自我感觉，而且能以此感觉而不停顿地勇敢向前进击，这当然是一种美好的心理状态，在这种心理状态下他可以不断地取得新的成功。但是一般来说，不谦逊的人很难把自己的感觉控制在这个境界里。恰恰相反，他只是自以为已经了不起，而不知道天外有天，人外有人。

不谦逊的人大多不能正确地看待自己，并且最容易走进自己重复自己的怪圈。因为他被自己头上的那层光环迷住了双眼，有些眼花缭乱，有些飘飘然，头重脚轻，摇摇晃晃，如同醉汉。伴随着岁月无声的流逝，自以为已经走了很远的路，有一天当他突然醒来一看，才知道自己还停留在当初的出发点上。也许直到那时候，他才会发现，同龄人和周围的世界已经变得面目全非。山上已是旌旗烂漫，他却仍然躺在山下的池塘边，顾影自怜。也许直到那时候，他才会爬起来，扔掉头上的光环，走出怪圈，不再重复自己。

当人们骄狂自得的时候，可以摸一摸自己的头顶上，是哪一层光环迷住了自己的心。及早把它扔掉，就会轻松许多。

几千年前的古人就告诫过我们：“天行健，君子以自强不息。”

我们所感觉、所认识到的那数不清的宇宙天体，它们也是在永恒地流转不息，旋转前进。我们与万事万物一道，都存在于这个流转不息的天地之间。大凡有志之士，要修成德行、学问、事业、功名，也应效法天道，永无止息地努力、前进、创造。

面对不知有几十几百亿光年广大的宇宙，面对不知存在过几十几百亿年岁月的宇宙，我们人类算得了什么？面对存在了几百万年岁月的人类，面对全世界70多亿的人类同胞，面对可以在海底修隧道、可以上月球、可以把卫星定点在固定轨道、可以探测到距银河系二十亿光年的超亮星系的人类同胞，一个人的全部能量、全部所得、全部所成，又算得了什么？

自以为了不起而自鸣得意，问题就出在自己对自己错误的认识上。我们本该不断地拥抱新的自我——一个比一个更美丽动人的自我，可是我们如果自鸣得意，那就会总是舍不得放下那个面目已朽、风韵已衰的自我。

我们生活在时间的长河中，既不可能让时间凝固，也不可能让时间倒转。过去的一切都已经过去，无论多么辉煌都已经过去，对我们的生命实际上不可能构成新的意义。现在是一个不断成为过去，不断迎接未来的时刻。所以，不断地对我们的生命构成新的意义的唯有未来。未来一切的可能性都存在于我们的生命运动之中，只有面向未来的生命才可能重放光彩。

我们太应该认清自我，以便不使自己混同于他人，从而实现自我，不要抄袭别人，更应该不断地超越自我，不要使今天的自我混同或抄袭昨天的自我。

只有面向未来才能实现对自我的超越。那位学识渊博的浮士德所大声宣称的“我永远不能满足自己”，就是一句不断否定自我，不断超越自我的誓言。海德格尔的超越理论对我们也有一定的启迪价值。他在竭力张扬“亲在”，即“人生在世”，“在——世界——之中”的前提下，对自我的必然被超越、自我如何被超越做出了深刻的思辨。他概括了超越的三条途径——实际上是超越的三个方面，即超越世界、超越他人、超越现实。

如果我们能够把自我放在这样一个不断被反问、不断被超越的境地，我们就会迎来“一个比一个更美丽动人的自我”，使我们的生命总是呈现为一种全新的状态。这样，一切自鸣得意、骄傲自满的情绪就会烟消云散，最后就会在谦逊中找到自己的坐标。

谦逊是一项积极有力的特质

懂得谦逊就是懂得人生无止境，事业无止境，知识无止境。知之为知之，不知为不知，知不知者，可谓知矣。海不辞水，故能成其大；山不辞石，故能成其高。有谦乃有容，有容方成其广。人生本来就是克服了一个又一个障碍前进的，攀登事业的高峰就像跳高，如果没有一个瞬间的下蹲积聚力量，怎么能纵身上跃？人生又像一局胜负无常的棋，我们无法奢望自己永远立于不败之地。况且，“鹤立鸡群，可谓超然无侣矣，然进而观于大海之鹏，则渺然自小；又进而求之九霄之凤，则巍乎莫及”。只有建立在谦逊谨慎、永不自满的基础之上的人生追求才是健康的、有益的，才是对自己、对社会负责任的，也一定是有所作为、有所成功的！

晋襄公有位孙子，名叫惠伯谈，晋周是惠伯谈的儿子。

这位晋周生不逢时，遇晋灵公荒淫无道，晋国公子多遭残害。晋周虽然没有争立太子的条件，更无继位的希望，也同样不能幸免。

为保全性命，晋周来到周朝，跟着单襄公学习。

晋是当时的大国，晋周以晋公子身份来到周朝。晋周自小受父亲教育，养成良好的品性，他的行为举止完全不像一个贵公子。以往晋国的公子在周朝，名声都不好听，晋周却受到对人要求严厉的单襄公的称誉。

单襄公是周朝有名的大臣，学问渊博，待人宽厚而又严厉，是周天子和各国诸侯王公都很尊敬的人，晋周很高兴能跟着他，希望能跟着单襄公好好学习，以成长为有用的人才。

单襄公出外与天子、王公相会，晋周总是随从在后。单襄公与王公大臣议论朝政，晋周从来都是规规矩矩地站在单襄公身后，有时，一站几个小时，晋周从未有一丝不高兴的神色。王公大臣都夸奖晋周站有站相，坐有坐相，是一个少见的谦恭君子。

晋周在单襄公空闲时，经常向单襄公请教。交谈中，晋周所讲的都是仁义忠信智勇的内容，而且讲得很有分寸，处处表现出谦逊的精神。

人虽然在周朝，晋周仍十分关心晋国的情况，一听到不好的消息，他就为晋国担心流泪；一听到好消息，他就非常高兴。一些人不理解，对晋周说："晋国都容不下你了，你为什么还这样关心晋国呢?"晋周回答："晋国是我的祖国，虽然有人容不下我，但不是祖国对不起我。我是晋国的公子，晋国就像是我的母亲，我怎么能不关心呢?"

在周朝数年，晋周言谈举止的每一个细节都谦逊有礼，从未有不合礼数的举动发生。周朝的大臣对他多有夸奖。

单襄公临终时，对他儿子说："要好好对待晋周，晋周举止谦逊有礼，今后一定会做晋国国君的。"

后来，晋国国君死后，大家都想到远在周朝的晋周，就迎他回来做了国君，成为历史上的晋悼公。

晋周本是一个毫无条件争当太子的王子，仅以谦逊的美德征服了国内外几乎所有有权势的人，最终被推上了王位，可见谦逊的力量有多么巨大。老子说，"上善若水，水善利万物而不争"，"夫唯不争，故天下莫能与之争"，的确不是虚言。

许多人对于谦逊这项重要的特质，感到不以为然。事实上，谦逊是一项积极有力的特质，若加以妥善运用，可使人类在精神上、文化上或物质上不断地提升与进步。

谦逊是人性中的精髓，因为谦逊，圣雄甘地使印度独立自由，施韦策为非洲人民创造了更美好的世界。

不论你的目标为何，如果你想要追求成功，谦逊都是必要的条件。在到达成功的顶峰之后，你才会发现谦逊有多么重要。只有谦逊的人才能得到智慧。

对于谦逊，我们还要指明一点：在这个现实的世界，高尚的道德与卓越的才能，如果不让人知道，就不会得到很好的回报。所以，过度的谦逊并不是一种可取的美德。俗话说“过分的谦虚等于骄傲”，就是这个道理。

不断地检查自己的行为

每个人都有自己做人的方法。一个人确定了自己的做人的方法后（或许应当说，一个人以他自己一贯的做人的方法做人），一定以为自己做得十分正确，否则他便不会这样做人了。

换言之，许多被公认“不会做人”的人，心里也许还以为自己会做人。

没有“自知之明”是自古以来的“人之患”，做人必须克服此患。

人的一言一行，一举一动，都受自己的主观思想的影响，都以为自己做的一切都对。所以，关于做人的重要一课，就是如何谦逊地自我反省，认识到自己所犯的错误。

只有知错才会有改过的希望。只有不断修正自己的错误行为，才更会做人。

问题是谁都懂得“发现别人的错”，却意识不到自己的错（因为错与不错，由自己的主观去判断）。学做人，要先学会不断地检查自己的行为和检讨自己所做的错事，然后知错就改。

反之，这样做也有应当小心的地方，如果常常“在心里自己认错”，就会形成心理压力，对自己有压抑作用，久而久之，甚至可能使自己失去信心，因此，也要避免这种心态。

若想避免这种副作用，我们应当经常扪心自问一些问题。不应该问“这件事我做错了吗？”而应该问“我如何才可以将这件事做得更好？”

后面的一句话，先承认了“这事可以做得更好”，于是使自己开始思索“怎样改进”这个有益处有建设性的问题。而且自己既然可以“做得更好”，也有助于增强自信心。

应当如何找出自己的行为过失和不会做人之处？在此提出下列四点建议：

1. 既然你做人很成功，办事多能得到理想中的结果，仍然可以每隔一段时期检查一下自己的行为，并想出在哪些方面你可以做得更好。

即使你很成功，相信在心底里仍然知道“许多事我可以做得更好”。这种想法（和后来想出的“做得更好”的方法）极有助于反躬自省。

2. 做一件事而得不到心目中的结果时，应先假定那是因为自己有些地方做得不对，而不是因为“难以控制的外来因素”，一味地归因于客观因素。后一种想法是不会做人者的通病（而且常常这样想的人也很难学会做人）。

3. 和别人交涉而发觉别人对你反应不好时，应主动想到过错可能在自己（即使过错在别人）。别人讨厌你的时候，应当看看自己的行为有无不妥之处，不应只怪别人有眼无珠。

4. 万一别人出言批评你，应当尝试虚心接受这些批评，然后自省如何才能进一步改进。

拒绝善意的批评和忠告不是英雄气概，而是怯于面对现实，这使你失去正视错误和进步的机会。

经常用上面四种方法自我检讨，你就会更加懂得如何做人。

骄傲自大很危险

人生在世会遇到各种各样的险境，骄傲自大带来的可能是最可怕的一种。处境卑微自然不幸，但却没有太大的危险，趴在地上的人是不会被摔死的。最可怕的情境是身处险峰而高视阔步，只谓天风爽，不见峡谷深。这正是人们骄傲时的典型情境。

其实，只要脚下的某块石头一松动，就有坠入深渊的危险，而那些不可一世的英雄却全然不觉，兀自陶醉于“一览众山小”的壮志豪情中。殊不知正是这种时候，脚下的石头是最容易松动的。

古往今来，一个“傲”字毁了多少盖世英雄！

三国时期，祢衡很有文才，在社会上很有名气，但是，他恃才傲物，除了自己，任何人都不放在眼里。容不得别人，别人自然也容不得他。所以，他“以傲杀身”，被杀于黄祖。

祢衡所处的时代，各类人才是很多的，但他目中无人，经常说除了孔融和杨修，“余子碌碌，莫足数也”。即使是对孔融和杨修，他也并不很尊重。祢衡二十岁的时候，孔融已经四十岁了，他却常常称他们为“大儿孔文举，小儿杨德祖”。

经过孔融的推荐，曹操见了祢衡。见礼之后，曹操并没有立即让祢衡坐下。祢衡仰天长叹：“天地这样大，怎么就没有一个人！”

曹操说：“我手下有几十个人，都是当今的英雄，怎么说没人?”

祢衡说:“请讲。”

曹操说:“荀彧、荀攸、郭嘉、程昱机深智远,就是汉高祖时候的萧何、陈平也比不了;张辽、许褚、李典、乐进勇猛无比,就是古代猛将岑彭、马武也赶不上;还有从事吕虔、满宠,先锋于禁、徐晃,又有夏侯惇这样的奇才,曹子孝这样的人间福将,怎么说没人?”

祢衡笑着说:“您错了!这些人我都认识,荀彧可以让他去吊丧问疾,荀攸可以让他去看守坟墓,程昱可以让他去关门闭户,郭嘉可以让他读词念赋,张辽可以让他击鼓鸣金,许褚可以让他牧羊放马,乐进可以让他朗读诏书,李典可以让他传送书信,吕虔可以让他磨刀铸剑,满宠可以让他喝酒吃糟,于禁可以让他背土垒墙,徐晃可以让他屠猪杀狗,夏侯惇可称为‘完体将军’,曹子孝可叫做‘要钱太守’。其余的都是衣架、饭囊、酒桶、肉袋罢了!”

曹操很生气,说:“你有什么能耐?敢如此口出狂言?”

祢衡说:“天文地理,无所不通,三教九流,无所不晓;上可以让皇帝成为尧、舜,下可以跟孔子、颜回比美。怎能与凡夫俗子相提并论!”

这时,张辽在旁边拔出剑要杀祢衡,曹操阻止了张辽,悄声对他说:“这人名气很大,远近闻名。要是杀了他,天下人必定说我容不得人。

有人又对曹操说:“祢衡这小子实在太狂了,把他押起来吧!”

曹操考虑后还是忍住了,说:“我要杀他还不容易?不过,他在外总算有一点名气。我把他送给刘表,看看结果又会怎么样吧。”就这样，曹操没有动祢衡一根毫毛，让人把他送到刘表那儿去了。

到了荆州，刘表对祢衡不但很客气，而且“文章言议，非衡不定”。但是，祢衡骄傲之习不改，多次奚落、怠慢刘表。刘表又出于和曹操一样的动机，把他送给了江夏太守黄祖。

到了江夏，黄祖也能“礼贤下士”，待祢衡很好。祢衡常常帮助黄祖起草文稿。有一次，黄祖握住他的手说：“大名士，大手笔！你真能体察我的心意，把我心里想说的话全写出来啦!”

但是，后来在一条船上，祢衡又当众辱骂黄祖，说黄祖“就像庙宇里的神灵，尽管受大家的祭祀，可是一点儿也不灵验”。黄祖下不了台，恼怒之下，把祢衡杀了。祢衡死时才二十六岁。

曹操知道后说：“迂腐的儒士只会摇唇鼓舌，自己招来杀身之祸。”

祢衡短短一生未经军国大事，是块什么样的材料很难断定。然而狂傲至此，即使他有孔明之才，也必招杀身之祸。

关羽大意失荆州，同样是历史上以傲致败最经典的一个故事。

三国时期，吴将吕蒙来见孙权，建议乘关羽和曹操合围樊城的时候偷袭荆州，这建议正合孙权之意，他立刻对吕蒙委以重任。

可是，吕蒙发现镇守荆州的蜀将关羽警惕性很高，荆州军马整齐，沿江又有烽火台警戒，互通军情，很难正面攻破。正在苦思偷袭之计，陆逊来访，教给吕蒙一条诈病之计。

陆逊说：“关羽自恃是英雄，无人可敌。唯一惧怕的就是将军你了。将军乘此机会可假装有病，解去军职，把陆口的军事任务让给别人，又使接你职务的人大赞关羽英武，使关羽骄傲轻敌。这样，关羽就会把防守荆州的兵调去攻打樊城。假如荆州没有防备，将军只需用小股军队突袭荆州，便可以重新掌握荆州了。”

吕蒙大喜，说:“真好计也!”

后来，吕蒙果然称病，回到建业休息，并推荐陆逊代他守陆口。关羽得到消息知道吕蒙病重，已调离陆口，新来的陆逊又名不见经传，遂有轻敌之心。他还收到了陆逊送来的礼物，附上一封措辞卑谨的信函。信中说:“将军（关羽）在樊城一役中，把曹将于禁俘虏过来，水淹七军，远近赞叹，都说将军的功劳足以流芳百世。就算是晋文公大胜楚军的英勇，韩信打败赵兵的谋略，也不及您老人家……这次曹操失败了，我们听到也很高兴。但是，曹操很狡猾，不会甘心失败，恐怕会增调援兵，以求一逞野心。虽说曹军师老，还是很强悍的。况且战胜之后，一般都会出现轻敌的思想。所以古人用兵，胜利之后就应更加警觉。希望将军您多方面考虑计划，以获全胜。我只是一介书生，没有能力担任现职，幸好有您老人家这样强大的邻居，我愿意把想到的贡献给将军做参考，希望将军能多加指教!”

关羽看了这信，仰面大笑，命左右收了礼物，打发使者回去。他觉得这个年轻书生人不错，用不着防范，于是，他下令把原来防备东吴的军队陆续调往樊城前线。

就在这时，曹操听司马懿之计派使来到吴国，要孙权夹击关羽。孙权早已决定要袭取荆州，所以马上复信，表示同意。这样，原来的孙、刘联盟抗曹，一下子变成了曹、孙联盟破刘，形势急转直下。孙权拜吕蒙为大都督，统领江东各路兵马，袭击关羽的后方。

吕蒙到了浔阳，命士兵们穿了白色的衣服扮作商人，借故潜入烽火台，攻取了荆州。

事情到了这个地步，关羽才知道自己对东吴的防备太大意。为了重振军威，他带着日益减少的人马准备南下收复江陵。但是，在吕蒙、陆逊的分化瓦解下，他只能步步败退，最后只有困守麦城。在小城既得不到西川的消息，又盼不来援兵，他只好带一部分士兵偷偷地从城北小路逃往西川。但他哪里知道，吕蒙早已派兵埋伏在那里了，一阵鼓响，伏兵四出，关羽被生擒活捉。同年，关羽被斩首，荆州各郡县皆归东吴。

关羽之死，可谓千古悲歌。其一生忠义，几近完人。只为一个“傲”字，失地断头。虽然令人感叹，更为后人敲响了警钟。英雄如关羽，尚且骄傲自大不得，年轻人哪里还有骄傲的理由！

谦逊还是骄傲全凭个人修养

所有骄傲的人都认为，自己有学识，有能力，或有功劳；而谦逊的人却总是说，我还差得很远。骄傲者真的有其骄傲的资本，而谦逊者真的差得很远吗？这是一个耐人寻味的问题。

事实上，骄傲者虽然往往有一定的学识，但他骄傲的真正原因绝不是学识，而是无知。同样，谦逊的真正原因也不是他差得很远，而是他的确不比别人差。谦逊与骄傲全在于一个人的总体修养如何，而不在于是否多读了几本书、多做了几件事。

由于博学而谦逊，苏格拉底被世人公认为最聪明的人。但是苏格拉底却一点也不这样认为。他说："不可能！我唯一知道的事情是，我一无所知。"

然而世上总有一些人自以为有所知，甚至以为"老子天下第一"。这样的人，哪有不跌跟头的。

楚汉相争时，项羽勇将龙且奉命率领大军，日夜兼程向东进入齐地，救援齐王田广。

韩信正要向高密进军，听说龙且兵到，就召见曹、灌二将，嘱咐他们："龙且是项羽手下有名的猛将，只可智取，不可跟他硬拼，我只能用计擒住他。"于是，命令部队后撤三里，选择险要的高地安营扎寨，按兵不动。

楚将龙且以为韩信怯战，想渡河发起攻击。属下官吏向他建议："齐王田广数万部队已经吃了败仗，又都是本地人，顾虑家室，容易逃散；他们溃逃，我们也支持不住。韩信来势很凶，恐怕挡不住。最好是按兵不动，暂不与他正面交锋。汉兵千里而来，无粮可食，无城可守，拖他们一两个月，就可不攻自破了。”

龙且心高气傲，目空一切，他连连摇头道：“韩信不过是一个市井小儿，有什么本领？听说他少年时要过饭，钻过人家的裤裆。这种无用之人，怕他做什么！”

副将周兰上前进谏道：“将军不可轻视韩信。那韩信辅佐汉王平定三秦，平赵降燕，今又破齐，足智多谋，还望将军三思而行。”

龙且把手一摆，笑着说：“韩信遇到的对手，统统不堪一击，所以侥幸成功。现在他碰上我，才晓得刀是铁打的，我管教他脑袋搬家！”

当下龙且派人渡水投递战书。

为准备决战，韩信命军士火速赶制一万多条布口袋，当夜候用。黄昏时分，韩信召部将傅宽，授予密计：“你带兵各自带上布口袋，偷偷到潍水上游，就地取泥沙装进口袋里，选择河面浅窄的地方堆上沙口袋，阻挡流水。等明天交战时，楚军渡河，我军发出号炮，竖起红旗，即命兵士捞起沙口袋，放下流水，至要至要！”

韩信命众将今夜静养，明日见红旗竖起，立即全力出击。第二天，他又命曹参、灌婴两军留守西岸，自己率兵渡到东岸，大声挑战道：“龙且快来受死！”

龙且本是火爆性子，他跃马出营，怒气冲冲，举刀直奔韩信，韩信急忙退进阵中，众将出阵抵挡。韩信拍马就走，众将也忙退兵，向潍水奔回。

龙且哈哈大笑，说道：“我早说过韩信是个软蛋，不堪一击嘛!”说着，龙且领头追去，周兰等随后紧跟，追近潍水，那汉兵却渡过河西去了。

龙且正追赶得起劲，哪管水势深浅，也就跃马西渡。周兰看见河水忽然浅了，有些怀疑，急追上去想劝住龙且。楚军两三千人刚刚渡到河中，猛然一声炮响，河水忽然上涨了好几尺，接着便汹涌澎湃。河里的楚兵站立不稳，被汹涌的大浪卷走，不久便是满河浮尸。

这时汉军阵中红旗竖起，曹参、灌婴从两侧杀来。韩信率众将杀回来。不管龙且如何骁勇，周兰如何精细，也冲不出汉军的天罗地网。结果是龙且被斩，周兰被擒，两三千楚兵统统当了俘虏。

听龙且对韩信的评价，几乎完全不了解对方。所言种种，无非出身低微、忍胯下之辱一类的言论。以此为据而与韩信交战，岂有不败之理?

列夫·托尔斯泰也曾经有一个巧妙的比喻，用来说明骄傲的原因。他说:一个人对自己的评价像分母，他的实际才能像分数值，自我评价越高，实际能力就越低。

托尔斯泰的比喻，生动地说明了一个人的自我评价与其真才实学之间的关系。愿年轻人能将这个比喻牢记在心中，并时时提醒自己。

第六章

贪婪是灾祸的根源

对于贪婪的人，谁也救不了他。为人处世，若贪欲过盛，则不免损害他人利益，遭到众人唾弃；经营事业，若好高骛远过于贪婪，事业便难以长久。

“世上都晓神仙好，唯有功名忘不了！古今将相在何方？荒冢一堆草没了。世上都晓神仙好，只有金银忘不了！终朝只恨聚无多，及到多时眼闭了……”凡事看淡一些，就不会耿耿于怀，就不会锱铢必较，就不会因争名夺利而人缘尽失、头破血流。

贪得无厌的人都自私自利

“火山依旧在那里，它并不总让人看见。但是，没有人知道什么时候会突然喷发，一旦喷发，正踏在火山口的人只能是毁灭。不管你刚才是多么荣耀，也不管你是否已经接近成功。”

一般来说，凡贪心十足的人，凡想要把什么东西都搞到自己手中的人，其中尤以贪财、贪色者为众，结局往往是搬起石头砸了自己的脚。

贪得无厌的人总是没有好下场的。

不过，贪得无厌这四个字具有相当强大的“功能”，譬如说，它能“及时”地满足人们一时的欲望，给人们带来暂时的“忘情的欢乐”“恣意的享受”和“莫大的刺激”，所以有的人会不顾一切地追求这个贪字，甚至不惜为它身陷囹圄。

贪得无厌的人往往都是极端自私自利者，恣情享乐、欲望无边。英国大思想家培根曾经说过这样一段话：“一个最可恶的人是一切行动都以自我为中心；就像地球以自己为中心而转动，让其他的星体在它的周围环绕运行一样。”自私、利己，是一切贪得无厌的人的共同特征。他们恪守的信条是：人不为己，天诛地灭。

1. 认钱不认人

俄国大文学家普希金说：“金钱万能同时又非万能，它遗祸于人，破坏家庭，最终毁灭了拥有者自己。”为什么？就在于人们所关心的、所追求的只是钱，而且无论对自己或对他人，衡量的标准也只有一个——钱。

2. 认钱不认理

物欲化使人过于强调享受和占有，使人失去理性，变得异常贪婪。人要不要有物质的欲望？到了当今社会，这已经成了一个无须讨论的“问题”了。物质欲望的确是人存在的前提条件和必要保障。然而，如果一个人将物欲作为自己唯一追求的对象，那就值得讨论了。因为它必然会使人变成一个完全、彻底、纯粹的利己主义者，人会因此越来越贪得无厌，越来越自私，越来越恪守“人不为己，天诛地灭”的信条，就会远离群体，无法在社会中生存下去。的确，对金钱的过分崇拜会使人失去理智，使一个“明白人”变成“糊涂人”，导致人们贪得无厌，捞钱不计后果，不择手段，什么样的钱都敢拿，什么样的钱都敢花。诚如恩格斯所说：“在这种贪得无厌和利欲熏心的情况下，人的心灵的任何活动都不可能是清白的。”在这种旺盛的金钱欲望驱使下，就会什么事情都做得出来。宋代学者程颐说：“淤泥塞流水，人欲塞天理。”在无限膨胀的金钱欲望下，人的良心、公德、职业道德、礼义廉耻等统统都会被扔到九霄云外，在这种情况下，人是很少会有理性的。

3. 认钱不认志

人之所以是人，就是因为人活在世界上并不只是为了自己的生存，他应该通过自己的生命活动去实现自己的目标、抱负和志向，在实现自己志向的过程中体现人的社会价值。也只有这样才能获得他人的尊重，获得社会的承认，才能真正地实现自我的价值。因而凡是伟人，是从来不将金钱作为自己最重要的志向的，总是心中装有大目标，总是将伟大的事业、宏伟的抱负和志向作为自己毕生奋斗的方向。也许正是由于信念的支持，才使他们忍受得住种种挫折和考验。

当今的社会，有不少人本是很有志向的人，只是因为有的人心志不坚，在不良思潮冲击下，而失去了昔日的雄心壮志，失去了远大的理想，失去了美好的奋斗目标。他们的社会责任感日益弱化，什么主义，什么理想，什么奋斗，在这些人眼中统统都被抛到一边，最终成了一个堕落的人。

4. 认钱不认法

贪婪，实际上是一种不劳而获的占有欲望，是想通过某种手段、某种方法将他人的东西变为自己的东西。因为这种占有欲望完全是一种过分的、不切实际的、想入非非的邪念，因此，为了实现这种贪得无厌的欲望，他就必须使用一般人想不出来的“诱人的绝招”来，做出一般人做不出来的“使人上钩的绝活”来。当然，这些“绝招”和“绝活”大都是不道德的、带有阴谋性质的，甚至是违法的、犯罪的。不是吗？有的人为了实现自己过分的、不切实际的、想入非非的物质欲望，什么原则，什么公德，什么职业道德，什么做人的良心，什么规章制度，什么礼义廉耻统统都不要了，有的甚至不惜以身试法，以极其野蛮的、残忍的、卑鄙的手段巧取豪夺，干出那些违法犯罪的勾当。对此，马克思早就有过深刻的阐述：对一些唯利是图的资本家而言，“如果有50％的利润，他就会铤而走险；为100％的利润，他就敢践踏一切人间法律；有300％的利润，他就敢犯任何罪行，甚至绞首的危险。”

5. 认钱不认“格”

良好的人格是人性中最为宝贵的东西，它往往就表现在日常的做人、为人之中。一个品德高尚的人不仅能禁得住金钱的诱惑，而且是诚实、正直和有信用的。然而有些人，在金钱的诱惑下人格就会扭曲，对有钱人是一副嘴脸，对没钱人又是一副嘴脸，为了某种需要，甚至会不惜出卖自己的人格、国格，去做那些不顾廉耻之事。古人说："凡人坏品败名，钱财占了八分。"这句话是很有道理的。有不少人之所以变得那么自私，那么虚荣，对一些人那么谄媚、一副奴相，忘掉了做人、为人的道理，就是金钱这个魔鬼在起作用。"金钱不是万能的，然而没有金钱是万万不能的"这句话为什么那样"深入人心"，就是与社会上这种过于强调金钱的倾向密切相关。结果怎样呢？它会使人的行为始终围绕着金钱转圈。过去有一句"有钱能使鬼推磨"的俗语，意思是说只要有了金钱，甚至可以让"鬼"来为自己服务；现在呢，则变了，变成了"有钱能为鬼推磨"，表面上看只变了一个字，"使"字变成了"为"字，然而其含义却发生了很大的变化：人的行为从"被动"变成了"主动"，其行为的格调怎么会高呢？

总之，就像日本学者武者小路实笃在《人生论》中所说："一味地满足自己的物质欲望是一种利己的行为，定然不能产生与他人共通之物，在否定他人的同时，扬扬自得，尾巴翘到天上，采用此种生活方式的人四处树敌，把反感的情绪带给众人，损害他人，窒息自己。"

贪欲过盛之人难成大器

古时候，一个放羊的男孩在一个偶然的机会发现了一个深不可测的山洞，这个地方很隐蔽，他从未涉足过。好奇心促使他一步步地往山洞深处走去。突然，就在洞的深处，他发现了一座金光闪闪的宝库。天哪，这是不是人们常说的天下第一宝藏呢？放羊的男孩很是好奇，他从来没有见到过这么多的金子，他很高兴，于是小心地从金山上拿了小小的一条，他自言自语道："要是财主不再让我帮他放羊的话，这几十两金子也够我生活一段时间了。"他边说边从山洞里回到放羊的山上，"够用了、够用了。"然后不慌不忙地将羊赶回财主家，又如实地将这一天的发现告诉了财主。还把自己捡到的那块金子拿出来给财主看，让他辨别真假。财主一看、二摸、三咬之后，一把将放羊的男孩拉到身边，急切地问藏金子的山洞在哪里。男孩把藏金子的山洞的大体位置告诉了他，财主马上命令管家与手下直奔男孩放羊的那座山，还担心男孩的话不真，让男孩为他们带路。

财主很快见到了真的金山，高兴得不得了。他想：这下我可发了大财了。他赶忙将金子装进自己的衣袋，还让一起进来的手下拼命地装。就在他们把小男孩支走，准备带走所有金子的时候，洞里的神仙发话了："人啊，别太贪心了，天一黑下来，山门就要关了，到时候，你不仅得不到半两金子，连命也会在这里丢掉。"

可是财主就是听不进去，他想，山洞这么空阔，且又那么坚硬，就是天大的石头砸下来，也砸不到自己的头上，何况这里有这么多的金子呀！不拿白不拿，负重一点有什么的，拥有了这些金子，出去后我不就是大富翁了吗？于是财主还是不停地搬运，非要把金山搬空不可。忽然，一阵轰隆隆的雷声响起后，山洞被地下冒出的岩浆吞没掉，财主别说是当富翁，就连自己的性命也丢在了火山的岩浆之中了。

人是感情动物，无论是什么人，只要进入社会，接触到物质社会的利益，都会在心里产生种种欲望。诚然，动物的基因本质都是自私的，为了争取生存，恶劣的生存环境和动物之间的竞争决定了它们必须自私。在你死我活的竞争中，只有击败对手、杀死对手才有自己生存的权利。但是，如果仅仅以基因的本质是自私就心安理得，而丢弃人类文化这种“全新的非生物学”的力量，你把自己更重要的一部分——你的血肉，从你的躯体上剥去了，剩下的只是一副骷髅。你会变得毫无人的力量，即使血肉仍附在你的身躯上，那么你又与动物有什么区别呢？

不论在什么情况下，贪婪者、自私者都是卑鄙的、遭人唾弃的，都会受到社会的谴责，遭到公众的鄙视。试想，一个人得不到周围的人的帮助，甚至经常受到周围的人的排挤与打击，他的人生之路怎么可能会一路顺畅呢？

人的贪婪与否，欲望的多少直接关系到人品和事业的成败。“人有时会因一念私欲，便销刚为柔，利令智昏，变恩为残，玷污清白身，败毁了一生人品。”这就是说，一个人只要心中出现一点贪婪和私心杂念，他本来的刚直性格就会变得懦弱，人由聪明变得昏庸，由慈悲变得残酷。

人在进入社会后有各种各样的欲望，有欲望本无可厚非，有的人的欲望是客观的、有节制的，这样的欲望会是一种目标，一股动力，他可以使人具有远大的目标和斗志；有的人的欲望则是主观的、无限制的，甚至连他自己也说不清楚需要多少才能得到满足。这样的欲望则会给自己增加压力，超负荷的欲望会羁绊人前进的脚步，甚至会将其引向歧路。

欲望太多、太重，会让负重的人因此在一个坎上跌倒。人有七情，也有六欲，这本属正常，也是一个人在物质社会里不能或缺的东西。可是六欲不能太重，七情亦不能太多，只有这样，一个人才能在社会上立足，也才能够不被欲望所左右，否则就会成为自己利益的马前卒，或是非法财富的掠夺者，那么总有一天，人生的金矿也会冒出无情的地火，美好的生活也会在欲望的世界里焚毁。

在大多数时候，是否能节制贪欲，直接关系到一个人的人品和事业的成败。

周宣帝的皇后是杨坚的女儿，宣帝便拜杨坚为上柱国、大司马等重要官职，地位显赫。宇文氏家族的成员对杨坚的猜忌很深，加害杨坚的阴谋一个个接踵而来。后来，宣帝本人听到传言后对杨坚也产生了疑忌之心，他想找个借口把杨坚干掉。

于是宣帝想出一计，宣帝有四个美姬，他让四个宠姬打扮得分外妖艳妩媚，站在他的两侧，又派人去召杨坚上殿。宣帝对左右武士说："如果杨坚进来神色有什么变化，你们就立即把他杀掉。"不料杨坚上殿，脸上始终一股正气，目不斜视。宣帝只好让他回去了。

后来宣帝因荒淫无度而死，他九岁的儿子宇文衍即位，杨坚入朝主政，宣帝的弟弟汉王宇文赞早就想当皇帝，上朝听政时常与杨坚同帐而坐。杨坚对此非常恼火。杨坚知道宇文赞是个酒色之徒，就选了几个漂亮的姑娘送给了宇文赞，宇文赞满心欢喜地接受了，他的权力欲望因此减退了，搬回王府，天天与美女销魂，不问政事，杨坚遂于公元 581 年称帝，建立了隋朝。

明代《菜根谭》又言："富贵是无情之物，看得至重，它害你越大；贫贱是耐久之交，处理至好，它益你反深。故贪商羽而恋金谷者，竟被一时之显戮；乐箪瓢而甘敝缊者，终享千载之令名。"这段话的意思很明显，不节制贪欲，过于贪心，必然为贪欲所害。

中国古代因贪小利失掉国家的事例很多。

战国时期，晋国智伯请求韩康子割地给他，韩康子不答应。

段规说："智伯好利而刚愎，不给他地其必出兵讨伐我国，不如给他地算了。他因贪得成性，必定还要请地他国，他国若不给他地，他就会出兵攻打，我国则可以免于忧患，而且还可以伺机而动。"韩康子答应了智伯的要求。

不久，智伯又求地于魏桓子，魏桓子也不想给他。

任章说："不如割地给他，使他骄傲，君王您可以团结所有天下人来图谋智伯。"

魏桓子说："好。"也割地给智伯。

智伯接着又向赵襄子求蔡、皋狼附近的地，赵襄子不给，智伯非常愤怒，就出兵围困晋阳城。这时，韩国、魏国在外围打击智伯，赵国在内中呼应，智伯于是败亡。

而西汉开国丞相萧何却能自觉节制贪欲。他受封食邑 13000 户，足能在京城地面广治田宅，但他偏在终南山下买了几间没有院墙的茅屋。臣僚们问他何故如此，他回答说："如果我的子孙贤良，可传我的俭朴家风；如果我的子孙不贤良，也不致被势利者所侵夺。”他的话果然切中要害，其心胸之宽广，俨然悟透了人生的真谛。

贪欲过盛之人，没人愿与之共事，因而永远难成大器。世间小人，个个蝇营狗苟，皆为贪欲所惑也。

戒掉使人堕落的贪婪

商业社会，要真正做到完全脱离物质而一味追求人格高尚纯洁确实很难。但只要有了人格追求，起码可以活得轻松潇洒些，不为物质所累，更不会为一次晋级、一次涨薪而闹得不可开交。既不会因此闹得心中闷闷不乐，郁郁寡欢；也不会为功名利禄而趋炎附势，出卖灵魂，丧失人格。现实生活中，每个人都可能有一两次这样的经验和体会，当你放弃利益，保住人格时，那种欣喜愉悦是发自肺腑的，淋漓尽致的。一个坦坦荡荡的人，他的心是宁静安逸的，而蝇营狗苟的小人，其心境永远是风雨飘摇的。

大凡贪图物质享受的人，他们的生活往往容易糜烂，而精神生活空虚不堪，同时也不会有高尚的品德，因此他们为了能得到更高层次的享受，就不惜用任何手段去钻营名利，甚至摆出一副卑躬屈膝的样子也在所不惜。为人处世，如果不本着“君子爱财，取之有道”的原则而过分追求生活享受，不但会做出损人利己的举动，还会触犯刑律，惹出滔天大祸。

那么，该怎样戒掉使人堕落的贪婪呢？以下几点，可作为人们自戒的参考。

——多克制一点儿自己不切实际的、过分的欲望，这就是说不要纵欲，要节欲；

——多想一想“若要人不知，除非己莫为”的简单道理，这就是说作为一个人要理智一点儿，不要耍小聪明，不要聪明反被聪明误；

——多想一点儿法律的威力和自己的前途，这就是说，即使为了自己的将来也不能做那些违法乱纪和伤天害理的事；

——多想一想悲剧性后果对自己家庭的影响，这就是说一个人要多一点儿责任感，包括自己在家庭中的责任；

——多对自己或大或小的权力进行约束，这就是说一个人在有权时也不要得意忘形，不要肆无忌惮；

——多反省自己的言行，这就是说作为一个人，要加强自己的人格修养，随时随地地严格要求自己。

一个人大致做到了上述几点，就不会贪婪了。

该收手时就收手

年轻的猎人设计了一个捕捉野鸡的装置。他在一个大箱子里面和外面撒了玉米，大箱子有一道门，门上系了一根绳子，他抓着绳子的另一端躲在暗处，只要等到野鸡进入箱子，他就可以通过拉扯绳子把门关上。

布下装置的第一天，就飞来了一群野鸡。猎人数了数，有二十六只。一只野鸡发现了大箱子里的玉米，进入箱子，紧接着又陆续进入了十只。猎人想将箱子的门关上，但转念一想，还是再等一等吧，说不定还会有更多的野鸡进入箱子里。他正为自己的想法陶醉，不巧一只溜了出来，他想还是把箱子的门关上算了，但想到本来就属于自己的十一只野鸡现在只剩下了十只，又不甘心。他决定等箱子里再有十一只野鸡后，就关上门。然而就在他等第十一只野鸡的时候，又有二只野鸡跑出来了。他想等箱子里再有十只野鸡，就拉绳子。可是在他等待的时候，又有三只野鸡溜出来了。最后，箱子里 1 只野鸡也没剩。真正是“捕鸡不成反蚀了一把米”!

都说该出手时就出手，却很少有人说该收手时就收手。整天忙忙碌碌，东索西取，生活的意义何在？人生的乐趣何在？

只要你拥有“多多益善”的想法，认为物质生活“越多越好”，你就永远不会满足。

每当我们得到什么，或达到了某一目标，我们大部分人就会立即做下一件事。这使我们无暇享受生活，感受许多美好事物。

学会满足并不是说你不能、不会，或不该想得到比你的财富更多的东西，只是说你的幸福不要依赖于它。你可通过更着眼于现实而不是太注重你想得到的东西来获得满足。

你可以建起一种新的思维来欣赏你已享有的幸福，以新的眼光看待你的生活，就像是第一次看到它。当你建起这一新的意识，你将会发现，当新的财富或成就进入你的生活，你会收获更多惊喜，而生活也将会变得更加快乐。

不被名利牵着鼻子走

世界给予人们的种种诱惑，会使人有许多欲望和野心。这些欲望和野心往往使人执迷不悟，心态封闭，一心只想夺取和获得，从而产生出许多牵挂、忧虑、顾忌，心中负荷很重。一些先哲为了给世人排解烦恼和痛苦，提出了各种各样的忠告，大意是讲人要获得真正的人生，就要大彻大悟，无欲望，无念头，化万念为无念，不被名利牵着鼻子走，这样才能放松自己的身心，永远快乐。可是这种高层次的境界，不但没有被人接受，反而被说成是心灰意冷，不求上进。有的人还就这个问题大发感慨："什么无欲无求，全是那些文人吃饱了饭没事干，撑得慌；什么欲望和念头都不要了，那么人到世上来干什么？饭也不要吃了，觉也别睡了，学习、工作和结婚生子都没有必要了，还不如死了算啦!"发出这种感慨，实际上是没有真正领悟到先哲们大彻大悟的精髓，只是望文生义，是一种狭隘的心态。

法国作家大仲马有一句名言："人的脑袋是一座最坏的监狱。"落后的传统的思想观念、生活方式和旧的思维方式，一旦在一个人的头脑里形成，就很难摆脱，从而形成思维障碍。

应该说名利并不完全是坏东西，那也是人们的正常欲望，每个人都想生活得更舒适和更轻松，对名利的追求是可以理解的，完全用不着遮遮掩掩，羞羞答答。

这种正常的欲望引导得好，个人的自制力较强，还能激发人们的创造热情，激励人们奋发向上，积极作出贡献，从而推动整个社会的进步。假如一个人对一切都满足了，对任何新鲜美好的事物都无动于衷，什么事也激发不起他的热情，就更不用提为之行动了。如果人人都处于一种无欲无求的境地，一天到晚什么事也不做，那么社会就会停滞不前，陷入瘫痪状态。但一个人名利思想过重，利欲熏心，为了名利不择手段，甚至损害他人的利益，名利就会反过来束缚他，使他动弹不得，心境浮躁，成了地道的囚徒或奴隶。

我们所提倡的看淡名利，并不是鼓励大家无所事事、不求上进，而是强调做人的一种心态。具体到做事来说，无论是从政、经商，或者是搞学问、艺术，都要把眼前的每一件事情做好，做得漂漂亮亮，有益于自己，有益于人民，有益于社会。要把眼光放到整个社会利益的角度上，从狭隘的自我享受中解脱出来。

第七章

建立相互宽容的人际关系

宽以待人，要将心比心，推己及人。推己及人，是以自己为标尺，衡量自己的行为举止能否为人所接受，其依据是人同此心，心同此理，将心比心，设身处地。还可以用角色互换的方法，假设自己站在对方的位置上，想一想对方会有什么反应、感觉，从而理解他人，体谅他人。懂得了这点，当别人理亏时就会大度地宽容他人，他人才会在自己理亏时礼让你，以此建立相互宽容的人际关系网。

经历一次宽容，你就会打开一扇爱的大门。

用平和的心态去宽容理解别人

人与人的交往是很普通的事，因为交往能增进双方的友谊，交往能促进自己的事业成功，所以人们总是把交往作为人生的一件大事。但总是有些人因不懂得宽容谦让，往往事与愿违，徒增苦恼。

事后想想，其实大可不必，只要用平和的心态，多一些宽容、谦让和理解，许多事情是完全可能做得更好的。

著名的石油大王洛克菲勒先生晚年就是一个“大人不计小人过”的人，不论做任何事他都会用平和的心态去宽容理解别人。他说：“不论你是平民百姓，还是达官贵人，都应懂得理解和宽容别人的过失。用一个平常人的心态去同别人交往，这将会对你的一生很重要，它不仅可以使你每天都有一个好的心情，而且还可以用怨恨别人的时间去干一些有意义的事。”

这可是肺腑之言，尤其是出自向来以尖酸刻薄著称的洛克菲勒之口！年轻时的洛克菲勒因脾气火爆而得罪了许多人，以至于有很多人发誓要杀了他。后来因为身体等多方面的原因使他幡然悔悟，从此他便成了一个非常懂得容忍谦让的人。

洛克菲勒有一个习惯，每月的最后三天，他都要徒步旅行。有一次，他完成了三天的徒步旅行准备乘火车返回总部，他来到加州地区的一个又脏又乱的小车站，在靠门的座位上等车。由于长途跋涉，他显得很疲惫，身上挂满尘土，鞋子上沾满了污泥，显得老了许多。

列车进站，开始检票了，洛克菲勒不紧不慢地站起来，还伸了个懒腰，准备往检票口走。忽然，候车室外走来一个胖太太，她提着一只很重的箱子，显得有点儿力不从心。显然她也要赶这班车，可箱子太重，累得她呼呼直喘。她左顾右盼，好像是在找人帮她一把，胖太太一眼瞅见了浑身沾满污泥的洛克菲勒，冲他大喊："喂，老头儿，你给我提一下箱子，我给你小费。"洛克菲勒想都没想，拎着箱子就和胖太太一起朝检票口走去。

他们刚刚检完票上车，火车就开动了。胖太太擦了一把汗，庆幸地说："还真是多亏了你，不然我非误车不可。"说着，掏出一美元递给洛克菲勒。

洛克菲勒微笑着接过钱，询问胖太太要到哪里，胖太太说刚从加州看望儿子回来，边说边准备把箱子塞到座位底下，以免阻碍过往乘客。这时，列车长走过来说："洛克菲勒先生，你好，欢迎你乘坐本次列车，请问我能为你做点儿什么吗？"

"谢谢，不用了，我只是刚刚做了一个为期三天的徒步旅行，现在要返回纽约的总部。"洛克菲勒微笑着谢绝了列车长的关照。

"什么？洛克菲勒？"胖太太惊叫起来，"上帝，我竟让著名的石油大王洛克菲勒先生来为我提箱子呢，居然还给了他一美元小费，我这是在干什么啊？"她忙向洛克菲勒道歉，并诚惶诚恐地请洛克菲勒把一美元小费退给她。

"太太，不必道歉，你根本没有做错什么。"洛克菲勒微笑着说，"这一美元是我挣的，所以我收下了。"说着，洛克菲勒把一美元郑重地放在了口袋里。

要懂得如何去宽容和理解人，洛克菲勒就是这样的人，他以宽容和理解赢得了别人对他更大的尊重。

宽容和理解历来都是人们想得到而不想付出的，那么该如何去理解和宽容别人呢？

其实宽容和理解不仅是一个人有修养的表现，也是增进你与他人友谊的桥梁，如果用平和的心态去宽容和理解别人，别人也会由于你的宽容而感激不尽，从而也会宽容和理解你，这样，很多事情都可以非常简单地解决。

不对犯错的人穷追猛赶

再谨慎的人也会犯错误，不要对犯错的人穷追猛赶。理直固然气壮，但若将对方一逼再逼，就算把别人逼得跪地求饶，你除了得到对方内心的怨恨，还能得到什么？更不用说逼得对方恼羞成怒，和你大干一仗，两败俱伤了。一切对错误的惩罚都应适可而止。得饶人处且饶人，有理也要让三分。古人的告诫，我们不能忘了。

人们在一个单位或集体中工作学习，难免会产生一些意见或矛盾。但是，如果经常为一些鸡毛蒜皮的小事争得面红耳赤，谁都不肯甘拜下风，以致大打出手，事后静下心来想想，当时若能忍让三分，自会风平浪静，大事化小、小事化了，最终言归于好。事实上，越是有理的人，如果表现得越谦让，就越能显示出他胸襟坦荡，富有修养，更能得到他人的钦佩。

汉朝时有一位叫刘宽的人，为人宽厚仁慈。他在南阳当太守时，小吏、老百姓做了错事，为了以示惩戒，他只是让差役用蒲草鞭责打，使之不再犯，此举深得民心。刘宽的夫人为了试探他是否像人们所说的那样仁厚，便让婢女在他和属下集体办公的时候捧出肉汤，故作不小心把肉汤洒在他的官服上。要是一般的人，必定会把婢女责打一顿，或是怒斥一番。但是刘宽不仅没发脾气，反而问婢女："肉羹有没有烫着你的手？"由此足见刘宽为人宽容，度量确实超乎一般人。

还有一次，有人错认了刘宽家驾车的牛，硬说牛是他的。

刘宽什么也没说，叫车夫把牛解下给那人，自己步行回家。后来，那人找到自己的牛，便把刘宽的牛送还，并向刘宽赔礼道歉。刘宽不但没有怪罪，反而安慰那人。

这就是有理让三分的做法，刘宽的度量可谓不小。他感化了人心，也赢得了人心。

人人都有自尊心和好胜心，在生活中，对一些非原则性的问题，我们为什么不能主动显示出自己比他人更有容人之雅量呢?

俗话说，人无完人，每个人都难免会偶有过失，因此每个人都有需要别人原谅的时候。不过每个人对待自己的过错，往往不如看他人的那样严重，我们常把注意力集中在人家的过错上，因此，对于他人的过错不能原谅，而对于自己的过错就比较容易原谅，即使有时不得不承认是自己的过错，也总觉得是可以宽恕的，无论我们自己是好是坏，我们总是能够容忍自己。

问题是轮到我们评判他人的时候，情形就不一样了。我们总是百般挑剔他人。例如：假使我们发现了他人说谎，我们将会严厉地谴责对方的不诚实。可是谁又敢保证自己从没说过一次谎?

大部分人一旦陷身于争斗的旋涡，便不由自主地焦躁起来，有时为了自己的利益，甚至是为了面子，也要强词夺理，一争高下。一旦自己得了“理”，便决不饶人，非逼得对方鸣金收兵或自认倒霉不可。然而这次“得理不饶人”虽然让你吹着胜利的号角，但也成了下次争斗的前奏。因为这对“战败”的对方也是一种面子和利益之争，他当然要伺机“讨”还。

在这种时候，我们为什么就不能像刘宽那样，即使自己有理，也让别人三分呢?其实，有些时候给他人让出了台阶，也是为自己留下一条后路。

在与他人交往中，我们常常会因为对信息的意义理解不一，个性、脾气、爱好、要求的不统一，价值观念的差异，产生矛盾或冲突。此时我们应记住一位哲人的话："航行中有一条公认的规则，操纵灵敏的船应该给不太灵敏的船让道。"我认为，这在人与人的关系中也是应遵循的一条规律。

因此，做一个能理解、容纳他人的优点和缺点的人，才会受到他人的欢迎。相反，那些只知道对人吹毛求疵，又没完没了地批评说教的人，怎么会拥有亲密的朋友呢？人们对他只有敬而远之！

人际交往不可太认死理

孟子认为，君子之所以异于常人，便是在于其能时时自我反省。即使受到他人的不合理的对待，也必定先躬省自身，自问是否做到仁的境界？是否欠缺礼？否则别人为何如此对待自己呢？等到自我反省的结果合乎仁也合乎礼了，而对方强横的态度却仍然未改，那么，君子又必须反问自己：我一定还有不够真诚的地方，再反省的结果是自己没有不够真诚的地方，而对方强横的态度依然故我，君子这时才感慨地说："他不过是个荒诞的人罢了。这种人和禽兽又有何差别呢？对于禽兽根本不需要斤斤计较。"

每个人都生活在社会中，有人的地方自然会有矛盾。有了分歧不知怎么办，很多人就喜欢争吵，非论个是非曲直不可。其实这种做法很不明智，吵架又伤和气又伤感情。不如大事化小，小事化了。俗话说，家和万事兴。推而广之，人和也万事兴。人际交往中切不可太认死理，装装糊涂于己于人都有利。

事实上，任何人都不会把过去的记忆像流水一般抛掉。就某些方面来讲，人们有时会有执念很深的事件，甚至会终生不忘，为了避免招致别人的怨愤或者少得罪人，一个人行事需小心谨慎。《老子》中据此提出了"报怨以德"的思想，孔子也曾教育弟子处事时心胸要豁达，以君子般的坦然姿态应付一切。

有一次，有一个人去拜访老子。他到了老子家中，看到室内凌乱不堪，心中感到很吃惊，于是，他大声咒骂了一通后扬长而去。翌日，又回来向老子道歉。老子淡然地说："你好像很在意智者的概念，其实对我来讲，这是毫无意义的。所以，如果昨天你说我是马的话我也会承认的。因为别人既然这么认为，一定有他的根据，假如我顶撞回去，他一定会骂得更厉害。这就是我从来不去反驳别人的缘故。"

从这则故事中可以得到如下启示：在现实生活中，当双方发生矛盾或冲突时，对于别人的批评，除了虚心接受之外，还要做到毫不在意。人与人之间发生矛盾的时候太多了，因此，一定要心胸豁达，有涵养，不要为了不值得的小事去得罪别人。而且生活中常有一些人喜欢论人短长，在背后说三道四，如果听到有人这样谈论自己，完全不必理睬这种人。只要自己能自由自在地按自己的方式生活，又何必在意别人说些什么呢？

从前，有一对圣人兄弟名叫伯夷、叔齐，二人互相推让王位退隐到山林里，最后饿死了。还有一位商朝的宰相伊尹，也很著名。孟子把孔子、伯夷和伊尹三人的人生观加以比较后说："不同道。非其君不事，非其民不使；治则进，乱则退，伯夷也。何使非君？何使非民？治亦进，乱亦进，伊尹也。可以仕则仕，可以止则止，可以速则速，孔子也。皆古圣人也。吾未能有行焉。及所愿，则学孔子也。"

孔子、伯夷、伊尹三人，各有不同的人生观，但都能坚守仁、义，所以孟子认为他们都是圣人。换言之，只要能够忠实地坚守原则，那么采取什么手段、方法都无关紧要。

这种处世态度对人们很有借鉴意义。人们往往因为别人的生活方式以及应对态度与已不同而排斥对方，认为唯有自己才正确。其实，这种想法是很幼稚的。只要能够遵守做人的原则，那么采取什么生活方式都无所谓。我们不可能要求别人在生活的各个方面处处和自己一样，或是事事如己愿，这是极不现实的。

“若愚”方显“大智”本色

在中国传统思想中，有“吃亏是福”一说。这是哲人们所总结出来的一种人生观——它包括了愚笨者的智慧、柔弱者的力量，领略了生命含义的豁达和由吃亏退隐而带来的安稳与宁静。与这样貌似消极的哲学相比，一切所谓积极的哲学都会显得幼稚与不够稳重，以及不够圆熟。

“吃亏是福”的信奉者，同时也一定是一个“和平主义”的信仰者。林语堂在《生活的艺术》中对所谓“和平主义者”这样写道：“中国和平主义的根源，就是能忍耐暂时的失败，静待时机，相信在万物的体系中，在大自然动力和反动力的规律运行之上，没有一个人能永远占着便宜，也没有一个人永远做‘傻子’。”

大智者，其行为常常是若愚的。而且，唯有其“若愚”，才显其“大智”本色。其中的“若”这个字在这里很重要，也就是“像”的意思，而不是“是”的意义。以下是唐代的寒山与拾得（他们二人实际上是一种开启人的解脱智慧的象征）两个人的对话。

一日，寒山对拾得说：“今有人侮我、笑我、藐视我、毁我伤我、嫌恶恨我、诡谲欺我，则奈何?”拾得回答说：“但忍受之，依他、让他、敬他、避他、苦苦耐他、不要理他。且过几年，你再看他。”

那种高傲不可一世的人的结局一定是很尴尬的，而我们也一定可以想象得出拾得的胜利的微笑——尽管这可能是一种超脱圆滑的微笑。不过，它的确会给我们的生活带来一些好处。

“扑满”，就是我们常常说的用瓷或泥做的硬币储蓄盒。在小时候，我们常将父母给的一些零用钱放进去，当这个储蓄盒装满的时候，我们就将这储蓄盒打破，而将其中的钱取出来。然而，当它是空的时候，它却可以保全自身。

福祸常常是并行不悖的，而且福尽则祸亦至，而祸退则福亦来。因此，我们真的应该采取“愚”“让”“怯”“谦”这样的态度来避祸趋福。

“吃亏”往往是指物质上的损失，但是一个人的幸福与否，却往往是取决于他的心境如何。如果我们用外在的东西换来了心灵上的平和，那无疑是获得了人生的幸福，这便是值得的。

若一个人处处不肯吃亏，处处都想占便宜，难免会侵害别人的利益。于是便起纷争，在四面楚歌之下，又焉有不败之理？

因此，人最难做到的就是在“吃亏是福”的前提下，认识到两点，一个是“知足”，另一个就是“安分”。“知足”是对一切都感到满意，对所得到的一切，内心充满感激之情；“安分”则使人从来不奢望那些根本就不可能得到的或根本就不存在的东西。没有妄想，也就不会有邪念。所以，表面上看来“吃亏是福”以及“知足”“安分”会让人有不思进取之嫌，但是，这些思想也是在教导人们能成为一个对自己有清醒认识的人，做一个清醒的人。因为，一个非常明白的常识，即不需要任何理论就可以证明的是，一切的祸患不都是在于人们的“不知足”与“不安分”，或者说是不肯吃亏而引起的吗？

“吃亏”有两种，一种是主动的吃亏，一种是被动的吃亏。

“主动的吃亏”指的是主动去争取“吃亏”的机会，这种机会是指没有人愿意做的事，是困难的事，是报酬少的事。这种事因为无物质便宜可占，因此大部分的人不是拒绝就是不情愿，如果你主动争取，老板当然对你感激有加，一份情感必会记在心上，日后无论你是升迁或是自行创业，他都是可能帮助你的人，这也是对人际关系的帮助。最重要的是，你什么事都做，正可以磨炼你的做事能力和耐力，不但懂的比别人多，也进步得比别人快，这是你的无形资产，绝不是用钱能买得到的。

“被动的吃亏”是指在未被告知的情形下，突然被分派了一个你并不十分愿意做的工作，或是工作量突然增加。碰到这种情形，除非有健康因素或家庭因素，否则就应接下来；如果冷眼旁观周围环境，发现也没有你抗拒的余地，那就更应该“愉快”地接下来。也许你不太情愿，但事情已成定局，也只好用“吃亏就是占便宜”来自我宽慰，要不然怎么办呢？至于究竟有没有“便宜”可占，那是很难说的，因为那些“亏”有可能是对你的试炼，考验你的心志和能力，又或许是为了重用你。姑且不论是否“重用”你，在“吃亏”的状态下，磨炼出了你的耐性，这对你日后做事绝对是有帮助的。我的一个朋友托我给他儿子介绍一份工作，这个孩子是计算机专业的大学毕业生。我把他推荐给一个图书发行公司的老板，老板先请他吃饭，然后安排他到书库实习，结果这个孩子不辞而别。老板后来对我说：“现在的年轻人真怪！不熟悉整个公司的工作流程，怎么谈得上管理，又怎么用计算机管理。”老板还说：“我是把他当作人才来使用的，谁知他竟然这么不懂事。我从来不请员工吃饭，他是第一个。”

看来做事“吃亏就是占便宜”，做人何尝不是如此。

做人比做事难，但如果也有“吃亏就是占便宜”的心态，那么做人其实也不难。何况拿人手短，吃人嘴软，今天占你一点儿便宜，心里多少也会过意不去，只好在恰当的时候回报你，这就是你“吃亏”之后所占到的“便宜”！

第八章

交友与做人

朋友，是每个人人生舞台上的重要配角。没有朋友的人，在人生的长河中总是处处遭遇暗礁。即使是《鲁滨逊漂流记》中的鲁滨逊，也要找个取名为“星期五”的“朋友”，教会他说相同的语言，然后结为朋友，何况我们这些生活在熙熙攘攘的人群中的普通人呢？

朋友是铁定要交的。但是，要怎样才能交更多更好的朋友呢？

——关键是看你做人的道行高深与否。道行深的人，桃李不言，下自成蹊；道行浅的人，终归难免庭前冷落车马稀。

与优秀的人交往

南北朝时，一个叫季雅的人在名士吕僧珍家旁买了一处宅院。

僧珍询问他购买宅院的价钱是多少。

季雅回答说："1100 万。"

僧珍听到这么昂贵的价钱，大吃一惊。

季雅说："我是用 100 万买房宅，用 1000 万买邻居呀!"

百万买房、千万买邻的故事，讲的是结交卓越人士的道理。

结交卓越的人士，便能见贤思齐。近朱者赤，近墨者黑，说的就是这个道理。

当然，这里所谓的"卓越的人士"，并非是指家世显赫、地位超绝的人，而是指有内涵、让世人称道的人物。

"卓越的人士"大体上可区分为以下两大类型：一是指立身于社会主导地位的人们；二是指那些有着特殊才华的人们，如长袖善舞者，对社会有着杰出贡献的人，才能特殊的人，或是知识渊博的学者，才华横溢的艺术家，等等。此种杰出绝非凭一个人的喜好所界定，而需经由社会上的认同方可获得。

"圣贤之仁可以百世为师。""懂得圣贤们的礼貌规矩，愚蠢的人也会变得聪明，优柔寡断的人会变得刚毅果断。"因此，一个优秀人物所做出的生活样板仍然是后代人的福音——"我们不会死亡，我们将活在后代人的心中。"

与优秀的人交往总是会使自己也变得优秀。优秀的品格通过优秀的人的影响四处扩散。“我本是块普通的土地，只是我这里种植了玫瑰”，东方寓言中散发着浓郁芳香的土地这样说。

如果年轻人受到良好的影响和明智的指导，小心谨慎地运用自己的自由意志，他们就会在社会中寻找那些强于自己的人作为自己的榜样，努力去模仿他们。与优秀的人交往，就会从中吸取营养，使自己得到长足的发展；相反，如果与恶人为伴，那么自己必定遭殃。正如拉伯雷在谈到巨人（巨人，是法国讽刺作家拉伯雷在其作品《巨人传》中所描写的一个食欲巨大的国王）的教育时所说的那样，与品格高尚的人生活在一起，你会感到自己也在其中得到了升华，自己的心灵也被他们照亮。“与豺狼生活在一起”，一句西班牙谚语说，“你也将学会嗥叫”。

助你结交能人的注意事项

人人都想结交卓越之士，因此，我们放眼所及的一些能人，早已是庭前车马如织，想要结交他们，并非易事。在此，我们简要地介绍一些有助于你结交能人的注意事项。

1. 提前了解能人的有关材料

这方面的材料要尽力搜集，多多益善，力求全面详细。比如他的出生地、过去的生活经历、现在的地位状况、家庭成员、个人兴趣爱好、性格特点、处世风格、最主要的成就、最有影响力的作品（歌曲、著作……），这都可以作为你全面地了解他的参考资料。

2. 托人引荐

这是比较常用的办法，一般托那些与能人交往密切的人作为中间人引荐，会起到事半功倍的效果。因为能人对与他交往密切的人引荐来的人，自会刮目相看，郑重地对待你。

找中间人需要注意的是：你要让中间人尽可能地了解你，并获得中间人的充分信任和欣赏，这样他才会有积极性去引荐。对一个不太了解的人，或不太赏识的人，中间人是不会轻易引荐的。贸然引荐，令对方不高兴，也等于减少了他自己在对方心目中的“印象分”。

3. 不卑不亢，称赞不宜过分

跟能人打交道，不要拘谨也不要太直太露。举止言谈要落落大方，不要给人以谄媚、讨好的感觉。任何人对能人肯定怀有敬佩之情，你很真实地表达你的钦佩之情，适当地奉承一下也无不可，但发自肺腑的话最能打动人心。

4. 以平常心对待能人

能人也是人，也有七情六欲，也有喜怒哀乐，也有很多缺点，不要把他“神化”，风光的外表之下也许有不敢见阳光的地方。你既要想到他同样可能有令你失望的地方，也要理解能人的苦衷，不要因为你写信、求见，受了能人的冷遇就横加指责，大肆嘲弄。要知道，一个能人的社交机会太多，追捧者也多，因此有可能顾不过来，可能造成某种失误、失言。如果能体谅、支持他们，甚至真心诚意地帮助他们，能人也会感激不尽的，甚至会跟你结为知己、至交。

5. 不要刻意找关系

能人不是你想结识就能结识上的，有时再费心机也是徒劳。因此，不要刻意去寻访能人，本着自然的态度，随缘而定，有缘分的话，你会在意想不到的地方与之相识；没有缘分的话，就是近在咫尺也无缘相会。比如你想当场得到作家、歌星、球星、影视明星的亲笔签名并不难，但因此而与之相识恐怕不大可能。

6. 不要忽略“背运”的能人

能人之所以成为能人，一定有着过人之处，即使此时正走“背运”，你也一定不要忽视他，相反，这正是结识他的绝佳机会。他走下坡路时，很多崇拜者会弃他而去，深感世态炎凉，你此时去结识他，会令他十分感动，所谓患难见真情，他会视你为知己，日后东山再起，你就是他的座上宾。

关于这个话题，我们在下一节还会重点阐述，在此不再赘述。

最后，我们还需强调的是：我们结交能人的目的，是为了学习能人的为人处世方法，而非为了让自己有面子，或者为了他日利用能人的能量。

雪中送炭好于锦上添花

潦倒时别人给你的一碗粥，比你富贵时别人给你的一匹锦更让人感动与感恩。可惜世上趋炎附势的人多，大多热衷于锦上添花，无意雪中送炭。

结识卓越之士，对于平常人来说，最好的方法莫过于结交落难的英雄。虎落平阳被犬欺，龙游浅滩遭虾戏。昔日的辉煌，今朝的惨淡，若非个中之人，实在难以体会其中的痛楚。这个时候，是英雄感情最为脆弱的时候，你若能及时伸出你的手，英雄或许会铭记一生。

如果你认为对方是个落难英雄，就应及时接纳，多多交往。或者乘机进以忠告，指出其所有的缺失，勉励其改过行善。如果自己有能力，更应给予适当的协助，甚至施予物质上的救济。而物质上的救济，不要等他开口，应随时取得主动。有时对方很急着要，又不肯对你明言，或故意表示无此急需。你如得知情形，更应尽力帮忙，并且不能有丝毫得意的样子。寸金之遇，一饭之恩，可以使他终生铭记。日后如有所需，他必奋身图报。即使你无所需，他一朝否极泰来，也绝不会忘了你这个知己。

其实英雄落难，壮士潦倒，都是常见的事。但能人志士，终归会一飞冲天、一鸣惊人的。

朋友间互相磨砺的批评精神

明代学者苏浚在他的《鸡鸣偶记》里曾把朋友分为四类。这四类是："道义相砥，过失相规，畏友也；缓急可共，死生可托，密友也；甘言如饴，游戏征逐，昵友也；利而相攘，患则相倾，贼友也。"这个交友的标准虽然是根据当时社会情况提出来的，但对我们现在择友仍然适用。生活里，那种见利就上、就争，见朋友遇到困难或不幸就忘义、就倾轧的"贼友"，当然是不可交；那种甜言蜜语不绝于耳、吃喝玩乐不绝于行的"昵友"，固然可以带来一时欢快，却难以做到贫贱相扶、患难与共，也没有必要去交。值得我们倾注热情、以心相交的是能够"缓急可共，死生可托"的"密友"，是能够"道义相砥，过失相规"的"畏友"。在今天社会主义的时代，国家为青年健康成长提供了优越的社会条件，需要朋友为自己共患难、托生死的事毕竟鲜少；而那种可以在道义、学业上互相砥砺，在缺点、错误上互相规劝的"畏友"，对于青年成长却是绝对必要的。在青年成长的道路上有这样的"畏友"，不仅可以保证友谊向着健康的方向发展，也可以帮助青年增强战胜困难的勇气，获得蓬勃向上的力量，赢得事业的成功。古往今来，都有许多这样的事例。

唐代诗人张籍，可以说就是韩愈的畏友。韩愈才华横溢、才名四播，却不能耐心听取别人的意见，而且生活上不检点，喜欢赌博。张籍为此一再给韩愈写信，直言不讳地提出批评和忠告，终于促使韩愈认识了自己的缺点。韩愈在写给张籍的信中说：“当更思而悔之耳”，“敢不承教”。

北宋时的苏轼和黄庭坚也是一对好友，两人以诗文闻名于当世，也常坐在一起讨论书法。有一次，苏轼说：“鲁直，你近来写的字虽愈来愈清劲，不过有的地方却显得太硬瘦了，几乎像树梢挂蛇啊。”说罢笑了起来。黄庭坚回答说：“师兄批评一矢中的，令人心折。不过，师兄写的字……”苏轼见黄庭坚犹豫，赶快说：“你干吗吞吞吐吐，怕我吃不消吗?”黄庭坚于是大胆言道：“师兄的字，铁画银钩，遒劲有力。然而有时写得有些褊浅，就像是石头压的蛤蟆。”话音刚落，两人笑得前俯后仰。正是这种互相磨砺的批评精神，使得他们的友谊之树枝青叶茂。

朋友间由于各人的性格、习惯、特点不一样，谁都不免会有自己的弱点、短处和过失，如果看着朋友的不足和过失不指正、不劝阻，那怎么能够体现真正的友谊呢?

别让友谊沾染铜臭味

友谊，是一个充满着人情味的闪光字眼，真正的友谊会使钱在它面前暗淡，它是没有一点铜臭味的。因为，友谊总是比钱财高尚。而所谓的贪财者，却把钱财看得比友谊更重！他们不懂得“友谊”的真正含义，他们之所以要交朋友，也是为了钱财。

有这样一个故事：两人进山寻宝，满载而归。过河时河水猛涨，其中一人见势不妙，把身上带的一袋金子扔在河中，自己逃命而归；另一人则怕水冲走金子，把口袋紧紧抱在怀里，结果行动不便，被洪水冲走了。

从此例我们可以发现，贪财者视财如命，为了钱财不惜丢掉生命，命都不珍惜的人，很难说会珍惜友谊和朋友。一旦朋友成为他获得钱财的障碍，或者说朋友可以用来换钱财，这种钱财的奴隶会对朋友做什么就很难说了，即使是交往多年的朋友也不例外！

所以我们一旦碰到贪财者，最好绕道而行，设法让自己不去靠近他，也不要让他靠近你。这一点在交朋友时千万记住。

不义之徒把友谊看得非常淡，他对朋友总是怀着功利的眼光去打量。一旦发现朋友有利可图，就立即把友谊、朋友等字眼抛向一边置之不理，想尽一切办法去获取“利”，这种人爱用花言巧语诱骗人。与不义之徒交朋友，多半会让你吃大亏。

诸葛亮于《论交》中说：“势利之交，难以久远。”这句话是很有道理的。“势利眼”者两眼只向权势、利益看，并以权势、利益作为自己的交友准则。他们最善于也最喜欢趋炎附势。不管你发迹也好，还是你有权势也好，总之只要在你身上他们感到有利可图，有势可攀，他们就赶紧跑到你身边围着你团团转，讨好你，与你交朋友。一旦罩在你身上的权势的光环消失了，他们便不劝自退，转向别的有势力的人了。

看来与“势利眼”者交朋友确实是有害无益。春秋末年，晋国的中行文子逃亡，从一个县城经过。随从说：“这个地方有个乡官，是您的老相识、老朋友，为什么不在这儿歇歇脚，等等后面的车子?”文子说：“我曾经喜好音乐，这个人就送给我鸣琴；又听说我喜欢玉佩，他就赠给我玉环。他这是助长我的过错，以讨好我，现在恐怕他要出卖我去讨好别人了。”于是很快离开了这个县城。果然，这个乡官扣留了文子后面的两辆车，献给了自己的国君。

我们在广交朋友时一定要知道选择，尤其是想交到真正的朋友时，更应该将圈子缩小一些，鲁迅讲过：“人生得一知己足矣。”我们不要无所选择地将人人都要交成知己！

第九章

举止有礼，走进心灵

友善的言行、得体的举止、优雅的风度，这些都是走进他人心灵的通行证。无论老年人还是年轻人的心都是向举止得体、彬彬有礼的人打开的。态度生硬、举止粗鲁的言行举止只会使人倍生厌恶之情、憎恨之感，因此这种人在生活中必定处处碰壁，处处令人生厌，就像过街的老鼠一样，使人心生不快。

优雅的风度从何而来

风度美是一个人高层次的美，它能使他人心生敬慕，终生难忘；它是心神的凝聚，生活的灵秀。

有人认为，风度美来自心灵美。这话并不全对。心灵美指人的思想品质高尚，属于内在美；而风度美虽受内在美制约，但毕竟是通过行为表现出的一种神韵，属于外在美。事实上，有的人心灵虽美，却不一定有良好的风度，这是因为风度美很多时候有其相对的独立性，它有自己独特的表现形式和规律，用心灵美代替风度美是行不通的。

那么，优雅的风度究竟从何而来？

优雅的风度是内在素质的体现，它从人的言谈、行为、姿态、作风和表情等种种细节上表现出来。

它来自于言行，它来自于修养，它来自于心灵，也来自于人的知识与才干。虽然风度是一个人的内在素质的外在体现，但是，良好的风度必须以丰富的知识与涵养为基础。风趣的语言、宽厚的为人、得体的装扮、洒脱的举止等，无不体现着一个人内在的良好素质，然而，如果你有丰富的知识，而且运用起来得心应手，思维敏捷，那么优雅的风度就会随之而来。

恰当着装体现个人魅力

曾经有人说：如果一个人是一本书，那么这个人的穿着便是书的封面。一本书若有设计良好的封面，可以吸引读者产生拿起并阅读的欲望；同理，一个穿着有魅力的人，也会吸引其他人与之交往，进而有助于个人的成功。

现代社会中，个人的着装已经成为一个人的社会地位、经济状况、内在修养及气质的集中体现。即使是名人也离不开这个规律。

居里夫人这位法国科学研究院的高级女院士，是一位把奖章当玩具给孩子玩的女科学家，同时她也是一位日常不修边幅的女性，她认为搞他们这一行的形象并不重要，重要的是研究成果。

有一天居里夫人应邀参加一场新闻发布会，是关于他们的研究在最近取得重大突破的事。

她全身心地投入到实验里，把参加发布会的事给忘了，后来还是发布会组委会的电话使她想起了这件事。

她赶紧去参加发布会，根本没有顾及自我形象。可在她赶到了新闻发布会的大门口时，被保安拦住了。对方把她当成是流浪者，不管她怎么说都不让她进去。

居里夫人焦急万分，她不顾一切地大喊起来，这才把里面的组织者引了出来。

居里夫人连忙做了自我介绍，说她是来参加新闻发布会的博士。得到会议组织者的确认后，居里夫人才得以进入会场，这时新闻发布会已经开始了。轮到居里夫人做报告时，她拿起麦克风大声介绍起他们那个课题的研究情况来。听众见到一个蓬头散发、穿着邋遢的女人，以为有好戏看了，顿时上上下下一片混乱。

大会主席看到主角来了，忙做了介绍，台下才慢慢地安静下来。

居里夫人也不多说，继续讲他们的工作进展，可她发现下面的每一个人都用一种奇怪的眼光看着她，她并没在意。

说着说着，不知谁在下面咕哝了一句，顿时引起一阵哄笑。居里夫人还以为自己哪里说错了，停了一下，又接着往下说。不知谁又说了一句什么，台下笑得更欢了。

居里夫人环顾四周，发现大家都在下面对自己指点议论，她低头看了看自己，一下子脸羞得通红，不好意思地把头转了过去，她终于明白了。她的头发没有整理，乱得像个鸡窝，白衣服又脏又破。

发布会一结束，居里夫人就急忙赶车回实验室了，甚至连晚宴都没参加。

不要以为穿什么无所谓，怎么穿也无所谓，服装发展到了现在，可以说是一种无声的交际语言，它能告诉人们你的品位如何、身份如何及性格怎样等。所以年轻人在提升自己的魅力时，一定要把穿着高度重视起来。

不恰当的衣着会引起人们的反感，给人留下相当不好的第一印象。比如，一位教师如果以“西部牛仔”或“伴舞女郎”的打扮走上讲台，肯定不会受到学生的尊敬，即使课讲得再好，水平再高，也难以改变这一状况。另外，“爱美之心，人皆有之”，美观得体的衣着，往往首先给人以悦目的感受，让人产生与他继续交往的愿望。“先敬罗衣后敬人”这一古语虽说从道德上讲有所欠缺，但它毕竟是一个我们无法改变的现实的社会观念。其实这也是情有可原的，因为对方要了解你的“内在本质”还要经过一段时间，而体现一个人的个性的衣着却让人一目了然，留下一个直观的印象。

恰当的着装，并不是说一定要穿上价钱昂贵的衣服，有时正好相反，一味追求华丽富贵，反而给人以庸俗的印象，关键是要整洁大方，能体现人的内在素质。现在有许多公司对所属雇员的着装都有“规定”，而它并不是说要穿得怎么好看或衣料质地的好坏，关键是要符合审美的要求。

服饰要做到两和谐。一是服饰与人的身体、相貌、年龄、性格等因素和谐，二是服饰与时间、气候、场合、职业等的和谐。

恰当的穿着真的能改变人，使人变得较为英俊、潇洒，或靓丽动人。但是只有先认识自己、了解自己，才能强调自己、装扮自己，通过“着装设计”达到取长补短的效果，创造“自我”的风格。

如果你家里有一面穿衣镜，请你现在就走到镜子前。不要整理头发，不要换衣服，也不要任何装饰，就这样走过去，邋遢就邋遢吧！把自己当作别人，好好地瞧瞧镜中的“他”：由头到脚不能放松，也不必过于苛求，自己看到的是什么样子的人？

还有，不要把眼睛对准某一点，不用管单一的胸围、腰围、臀围以及手或脚怎么样，只要看整体的感觉就够了，就好像别人看你那样看看自己，也许你会发现——镜中的这位男士年龄二十多岁，五官端正，但衣着不雅；举止虽不像电影明星，但也很够味道。

你会发现缺陷其实很容易掩饰，你需要为新形象描绘一张蓝图。只有用这种心情来改变自己，你独特的气质风度才能慢慢地培养出来。限于篇幅，我们对穿着的细节不再做深入的讲解，各位读者也可以在很多其他渠道来获取这方面的知识。

好的习惯是可以培养的

有些人说，干净的人是因为有干净的条件，这同经济条件有关。事实上，这个论点是站不住脚的。干净的习惯是可以培养的，好的风气也是可以培养的，并不一定与经济环境有关。

1. 个人清洁

每个人在每一天都应该有良好的个人清洁习惯。

首先是牙齿。刷牙有时一天不止一次，可以三餐后都刷牙。也可以用牙线清洁牙齿，牙线比牙签清洁更彻底。除了早晚各刷一次，中午吃饭后也刷一次牙，晚上睡觉前必定会刷牙，感觉更干净。争取每次吃完东西之后就清洁牙齿，养成习惯。

年轻人定时到牙科诊所清洁牙齿是个好习惯。这样不仅可以保持牙齿健康，还能控制你的口气。因为不好的口气，例如口臭，也许就是从不健康的牙齿里面产生出来的。

再有就是手和指甲。有很多白领女士每天都会修理指甲，清洁指甲，用刷子刷所有的指甲。男人的指甲要短，在一个现代人的眼中，一个留长指甲的男人是很奇怪的。

有些人临时需要记一个电话号码或一个简单记录时，由于一时找不到纸，他们会把电话号码或别的什么写在手上，这是很不好的习惯，手弄脏了，再碰任何东西都会脏，包括你的衣服、你的脸。注意清洁、讲究卫生的人常常洗手，一天洗几次。干净的手和指甲也是文明的表现。

还有就是每天应该洗头、洗澡、换内衣、衬衫和袜子。每天都应保持鞋子的清洁。讲卫生是文明的象征。

2. 气味的问题

有些年轻人吸烟、喝酒、吃葱蒜等刺激性食物，都会有一种不好的气味，像烟味、酒味、腋味……可他们自己都感觉不到。

我们应该对气味特别敏感，因为不好的气味不仅说明你的个人卫生不够清洁，也会使你身边的人感到不舒服。现在有很多关于去除异味的产品，比如香水、漱口水等，可以适量地用它们。

优雅体态是有教养的体现

体态无时不存在于你的举手投足之间，优雅的体态是人有教养、充满自信的完美表达。美好的体态，会使人看起来有风度得多，也会使人身上的衣服更相得益彰。善于用形体语言与别人交流，定会使人受益匪浅。

黛安娜·维瑞兰德是目前世界最重要的时装权威之一，她曾说过：脖颈、脊背、手臂和腿的伸展，以及轻捷的步履是与美紧密相连的。她说得不错，每个人的体态很能说明他的一切。假如很消沉或情绪低落，就会萎靡不振；假如很疲惫，就会无精打采；假如感到无保障不稳定，那么他的体态也不会舒展。人的体态还能决定身上服装的效果，即使是最昂贵、最漂亮合体的服装，也无法掩饰一个萎靡不振的躯体所给人的不良观感。这些对女人来说重要，对男人也是如此。

1. 站姿

的确有很多人不知道怎么站，站起来很不自然，也不漂亮。

女人的基本站立姿势应该是这样的：抬头，挺胸，收紧腹部，肩膀往后垂，一脚在前，轻着地，一脚在后，重心落其上，站的时候看上去有点儿像字母“T”，因此人们称之为“基本 T”或者“模特 T”。而且好像有一条绳子从天花板垂下把头部和全身连起来，感觉很高，身体都拉起来了，这就是正确的站姿。站起来应该是很舒服的，很大方的，总是显得镇定、冷静、泰然自若。千万不可站成八字步，叉着腰。手轻轻地放在旁边，会更好看。

男士的正确站姿是挺胸，抬头，收紧腹部，两腿稍微分开，脸上带有自信，也要有一个挺拔的感觉。绝不可伸着头、驼着背、哈着腰、挺着肚……想一想演员们塑造的汉奸、地痞、流氓等形象，那就是最好的反面示范。

2. 坐姿

我们经常可以看到有些人不正确的坐法：两腿叉开，腿在地上抖，腿跷得太高。无论你穿什么衣服、裤子或裙子，男士和女士都不能这样坐。

女士正确的坐姿是你的腿进入基本站立的姿态，腿后侧能够碰到椅子，轻轻坐下来。两个膝盖一定要并起来，不可以分开，腿可以放中间或放两边。如果你的裙子很短的话，一定要小心盖住。尤其是要经常走动或工作的女士，或者要上高台坐下来的主礼嘉宾，都不适宜穿太短的裙子。绝不能两腿分开。

男士膝部可以分开些，但不宜超过肩宽，更不能两腿叉开，半躺在椅子里。

总之，人坐在椅子上可以不时变换一些姿态。但不管如何变，都要端坐，腰挺直，头、上体与四肢协调配合。

3. 行姿

不正确的行姿使你看起来无精打采，没有自信心，也没有风度。女士正确的行姿是：抬头，挺胸，收紧腹部，肩膀往后垂，手要轻轻地放在两边，轻轻地摆动，步伐也要轻轻地，不能够拖泥带水。还是如前所说，想到有一条绳子从天花板垂下把头和身体连起来，把你的身体拉高了。如果你的行姿是正确的话，那你的身体的线条会漂亮得多，走起来高很多，而且有自信心。女士在转弯以后，两脚依然要保持“丁”字形。

男士当然步伐不要这样轻，不要有“丁”字形，但抬头挺胸，有自信心地走路就是好的。

4. 蹲姿

女士有时不得不蹲下来捡些东西，这在生活中也是难免的，此时，不要光弯腰，臀部向后撅起，这非常不雅，也不礼貌，对腰也不好。正确的方法应该弯下膝盖，两个膝盖应该并起来，不应该分开的，臀部向下，上身保持直线，这样的蹲姿就典雅优美多了。

男士没有这样严格。

5. 做几个优雅体态的练习

古人把优雅体态概括为“站如松，坐如钟，行如风”。下面几个练习，就是教你如何保持体态优雅。

(1) 站如松

靠墙壁站直，让脚后跟顶住墙，把手放在腰和墙之间，看看是否能放进去，空间是否太大？你的手应该刚好能放进去，没有多余的空间。如果有很大空间，你可以弯下腿，慢慢蹲下去，把手一直放在背后，蹲到一半时，你会发现你和墙之间的空间消失了。这种方法能让你体会到正确的站姿。

躺在平面上，也能做同样的练习。你可以把臀部往后收，但脚底要保持平放在地板上。

当开始练习时，背后会有很大空间，但经过练习之后手就几乎插不进去了，效果是美妙的。

（2）坐如钟

首先进入基本站立姿势，腿侧刚好能碰到椅子的边沿，然后把手放在大腿上，以保持平衡，弯曲双膝，后背要挺直，坐到椅子边上。不要把自己“陷”在沙发里面。

如果你的脚还可以够到地面，那么，你可以由保持基本站立姿势的双腿，或者变换成双腿侧放，可以向左，也可以向右；或者把一条腿放在另一条腿上。但在变换姿势时，两个膝盖一定要合拢，千万不能分开。

要想站起来，只要按照相反的步骤做就行了。但一定要抬头、挺胸。

（3）行如风

要记住，我们不是在赛跑，而是在练习像风一样轻盈的步伐，这样走路时才可以保持优雅的体态。可以把一本书放在自己的头顶上，放稳之后再松手，接着把双手放在身体两侧，用前脚掌慢慢着地、小心地从基本站立姿势起步走。尽管可能会感到这种方法有点儿不自然，但这确实是训练人们从一点走到另一点的最有效的方法。这样练走路，关键是走路时要摆动大腿髋关节部位，而不是膝关节，步伐才能轻盈。

总之，一旦学会了正确的体态后，还要经常地练习，有理由相信，很快地，优雅的、大方的动作都会自然地成为你的一部分，根本不用特意想到它了。

几例常见的不良举止

如果你看见一个美女随地吐痰，相信你会对她反感，这个美女的形象从此在你心中就毁掉了。为什么呢？说大了是文明，说小了是习惯。吐痰不文明，已经被全民接受。但在十几年前的中国，你可能根本不认为这是一个问题。20 世纪 90 年代早期，美国的航班上都是可以抽烟的，现在已经根本绝迹，可见全世界的文明规范也在进步。

那些有损于你的影响力的习惯是必须改掉的。比如：衬衫皱巴巴的就往身上穿；黑皮鞋配着刺眼的白袜子；接别人的名片只用一只手；和别人握手谈话时眼睛还在那里东张西望；碰到什么事就整天愁眉苦脸的；开会从不准时还自认为总有人会迟到……

不良举止有很多，下面试举几例常见于人们中的不良举止，请各位引以为戒。

1. 使用手机不当

随着现代文明的进程和现代通信工具的发展，手机已经是人们日常生活中必不可少的了。如何通过使用这些现代化的通信工具来展示现代文明，也是生活中不可忽略的一个问题。

曾经在上海举办了一个国际性的会议——《财富》全球论

坛·上海年会，全世界最大的企业的总裁都来了，同时还邀请了200个中国最大企业的企业家参加。在演讲大厅中，你会听到手机不停地响。

年轻人要知道使用手机的礼貌：在有演出的地方，在重要的会议上，绝不能开着手机。你要在这种场合用手机，只可以到场外用。

万一你事务繁忙，不得不将手机带到社交场合，那么你至少要做到以下几点：将铃声调为震动模式，以免惊动他人。找安静、人少的地方接听，并尽量控制自己说话的音量。

如果在车里、餐桌上、会议室里、电梯中通话，尽量使你的谈话简短，以免干扰别人。

如果下次你的手机再响起的时候，有人在你旁边，你必须道歉说："对不起、请原谅。"然后走到一个不会影响他人的地方，把话讲完再入座。

如果有些场合不方便通话，就告诉来电者说你会打回电的，不要勉强接听而影响别人。现在很多场合（如医院里、飞机上）是禁止打移动电话的，千万不要违反这个规定。

2. 吸烟

现在禁烟在全世界都是个很重要的话题。因为大家都明白，吸烟是导致癌症、肺病、咽喉病的最重要的原因，还会严重污染环境。

很多航空公司都规定在飞机机舱内不准吸烟。很多大公司不仅在办公室内不准吸烟，甚至进入大楼就不许吸烟，要吸烟你必须离开大楼。所有戏院、影院、音乐厅都不能吸烟。许多国家都不准香烟广告上银幕和电视。

为了保护不吸烟者的权益，餐馆里也常常一分为二：一半是吸烟区，一半不可以吸烟。如果你在不可以吸烟的地方吸烟，会有人投诉你的。人家甚至可以向法院指控餐馆老板。

在这样的气氛中，很少有人在室内的公共场所吸烟，大家都很自觉。但在马路上吸烟却是常见的。在大厦门口，员工在休息时间下楼吸烟也是常见的。

我有一个朋友，死于肺癌。当时我们都很奇怪，因为他从来不吸烟。他在世界上是个非常有名的专门制作电影电视片头的专家。后来我们才知道，原来他在工作时，经常和其他吸烟的同事关在一个小屋里干到深更半夜。人家吸烟，他也被动吸烟，结果就得了肺癌。

可见，“二手烟”的危害是非常明显的，吸烟不仅伤害自己，而且伤害你周围的人。特别是孩子们的肺是很弱的，千万不能在他们面前吸烟，这将会害了他们。这一点，当爸爸妈妈的要特别注意。

在别人家里吸烟要事先征得主人的同意，如果主人不同意，就不要吸烟。如果你吸烟，一定要在离开人家时把烟蒂处理掉。千万不要边抽烟边出门。

在餐馆里，即使在吸烟区，你也要先问你的朋友是否介意你吸烟，这是礼貌。

以前，很多人并不特别在意吸烟，他们对这个问题也不是那么敏感。但现在，吸烟问题已渐渐受到重视。

3. 随便吐痰

随地吐痰是最令人痛恨的一种恶习，吐痰是最容易直接传播细菌的途径，随地吐痰是非常没有礼貌的，而且绝对影响环境、影响我们的身体健康。

如果你要吐痰，把痰抹在纸巾里，看到垃圾箱时丢进去。也可以去洗手间吐痰，但不要忘了清理痰迹和洗手。

4. 当众嚼口香糖

有些人整天嚼口香糖，嚼的时候还不断地发出声音，这也是一种缺乏修养的表现。

有些时候又必须嚼口香糖以保持口腔卫生，那么，我们应当注意在别人面前的形象。咀嚼的时候闭上嘴，不能发出声音。并把嚼过的口香糖用纸或塑料袋包起来，然后扔到垃圾箱里，千万不可像随地吐痰一样吐掉它。随地吐口香糖和随地吐痰，都是最让人鄙视的行为。

5. 当众挖鼻孔或掏耳朵

有好多年轻人把大拇指或小指的指甲留得较长，他们把指甲留得较长的原因并不是出于对指甲的一种偏爱（如果是一种偏爱那就另当别论），他们的目的竟然是把长指甲当作一种“工具”，用来挖鼻孔、掏耳朵、剔牙等，这是一个很粗俗的习惯。还有些手痒的人，只要看见什么可以用，诸如钥匙、牙签、发夹等，就信手拈来，用于挖鼻孔或者掏耳朵。尤其是在餐厅或茶坊，别人正在进餐或喝茶，这种不雅的小动作往往令旁观者感到非常恶心。这是很不雅的举动。

如果你要做的话，就在浴室里或在厕所里，没有人看到的时候做。

6. 当众搔头皮

有些头皮屑多的人，往往在公众场合忍不住头皮发痒而搔起头皮来，顿时皮屑飞扬四散，令旁人大感不快。特别是在那些庄重的场合，这样做实在是很难得到别人的谅解。

在公众场合，头皮屑落在衣服上是很不雅观的，必须时时注意用手掸干净。

7. 在公共场合抖腿

有些人坐着时会有意无意地让双腿颤动不停，或是让跷起的腿像钟摆似的来回晃动，而且自我感觉良好，以为这样做无伤大雅。其实这会令人觉得很不舒服。这是极不文明的表现，有这种举动的年轻人一定要改正。

8. 当众打哈欠

大庭广众，你能忍住不打哈欠吗？在交际场合，打哈欠给对方的感觉是：你对他不感兴趣，表现出很不耐烦了。因此，如果你实在控制不住要打哈欠，一定要马上用手盖住你的嘴，跟着说："对不起。"防止打哈欠的办法，是深呼吸几次，防止大脑缺氧。

9. 当众频频看表

如果你没有要事在身，那最好在别人面前尽量不看或少看自己的手表，否则会使你的朋友误认为你急于脱身。若真是因为忙或有其他重要约会，不妨直说，委婉地告知对方改日再谈，并顺便表示歉意。最好的解决方法是你事先就告诉别人你将要离开的时间。这样做不仅可以取得别人的谅解，还认为你是遵守时间的人。

总之，有此类毛病的人必须改掉上述这些坏习惯。在学校里，学生如果做了以上的不良行为，应该受到批评。在社会上，大家都应该阻止这些行为。但更多的是，我们要记住，就像乱丢垃圾会使环境变得很脏，你应该意识到不良举止和坏习惯会使别人感到非常不舒服。

第十章

人生的精彩离不开学习

没有知识，就会看不清自己前进的道路；没有知识，难以在人生的道路上跨步向前。一个人要想取得成就，就必须不断地提升自己，在具备与之等同的能力之后，才能获得美好的人生。

每个人都蕴藏着巨大的潜能

美国学者詹姆斯根据其研究成果指出："普通人只开发了自己身上所蕴藏能力的1/10，与应当取得的成就相比较起来，每个人不过是半醒着的。"

每个人的自身都是一座宝藏，都蕴藏着大自然赐予的巨大潜能和无限潜力，只是由于没有进行各种潜能训练，使得我们没有机会将内在的潜能淋漓尽致地发挥出来。在我们身上没有得到开发的潜能，就犹如一位熟睡的巨人，一旦受到激发，便能发挥"点石成金"的力量。

人是自然界最伟大的奇迹，一旦意识到自己的潜力，便会焕发出前所未有的生活热情和勇气。每个人都能成功，每个人体内都具备成功的潜能，尽情发挥这股力量，成功就会紧随而至。潜能是激发我们走向成功的力量，只要我们敢于挑战自己，敢于付出，理想一定会变为现实。只要我们在思想上、身体上、行为上、意识上都掌握迈向成功的策略，并且长久地保持这种状态，不断地采取行动，发挥自己所有的力量，释放内心的能量，我们就会开发出巨大的潜能，就会在瞬间改变生命，并且持久地带来变革，取得想要的非凡成就！

所以说，人们不仅要善于观察世界，也要善于观察自己。汤姆逊由于"那双笨拙的手"，在使用实验室工具方面感到非常烦恼。后来他偏重于理论物理的研究，较少涉及实验物理，并且找了一位实验物理方面有着特殊能力的助手，从而避开了自己的弱项，发挥了自己的特长。

珍妮·古道尔清楚地知道，她并没有过人的才智，但在研究野生动物方面，她有超人的毅力、浓厚的兴趣，而这正是干这一行所需要的。所以她没有去研究数学、物理，而是到非洲森林里考察黑猩猩，终于成了一个有成就的科学家。

每个人都有很多优点和才能，这些优点便是促使我们走向成功的关键。等到我们清晰地看到自己的特长，确信能在什么方面取得贡献，便开始迈向成功。相反，如果我们看不出自己的优点和才能，便像个活生生被埋到坟墓里的人！

一个人要想挖掘自己的潜力，真正需要唤醒的是自己。我们每个人都应当尽可能地挖掘自身的潜能，激发自己的雄心壮志。因为潜能是导致我们成功或失败的重要原因。只要我们能够认识到这一点，就会询问自己的行为是否对社会、对他人或对自己有益，是否能让一个人在自主选择的过程中，不断超越自己，并由此获得最大的快乐。当然，这一切都需要我们去不断地努力，只要我们每天多做一些，就是在开始进步，为自己不断地增加力量。就像举重一样，第一天我们举较轻的，然后第二天稍微增加一点儿重量，我们就用这种不断增强力量的办法来帮助自己，直到我们能够对自己的人生操控自如。

从某种意义上来说，人的潜能是十分巨大的，我们能做的比我们想到的要多得多。所以在自我发展方面，“你想什么，什么就是你”！加拿大心理学家汉斯·塞耶尔在《梦中的发现》一书里做出了一个十分惊人也极其迷人的估计：人的大脑所包容智力的能量，犹如原子核的物理能量一样巨大。从理论上说，人的创造潜力是无限的，不可穷尽的。所以说，只要你愿意去开发，就能产生巨大的能力。在这里我为大家提供潜能开发的四个必要步骤为：

第一步：发挥自己的想象力，使自己能够把握每一个选择的机会，让自己能够自主地决定自己要做什么，只有这样，生活才是属于我们自己的，我们才能找到光明之路。

第二步：明白自己喜欢什么，不要把社会、家人或朋友认可和看重的事当做自己喜爱的，更不要把自己喜爱的强加在别人的身上，也不要简单地认为自己感兴趣的事就是自己的兴趣所在，而要亲身体验并用自己的头脑做出判断。

第三步：要充满激情。一个充满激情的人，无论自己正在从事的是简单的体力劳动还是高级的脑力劳动，都会毫不犹豫地认为，自己的工作是神圣的天职，从事这项工作是在追寻自己的兴趣和爱好。只有自己坚信能够得到某些东西，并且产生一种强烈的渴望甚至冲动，经过努力才一定会得到。

第四步：采取积极快速的行动，同时要明白即使是简单的事情也要不断地去做，而这个做的前提就是我们要马上采取行动，要想成功就要立即行动。如果我们做任何事情都能立即行动，就能发挥自己巨大的潜能。只有立即行动，才能正视自己心中无穷的宝藏。只有立即行动，我们才能采取大量而有效的行动，使自己产生渴望财富、渴望成功的动力。只要有了这种力量，我们就会比自己想象的还要伟大！

所以说，要释放人的潜能，就需要进行潜能激发，让人进入能量激活状态。如果一个组织中所有成功的能量都处于激活状态，那么它可以带来核聚变效应。

潜能激发的前提是相信所有人都具有巨大的潜能，而且这些潜能还没有被释放出来。虽然人们可能通过自我激励来开发潜能，但更可靠、更适用的方法是通过外因的激发带来能量的释放。因为自我激励需要坚强的意志力，而外因的激活则是人的一种本能反应，而且它的激发本身带有一种竞技游戏的效果，这种效果可能激发起我们的雄心，并使我们在一瞬间看到希望，激发起无限潜力，去追求成功的足迹。这不是我在这里的假想，看一看我们的生活中，就有无数人是通过阅读一本激励人心的书，或者是阅读一篇感人肺腑的励志美文时，突然感到灵光一闪，蓦地发现了一个崭新的自我，从而走向成功。然而，我们中绝大多数人从来没有被唤醒过，他们一直处于沉睡之中，或者是直到生命走到了尽头，才会对自己的一生做出点滴认识，这样的人生，多么可悲呀！因此，当我们在生命如此多彩的时候，一定要对自身的潜能有一个清醒的认识，唯有如此，我们才可能有效地发掘生命的潜力，从而最大限度地实现自我的价值。

学习是生存的重要环节

无论时代如何进步，知识始终都会是支撑时代发展的重要动力。所以，世界上没有一个国家敢小视知识的作用。因此，才会有国家进步，教育先行的至理名言。而对于我们个人而言，要让自己在短时间之内取得快速的进步，唯一的办法就是学习知识，并使之转化成能力。

没有知识的人很难在社会上立足，就是因为他们无法做到与社会的发展同步，所以，无论在什么时候，学习都是我们生存的重要环节。当你学到了让自己生存的本领，你就可以很好地发挥自己的才能，为自己赢得生活的资本。

现实生活中有许多人都是这样一步步地走出来的。

罗子京如今是一家实力雄厚的皮革制造公司的总经理，但是，如果告诉你他其实是一个只有初中文化水平的人，也许你会怀疑，那么，他究竟是如何坐到今天的位置上呢？

原来，他初中毕业后迫于生计就到了一家皮革厂打工。上班第一天，罗子京就被种类繁多的皮革弄得发晕，在家乡只见过牛皮、羊皮的他似乎第一次明白世界上还有这么多种类的皮革。

因为公司转型不久，大家都没有什么经验，工友们说，皮革发僵、变硬、破损等问题经常出现，影响工期，还经常要返工。怎么办呢？晚上回去躺在床上，罗子京辗转反侧。他最后想到了书。

第二天一下班，他就奔到书店买了一本《皮革加工 1000 问》，书的价格是 40 元，相当于罗子京一周的生活费。晚上，他惊喜地发现，几乎所有的问题在书里都有详细的分析、说明。他索性不睡觉了，爬起来，找了一块木板，开始做试验，就这样一直忙到天亮。于是，第二天上班，两眼通红的他解决着一个又一个的难题，而且讲出一套套的理论，同事们看着显得有些亢奋的他惊奇不已。第八天，他被任命为厂里的技术骨干。

一旦钻研起来，罗子京发现即使就皮革来讲，知识也非常庞杂，需要继续学习。相关的书很贵，他就每天去书店蹭书看，每天都看到书店关门。有时候会捧着书在厂里待到很晚，反复地看书、试验。后来他又自学了电脑，机遇总是给有准备的人，学完电脑没多久，公司要调一个人到写字楼工作，有一个前提就是会电脑操作，罗子京顺利入选。

新的挑战随后开始，罗子京被任命为客户代表。一个多月时间里，罗子京没有签到一个客户，巨大的压力笼罩着他。但他相信知识可以救自己，他总结后认为，一是因为自己和人打交道有问题，见到女客户甚至脸红，表达能力不好；二是因为自己知识面不宽，与接受过高等教育的客户们缺乏共同语言，而且不能掌握高学历人群的需求和心理。

于是，他狂补社交礼仪、演讲口才、顾客心理、营销策略等方面的知识，一个月之后他见客户不再紧张了，知识给了他自信。在随后的六个月时间里，他签下了 450 万的订单，名列公司第一位。

因为在每个岗位都能胜任，罗子京逐渐受到重用，先后担任技术监理、销售部经理、客服中心总监等职务，他开始读《现代人力资源管理》之类的管理类书籍，同时开始为总监的公司员工编写培训教材。

作为高级技术人才调入公司领导层的罗子京目前仍然是初中学历，他笑称自己是写字楼里学历最低的人。不过他的下属却都很服他，他们说，李总相当专业，也很健谈。八年的时间，他改变了自己的人生，凭借的是书和渴望知识的心。

学习任何知识都有助于你能力的增长。尤其是在现在的社会环境中，学到有用的知识对于你而言有助于你保持与社会的统一步伐，并不断超越时代发展的要求，成为时代的宠儿。

用学习改变一生

知识是人类从原始走到现代，从荒蛮走到文明的精神资源。在整个的进化过程中，学习贯穿始终，人类在一步步的学习过程中，掌握了生存的本领，并推动着人类历史的飞速进步，这就是学习的作用。知识是人类发展的财富，学习是获得这些财富的手段，当我们掌握了这些财富，我们就等于站在了巨人的肩上，可以看得更远、走得更远。即使从零开始也会在很短的时间内超越他人，获得更好的成绩。

发生在北京的、最真实的自考状元张立勇的事迹就可以充分说明这个道理。

1996 年，连高中都没上完的张立勇到清华食堂做了一名卖馒头的临时工。清华园里的学术氛围让张立勇非常向往。下了晚班后的张立勇总是匆匆赶到教室聆听大师们的讲座。因为下班时间总在晚上八点以后，很多讲座张立勇只能站着听到结尾，但是，这是他最幸福的时刻。在一次次的讲座中，他吸收着清华大学土壤中的学子精神，他将一个普通厨师和打工者的生活融入清华丰富的校园生活中。

在清华食堂工作一段时间后，张立勇决定把自己感兴趣的英语作为学习的突破口。他制定了残酷的时间表：早上 6 点必须起床；6 点 15 分至 6 点半跑步；6 点半至 7 点背英语；7 点至 7 点 15 分刷牙、洗脸；7 点 15 分至 7 点半上班；午饭时间控制在 7 分钟之内，剩下的 8 分钟背英语；中午 1 点钟听英语广播；

晚上 8 点下班，学习英语到 12 点；深夜 12 点 45 分至 1 点 15 分收听英语广播。就是在这样的时间安排下，他明显地感觉到了自己的进步。

为了能够更好地掌握英语，他积极参加清华大学的英语协会，或者光顾校园里的英语角。一开始和大家交流的时候他显得很拘谨，生怕别人笑话，但是，他听英语角的同学说，学英语一定要张嘴说，就像刷牙一样，刷牙之前得张嘴，所以就不管自己说得好与坏，都大胆地说出来。经过几年的学习和锻炼，张立勇可以十分流利地讲英语，而且还可以跟许多外国朋友对答如流。

为了检验自己的学习，他决定报考英语四、六级，他要获得一个权威的认证，而不仅仅是个人的感觉。从 2000 年到 2001 年，一年多的时间他陆续参加国家英语四、六级考试，均以 80 多分获得通过，接着又考了托福，没想到托福一共 670 分，他竟然考了 630 分。

一时间，在清华大学他引起了轰动。经过努力，张立勇获得北京大学成人教育的大专文凭，被团中央树为全国十大杰出学习青年之一，并成为航空工业出版社《三导自考丛书》代言人。他学到的知识让他看到了更远的地方。

生活中也许我们会听到有人说：我年纪大了，学那么多有用吗？也有人会说：现在的工作我都会做了，学多了以后也不一定能派上用场。但是，古人说得好：活到老，学到老。学习就应该成为一生都应该做的事。

知识可以让我们拓展眼光，可以让我们看得更远。我们平时会因为多做一件事而愤愤不平，却不想它能给你自己带来一次学习的机会，为我们的发展铺路搭桥。

我们平时会因为公司提供培训而使忙碌的自己大皱眉头，却不知它是让你获得知识的一个非常好的平台。学习不可能一蹴而就，需要日积月累，如果我们认真地参加公司的每一次培训，如果我们愿意把平时不懂的东西都记录下来，设法解决这些问题，那么，你就可以看得更远。

我们应该跳出命运的陷阱，为自己找到另一条更好的路，用学习改变自己的一生，让自己看得更远，走得更远。

知识从实践中获得

国学大师南怀瑾说过，世界上有两本书：一本是现实的无字书，一本是订成本本的有字书。人在小的时候，读的通常都是有字书，但随着年龄的增长，就学会看无字书了。学习了无字书，人就会变得能够独立地去生活，去创造了。

南怀瑾所说的有字书和无字书，源于孔子所提倡的“夫子之文章，可得而闻也；夫子之言性与天道，不可得而闻也。”其实，人多读有字书的目的，就是为了更会读现实的无字书。

中国有一句话，叫“实践出真知”，意思是只有经过实践的检验，知识才能成为真正的知识，成为你的能力。大到关系国家命运的事件，小到个人的生活小事，“实践出真知”都是极其正确的。

在我国春秋战国时代，有一位擅长做车轮的能工巧匠，他的名字叫轮扁。

一天，齐桓公在殿堂上读书，轮扁在堂下削削砍砍地做车轮。齐桓公读书读到妙处，不禁摇头晃脑、口中念念有词，很是得意。轮扁见桓公这样爱书，心里觉得纳闷。他放下手中的锥子、凿子，走到堂上问齐桓公说：

“请问，大王您所看的书，上面写的都是些什么呀？”

齐桓公回答说：“书上写的是圣人讲的道理。”

轮扁说：“请问大王，这些圣人还活着吗？”

齐桓公说：“他们都死了。”

于是轮扁说："既然这样，那大王您所读的书，不过是古人留下的糟粕罢了。"

齐桓公一听轮扁这样说，很是扫兴。他拉下脸对轮扁说："我在这里读书，你一个做车轮的工匠，怎么可以妄加议论呢？你说圣人书上留下的是糟粕，如果你能谈出个道理来，我还可以饶了你；如果你说不出道理来，那就罪该处死！"

轮扁不慌不忙地回答齐桓公说："我是从自己的职业和经验体会来看待这件事的。就说我砍削车轮这件事吧，要是榫松了，就不牢固。榫头虽然打进去了，但很快就会滑脱出来；要是太紧了，榫头就打不进去，或者干脆打坏了材料。只有不松不紧，才能得心应手，制作出质量最好的车轮。由此看来，削车轮也有它的诀窍……"

轮扁的话还没有说完，齐桓公就听得不耐烦了。他大声呵斥轮扁道："削砍车轮哪有什么诀窍？你不要啰啰唆唆说那么多，反正你说不出令我满意的答案，我就会处死你。"

轮扁没有被齐桓公的话吓倒。只见他不紧不慢地接着说："你说没有诀窍，那我为什么比别人做得快、做得好呢？而且做起轮子来总比别人来得从容不迫呢？这当中的窍门是实实在在有的。可是，我只能从心里去体会而得到，却难以用言语很清楚明白地讲授给我儿子听，因此我儿子便不能从我这里学到砍削车轮的真正技巧。我可以告诉他，这诀窍是怎么怎么的，但我说出的诀窍已不是什么诀窍了。因为，做这门手艺的工匠都这么说。大家都能说出的诀窍，算什么诀窍呢？所以我已经七十岁了，做了一辈子的轮子，但还得凭自己心里的感觉去动手砍削车轮。做我这一行的，古人连同他们的那些不可言传的诀窍，都随着他们死去了。我的诀窍是我切身操作体会出来的。

由此可见，古代圣人心中许多只可意会、不可言传的知识精华已经随着他们死去了。既然这样，君王忘记自己现实的操作，却整日专心致志地从古人的言论中寻求治国秘方，所能得到的当然只能是一些古人留下的肤浅粗略的东西了。”

齐桓公默不作声，心里觉得轮扁说得确实有理。

常言道：“尽信书不如无书”，在一定情况下确实如此。书本给出的规范，总是一些抽象的定律和原理，而具体的生活情境却无限复杂，用知识指导生活，把书本知识转化为实际能力也需要诸多创造性的中间环节才能有效实现，否则，知识的规范将使人手足无措。

中国民间有个笑话，讲的是秀才过河沟。如何能跳过小河沟？秀才翻开书本，只见书上写道：“单脚起，双脚落，一跃而过。”秀才按此实践，却跃进了小河沟里。

这正是人们对“书呆子”的嘲讽，在今天的现实生活中，这个笑话仍然很有意义。

人活在世上，实践经验是很重要的，因为它不但是产生理论知识的源泉，而且有些精深的技艺是难以从书本上得到的。当然，忽视书本知识，排斥间接经验，盲目地将书本知识一概视为糟粕的观点，也是不可取的。

生有涯，知无涯

师旷是我国古代著名的音乐家。一天，师旷正为晋平公演奏，忽然听到晋平公叹气说："有很多东西我还不知道，可我现在已七十多岁，再想学也太迟了吧！"

师旷笑着答道："那您就赶紧点蜡烛啊。"晋平公有些不高兴："你这话什么意思？求知与点蜡烛有什么关系？答非所问！你不是故意在戏弄我吧？"

师旷赶紧解释："我怎敢戏弄大王您啊！只是我听人说，年少时学习，就像走在朝阳下；壮年时学习，犹如在正午的阳光下行走；老年时学习，那便是在夜间点起蜡烛小心前行。烛光虽然微弱，比不上阳光，但总比摸黑强吧。"晋平公听了，点头称是。

活到老，学到老，知无涯，生有涯。自诞生之日起，学习就成为整个人类及其每一个个体的一项基本活动。从幼年、少年、青年、中年直至老年，学习将伴随人的整个生活历程并影响人一生的发展。

古人说："书山有路勤为径，学海无涯苦作舟。"人要想不断地进步，就得活到老学到老。在学习上不能有餍足之心。

之所以提出终身学习的观点，因为人类几千年积累下来的知识文化，岂是只用短短几十年的一生能学得完的呢？故先贤庄子曾说："吾生也有涯而知也无涯。"何况现代社会的知识寿命大为缩短，个人用十几年所学习的知识，会很快过时。如果不再学习更新，马上就进入所谓的“知识半衰期”。

据统计，当今世界90%的知识是近三十年产生的，知识半衰期只有五至七年。而且，人的能力就像电池一样，会随着时间和使用而逐渐流失。因此，人们的知识需要不断“加油”“充电”。

当今时代，世界在飞速发展，知识更新的速度日益加快，人们要适应变化的世界，就必须努力做到活到老、学到老，要有终身学习的态度。以老人为例，也得学会如何使用洗衣机、微波炉甚至是电脑，不然享受不了科技带来的乐趣与便捷。

终身学习这方面，鲁迅先生是榜样，先生在临死前一个小时还在写文章呢！还有华人首富李嘉诚，他每天晚上看书学习，这个好习惯已坚持了几十年。更有甚者认为，只是“活到老，学到老”还远远不够，比尔·盖茨就讲过一句话：在21世纪，人们比的不是学习，而是学习的速度。

活到老，学到老，每个人若要跟上时代的脚步，就必须不停地学习。在现代社会中，知识的更新速度越来越快，不努力学习，就会被淘汰。因此，即使是百岁老叟，只要付出，就会有收获，即使比不上别人，但跟自己比未尝不是一种超越！

不断学习，不断精进，不断成长，不断成为更厉害的自己。

第十一章
从自省的镜子中看清自己

“吾日三省吾身”这句话出自《论语·学而》，是曾子说的一句名言。原文是：“吾日三省吾身——为人谋而不忠乎？与朋友交而不信乎？传不习乎？”它的意思是：我每天多次反省自己——替人家谋虑是否不够尽心？和朋友交往是否不够诚信？老师传授的学业是否不曾复习？

“以铜为镜，可以正衣冠；以人为镜，可以明得失；以古为镜，可以知兴衰。”人生有了自省吾身，犹如有朗镜悬空，能时刻从自省的镜子中看清自己、检讨自己，进而修正自己。

学会从自身上找问题

“反求诸己”典出于我国典籍《孟子·公孙丑上》：“仁者如射。射者正己而后发，发而不中，不怨胜己者，反求诸己而已矣。”意思是说，追求仁德的人好比射箭，如果射出的箭没有中靶，不会去责怪那些射中了目标而比自己强的人，而只会反躬自省自己的不足。“反求诸己”强调的是人的自省，强调人要学会反过来从自己身上找出问题的症结。

不少人似乎淡忘了这些来自于古代圣贤的告诫了。生活中，我们常常会遇到类似的情景：你和朋友约好一起去看电影（或做其他的事），由于他忘了带东西又回去取，结果你们迟到了。你也许会埋怨朋友说：都是你的错，要不咱们就不会迟到了。就算你不说，心里也很可能会这样想。当然，你并没有恶意，只是习惯性地埋怨罢了。然而，正是这种“习惯性”地埋怨他人，却是我们最大的错误。

曾在论坛上看到一个年轻父亲的求助帖，因为出差，他将五岁的儿子从县城送到乡下，托付给孩子的爷爷奶奶照看，结果小孩在井边独自玩耍时不幸掉进井里溺水身亡。悲剧酿成后，年轻的父亲陷入了深深的痛苦之中，同时也怨恨照料不周的老父老母。两年过去了，至今他还生活在对儿子的思念与对自己父母的怨恨当中。他说他无法原谅自己的父母，因此两年中没有见过父母，也没有通过电话，就是给父母的生活费也是通过自己的兄弟代转。在他的文字中，除了“控诉”父母的疏忽外，没有一个字提到自己是否有错误。

他真的没有错误吗？一定是有的，比如是否对五岁的儿子做过安全教育？比如是否考虑到顽皮的孩子送到遍布池塘水井的乡下由年老的父母照料本身就是一种危险，是否还有其他更好的方式？

可以说“埋怨别人”已成为好多人的弊病，“都是你的错”也成了人们掩饰自己错误的习惯性借口。当我们遇到困难时，我们首先想到的是埋怨别人，而不是从自己身上找原因。仿佛所有的错误都与自己毫不相干。或许当“都是我的错”成为我们经常挂在嘴边的话时，当我们学会反求诸己时，我们会发现自己变得更加谦卑与平和，外界的很多事情很难让我们冲动得失去理智。可以说，反求诸己是一种智慧，也是我们每个中国人应该具备的美德。我相信，倘若每个人都学会了反求诸己，人与人之间的硝烟会少一些，爱心会多一些。

曹操和袁绍的一大区别在于，当战争失败时，袁绍只知道指责他的部下，将失败的原因推给他的士兵、他的将领、他的门客，而不知道从自己身上找错误。相反，曹操则会当着众多门客、将领的面，检讨自己的错误，即使真正失败的原因并不在于自己。这就直接导致了袁绍的许多部下投奔曹操，最终袁绍败于曹操。知古鉴今，谁学会了反求诸己，谁就能立于不败之地，当今社会更加需要反求诸己。

愿世间多些自我反省与检讨，少些指责愤怒与怨恨。记住：当你将食指指向他人时，中指、无名指与小拇指正指着自己。

不靠本能和欲望支配生活

学者南怀瑾说："曾国藩一生共有十三套学问，但流传后世的只有一套，即《曾国藩家书》。"如果我们细读《曾国藩家书》，就会发现，其中除了对晚辈的教诲外，曾氏自省的文字比比皆是。

曾国藩（1811—1872），中国近代一个响当当的人物，是"晚清三杰"之一，洋务运动的先驱人物，曾创办湘军与太平天国苦战并最终取得胜利。曾国藩历任内阁学士，礼部右侍郎，兵部、吏部侍郎，后任两江总督等职，一生历尽坎坷，几度生死。

从青年时代起，曾国藩就按照京师唐鉴、倭仁帮他制定的"日课十二条"，每日自修、自省、自律。即使后来成为高官显贵之后，也从不停止这些艰苦的功课。他曾经在日记中写道："一切事都必须检查，一天不检查，日后补救就困难了，何况是修德做大事业这样的事！"他所写日记，直到临死之前一日才停止。曾国藩正是在逐日检点、事事检点的自律自省中，一步一步地走向事业的成功，走向人生的辉煌。

道光年间，在京城做官的曾国藩书生意气，加之年轻气盛，内藏傲骨，外露傲气，易冲动，"好与诸有大名大位者为仇"。咸丰初年，他在长沙办团练，也动辄指摘别人，尤其是与绿营的明争暗斗，与湖南官场的凿枘不合，以及在南昌与陈启迈、恽光宸的争强斗胜，这一切都是采取法家强权的方式。虽在表面上获胜，实则埋下了更大的隐患。又如参清德、参陈启迈、参鲍起豹，或越俎代庖，或感情用事，办理之时，固然干脆痛快，却没想到锋芒毕露、刚烈太甚，伤害了这些官僚的上下左右，无形之中给自己设置了许多障碍，埋下了许多意想不到的隐患。

咸丰七年二月，曾国藩的父亲曾麟书去世，曾国藩脱下战袍从江西战场回家守丧。这引来了朝廷上下一片指责声，有些人甚至还希望朝廷处分他。但出乎意料的是，朝廷不仅准假三月，还给了他一笔银子，令他假满即赴前线。曾国藩并不领情，上表要求在家守制，朝廷不准。三个月后，曾国藩再次上奏，在这篇奏折里，他倒尽了苦水，然后提出复出的困难，如他所保举湘军将士的官名都是虚的、自己位虽高却没有实权、军饷受掣于地方、作战也得不到地方的支持等。实际上就是希望朝廷理解他的苦处，授以督抚军权实职，一切问题便迎刃而解。谁知朝廷根本不予理会。当时是满人的天下，要授汉人以实职是值得皇帝犹豫的，于是皇帝干脆同意他在家守制。曾国藩原本是想借守制为筹码，获得更大的权力以利于自己施展拳脚，却没料到被朝廷顺水推舟。无可奈何的曾国藩在家一待就是一年多。眼看着自己亲手创建的湘军不能由自己指挥立功，不免“胸多抑郁，怨天尤人”。

在湘中荷叶塘守制的一年多时间里，曾国藩对自己的为人处世做了深刻反省。他开始认识到自己办事常不顺手的原因，并进一步悟出了一些在官场中的为人之道：“长傲、多言二弊，历观前世卿大夫兴衰，及近日官场所以致祸福之由，未尝不视此二者为枢机。”“历观名公巨卿，多以此二端败家丧生。”“天下古今之才人，皆以一傲字致败；天下古今之庸人，皆以一惰字致败。”他总结了这些经验和教训之后，便苦心钻研老庄道家之经典，潜心攻读《道德经》和《南华经》，经过默默地咀嚼，细细地品味，终于悟出了老庄和孔孟并非截然对立的，两者结合既能做出掀天揭地的大事业，又可泰然处之，保持宁静谦退之心境。

一年多后，浙江局面一变，御史李鹤年、湖南巡抚骆秉章等人上奏朝廷，要求朝廷速命曾国藩复出以解浙江之急时，在郁闷与反省中度日如年的曾国藩不再讨价还价，立即披挂出征了。再次出山的曾国藩身上多了些从容与迁就，少了些冲动与固执。这些改变对他日后的功名成就无疑是影响巨大的，而这一切，均拜他的自省所赐。在这一年当中，是曾国藩一生思想、为人处世的重大调整和转折的时刻。也正是由于他这段痛苦的自我反省才有了曾国藩晚年的成熟老练。等到再次出山的时候，才渐渐地收敛自己的锋芒，而日益变得圆融通达。

“自省”是儒家思想非常重要的组成部分。儒家认为，自省是人达到“圣人”和“君子”道德、学识境界的一种手段。这种手段是一种涵养手段，具有自身的一些特性。儒家认为，自省是“修身之本”，是“中兴之本”。儒家讲求“内圣外王”，其思想内涵之一，是指自身的修养（“内圣”）是“外王”的前提，只有具备了良好的自身修养，才能完成治理国家的任务。在“格物”“致知”“诚意”“正心”“修身”“齐家”“治国”“平天下”这“八条目”当中，修身被看作是头等大事。而修身之本则是“自反”，即自省。比如：“自反者，修身之本也。本得，则用无不利。”“以反求诸己为要法，以言人不善为至戒。”

从曾国藩的家书中，我们可以清楚地体会到他是深刻地反思与检讨自己的作风。而一个时刻自省的人，言行逐渐平和稳重，性格也会更加完善完美，不会动辄乖张动气、情绪失控。因此，在夜深人静的时候，我们要思考，要反省，不能靠着本能和欲望去支配我们的生活。

宽厚待人，不论人非

《格言联璧》中有云：静坐常思己过，闲谈莫论人非。上联讲严于律己，下联讲宽厚待人。意思是沉静下来要经常自省自己的过失，进而以是克非、为善去恶；闲谈的时候莫议论别人的是非得失。这是儒家倡导的道德修养的重要方法。上联语出《论语·卫灵公》：“躬自厚而薄责于人，则远怨矣。”即是说多反省自己而少责备别人，怨恨就不会来了。韩愈则进一步阐释：“古之君子，其责己也重以周，其待人也轻以约。重以周（严格而全面）故不怠；轻以约（宽大而简略），故人乐为善。”（《原毁》）下联源出《文子·上义》：“自古及今，未有能全其行者也，故君子不责备于人。”即是说人无完人，故有德行的人不责备于人。

在儒家的主张中，自省的内容是十分丰富，又十分具体的，大致有如下一些方面：仁、义、礼、智、信、忠、恕、善和学识。如果对其进行概括，可以分为德行和学识两方面。在辨察自己是否有违背德行和学识的言行时，应以“圣贤所言”为依据和标准。

曾子认为，自省的主要内容是“忠”“信”“习”（为人谋而不忠乎？与朋友交而不信乎？传不习乎?)。孟子认为，“君子”不同于一般人的地方，就在于居心不同。“君子”居心在仁，居心在礼。他说，假定这里有个人，他对我蛮横无理，那“君子”一定会反躬自问：我一定不仁，一定无礼，不然，他怎么会有这种态度呢？反躬自问以后，我不存在非礼非仁的言行，那人仍然如此蛮横无理，“君子”一定又反躬自问：难道是我不忠？反躬自问以后，我也实在是忠心耿耿，那人仍然蛮横无理，“君子”就会说：这个人不过是一个狂人罢了，既然这样，那同禽兽有什么区别呢？对于禽兽又该责备什么呢？于是，我仍然不必为此动气。在这里，孟子认为，反省的内容应是“仁”和“礼”。

孟子还说：“万物皆备于我矣。反身而诚，乐莫大焉。强恕而行，求仁莫近焉。”他认为，反躬自问，自己是忠诚的，便引以为最大的快乐。不懈地按推己及人的恕道去做，达到仁德的途径没有比这更近便的了。可见，孟子认为反省的内容还应有“忠”和“恕”。

而荀子则曰：“见善，修然必以自存也；见不善，愀然必以自省也；善在身，介然必以自好也；不善在身，菑然必以自恶也。”荀子认为，自省、修身应以善为主。

以上皆是关于古人对自省的看法，作为今人，我们在自省的内容上或许会稍有不同，但相同的是：我们要有善于、勇于自省的精神与习惯。站在历史的长河边，两千多年前苍劲的声音穿透历史呼啸而至：吾日三省吾身。古人尚知如此，更何况我们这些今人呢？

犯错后要冷静反思

宋朝文学家苏轼写过一篇《河豚鱼说》，说的是河里的一条豚鱼，游到一座桥下，撞到桥柱上。它不责怪自己不小心，也不打算绕过桥柱游过去，反而生起气来，恼怒桥柱撞了它。它气得张开两鳃，胀起肚子，漂浮在水面，很长时间一动不动。后来，一只老鹰发现了它，一把抓起了它，转眼间，这条河豚就成了老鹰的美餐。

这条河豚，自己不小心撞上了桥柱子，却不知道反省自己，不去改正自己的错误，反而恼怒别人，一错再错，结果丢了自己的性命，实在是自寻死路。

没有谁的人生一帆风顺。而且，通常来说，大富大贵者必先遭受大磨大难。对于这一点，古之先贤孟子早就指出："故天将降大任于斯人也，必先苦其心志，劳其筋骨，饿其体肤，空乏其身，行拂乱其所为，所以动心忍性，曾（增）益其所不能。"这句话我们在初中时期都学习过，中心的思想是磨难能增加一个人的本事以利于日后成功。孟子在说了上面的话后，紧接着补充了一句："人恒过，然后能改"。意思是人经常犯错，犯了过错，肯反省，检讨自己，然后能改。没有给你痛苦的打击过错，你难以反省，难以改过。所以，人不怕犯错误遇挫折，做错了没有关系，改过来，然后能够"困于心，衡于虑，而后作"。心里头很受痛苦压迫，然后才晓得冷静地衡量，考虑，再起来，能够做伟大的事业，做一个大写的人。

犯错误、遭挫折不要怕，怕的就是不知道冷静反思，钻入牛角尖而做出蠢事。具体来说，人在犯错或遇挫折时，要反思。通过深刻的反思，能抑制住心中的冲动，或粉碎心中的颓废，有利于扭转局势，重新走出一片天地。

鲁迅老人家有一支让人望而生畏的、手术解剖刀式的笔，他曾这样说："我的确时时解剖别人，然而更多的是更无情地解剖我自己。"不肯自省吾身之人行为乖张，处处伤人，最终伤己。项羽气走亚父，不知自省吾身；赶走韩信，仍不知自省吾身。最终被困垓下，拔剑自刎于乌江畔。"大风起兮云飞扬"的豪情壮志，终于变成了"虞兮虞兮奈若何"的沉重叹息。霸王之败，后人哀之，倘若后人尚不知自省吾身，必使后人复哀后人矣。

自我提升

掌控习惯

卜兴丰◎编著

吉林出版集团股份有限公司
全国百佳图书出版单位

图书在版编目（CIP）数据

掌控习惯 / 卜兴丰编著 . -- 长春 : 吉林出版集团股份有限公司, 2021.3

（自我提升）

ISBN 978-7-5581-9706-2

Ⅰ . ①掌… Ⅱ . ①卜… Ⅲ . ①习惯性 – 能力培养 – 通俗读物 Ⅳ . ①B842.6-49

中国版本图书馆 CIP 数据核字 (2021) 第 038393 号

前言

生活中，从来都是付出才有收获，有苦才有甜，苦尽才能甘来。没有什么轻松的收获，没有毫无困难的一帆风顺的路。我们要认识到这一点。

很多时候，我们之所以抱怨困难，或者认为困难阻碍了自己，是因为我们没有认识到，生活中出现困难是最正常的事，没有困难才是不正常的。

事实上，所有的提升、所有的成长，都是在克服困难的基础上才获得的。我们唯有把生活中出现的困难当作正常的事去对待，认识到每一个不顺、困难都是通向提升和成长的台阶，才能从容以对。也因此，很自然地，我们只有通过努力才能登上那由困难、不顺铺就的通向更好生活的台阶。

当我们认识到这一点，心中就没有不平，没有抱怨，没有内耗，唯有向上成长的勇气、力量和行动。

我们常说，要接纳生活中的所有。而接纳的重要基础，就是我们必须从内心认识到，发生的一切都是正常的。对于正常的东西，我们自然不会再排斥，不会再对抗，也就没有了内耗。由此，我们才能以更好的心态去提升，去成长，去创造更好的生活。

生活中没有克服不了的困难，只有供我们提升与成长，走向更好生活的台阶。我们需要做的就是甩开胳膊，迈开腿，干起来，登上去。

改变与进步需要你摒弃旧思想，吸纳新观念和新思想，还需要坚强的毅力。要想取得大进步，你要有决心坚持自己的做事风格，如果你仍然没有获得应有的财富、健康，没有处理好各种人际关系，没有获得自由和成功，那么你必须尽快努力改变，从而慢慢进步。

如果坚持并实施这些步骤，你也不难迎来预期中的蜕变。

目　录

第一章　欲成大事者，先从小事做起

第二章　量力而行，修改自己的目标

第三章　拓展思维的视角

第四章　突破自卑心理结成的茧

第五章 在书香的气氛里成长

第六章 播下行动，收获成功

第七章 良好的习惯是风度美的条件

第一章

欲成大事者，先从小事做起

人生中很多近乎琐碎的小事情，都关乎你的一生，过去的那一切积累成就了今天的你，而我们的未来也是由我们今天的点点滴滴积累而成的，因此学会把握今天，过好每一天，好好爱每一个值得爱的人，珍惜现在拥有的一切，我们就是在创造一个最美好的未来。

做人，小处随便不得

小处随便，绝不是什么无伤大雅、无足轻重的小事。我们做人，应当像吕坤所说的君子那样："惧大防之不可溃，而微端之不可开也。"

一坪绿地，鲜嫩可爱。有走路的人，为少绕几步路，省些脚力，便从草坪上斜插过去，踩出一道小径。后来的人也跟着他的脚印踩过，时间一长，竟踩出一条人来人往的大路。

生活中由于一些人小处随便，结果酿出大祸的事并不鲜见。"挑战者号"航天飞机爆炸，宇航员丧命，是由于机身上一道裂缝没有焊好。美国潜艇浮出水面时撞翻日本渔船，造成船毁人亡，是由于潜艇上的操作人员一个漫不经心的操作失误。日常生活中，有人从高层住宅上随手扔下一个酒瓶，结果将恰从楼下经过的行人砸死。一家度假村的玻璃门上不做警示标记，结果奔跑的小孩一头撞上，造成重伤。世界上许多森林大火，也往往是有人乱扔烟头造成的……

一些人之所以会小处随便，"微端"不谨，究其根源，是私德不修，公德欠缺。做事不负责任，马虎应事，只图自己方便，不考虑他人利益，总之，是自私自利之心作祟。当其一个烟头随手一扔时，哪会考虑到森林着火、消防员冒死扑救、地球资源遭到破坏？前不久，一种以网球美女运动员"库尔尼科娃"

命名的病毒在网络上疯狂蔓延，给世界造成巨大经济损失。后来查明，这一场网络灾难之所以爆发，不过是一个外国青年学生在玩自家电脑时，“随便”下载了一个病毒程序，并用电子邮件发了出去……事后他说，他一点儿也没想到会闯出这么大的祸……

做人，小处随便不得，比如随地吐一口痰、随手丢一只空易拉罐，虽说没有惹出大娄子，但既会被罚款又有失文明。

有一个相声段子，讲一位有心脏病的老者住在楼下，楼上住着一位小伙子。小伙子常年上夜班，夜里12点回家。老者可遭罪了。为何？这小伙子回来时脚步重，动静大，老者你就听吧：噔噔噔——上楼梯了；咣当——开门了；哗哗哗——洗漱呢；最要命的是上床时脱皮鞋，先脱一只，一扔，咣！老者心一哆嗦。再脱另一只，一扔，咣！老者心再一哆嗦。这两哆嗦过了，才算安静下来，老者才能入睡。老者脾气好，一直忍着，可夜夜如此也受不了呀！这天，见了小伙子，老者就跟小伙子说了，小伙子态度挺好，虚心接受。可到了夜里，老者听着那动静又来了——噔噔噔！咣当！哗哗哗！老者想，忍着吧，不就再两声吗？咣！一声。老者等第二声，奇怪，怎么不响了？老者这个心悬啊，就等着第二声响过好入睡，等了一宿，愣没响——原来小伙子脱另一只鞋时，突然想起了老者白天提的意见，就轻轻地把鞋放在了地上……

我们正处在城市的建设中，过去住一二百户的小胡同变成了高楼大厦。一二百户住一栋楼，如果随便往楼道里乱堆东西、夜里把电视机音量放到最大、从窗户往外乱扔垃圾，你觉得没什么，可别人用“相邻权”来告你，你还真得输官司不可。美国有一老头从一户人家门前经过，由于这家没有清扫门前冰雪，导致老头滑了一跤，老头便把这家告上了法庭。这个认为扫不扫自家门前雪无所谓的人家，最后不得不为自己的小小过失付出赔偿的代价。

古人也许只能从道德的角度劝人不要忽视小处的修养。今天，除了道德的软约束外，法制也告诫人们不要放纵自己的“小小不严”处，不要“不以为重轻”而苟且做人。一旦因为我们的“小过失”而引发了大祸，那是真会“触犯法律”的。

也有一些“小处随便”并不属于法律管辖的范围，甚至也谈不上是多严重的道德问题，但我们也不可放任自己。比如，在公共汽车上坐座位时跷二郎腿，让站着的乘客别扭；开会迟到；雨天开快车，溅行人一身水；消防队救火时围观挡道；嚼完口香糖乱吐……这些举止，给他人添不便，惹他人不痛快，自己又怎能心安理得，毫无愧意？若他人如此待你，你作何感想？人人都这样“不拘小节”，社会有何文明可言？

唐代诗人李商隐写过一组《义山杂纂》，专谈人情世相。其中写世人“恶模样”有：做客与人相争骂，筵上乱叫唤；抢夺人话柄（乱插嘴抢话）；对众倒卧；着鞋卧人床；说主人秘事；做客踏翻台桌；嚼残鱼肉置盘上；等等。

清代石成金写《除嫌约二集》，讲为人举止要忌：主人未迎便先上厅坐；翻人书籍；人前假咳吐痰；吃烟吐不择地；吃烟向人喷气；烟灰火屑敲满地（吃旱烟时）；项多油渍不洗拭（不洗脖子）；门庭不扫拂；谦上下动手力扯（谦让尊卑先后时动手乱拉扯）；探手（伸手）隔座取物；坐即摇膝；桌上乱写字；坐下脚跷膝上；冷笑；摘花嗅香；开人籍柜；坐不耐久；坐立不宁；偷看人书简；粗鲁撞倒人器物；借人器物以及书文多日不还；好勉强量小之人饮酒（逼人喝酒）；在病丧家嬉笑；等等。

古人说的这些“恶模样”，皆为小处随便的表现。虽然时代不同了，但人性的这些“一念之间”的毛病并未根除。我们不妨以此为镜，检点一下自己，做个不苟且的君子，哪怕被人嘲笑为“迂”。

细微之处见精神

有位伟人曾说："不会做小事的人，很难相信他会做成什么大事。做大事的成就感和自信心是由做小事的成就感积累起来的。可惜的是，我们平时往往忽略了它，让那些小事随风而过。"

"勿以善小而不为，勿以恶小而为之。"小事正可在细微处见精神。有做小事的精神，就能产生做大事的气魄。不要小看做小事，不要讨厌做小事。只要有益于工作，有益于事业，人人都应从小事做起，用小事堆砌起来的事业大厦才是最稳固的，用小事堆砌起来的工作长城才是最牢固的。

曾有一位人事部经理叹息道："每次招聘员工，总会遇到这样的情形，即大学生与大专生、中专生相比，我们也认为大学生的素质比较高。可是，有的大学生自以为天之骄子，到了公司就想唱主角，强调待遇。别说'挑大梁'，真正找件具体工作让他独立完成，往往拖泥带水，漏洞百出。本事不大，心却不小，还瞧不起别人。大事做不来，安排他做小事，他又觉得委屈，埋怨你埋没了他这个人才，不肯放下架子。我们招人来是工作、做事的，做不成事，光要那大学生的牌子干吗？所以有时候，大学生、大专生、中专生相比之下，大专生、中专生反而更实际。"

现在，社会上有的企业急需人才，而有的大学生却被拒之门外，不受欢迎，不被接纳，对此现象，该人事部经理算是道出了其中缘由。

小事，许多人都不愿意做。但成功者与碌碌无为者最大的区别，就是他愿意做别人不愿意做的事情。一般人都不愿意付出这样的努力，可是成功者愿意，因此，他获得了成功。

别人不愿意端茶倒水，你更要端出水平；别人不愿意洗刷马桶，你更要刷得明亮；别人不愿意操练，你更要加强自我操练；别人不愿意做准备，你更要多做准备；别人不愿意付出，你更要多付出。

每一件别人不愿意做的小事，你都愿意多做一点，你的成功率一定会不断提高。

同事不愿做的小事情，你愿意去做；别人不想做的小事情，你愿意去做。只要你能做别人不愿意做的小事情，只要你能做别人不想做的小事情，你就可以成功。

因此，成功最重要的秘诀，就是去做别人不愿意做的小事。

许多白手起家而成功的人，在小学徒或小职员时就能以最高的热忱和耐心去面对上司交给他们的小工作。这是非常普遍的事实。我们不可能用数量来衡量工作的大小，“大往往在小之中”。

万丈高楼平地起，你不要认为为了一分钱与别人讨价还价是一件丢面子的事，也不要认为小商贩没什么出息，金钱需要一分一厘地积攒，而人生经验也需要一点一滴地积累。在你成为富翁的那一天，你已成了一个人生经验十分丰富的人。

我们都是平凡人，只要抱着一颗平常心，踏实肯干，有水滴石穿的耐力，我们获得成功的机会，肯定不比那些资质优异的人少。

美国总统罗斯福曾说过：“成功的平凡人并非天才，他资质平平，但却能把平平的资质，发展成为超乎平常的事业。”

有这样一位年轻人，他总是被公司当作“替补队员”，哪儿缺人手就被调到哪儿，导致自己的能力始终无法正常发挥。年轻人懊丧地向同学诉苦道：“这样值得继续干下去吗？我觉得自己的专长无法发挥出来。”昔日的同学很认真地告诉他，你经常被调到不同岗位磨炼，是辛苦的，但只要你努力肯学，应该是能胜任的，否则你的公司不会做这样的调动。现在，你在工作中的表现第一是努力，第二是努力，第三还是努力，那么过不了多久，公司员工之中磨炼最多的是你，能为公司贡献才智的也是你，你应该有这种认识。最后，同学又口授他一条成功秘诀：肯干就是成功，患得患失，拈轻怕重，就会失去成长的机会。受苦是成功的必经过程。这位年轻人干下去了，他干得很起劲，一年后，他终于成为公司中最耀眼的新星。现在他已是这家公司人力资源部的经理。

也许你勤奋地工作，到头来却紧紧巴巴，成就有限。但是，如果你不去勤奋工作，就肯定不会有香车豪宅，不会有成就。所以，如果你想成功，就要去做，马上做，即使是小事。

不因小而失大，不因少而失多。摒弃大小的竞争，丢掉高下的念头，抛开富贵的欲望，而一心一意从小事做起，就是洗厕所、扫大街，也会比别人打扫得更干净。

言行体现品德修养

在日常生活中，有许多人不太注意自己的行为风范，特别是在社交场合中显得随便，不讲究礼仪，对人没有礼貌。

岂不知，人的一言一行都能体现出一个人的品德修养。

我们要时刻注意自己的举止，因为它于细微之处体现了一个人的修养，若不加以注意，易招人反感。

因此，在站立时，切忌耸肩弓背，或者懒洋洋地倚靠在墙上、桌边或其他可倚靠的东西上，这样会破坏自己的形象。站立谈话时，两手可随谈话内容适当做些手势。在正式场合中，不宜将手插在裤袋里或交叉在胸前，更不要下意识地做小动作，如摆弄打火机、香烟盒，玩弄衣带、发辫，咬手指甲等。这样，不但显得拘谨，给人以缺乏自信和经验的感觉，而且也有失仪表的庄重。

1. 为了保证坐姿的正确优美，应该注意以下几点：

（1）入座以后，两腿不要分得太开，这样坐的女性尤为不雅。

（2）当两腿交叠而坐时，悬空的脚尖应向下，切忌脚尖向上和上下抖动。

（3）与人交谈时，勿将上身向前倾或以手支撑着下巴。

（4）入座后应该安静，不可一会儿向东看，一会儿向西看，给人一种不安分的感觉。

（5）坐下后双手可放在大腿上，或轻搭在沙发扶手上，但手心应向下。

(6) 如果座位是椅子，不可前俯后仰，也不能把腿架在椅子上或沙发扶手上、踏在茶几上，这都是非常失礼的。

(7) 端坐时间过长，会使人感觉疲劳，这时可换为侧座。

(8) 在社交和会议场合，入座要轻柔和缓，坐姿要端庄稳重，不可猛起猛坐，弄得座椅乱响，造成气氛紧张，小心不要带翻桌上的茶杯等用具，以免尴尬被动。

总之，坐的姿势除了要保持腿部的美以外，背部也要挺直。不要弯腰曲背。座位如有两边扶手时，不要把两手都放在两边的扶手上，给人以老气横秋的感觉，而应轻松自然、落落大方，这样方显得彬彬有礼。

除了站相和坐相以外，行走的姿势也是每个人最基本的行为动作，是行为礼仪中必不可少的内容，亦需加以注意。每个人行走比站立的时候要多，而且行走一般都是在公共场所进行，所以，要非常重视行走姿势的优美。人的正常行走姿势，应当是身体挺立，两眼直视前方，两腿有节奏地向前迈步，并大致走在一条等宽的直线上。行走时要步履轻捷，两臂在身体两侧自然摆动。走路时步态美不美，是由步幅和步位决定的。如果步幅和步位不合标准，那么全身摆动的姿势就失去了协调的节奏，也就失去了自身的步律。

2. 在日常生活中人们必须注意到的小事和小节：

(1) 要遵守交通规则。步行要走人行道，不要走在自行车道或机动车道上。穿过马路要走人行道，不能随意乱穿马路。

(2) 行人之间要相互礼让。青少年应主动给年长者让路，健康人应给老弱病残者让路，一般行人遇到负重的人或孕妇、儿童等行走困难的人，要让他们先行。在“狭路相逢”时，尤其要注意，不能以强凌弱，抢道行走。

（3）走路遇到熟人，应主动打招呼和进行问候，不能视而不见。但如在路上碰到久别的亲友，想多交谈一会儿，应靠边站立，不要站在马路中央或拥挤的地方，以免妨碍交通。

（4）走到人群特别拥挤的地方，要有秩序依次通过。撞了别人或踩了别人的脚，要主动向人道歉。如果是别人踩了自己的脚或碰掉了自己所带的东西，则应表现出良好的修养和充分的自制力，千万不要发火，切忌斥责对方或口出怨言，而应该和气地说："请您慢一点儿，不要太着急。"

（5）走路时要自然前视，不要左顾右盼，东张西望。男性遇到面容姣美、穿着时髦的女性时，不宜久久注视或回头去追视，那样显得缺少教养。

（6）不要一边走路一边吃东西。这既不卫生，也不文雅。如果确实因为饥渴需要吃喝东西，可以在路边找个适当的地方，等吃完以后再赶路。

（7）走路不要抽烟。一面走路一面抽烟是个很不好的习惯。更不应该一边骑自行车一边抽烟，这不仅损害了自己的形象，还容易导致交通事故，这是每个人都应当特别注意的。

从小事中激发灵感

所谓的“小事情”，因其小被人们所忽视，然而它往往会造成大问题，常常会给人们带来大烦扰。一些聪明人善于从“小事情”做起，从而使局面得到很大的、甚至是完全的改观。

著名的财富专家博多·舍费尔认为，成功的人士都是从小事做起的。有些事对于你来说，可能不过是举手之劳，而别人却敬佩你；但也可能正好相反，你内心充满对未来的展望和计划，但别人对你的美好计划根本视若无睹。你千万别狂妄地认为你是个“做大事、赚大钱”的人，而不屑去做小事、赚小钱。要知道，连小事也做不好，连小钱也不愿意赚或赚不来的人，别人是不会相信他能做大事、赚大钱的！不论你做什么样的事，赚什么样的钱，都要留心细微的信息，因为它能给你创造成功的机会。

任何机会，归根结底都是信息，收集的信息越多，获取的机会也就越多，这是不证自明的道理。

对企业来说，信息是企业取得最佳经济效益的根本保证。

现代社会里，信息变得越来越重要，对人们的生活和事业的成功起着非常重要的作用，信息抓得越快越准，获取成功的机会就会越多。

某市一个大型商店的经理，非常重视市场信息。他在看报纸时，多次看到有关摩托车驾驶者造成交通事故的报道，于是灵机一动，立即组织购进摩托车专用头盔1000顶。过了不到一个月，当地交管部门就宣布无头盔不得驾驶摩托车，头盔一下子成了热门货，他果然做了一笔好生意。

这位经理的成功之处，就在于能从细微处着手，瞄准机会，变市场机会为自己的商机。

事实上，在我们每一天的生活中，接收到的信息有千万条，而在这些信息中有价值的少说也有数百条，能够抓住的，至少数十条，每一天都有这么多机会在你的周围像影子一样游荡，难道你真的还没有意识到吗？

日本的东芝电器公司1952年前后曾一度积压了大量的电扇。7万多名职工为了打开销路，煞费苦心地想了不少办法，依然进展甚微。

有一天，一个小职员向公司领导提出了改变电扇颜色的建议。当时全世界的电扇都是黑色的，东芝公司生产的电扇也不例外。这个小职员建议把黑色改为浅颜色。这一建议引起了公司领导的重视。经过研究，公司采纳了这个建议。第二年夏天，东芝公司推出了一批浅蓝色电扇，深受顾客青睐，市场上还掀起了一阵购买热潮，几个月之内就卖出了几十万台。

这一事例具有很强的启发意义，只是改变了一下颜色这种小事情，就开发出了一种面貌一新、大大畅销的产品，并使整个公司因此而渡过了难关。这一改变颜色的设想，其经济效益和社会效益何等巨大！

而提出这一设想，既不需要渊博的科学知识，也不需要有丰富的商业经验，为什么东芝公司其他几万名职工就没人想到、没人提出来呢？为什么日本以及其他国家的成千上万的电器公司，在以往长达几十年的时间里，竟也没人想到、没人提出来呢？看来，这主要是因为，自有电扇以来，它的颜色就是黑色的。虽然谁也没有做过这样的规定，而它在漫长的时间里已逐渐成为一种惯例、一种传统，似乎电扇就只能是黑色的，不是黑色的就不称其为电扇。这样的惯例和传统反映在人们的头脑中，便成为一种根深蒂固的思维定式，严重地阻碍和束缚了人们在电扇设计和制造方面的创新思考。

很多传统观念和做法，不仅它们的产生有客观基础，它们得以长期存在和广泛流传，也往往有其自身的根据和理由：一般来说，它们是前人的经验总结和智慧积累，值得后人继承、珍视和借鉴。但也不能不注意和警惕，它们有可能妨碍和约束我们的创新思考。

有创造性思维的人接受问题，就像欢迎一个带来更大满足的良机。下次碰到一个大问题的时候，会迅速做出反应。如果有自信，就会感觉很好，因为你又有一个机会来测试自己的创造力；如果觉得不妥，要切记，你和其他人一样，都能发挥创造力解决问题。遇到任何问题，都是激发创意的大好机会。

吉迪恩·鲍威尔博士是美国著名的成功学家，他一直鼓舞那些抱负远大、目标明确、勇于探索的年轻人，被美国总统罗斯福称为“影响和改变了一代又一代人生活命运的人”。鲍威尔博士认为，成功的人必须具备成功的思维方式。下面是他积极推崇的变消极生活态度为积极生活态度、变错误思维方式为正确思维方式的激发创造性思维的六个步骤。

第一步：从现在起，无论做任何事情都要有信心——包括对你的工作，你的健康状况，你的前途。要培养乐观主义的生活态度，这也许会有一定的困难，因为，你可能已经习惯于悲观地看待事物。你必须抑制住自己，改变这种消极悲观的习惯，当然这需要毅力。

第二步：在做任何事的时候都要充满信心，这就要求你有远大的理想。人虽然不能脱离“现实”，但也不能完全被“现实”所拖累。人更多地应该生活在理想之中。这样，我们在看待“现实”时，才不至于是悲观主义的“现实”，而是一种积极的生活态度。大多数人说他们是“现实主义者”时，往往只是说他们所持的是一种消极的生活态度。

第三步：就像你每天给身体增加营养一样，你必须不断地给你的精神补充“食粮”——使自己心理健康，源源不断地产生有益于身心的思想。因此，从现在起，你必须变消极的心态为积极的心态，树立崇高的理想和信念。

第四步：不断强化你的理想和信念——不要让那些消极的思想在你的头脑中出现。当然，要摒弃错误的思维方式，需要付出艰辛，也需要一定的时间。

第五步：列出你的朋友名单——看其中哪一些是有积极的思想态度的，增加和他们的交往，汲取他们的创新思想。当然，也不要舍弃那些持消极思想的朋友，而是要用你所获得的新思想、新观点去同化他们，不可再和他们去谈论那些消极、悲观的思想。

第六步：力避争论——当别人表达出某种消极的生活态度时，要用积极、乐观的思想去影响他。

你也许梦想着过一种没有问题的生活，然而，那种生活却不值得过下去。如果有一台万能的机器为你处理一切，你所有的问题就都没有了，但是这个替代方案并不会给你带来快乐的人生。下次你再梦想没有问题的人生时，请记住这个比喻。

从小事中激发你的灵感吧，养成这种习惯，挖掘你的创新精神。努力奋斗吧，成功的列车会载你起程。

处理小事需谨慎

生活中，人们往往比较重视那些较为重要的事情，如丧偶、离婚、退休、更换工作、人际矛盾、生活学习环境的改变等，因为这类事情很容易产生较大的心理压力，却常忽视“小麻烦”对心理产生的负面影响，也很少仔细地考虑该怎么正确对待这种小事情。

日常生活中给人们带来困扰的琐事很多，如果处理不当，很容易“引火烧身”。

首先，有些人不能正确地看待这类小事情。事实上，某一件事会给我们造成心理压力，与个人对这件事的评价有很大关系，例如，天气不好，已安排好旅游的人为此感到扫兴，上班的人则觉得这很平常。因此，人们对事情的看法是产生心理压力的一个因素。

其次，这和人们对待事情的方式有关。有的人遇到事情会积极面对，尽力克服困难，对于超出自身能力的事也能客观对待，不求超出现实的结局，所以即使面对麻烦，也能平和处之。

反之，如果该努力的却退缩，该回避的却硬顶，会使问题越积越多，压力也越变越大，最终形成影响身心健康的不良后果。

那么，如果遇到这样的事情，该怎么处理才不会产生心理问题呢？

其一，要学会合理评估日常生活中的麻烦事。首先，应该想一想发生的事情是好的、与自己不相干的还是会产生压力的。然后，想好用什么办法去应对。在处理问题的过程中，对所用的方法可做适当调整。通过对问题进行合理评估，当事人可获得良好的情绪及平衡的心态。

其二，选择正确的方法处理事情是减少心理压力的重要办法。有些事情需要直接去面对，并努力去克服。有些事则应采取暂时回避的办法，避而不想，避而不做，暂时做些退让，具有暂时缓冲的效果，同时，还要尽力去发现可以求助的途径，提高自己抵御困扰的能力。

最后，要学会调整思路。有的人讲求完美，凡事求全责备，出现了问题，就以为大难当头，不可收拾，实际上是人为夸大了问题的严重性。如果理智地思考一下，换一个角度去看，问题其实并不难解决。

第二章

量力而行，修改自己的目标

这是一个竞争的社会，谁都不甘平庸，谁也不愿落后。总是希望目标越高越好，总是期待表现越优越好。但有时，站得越高，摔得越重；期望越高，失望越大。我们每个人在确定目标时，一定要结合自身实际能力“量体裁衣”。目标定得过高，可望而不可即，最终换来的只能是一路负重、身心疲惫。

估量目标的现实性

坚持是一种良好的品质，但在有些事上，过度的坚持，会导致更大的浪费。

当你确定了目标以后，下一步便是鉴定自己的目标，或者说鉴定自己所希望达到的目的。如果你决心做一下改变，就必须考虑到改变后是什么样子；如果你决定解决某一问题，就必须考虑到解决问题时可能遇到的困难是什么。

当描述了理想的目标以后，你必须研究一下达到该目标所需的时间、财力、人力的花费是多少；你的选择、途径和方法只有经过检验，方能估量出目标的现实性。你或许会发现自己的目标是可行的；否则，你就要量力而行，修改自己的目标。

有许多满怀雄心壮志的人毅力很强，但是由于不会进行新的尝试，因而无法成功。请你坚持你的目标，不要犹豫不前，但也不能太生硬，不知变通。如果你确实感到行不通的话，就尝试另一种方式。

那些百折不挠、牢牢掌握住目标的人，都已经具备了成功的要素。下面两个建议一旦和你的毅力相结合，你期望的结果便更易于获得。

1. 告诉自己“总会有别的办法可以办到”

每年有几千家新公司获准成立，可是 5 年以后，只有一小部分仍然继续营运。那些半路退出的人会这么说："竞争实在是太激烈了，只好退出为妙。"真正的关键在于他们遭遇障碍时，只想到失败，因此才会失败。

你如果认为困难无法解决，就会真的找不到出路。因此，一定要排除"无能为力"的想法。

2. 先停下，然后再重新开始

我们时常钻进牛角尖而不能自拔，因而看不到新的解决方法。成功者的秘诀是随时审视自己的选择是否有偏差，合理地调整目标，放弃无谓的固执，轻松地走向成功。

一个非常干练的推销员，他的年薪有 6 位数字。很少有人知道他原来是历史系毕业的，在干推销员之前还教过书。

这个成功的推销员这样回忆他前半生的道路："事实上我是个很没趣的老师。由于我的课很沉闷，学生个个都坐不住，所以，我讲什么他们都听不进去。我之所以是没趣的老师，是因为我已厌烦教书生涯，毫无兴趣可言，但这种厌烦感却在不知不觉中也影响到学生的情绪。最后，校方终于不与我续约了，理由是我与学生无法沟通；其实，我是被校方免职的。当时，我非常气愤，所以痛下决心，走出校园去闯一番事业。就这样，我才找到推销员这份我能胜任并且令我感到愉快的工作。

"真是'塞翁失马，焉知非福'。如果我不被解聘，也就不会振作起来！我是个很懒散的人，整天都病恹恹的。校方的解聘惊醒我的懒散之梦，因此，到现在为止，我还是很庆幸自己当时被人家解聘了。要是没有这番挫折，我也不可能奋发图强，闯出今天的事业。"

所以说，应该随时审视自己的选择，注意调整目标，不做无谓的坚持。

历史上的永动机，就使很多人投入了毕生的精力，浪费了大量的人力、物力。因此，对于一些没有胜算和科学根据的事情，应该知难而退。

诺贝尔奖得主莱纳斯·波林说："一个好的研究者知道应该发挥哪些构想，而哪些构想应该丢弃；否则，会浪费很多时间在差劲的构想上。"有些事情，你虽然尽了很大的努力，但你迟早要发现自己处于一个进退两难的境地，你所走的研究路线也许只是一条死胡同。这个时候，最明智的办法就是抽身退出，去研究别的项目，寻找成功的机会。

牛顿早年就是永动机的追随者。在进行了大量的实验之后，他很失望，但他很明智地退出了对永动机的研究，在力学中投入更多的精力。最终，许多永动机的研究者默默而终，而牛顿却因摆脱了无谓的研究，而在其他方面脱颖而出。

有的人失败，不是没有本事，而是定错了目标，成功者为避免失败，应经常检查目标是否合乎实际。

阿尔弗莱德·福勒出身于贫苦的农场家庭，成年后，他虽然工作努力却还是失去了3份工作。之后，他尝试推销刷子，他立刻明白了，他喜欢这份工作。他开始将思想集中于从事世界上最好的销售工作。

他成了一个成功的销售员。在攀登成功阶梯时，他又定下一个目标——创办自己的公司。如果他能经营买卖，这个目标就会十分适合他的个性。

阿尔弗莱德·福勒停止了为别人销售刷子。这时他比过去任何时候都更为兴高采烈。他在晚上制造自己的刷子，第二天就出售。销售额开始上升时，他就在一所旧棚房里租下一块空间，雇用一名助手，为他制造刷子，他本人则集中精力于销售上。那个最初失去了 3 份工作的人得到了什么样的最终结果呢？他创建的福勒公司拥有几千名销售员和数百万美元的年收入！

一个人要获得事业上的成功，首先要有目标，这是人生的起点。没有目标，就没有动力，但这个目标必须是合理的，即合乎实际情况和客观规律的；如果不是，那么，即使你再有本事，千百倍努力，也不会获得成功。

3. 善于改变，使自己更有弹性——改变不愿放弃的处事习惯

人生是个不断探索的过程，失败有时并不是由于你的能力、常识不足，而是由于你错误地选择了目标，而失败则给予你一个重新思考，从错误中解脱的良机。

美国著名的不动产经纪人安德鲁最初是葡萄酒推销员，这是他的第一份工作，他不知道还能干什么，于是他认为自己的目标就是“卖葡萄酒”。最初他为一个卖葡萄酒的朋友干活，接着为一个葡萄酒进口商工作，最后同另外两个人合作办起了自己的进口公司，这并非出自热情，而是如他自己所说：“为什么不？我过去一直在卖葡萄酒。”

生意越来越糟，可安德鲁还是拼命抓住最后一根稻草，直到公司倒闭。他不改行，是因为他不知道还能干什么。

事业的失败迫使他去教一门告诉人们如何创业的课。他的朋友有银行家、艺术家、汽车修理工，他逐渐认识到这些人并不认为他是个“卖葡萄酒的”，而认为他是个“有才能的人”“多面手”，他们对他的看法使他抛弃了原来的目标。

他开始惊醒，仔细分析，探索其他行业，思考自己到底想干什么。最后，他选择了和夫人一起开展不动产业务，这使他取得了推销葡萄酒永远不能为他带来的成功。

放掉无谓的固执

在人生的每一个关键时刻，要审慎地运用智慧，做最正确的判断。选择正确方向，同时别忘了及时审视选择的角度，适时调整。放掉无谓的固执，冷静地用开阔的心胸做正确抉择。每次正确无误的抉择将指引你走向通往成功的坦途。美国的塞洛克斯公司是一家小公司，主要经营文具。20 世纪 60 年代中期，它研究生产出了干式复印机，这是文书工作的一个新的突破。这种新产品应该是值得开发的，也是很有前途的。但是，这种复印机的成本却是非常昂贵的，所以产品很难卖得动。

塞洛克斯公司为此大伤脑筋。最后终于想出了一个好办法，那就是不再出售复印机，而是改为租赁和开设复印服务。

复印是一项新技术，随着社会经济、文化和科技的发展，人们对复印的需求不断扩大。所以，这一形式的出现，很快就受到各阶层人们的欢迎。机关、企业、团体和个人都很需要复印这一服务形式，尤其是政府部门、出版界和学校更是离不开。因此，塞洛克斯公司的复印服务部每天都是门庭若市，生意应接不暇。所以，公司只好不断增加服务点。

塞洛克斯公司的利润大增，不但复印服务的生意好做，就连一开始卖不出去的复印机也被市场看好。塞洛克斯公司由此一跃成为美国一流的大公司。

塞洛克斯公司之所以能够成功，正是由于它不断地调整经营上的失误，采取灵活多变的策略，变被动为主动，从而开辟了事业上的新天地。

一个人要想取得事业上的成功，首先是要学习变通，但变通不是无原则地随意行动，必须要合理，即合乎实际情况和客观规律。如果只是一味地坚持既定的方针，而不知变通，在像永动机一类事情上，投入了大量精力，最终还是一事无成，这个坚持即是无谓的执着，是不知变通的愚昧。因此，当我们在工作和生活中处理这类事情时，一定要知难而退，不做无谓的牺牲。因为错误的决定，只能让你南辕北辙，离真理之路越来越远，即使是付出百倍的艰辛，也很难获得应有的成绩。

做人不要太偏激

有些人看问题有过于偏激的一面，容易产生“一叶障目，不见森林”的偏激心理，这源于他们脆弱的心理。有些人在做事的过程中，当需要冒很大风险的时候，他们往往因为害怕而不敢决策，而当风险很小的时候，他们又容易忘乎所以，孤注一掷。

有些人常常不撞南墙不回头，死守一隅，把自己的偏见当成真理死不悔悟，这样就会误入困境而无法自拔。

偏激心理使有些人不能正确地对待别人，也不能正确地对待自己。

看到别人有了成绩，有偏激心理的人往往很不平衡，心里常想：这有什么了不起，我有这样的条件，一样能够做得好。他们没有想到如何去拼、去争，反而为自己去寻找没有成功的借口。还有些人见到别人不如自己，就会产生一种优越感，看不起别人，满足自己强烈的自尊愿望。

有偏激心理的人处处要求别人尊重自己，而自己却缺乏对别人的尊重。

有偏激心理的人常觉得自己看问题总是对的，爱固执己见，当别人提出善意的规劝时，他们不屑一顾，依然我行我素，甚至吃了苦头还为自己寻找借口，以免遭到别人的耻笑。有偏激心理的人爱怨天尤人，牢骚太盛。他们经常抱怨自己生不逢时，怀才不遇，觉得自己是千里马，但可惜却遇不到伯乐。还有一些人总以为自己比对方高明，以清高自居，讨论问题总爱和人抬杠，无理也要搅三分，结果弄得人缘很差。

应该说，性格过于偏激是一种心理疾病。这种疾病的产生有多种原因，如孤陋寡闻、知识贫乏、过于自我封闭等。要改变这种偏激心态，就要在为人处世时，头脑里多一点辩证观点。要开阔自己的心胸，在与人相处时讲究大度、宽宏待人。当事业不振、心情郁闷时更要多加留意，不能不加掩饰地将自己的烦躁心态暴露出来。要保持平静的心态去与人相处，不偏激、不浮躁，做到喜怒不形于色。当面对别人的批评和指责时，哪怕是面对激烈的言辞，也不要贸然顶撞，而是选择在适当的时候加以解释和说明。这样做并不一定会吃什么亏，这在别人面前只能证明你的涵养和大度，并不能说明你是无能的。

还有就是要不断丰富自己的知识，增长自己的阅历，多参加社交活动，多学习正确分析问题的方法。有了这些，再加上冷静的头脑，慢慢地，就会养成不急不躁、平和的心态和良好的心理素质。

第三章

拓展思维的视角

你不可能决定生命的长度，但你可以拓展它的宽度；你不可能改变天空的容貌，但你可以时时展现你的笑容；你不能全然预知明天，但你可以充分利用今天；你不能要求事事顺利，但你可以做到事事尽心。在生活中，一定要让自己变得豁达些再豁达些，因为豁达的人不至于钻牛角尖，才能乐观进取。还要变得开朗些再开朗些，因为开朗的人才有可能把快乐传给别人，让生活中的气氛显得更加愉悦。

突破思维习惯的限制

在日常工作生活中，我们要善于打破习惯性思维的枷锁，扩展思维的视角，这样才能在处理问题时收到意想不到的效果。

思考时，如果只有一个视角，这个视角是最容易引人误入歧途的。比如，惯性思考就像一副有色眼镜，戴上它，整个世界都与眼镜片的颜色相同，如果摘掉它，眼睛又无法看清外界事物。所以说，解决问题要尽量增加头脑中的思维视角，学会从不同角度观察同一问题。如果我们头脑中的有色眼镜确实是无法摘除的，那么，我们干脆多准备几副有色眼镜，轮流戴上不同的眼镜去看世界。

以下是有名的“邓克尔蜡烛”问题，经常用作智力测试题，请读者朋友仔细思索一下。

给你一根普通蜡烛、半盒图钉、一张说明书，要求你在尽可能短的时间内，把这根蜡烛安放在垂直的木墙上。

这个题目的答案有许多种，其中最简单的一种是：首先把图钉盒钉在木板墙上，然后再把蜡烛安放在图钉盒上。但在实际测试过程中，许多人想了很久也没有得到答案。其中最主要的原因，就是他根据以往的经验，把图钉盒只看作是装图钉的东西，却没想到它还能另有他用。换句话说，把图钉盒用作蜡烛托，就超出了他的经验范围。

我们不妨看一看孩子们的思维方式。

一天，儿子从幼儿园回来，向父亲报告幼儿园中的新闻，并告诉父亲，他有一个重大发现。“什么发现?”父亲漫不经心地问。“苹果里藏着一颗小星星。”父亲瞪大眼睛：“怎么会呢?”

儿子拿出一个苹果，拿起水果刀，郑重其事地向父亲展示他的发现。他费力地切开了苹果，但孩子不是从茎部竖着切下来，而是横向拦腰切了下去。儿子把切开的苹果放在父亲面前：“爸爸，你看，漂亮的星星。”

换一个角度看问题，可能会看到完全不同的景象，这是苹果里的星星带给我们的启示。

有一天，幼儿园的老师问一群孩子：“花儿为什么会开?”第一个孩子说：“花儿睡醒了，它想看看太阳。”第二个孩子说：“花儿一伸懒腰，就把花骨朵给顶开了。”第三个孩子说：“花儿想跟小朋友比一比，看看哪一个穿的衣服更漂亮。”第四个孩子说：“花儿想看一看有没有小朋友把它摘走。”第五个孩子说：“花儿也有耳朵，它想出来听一听，小朋友们在唱什么歌。”年轻的幼儿园老师被深深地感动了。老师原先准备的答案十分简单，简单得有几分枯燥——“因为天气变暖和了!”

南京有一位国画家，从事绘画艺术已有20多年。在一次偶然的事故中，他的右手严重受伤，再也无法执笔作画。痛苦之余，这位画家尝试用左手绘画，经过一段时间的练习之后，他惊喜地发现，由于左右手易位，使他认识并打破了许多不必要的条条框框，这些条条框框原先存在于画家的意识或潜意识中。结果，他现在用左手作画，大胆奔放，笔笔到位，墨趣横生，整个画面显得既厚拙鲜活，又率真自然。这种效果正是画家用右手作画20余年，苦苦探索而又觅之不得的境界。

我国以前从小学开始，老师就要求学生用右手写字，束缚了一些左撇子人的发展。而现在并不刻意强求必须用右手写字，使每个人的自然天赋得到了发挥。

假如一条条崭新的西裤挂在公交车站上，无人认领。你猜想路人会有什么反应？其实这是以色列一家成衣厂想出的怪异宣传招数，希望能促销他们生产的西裤。“顺手牵羊”取走裤子的市民对这家慷慨的成衣厂赞不绝口。

这是一项耗资 25 万美元的宣传计划，工厂将 1200 条男女西裤挂在以色列各大城市公交车站的海报牌上，任由市民拿走。当裤子被拿走后，海报牌便会出现一张与被拿走西裤同式样的裤子的照片，旁边还写着：“我已被偷走了，如果你喜欢我的款式，你为何不前来我们的裤店选购?”裤子在短时间内全被取走。市民对留下的照片与字句都颇感兴趣，而商人现在静候着投资后所获得的回报。

有一家公司，他们在生产中遇到一个难题，即合成每根纱的 5 根线粗细总是纺不均匀。技术人员想尽办法也解决不了这个难题。大量次品直接影响了公司的效益。这时有个生产班长建议，既然 5 根线纺不均匀，索性就生产一种表面粗糙的面料，给一贯追求光滑闪亮衣服的顾客来个惊喜。公司采纳了他的建议，结果这种表面粗糙、质地柔软的新型面料投放市场后，很受欢迎。次品的处理办法通常是降价销售，而这家公司转换思路，使次品摇身一变成为畅销品，收到了意想不到的效果。

看问题不要一成不变

梦想和目标都需要时间慢慢培养。如果你能让梦想自由发展，给它更多的空间，它就有可能带领你走到一个你不曾预期的方向。

不要太快抓住你的梦想，给梦想一点儿时间，让它在你心中沉淀。当你发现它再度出现时，跟着你的梦想一起前进。看看我们的周围，每个人都在追求自己的人生梦想，同时又有一个问题：如果在你追求梦想的过程中，发现自己真正追求的是另一个梦想呢？

一个梦想常常会引导出另一个梦想，你必须允许自己的梦想转变。我们都听说过某个人在某个领域内达到巅峰之后，继续在另一个似乎完全不相关的领域上追求另一个高峰。这样做很棒，同时也希望你能接受这种转变，因为如果你能成就这个梦想，那么你很可能也会在另一个梦想上有出色的表现。

假如一个大公司里经理级的人才，决定转行自己经营一份小生意或一间家庭式旅馆，只要有梦想，无论他决定做什么，都很可能取得成功。

假如一位持有执照的会计师，决定从事设计工作或者一名推销员想做技工，如果这真是他们衷心企盼的事情，那么我的建议是：做出改变的决定。

现在的生活环境和工作场所，不见得就比下一个好。成功的定义与方向在于你想要什么，而这个愿望随时可能改变，因此你对成功的定义也可能会随之改变。

同时，你必须认清一件事：你可以比你想象中拥有更多的选择。人们常常陷入抉择的困扰中，误以为自己只有有限的几种选择或仅能在自己所想的选项中做出决定。但事实上，在任何情况下，我们都有无数的选择，其中包括我们未曾想过或从来没有人想到过的各种可能，不要错过更新、更好的梦想。

那么，你该如何辨别这个新目标究竟是一个潜在的危机，还是一个值得追求的新方向呢？

检查一下你对它的企图有多强烈：这真的是你想要的吗？此刻它是不是你生命中最渴求的事情呢？这个新的目标能持续多久？它会不会增长？还是几天之后就会消失的一个念头呢？你对这个目标看得比上一个更清楚吗？

接着再客观地审视这个目标：它是不是符合你对自我以及你与生俱来的使命的认识？它是否违背了你所信仰的真理？如果这个新的目标和你的价值观背道而驰，那么这个目标也不会长久。给你的目标一点儿时间，它可能会有新的发展。

我们可以将自己的梦想和目标写在纸上，但是一个真正符合我们人生使命感的梦想，则不需要靠白纸黑字来声明。这个梦想和目标会成为我们的一部分，我们会无时无刻不想着它们、思索着它们。我们无法躲藏，也不能逃避；我们永远不能脱离这个梦想。梦想永远在那里，它是我们的生活重心，也是我们活力的源泉。

放弃你的偏见

在这个世界上，我们为人处世方面最重要的一条原则就是时时刻刻要告诫自己友善待人。对于那些我们并不感兴趣的人，我们必须尽量地表现出亲和力。如果你能够这样做的话，你就会惊奇地发现，即便是在那些最初令我们排斥的人身上，也是可以找到一些共同点的。实际上，对于一个聪明而有教养的人来说，他能够在任何人身上找到某些令他感兴趣的东西。

问题的本质在于，我们看待别人时的偏见通常是非常肤浅的，是建立在一种不稳定、不可靠的第一印象基础上的，因此我们会经常发现，那些最初令我们心存排斥的人，那些表面看起来非常呆板无趣并且似乎是和我们没有任何共同语言的人，最终却变成了我们最好的朋友。在认识到这一点之后，我们不难得出这样的结论，在我们仓促地下一个不喜欢某人的结论之前，我们必须首先给予他充分展示自己的机会。

人类都是偏见的动物，从经验中我们可以知道，即便是那些很友善的人也常常会误解我们或者不喜欢我们，原因很简单，因为他们还不了解我们。他们被一些与我们有关的虚假印象或仓促结论蒙蔽了。但是，一旦他们更深入地和我们交往之后，原有的偏见就会烟消云散，而他们也更愿意欣赏我们身上的优点和闪光点。

某位作家据此做了归纳，他认为下面的做法和品质将有助于我们达到智慧的境界：

“对人类的天性，其中包括恐惧、缺陷、期望和爱好，要有深切的了解。”

“把你自己摆到别人的位置，设身处地地从他人的角度来看待问题。”

“尽量不用那些有可能冒犯他人的语言。”

“迅速地察觉出什么方式有利于自己更好地提升，并愿意做出必要的妥协和让步。”

“意识到人类的意见有千万种，而你自身的意见只不过是其中的一种。”

“拥有发自内心深处的真正的友善，即便是你的敌人或债主也能够感觉到你内在的良好意愿。”

“明智地认识到什么是特定条件下的通常做法，并坦荡地接受现实。”

“待人友好，生活乐观，为人真诚。”

在生活中，有一些人患有色盲症，他们对五彩缤纷的色彩没有任何的感知；而更多的人则是患有缺乏内心智慧的“色盲症”。

“亲爱的，千万别提到今天即将发生的处决，”一位妻子在赴宴的路上这样对她那缺乏内心智慧的丈夫说，“我们今天要去的那家人和即将被处决的那位小姐有远亲关系——尽管他们闭口不谈这件事。”

在宴会进行的过程中，这位丈夫牢牢地记住了妻子所说的话，一切都进行得非常顺利，没有出任何差错。但是，在宴会即将结束时，他说了这样一句话，一下子打破了现场和谐融洽的气氛：

“哦，我想那位小姐——现在应该已经被绞死了吧！”

内心充满智慧的人在和我们初次见面时，总是会想方设法找出我们感兴趣的话题并谈论这些话题。他们不会喋喋不休地谈论自己或是自己的事业，因为他们知道，没有任何东西能够比你自己的事业或抱负更能够令你感兴趣；另一方面，那些缺乏智慧的人则总是颠来倒去地谈论他们自己感兴趣的东西，他们不仅常常令陌生人感到厌烦，还常常令朋友们无法忍受。

做到对他人感兴趣，并在人与人之间架起沟通的桥梁，在心灵与心灵之间拨动和谐的音符，这是一种伟大的艺术。唯其如此，你才能令一个萍水相逢的陌生人在初次见面时就感觉到你们之间有某些共同语言。据说，衡量一个美丽的女士受欢迎程度的标准，就是她看起来似乎能与任何人结为知己。

如果能够在初次见面时遇到一个颇有智慧的人，我们将感觉多么轻松啊！不管场面是多么令人尴尬或沉重压抑，他们都可以立刻使我们心情放松、如释重负；在跟这样的一些人交谈时，我们会感觉如沐春风。衡量一个人是否拥有智慧，标准就是看他能否在极短的时间内使那些羞怯胆小的人、拙于言辞的人以及涉世尚浅的人摆脱拘束，轻松自然。不管你的学识是多么渊博，也不管你对某个问题的见解是如何深刻，千万不要通过你那口若悬河的谈话令他人头晕目眩、不知所措。你要做的只是找出什么东西是他们感兴趣的，并相应地使他们解除心里的包袱，让他们可以轻松自如地进行交流。

直觉并不完全可信

不知你发现没有，当自己处于做道德决定的痛苦之中时，你可能会在某个时刻突然产生一个清楚的、你该如何去行动的“直觉”。这是你的良心在与你说话吗？这是你的道德在为你指出正确的方向吗？你能信任你的直觉吗？

为了回答这些问题，我们很有必要了解人的大脑是如何运转的。你在思考的过程中，综合能力是非常重要的。它能不断地勾勒出世界的“图景”，随着社会环境的变化，这幅图景也会反映出世界的最新变化。你的大脑是如何做到这一点的呢？答案就在于，通过对得到的所有信息进行思考，运用恰当的概念，并把所有这些综合成为有意义的图案。当这幅图案的各个部分都各就其位时，就像最后一块拼板被放在了拼板玩具上，此时，你就会体验到直觉。

虽然这些过程是无意识的，有时候还会使你的直觉披上一层神秘的外衣。实际上，你的许多直觉是很平常的，如在配制新菜谱时，决定应用哪些配料；清楚地知道你刚才遇见的某人并不可全信。虽然这些直觉可能是突然出现的，但实际上它们是你经验和见识的积累，以及你随时随地积累信息的结果。当你品尝新做的菜味道如何时，你积累的专门知识就会告诉你这道菜还需要放哪些调味品。当你第一次遇见某人时，你就会在细微乃至多面的层次上，获得有关这个人的大量信息，这些信息不只是由这个人的语言和外形传递出来的，而是由其面部表情、举止、目光接触等告诉你的。当你以很快的速度吸纳了这些信息时，它们就会反馈到你的大脑里。大脑会通过多年来的经验对人们获取的信息进行加工、处理，这样，一幅图案就会显现出来。这就是直觉！

这种有见地的直觉常常很可信，因为它们是建立在大量的经验、思考、见识和专门知识的基础上的。但是，也有许多毫无见地的直觉，这些直觉往往是不可信的。实际上，由于它们没有建立在足够的经验、思考、见识和专门知识的基础上，因而往往会带来灾难性的后果。如果你回顾一下自己的生活，毫无疑问，你会发现在某个时候似乎是很有把握的直觉，但最终却证明是错误的。你可能经历过闪电般的“真正爱情”，但几个月之后，你就会觉得你当时的想法不可思议。由此看来，直觉只有建立在经验、思考、见识和专门知识的基础上，才是正确的。

道德直觉与此完全相同，如果你的道德直觉是有见地的，是充分思考和反省的结果，那么，它的可信度就很高。但是，如果你的道德直觉是毫无见地的，是由于信息不准确或经验不丰富造成的，那么，你的直觉就是不可信的。如果有的人道德堕落，不具备健康的道德情感，那么，他们的本能或直觉就会反映出他们不健全的道德认识。你的良心或道德直觉不是不可思议的神秘之物，也不是一贯正确的金科玉律。如果你有意识地努力去做一个有道德的人，一个诚实和正直的人，那么，你的直觉将在很大程度上是可信的。

改变思维定式

改变思维上的某些习惯定式，使自己的目标富有可行性，努力去尝试新的方法，放弃眼前的某些既得利益，把自己的目光放在未来，事情往往会事半功倍。敢于挑战目标，是实现成功的第一步。

设立明确的人生目标，是所有人的共识。目标是行动的起跑点，一个人要想获得事业上的成功，首先就要设立明确而合理的目标，并且要在发展过程中恰当地做出调整和修正，拿出最适合事业发展的目标，这一点，至关重要。

没有目标，任何行动都会失去实际的意义，有目标的生活，人生的行动才能有的放矢，当然，它的前提是，目标必须是具体的。有人曾提出目标制定的具体化、可衡量性、可行性、切实性、可追踪性模式，即 SMART 模式。在这几个方面，最重要的莫过于可行性和切实性，只有几方面兼顾，目标的实现才可以张弛有度，切实可行。

在实施目标的过程中，要对 SMART 模式进行灵活性的调整，随时修正目标中不切合实际的因素，不妨把目标定得远一些，把战略性的目光放在未来，改变思维上的某些习惯定式，努力去尝试新的方法，放弃眼前的某些既得利益。如果能适时调整做法并且正确地应用它，事情往往会事半功倍。敢于挑战目标，是实现成功的第一步。美国的探险家约翰·戈达德在这方面为我们做出了表率。

美国探险家约翰·戈达德有句名言："凡是我能够做的，我都想尝试。"在约翰·戈达德15岁的时候，他就把他这一辈子想干的大事列了一个表。那时候的他，是洛杉矶郊区一个没见过世面的孩子。他把那张表题名为"一生的志愿"。表上列着："到尼罗河、亚马孙河和刚果河探险；登上珠穆朗玛峰、乞力马扎罗山和麦特荷恩山；驾驭大象、骆驼、鸵鸟和野马；探访马可·波罗和亚历山大大帝走过的道路；主演一部《人猿泰山》那样的电影；驾驶飞行器起飞降落；读完莎士比亚、柏拉图和亚里士多德的著作；谱一部乐曲；写一本书；游览全世界的每一个国家；结婚生孩子；参观月球……"每一项都编了号，一共有127个目标。

当戈达德把梦想庄严地写在纸上之后，他就开始抓紧一切时间来实现它们。

在他16岁那年，他决定到佐治亚州的奥克费诺基大沼泽和佛罗里达州的埃弗格莱兹去探险。这是他首次完成了表上的一个项目，他还学会了只戴面罩不穿潜水服到深水里潜游，开拖拉机，并且买了一匹马。

20岁时，他已经在加勒比海、爱琴海和红海里潜过水了。他还成为一名空军飞行员，在欧洲上空做过33次战斗飞行。他21岁时，已经到21个国家旅行过。

22岁刚满，他就在危地马拉的丛林深处，发现了一座玛雅文化的古庙。同一年，他就成为"洛杉矶探险家俱乐部"有史以来最年轻的成员。接着，他就筹备实现自己宏伟壮志的头号目标——探索尼罗河。

在他26岁那年，他和另外两名探险家一道乘坐一只仅有27千克的小皮艇，在长达6000千米的尼罗河航行。经过了无数次的磨难，在10个月之后，他们终于从尼罗河口划入了蔚蓝色的地中海。

紧接着尼罗河探险之后，戈达德开始接连不断地加速完成他的目标，1954年他乘筏漂流了整个科罗拉多河；1956年探查了长约4300千米的刚果河；他在南美的荒原、婆罗洲和新几内亚与那些森林野人、割取活人头颅作为战利品的人一起生活过；他爬上阿拉拉特峰和乞力马扎罗山；他驾驶超音速两倍的喷气式战斗机飞行；他写成了一本书《乘皮艇下尼罗河》；他结了婚，并生了5个孩子。开始从事人类问题的研究之后，他又萌发了拍电影和当演说家的念头。在以后的几年里，他通过讲演和拍片，为下一步探险筹措了资金。

将近60岁时，戈达德依然显得年轻、英俊。他不仅是一个经历过无数次探险和远征的老手，还是电影制片人、作者和演说家。戈达德已经完成了127个目标中的106个。他获得了一个探险家所能享有的荣誉，其中包括成为英国皇家地理协会会员和纽约探险家俱乐部的成员。沿途，他还受到过许多人士的亲切会见。他说："……我非常想做出一番事业来。我对一切都极有兴趣，如旅行、医学、音乐、文学……我都想干，还想去鼓励别人。我制订了那张奋斗的蓝图，心中有了目标，我就会感到时刻都有事做。我也知道，周围的人往往墨守成规，他们从不冒险，从不敢在任何一个方面向自己挑战。我决心不走这条老路。"

戈达德在实现自己目标的征途中，有过18次死里逃生的经历。"这些经历教我学会了百倍地珍惜生活，凡是我能做的，我都想尝试。"他说，"人们往往活了一辈子，却从未表现出巨大的勇气、力量和耐力。但是，我发现，当你想到自己面临险境的时候，你会突然产生惊人的力量和控制力，而过去你做梦也没想到过，自己体内竟蕴藏着这样巨大的能力。当你经历过之后，你会觉得自己的灵魂都升华到另一个境界之中了。”

他指出，“差不多每个人都有自己的目标和梦想，但并不是每个人都去努力地实现它们。‘一生的志愿’是我在年纪很轻的时候立下的，它反映一个少年的志趣。其中当然有些事情我不再想做了，像攀登珠穆朗玛峰或当‘人猿泰山’那样的影星。确立奋斗目标往往是这样，有些事可能力不从心，不能完成，但这并不意味着必须放弃全部的追求。检查一下你的生活并向自己提出这样的一个问题，假如我能够再活一年，那么我准备做的事，还是继续我的愿望，从现在开始做起!”

一个敢于面对变幻莫测的生活和未来，并且努力地向自己的目标靠近的人，他的生活中就会充满了传奇和冒险，甚至要经历无数次失败，但有一点不可否认，经历过失败的人，他的生存能力将更强。

摆脱陈规陋习的束缚

俗话说“习惯是用来被打破的”，几乎在铺天盖地的励志类丛书里，都有指导怎样成功的范例，让每个跃跃欲试的奋斗者心荡神摇，其实这个世界上没有一套能够完全适合每个人行动的方案，来解决生活和工作所遇到的问题。对于大多数人而言，成功就是不断地打破人为的规则，争取自己的合法地位和权益，别钻进习惯的圈子里再也出不去。

例如，某个公司的一名职员，突然鼓起勇气走进老板的办公室，说：“对不起，我想加薪。我的确觉得自己应该加薪。”

老板会直接回答“不，你不能加薪”吗？肯定不会。他会说：“你确实需要加薪。可是……”（“可是”与“走吧！”同义）他把文件推到桌边，指着一张压在办公桌玻璃板下的打印卡片，平心静气地说：“令人遗憾的是，你已经处在你那个工资档次的顶端了。”

这位下属嘟哝着说：“噢……我忘了我的工资级别！”便退了出去。让他放弃要求的法宝，也许正是那张印制的卡片。实际上这位下属是在自言自语地说：“我怎么能够和压在玻璃板下的印制卡片争辩呢？”——这也许正是老板想要他说的话。

又例如，杰克负责不动产合同签约，找杰克的人是来签租约的，而且是连签。大多数人看都不看合同就缴了保证金。只有少数几次，有人会说：“签字之前我想看看合同。我有权利这么做!”杰克总是回答说：“你当然有权利这么做，去看合同吧!”那个人看了一半就会惊叫起来：“等一等，先别签！这份合同实际上让我在合同期间变成被契约束缚的仆役了!”

杰克回答说：“我不相信！这是标准合同，合同的号码在左下角。”

那个人通常的反应是：“哦……标准合同。那么，既然是这样……”于是他或她就签了，被几个显然带有不可思议的特质的数字给吓住了。

在极少数情况下有人仍然犹豫着不愿签字，这时杰克就加上一句：“法人不同意做任何修改。”记住，法人根本就不知道自己会不赞成任何改动。然而，“法人”这个词将合法化的有力形象投映在一幅宽大的屏幕上，从而产生了奇效。从理论上说，谁也不会和法人较真。

上面两个例子中，公司的职员和租房者，之所以中途就放弃了争取合法权益的机会，就是被“印制卡片”和“标准合同”的规则给唬住了，其实，这“卡片”和“合同”都是人为的，名义上属于所有相关之人，如果没有人提出异议，习惯就成了至高无上的“权威”。但是，如果你找出其中的不合理成分，勇敢地提出自己的见解，那结果可能就不一样，你将争取到属于你自己的合法权益。

但人们很容易把自己限制起来或者被别人限制住，因为先例成为权威的一个方面，就是基于“不要标新立异”“你不能和取得成就的人争论”以及“我们总是这么做的”等看法。

这种观点迫使人们按现行的方式或以前采用过的方式做事，既有的和过去的风俗、政策、惯例有“祖宗之法不可变”的神圣不可侵犯的力量，它甚至代表着唯一的行事处世方法。而所谓的法则一旦打破，就会获得不可思议的变化和利益。

“竞争”是绝大多数企业生存的策略重点。其实，真正聪明的策略应该是避免正面的竞争。

美国一家公司生产的咖啡壶容量大，又省电，并声称煮一壶咖啡只需 10 分钟时间。美国的一家电器制造公司的经理威廉正考虑生产一种新型的咖啡壶吸引更多的消费者。他想到，如果按照传统的经营战略，应该把重点放在缩短时间上。人家推出的咖啡壶容量大又省电，煮开一壶只需 10 分钟，如果我生产容量更大更省电、煮开一壶只需 7 分钟的咖啡壶，这可能是件好事，但是不久也许会发现人家又生产出只需 5 分钟的咖啡壶了。所以，传统的经营策略只会使自己陷入与对手进行连续竞争的恶性循环之中。其实，爱喝咖啡的人只是要享受咖啡的独特风味而已，并不太在乎其他的方面。于是，他决定把咖啡壶的设计重点放在如何保持咖啡原有的风味，而不是咖啡壶的外形、容量及是否省电。他根据这一指导思想，很快设计出一种最能保持咖啡原有风味的咖啡壶。结果，投放市场后果然销路大开，公司的效益大幅度提高。

一个聪明的企业家，为获得成功应该避免正面的恶性竞争，从更深层次、更新的角度琢磨顾客的需求而突出产品的个性，这样做往往可以不战而胜。

当美国汽车工人联合会达到按其合同增加 7%的报酬的目标

时，加拿大汽车工人以美国的例子为理由，立即展开谈判，并达到了同样的报酬增长目标。这种做法的逻辑很简单："我们有榜样（他们得到的，我们也应该得到）。"

田纳西州孟菲斯市市长曾公开宣布，所有举行罢工的警察和消防队员将被解雇。他们举行了罢工，并因此失业。几天以后，问题得到解决，市长恢复了他们的工作。此后，芝加哥的消防队员罢工。他们期望，即使暂时被停职，当问题得到解决以后，他们也可能被复职。事实证明，他们的想法是对的。

要避免被先例的权威"蒙蔽"，就要有效地使用打破常规的权力。要证明你的所作所为实属正当，就需要说明你现在的情况与另外的情况相似，即在那种情况下，你或者他人曾做过什么事，而且达到了期望的结果。

例如，在一家零售店你想就某件商品的价格进行谈判，以便少掏腰包。售货员说："很抱歉，我们不还价。"你怎么办呢？你应该说："不对，你们当然还价！两个星期以前，我刚从这里的五金部买了一把锤子，它有一个缺口，店员给了我两美元的优惠！"

因此，你必须要学会敢于打破常规，这样你才有可能获得更多属于你的利益。

跨越习惯思维的障碍——扔掉僵化思维的坏习惯。由于日常生活工作经验常使人们习惯性地把一事物与另一事物的关系固定下来，久而久之，思考时常认为这一事物只与那一事物有关系、有联系，从而忽略这一事物与其他事物的关系和联系，影响甚至阻碍问题的解决。

习惯性思维是指对于一个问题，只从单一方向、单一角度，僵化地、习惯性地进行思考。这种思维方式正好与发散思维的流畅性、变通性和独特性相抵触，不利于创造力的发挥，应当加以克服。

平时，每个人每天都在进行思维，在遇到问题的时候，思维活动更积极，但是不少人在大多数情况下却是按习惯来思维，因而遇到一般问题时，能够顺利解决，但遇到特殊问题时，就往往觉得无计可施，一筹莫展了。这就是心理学讲的思维定式，即由于先前活动而造成的一种心理准备状态，它使人们比较固定地去认知或做出行为反应。创造者在解决问题时，最忌讳的就是这种思维定式。

牛津大学的几何学大师道奇森和维多利亚女王之间有一个典型的故事可以揭示习惯思维的陷阱。

有一年，道奇森和 3 个小女孩在泰晤士河里划船，他认为和小女孩们交流最好的办法是讲故事。于是，他启动他惯于严谨思维的脑袋，发挥出色的想象力，编了一个童话。后来他把这个童话写成书，以路易斯·卡罗尔的笔名出版，立刻轰动了全英国，那本书就是著名的童话经典《爱丽丝漫游奇境记》。当维多利亚女王看了这本书以后，深深地被吸引，急不可耐地叫侍从通知道奇森，她希望看到他的全部作品。不久，道奇森亲自送去几卷自己的著作，令维多利亚女王面红耳赤，因为他送去的全是关于几何学的学术著作。

女王掉进习惯思维的陷阱了，她依照常识以为童话杰作的作家另外的著作一定也是童话。这就是习惯思维产生的障碍。

实际上，世界上的任何事物都是普遍联系的，而且联系形式是网络化的形式，而不是单一线条的形式。也就是说，一种事物总是与多种事物发生关系，联系在一起，而不是只与单一事物发生关系，联系在一起。

事物的性质是多种多样的，但由于日常接触到的某种事物常常只表现出某种性质，而其他性质不常表现，久而久之，在人们的头脑中形成了一个深刻的印象，一提到这种事物，马上想到该事物的这种性质，固执地认为这种事物只有这种性质，而不是进一步发散思维，想想是否还有其他的性质，从而影响和阻碍了问题的解决。

任何事物的存在、发生、发展变化过程总是与环境紧密联系在一起，是发展变化的。但是，我们在思考一个问题时，有时常常把问题孤立起来，不与其他事物联系，或者使之处于静止的状态，不用发展的观点来思考问题，从而使问题难于解决，即使解答出来了也是错误的。

比如，我国成语中有“刻舟求剑”的故事，最能说明这个问题。当一个人在船上，手中的剑不小心掉进江中时，他只是在剑掉下的船体位置上刻一道痕迹，认为过些时候按照这个标志还是可以捞到剑的。他的错误就在于忘记了事物发展变化的动态过程，以及船和其他事物的关系，忘记“此一时，彼一时”的道理。

如何克服孤立、片面和静态化的习惯性思维呢？显然在解决问题时要用全面、系统、发展的观点来看问题，考虑一下问题可能的情境、情况将会怎样发展。具体做法是用设身处地法来解决这类问题。所谓设身处地法，就是把你自己设想成为思考的对象，即你是思考的对象，然后，重复想象你处在这种环境里将怎样发展，可能处于什么状态，将怎样变化，怎样行动，行动的过程如何，等等。通过设身处地法，身临其境，使你较容易摆脱孤立、片面、静态化的习惯性思维，顺利地解决问题。

人的思维过程常常有一定的习惯性思维倾向。遇到一个问题时，马上从该倾向去考虑这个问题，往往得不到结果。

在现实生活中，很多人虽顺应潮流、抓住时机、拼命钻营，但往往与成功无缘，结果被碰得头破血流，惨败而归。这个时候你可以听听美国著名人物卡耐基说的一句话："不要只看一个方向，转过头去看看另外的方向。"

美国有一个著名的国家自然公园——黄石国家公园。公园的经营者就是成功地运用了逆向思维使得人们可以尽情地观赏野生动物。

很多年来，人们都是站在笼子外面看笼子里面的动物。时间久了，动物失去了野性，人们为看不到野兽的真实状态而感到失望。黄石国家公园为了满足人们观赏野生动物真实状态的心理，同时更是为生态的平衡和动物研究的便利，规定自然保护区，让人们看到笼子之外的动物。

黄石国家公园是一个自然世界，狮子、老虎、豹子、羚羊等野生动物是这里的主人。黄石公园面积相当大，要待上好几天才只能看个大概。由于这里禁止人们带武器，所以免不了会有猛兽伤人，但又不能把野兽装进笼子。怎么办？

这个问题看似难以解决，而黄石国家公园的经营者却运用逆向思维，使问题变得再简单不过，那就是：把人装进笼子！

这种思维方式对于解决疑难问题或创立新的学科具有特殊意义，往往能做出突破性的贡献。它虽然超常，但不反常；虽然奇特，但不荒唐。它不是毫无根据的胡思，也不是虚无缥缈的乱想，而是一种在解决问题过程中更为艰苦的创造性脑力劳动。它是在一个更为广阔的天地里探求，并且突破常规，是站在与别人完全相反的方向上思考问题的思维方法。

创新并非高不可攀

我们长久以来惯用的线条式思维方式，在不知不觉间束缚了我们。其实，创新并非是高不可攀的事情，只要我们能改变过去的模式，推出一种令人耳目一新的东西，就是创新。

过去我们所受的教育，都使我们习惯于“直线式的思维”。直线，或许可以说是以 A/B/C/D/E 的顺序依次并列排列的逻辑。而我们以为，能迅速查知其联系，推出其顺序的人，就是聪明的人。

请看看我们长久以来使用的笔记本，上面都有一些直直的线条。

我们顺着这些线条来书写一些东西。而所谓顺着线条，意味着我们循着直线书写，沿着线条进行思考。其结果是，我们人类创出了所谓的“线条文化”。所谓的线条文化，就是重视直线思考的文化。

直线思维，也就意味着“线条式的思考”。我们长久以来惯用的线条式思维方式，在不知不觉间束缚了我们。

我们的头脑的构造，本来并不是直线型的，我们生活的这个世界本身，也不是直线的。我们所看到的世界，甚至没有一样东西，可以称得上是直线的。

没有人规定我们看一件东西或观察一件事物，要先从哪儿看起，再看到哪里，最后在哪儿终结。我们经常是从自己想看的部分、自己感兴趣的部分看起，或是以一种在瞬间掌握整体的方式，来运用我们的视觉。

直线式的思考是与创造性的思考最无缘的。因为直线会束缚我们天马行空的灵感，使我们的思考受拘泥、被定型。对一件事情我们应该是有各个角度的不同看法。然而，因为固有的知识，使我们将自己的观察角度只局限在一点上，从而错过了许多其他的看法与观点。

只知道一些事情，反而使我们看不清事物的本质，不要说思考，如果去发现新的观点与角度的话，则知道得愈多，反而愈受拘束。

创造跳出直线式思考范畴的秘诀在于视觉式思考。

我们只要把直线式的思考方式，改换成人类一向最擅长的“视觉思考”“空间思考”即可。

要发现任何新的事物，首先必须“观察”。经由全面性的观察，可使事物逐渐清晰、明朗。但此时观察所用的工具，必须要以非直线化的工具为前提。

对于习惯“直线思维”的人来说，药店就只是卖药的，只有一个模式，一个格局，但在一些思维突破常规的人那里，他们不拘泥于满足单一的功能价值，而是去打破传统的格局，增添和赋予它新的内涵和功能。因此，他们在异常复杂的竞争中，往往能够抓住那些最关键、最本质的东西，来考虑自己的行动决策；即使处于进退维谷之际，依然能发挥创造性思维，从一个可能点出发，进行跳跃式或不规则的思维，联想而又反想，一下子冲破常规，想出奇谋妙计，从而走出困境。“奇将军”只有跨上骏马，才能在单位时间、单位空间里纵横驰骋，创造出连小说家都想象不到的奇迹。

在市场竞争中，经营者要战胜对手，首先在经营思想上要有奇招，出奇的经营思想有时可以挽救一个企业。1974年，东京出现了一家中药茶馆，生意兴隆，经常客满。这家茶馆，是伊仓中药店开办的。这家药店原来只出售中药，但当时中药的销路很不好，许多药品都在仓库里睡大觉。这时候，一个朋友给石川经理出了一个奇妙的点子，开办一个跟中药生意全然无关的茶馆，不必努力去拉生意，只需把中药和茶馆组合起来，进行多元化经营就行了。于是，伊仓中药店开设的伊仓中药茶馆就诞生了。为了消除中药的气味，石川经理对掺有中药的饮料进行了特殊加工，并使茶馆的气氛明朗化、装饰现代化。馆内安装了空调设备及瑰丽的美术灯，桌子和椅子采用淡黄色，墙面粉刷成白色，地面铺着绿色地毯，并播放着轻快的乐曲。壁柜里摆有闪烁着迷人色彩的各种饮料，既含掺有人参、鹿茸、灵芝的高档饮料，也含掺有茯苓、黄精、蜂蜜、阿胶的中、低档饮料。特制的“饮料谱”中，还告诉顾客每种饮料的功效，顾客可以根据自己的情况，各取所需。喝了这种色、香、味俱佳的饮料，使人兴奋舒畅、精力充沛、祛病延年，因此吸引了成千上万的顾客。两个月以后，电视台和报社也络绎不绝地前来采访。索要中药订货和配方的信件，雪片似的向该店飞来，伊仓中药店多年来的存货，很快就销售一空。

人们还有这样的思维障碍，认为创新的思维，就是发明新事物，其实并不是如此。当你在纽约的麦当劳快餐店享受完汉堡包、炸薯条和冰淇淋时，也许并没有什么特别的感受。可当你跨入北京王府井的麦当劳快餐店，你会发现完全一致的装饰布置，一致的进餐环境，一致的服务范围，连汉堡包的滋味、薯条的炸法都毫无差别。此时你可能会感到惊异，因为纽约与北京相距万里，而美国人操作的麦当劳与中国人操作的麦当劳会一模一样。这一模一样的前后恰恰是创新的结果。

其实，创新并不是高不可攀的事情，只要我们能改变过去的模式，推出一种令人耳目一新的东西就是创造。麦当劳并没有发明任何新的东西，它生产的“产品”也许以前任何一个小餐馆都可以制作。但是麦当劳连锁店的创始人克罗克运用文化概念和管理技术，使“产品”标准化，设计出生产流程和加工工具，制定各阶段的工作标准，从而大大提高了资源的使用效率，并以“质量、清洁、服务和价值”这样一丝不苟的企业文化准则和经营理念不断开拓新市场，接纳新顾客，这也是一种非常有价值的创新。

良好的创造性思维能帮助你更好地发挥你的潜能，找到你内心的油井和金矿。与地球上的自然资源不同，你的“自然资源”只有当你不用时才被浪费和耗尽。你应该尽力使自己更高的天赋派上用场，使你和别人都能享受因此带来的好处，千万别怀疑你的能力，它似在弦之箭只待发射。用好了你的才能，你就不再是聪明而身无分文，而是聪明又富有。

下面的这则故事或许更能说明这一点。一对年轻夫妇走在乡村小道上，看见一个老农夫，便停下来问道：“先生，您是否能告诉我这条路通向哪儿?”这个农夫不假思索地说：“孩子，如果你走对了方向，它可以通向世界上任何一个你想去的地方。”

培养敏锐的洞察力

眼光锐利、洞察力强的人，他们对事物的反应灵敏；眼光短浅的人，常常对外界事物视而不见，即使看见了也只是浮光掠影，不能深层次地了解事物。

要在社会中做个成功的人，就一定要注意培养自己敏锐的洞察力。

有两名罪犯被关押在处于沙漠的监狱之中。面对着漫漫刑期和铁窗外的沙漠，一个罪犯觉得刑期太漫长了，说不定没等到获释那一天自己就死了。于是整天唉声叹气，过着醒时抱怨，怨完就睡的日子。而另一个罪犯看到外面的沙漠，心想为什么不能把它变成草原呢？如果干得好，说不定可以早些出去呢？于是，他看了很多治沙方面的书，并提出了一套系统的治沙计划。按照这套计划，只几年的时间，他就把监狱的四周变成了绿茵茵的草地，他因此被提前释放。

很多时候，人们往往对眼前的事物视而不见，而就是眼前的事物，其实就可以有所发现、有所创造，发现了它们，就会掌握命运的主动权。

缺乏洞察力的人往往被固定在普通的思维之中，囚禁于习惯的评价、感觉和态度，很难从思维定式中突围出去。一旦丧失了观察问题的敏锐感觉，即使处处有生财和发达之道，也会视而不见。被苹果砸过脑袋的人恐怕难以计数，砸了脑袋的苹果不是被吃掉就是被扔掉，但有一个苹果例外。牛顿将这一极为平常的自然现象予以由此及彼、由表及里的发掘与提升，发现了万有引力定律。

大家都知道“鼠目寸光”，与之对应的则是鹰眼眼光的宽广。鹰眼的出色之处在于它不仅看得远，而且看得清楚。光是举目四望是不够的，看得细致明了也是必要的。鹰眼同时具备宏观与微观的眼光，它看得既不粗枝大叶，也不拘泥于局部，也就是说，要掌握宏观与微观的平衡。洞察力其实也是一个掌握平衡的问题，要既能看清大局，也能看清眼前的细微变化，如此才能够对事情有正确的看法。

有些人有了敏锐的洞察力，就等于拥有了把握命运的一件利器。要培养敏锐的洞察力可以从以下几方面入手。

1. 抓住问题的关键

有许多这样的情景，已经花费许多劳动，但总觉得离解决问题还差一点，这是因为没有抓住问题的关键所致。要仔细分析一下其中的原因，看一看到底差在哪里，久而久之，必会培养出洞察世事的能力。

2. 要善于捕捉信息

对于信息的敏锐度、识别力和悟性，是决定能否成为创造者、开拓者和成功者的关键。要多用心去听、去看，只有充分掌握了有用的信息，才会对事物有准确的判断。

3. 要懂得取舍

很多时候，放弃也是一种聪明的选择。有些人往往容易对事物有割舍不断的感情，虽然一条路走到底不是什么坏习惯，但有时试试其他的办法会更好。

第四章

突破自卑心理结成的茧

自卑有如“双刃之剑”。不同的心态，生出不同的结局。成功者充满自信，洋溢活力；自卑者看重自己的缺陷与不足，丧失信心，悲观失望，不思进取。我们大可不必为自己貌丑而自惭形秽，也不必因没有过人才华而长吁短叹，只要我们有一颗平常心，一股不竭的精神，树立信心，化自卑为一腔激奋，定将成就一番事业。

积极投入生活，寻找理解和支持

自我封闭只会把自己隔绝在角落里，默默地承受孤独所带来的一切哀愁。活泼开朗的人总是积极地投入生活，寻找理解和支持，得到力量和鼓舞，因此他们的生活很少有孤独和寂寞。有些性格内向的人却不容易看到外面多彩的生活，容易消极厌世，自我封闭，结果给自己的生活蒙上了阴影。有一个非常厚道的大学生，他来自西部的一个贫困地区，父母都是老实巴交的农民。他平时的话很少，从不主动与人交往。他从小就因为家里穷而饱受风霜，但是他非常聪明，再加上学习刻苦，终于考上了大学。虽然他考上了大学，但是贫富的差距却再一次使他的自尊受到了打击。他上学的学费是父亲跑遍了亲戚家才借来的，他不得不省吃俭用。同学请客吃饭，他不敢去，因为他没有钱回请。由于穿着朴素，也不好意思出入社交场所。他总是低着头走路，从不主动与同学们说话。他总是唉声叹气，愁眉苦脸，极端消沉，没有一点精神，对任何事都提不起兴趣。其实，大家并没有因为他家里穷而看不起他，他家里这样穷还能够考上大学，大家还都很敬佩他呢。后来，在同学们的真诚开导下，他才逐渐改变了自我封闭的心态，变得开朗起来。

生活中，有些人容易陷入自我封闭，因为他们不善于结交朋友，所以他们的生活圈子总是很小，认识的朋友很少，有价值的朋友就更少了。朋友少路就少，朋友多了，路才能四通八达，办起事来自然就顺畅。

有些人在社会交往中，总觉得自己不如别人，这是自卑心理造成的一种孤独状态。要冲出这层包围着自己的黑暗，必须首先突破自卑心理结成的茧。其实，大可不必为了自己跟别人不一样而忧心忡忡。人都是既有相同点又有不同点的。只要自信一点，就会发现跟别人交往并不是一件难事，甚至还会发现其中的乐趣。刚刚加入别人圈子的时候，也许会觉得有些“冷”，但是要想自己的感觉很“热”，就要不断地坚持下去，慢慢就会发现大部分的人都是友善的，而且自己也是受人欢迎的。

要多和朋友们保持联系，要知道，别人也都和你一样，也需要感受友谊的温暖。为别人做点什么，多帮助别人，这样能够使你感到存在的价值与快乐。当大家在一起的时候，一定要和周围的人多交流，不要给人以不合群的印象。

确立人生目标也很重要。要想从根本上克服内心的脆弱，最好的办法就是给自己确立一些目标和培养某种爱好。懂得自己是为了什么而活的人，是不会感到寂寞的；同样，活着而有所爱、有所追求的人，也是不会寂寞的。

多与大家一起享受，一起做事，在兴奋的时候，就会产生兴趣，达到忘我的境界。在与别人交往的时候，不需要掩饰自己，远离虚伪和做作，慢慢地就会远离自我封闭的怪圈。

信任是办事成功的前提

赢得别人的信任，是办事成功不可少的前提。别人对你有了信任，就会愿意与你交往，并会竭力帮助你。

赢得别人的信任，是经营人际关系网时最需要努力的事情。

(1) 要令人愉悦。

总爱怨天尤人，脸上总是一副苦涩的表情，这是要避免的。想博得别人的欢心，获得别人的信任，要有令人愉悦的心态，脸上要时时带着笑容，行动要显得轻松。如果别人从你的脸上看不到一点快乐，绝不会对你产生好感。拒人千里的表情，很难赢得信任。良好的态度需要你坚持下去，不能今天扮了笑脸，明天因为难以自制而故态复萌，显出阴郁苦闷的本性，这样只会前功尽弃。

(2) 对别人表示关心。

在与人交流的时候，自己的事情要少说，要学会做一个倾听者，表现出对别人谈话的兴趣，仔细听对方说话，这对对方很重要。还有，做事需要持之以恒，想获得别人的信任也是如此。

(3) 显示专业能力。

要做出成绩让人看，证明你的判断敏锐、才学过人。在职业专业化的时代，没有专长，样样都懂一点的人，总是显得竞争力不够。所以，如果你在某一领域有所专长，有很强的能力，会让你更容易引起别人的关注。

（4）不要失信。

觉得你一旦失信于人，别人下次就再也不愿意和你交往。人们做事总是愿意去找守信用的人，诚信才是你最大的品牌。

（5）做事果断。

获得他人的信任，除了要有正直诚实的品格外，做事还要果断和敏捷。优柔寡断，头脑不清，缺乏灵活的手腕和果断的决策能力，是无法取得别人信任的。

（6）抛弃恶习。

拖拉、懒散等不良习惯，只会让人走向失败。这些坏习惯，会使别人不敢信任你，会使你的事业因此而受阻，不能向前发展。尽管你可能对这些恶习习以为常、无动于衷，但是与你交往、发生业务往来的人却很看重这些。不要因为这些恶习而影响别人对你的整体评价。

（7）注重第一印象。

一般而言，在平时的人际交往过程中，给人的第一印象往往是最深刻的。如果对方对你的第一印象有错觉，就很难修正对你的看法。所以，你一定要重视自己给人的第一印象，如果能做到与人初次见面就相处融洽，对你事业的成功则大有裨益。

使宽恕成为一种习惯

全世界的人都在寻求友谊。每一个人都寻求宽恕，就像寻求食物和住所一样迫切。但是，我们往往像耻于犯错一样耻于宽恕，好像犯错或宽恕是一种可怕的弱点。这种羞耻感腐蚀着我们的灵魂。羞于承认自己的错误是一种不健全的心理，而不肯宽恕他人的过失则是顽固不化。

友谊不是要向他人索取，而是施予他人——所付出的不是物质礼品，而是热情、诚挚、谅解；友谊的意义是将勇气灌输给他人，是彼此共享信心，是将礼物赠送给他人。

我们必须为他人着想，接纳他们，奉献我们的长处。只有这样，我们才能获得友谊的回报。

英国作家约翰逊认为，一个人应当经常改善友谊的质地，应该“在穿干净衬衫的日子”去看他的朋友。

我们必须经常为他人改善我们的友谊，我们必须将自己视为“我们乐意与之交往的人”。因为，如果我们要与他人建立友谊，就必须能够善待自己。我们必须随时修复我们所受的损伤——我们的失败对自我意象所造成的损害。我们必须战胜失败，保持我们的自尊自爱，这是我们尊重别人所不可缺少的因素。只有这样，我们的友谊才有真正的价值；只有这样，我们才会谦逊而不至于狂妄自大。只有在我们能够尊重自己的时候，才能体验到谦逊的礼让——礼让他人和自己。

只有懂得交友之道，才能活泼、进取，才能给自己一个满意的微笑。

要向前看，不是向后看。每一天都是一个新的日子，每一天都要专注自己的人生，并要为这个新的日子而集中精神财富，不要让失败的恐惧将自己引向歧途。每一个人都是人类大家庭中的一员，都要成为与他人相关联的人。

我们要告诫人们，你要以一种大社会的意识扩展爱的范围，共同承担人类的弱点；你要明白，你的邻居往往会形成种种错误的观点；他会误认为你是他的敌人，而不认为你是他的朋友，但你要宽恕他。宽恕的度量应该像求生的能力那样大，你应该使宽恕成为一种像穿衣吃饭一样的习惯；否则，你就不能到达真正快乐的人生境界。

要跟他人和谐相处，非有宽恕他人的仁慈之心不可。犯错误是人类的损失，宽恕是人生的成就。但自己必须先宽恕自己，才能承认自己是一个人，一个自重自强的人，而不是一个完美的神明。

不为迎合而放弃自我价值

如果一个人别人希望他怎么样，他就会怎么样，这是多么可怜、毫无价值的形象；如果一个人不能明确地阐明自己在生活中的思想和感觉，那就没什么人会与你坦诚相见，没什么人会真正尊重你。

使自己成功的条件，不仅是头脑聪明，亦须具有不在乎别人的那种定力，但这种定力并非人人都能做到。

有人以为坚持独立自主，似乎很难得到别人的赞许，很难处好人际关系。这是一种错觉和误解，事实恰好相反。一个真正能够主宰自己的人不会为了迎合他人的观点与喜好而放弃自我价值、自我追求；也不会为了博得他人的赞许而跟随他人的指挥棒转。因为你失去了自我，也就失去了平等自由的人际关系和生活方式。某些人之所以不为人们所信任，就因为他们只是留声机、传声筒，而没有自己的灵魂。这种人往往是轴承脑袋弹簧腰、头上插着风向标，只会见风使舵，趋炎附势。这种人的自我价值完全取决于身份、地位，一旦失去职位，手中无权了，他就一无所有，一文不值了。实际上，最受赞许、最受欢迎的人恰恰是那些希望赞许而不是祈求赞许的人，是那些能以积极的态度表现美好的自我形象的人，是那些从不放弃独立自主权利的人。

不在意别人的反应与厚脸皮是有所不同的，两者的差异在于，不在意别人的反应的人大都具有远见，明白自己的做法会产生何种影响，因此能不顾别人的反对意见。同样的，在生意方面，尤其是在谈判时，为了要获得胜利，必须不在乎别人的反应，如果具有正确的远见，依照信念去做，便自然会有别人摇撼不动的定力，而成功也会被吸引而来。

命运之神有时会试探人们是否具有泰山崩于前仍不改其色的气魄，这种人往往会受到命运之神的特别眷顾。世俗和传统使人养成一种说话办事总是需要得到别人的认可和赞许的习惯。童年时代习惯于得到父母和老师的赞许，长大成人需要得到领导和同事的认可。如果自己的某个举动和主张得不到别人的认可和赞许，就会感觉到是出了问题，放心不下。于是你在无形之中就放弃了主宰自己、独立行事的权利，凡事都受别人的控制和摆布。这种习惯大体表现在以下几个方面。

(1) 对别人的需求大都随声附和，即使有时心里不满，也要依从别人的意志去办。

(2) 有自己的事情和计划，但难以拒绝朋友的邀请和要求，以免别人对你不满意。

(3) 为了回避同陌生人交谈，不想独自参加社交活动，也不愿独自出差办事。

(4) 看领导的眼色行事，明知不对，也要忍气吞声地服从。好像领导的时钟总是准的，而自己的时钟总是不准，只能常和领导对表，不相信自己的手表。如果因此而窝火憋气也只能拿比你地位低的人出气。

（5）不好意思和权威人士、著名人物交往，如果这类人物对自己的责怪和批评不公正，也不敢说出自己的看法。

总之，一个人习惯于接受别人的摆布，就会经常被迫去说话，去做事。这样的生活当然很累，也很乏味。

真诚是感动人心的强大力量

真诚是感动人心的强大力量，真诚可以化解别人心中的坚冰。

真诚能产生极大的感动力量，这是因为人人都有被别人尊重的需要，每个人都希望得到他人的关心和爱护，有时候哪怕是一句问候的话也会使人感动不已。一般人都会有这样的体验，得到某人的关心，就会对其产生感激之情。尤其是当别人嘘寒问暖，了解你的困难和需要时，心里就会有热乎乎的感觉。

我国有句成语叫“精诚所至，金石为开”，只要拿出一颗至诚之心，就可以收到事半功倍的效果。

20 世纪 50 年代初，尼克松还是一个年轻的参议员，当尼克松正在为竞选总统而四处奔走时，突然报纸登出了他在竞选中秘密受贿的文章。为此，尼克松在电视台发表了半小时的讲话，就是这次震撼美国的演说，尼克松以真诚和朴实赢得了人心。

尼克松采取了一个在政治史上罕见的行动，即把自己的财务全部公开，从自己的家产，一直谈到他的欠债。紧接着，话锋一转，详细地说明自己的经济收支情况，连如何花掉每一分钱都告诉听众——从操心为孩子矫正牙齿到改装锅炉等款项。他还告诉大家，这次竞选提名之后，确实收到一件礼物，这就是得克萨斯州有人送给他孩子的一只小狗。当他讲完走出广播间时，到处都是欢呼声。有 100 万人打电话、发电报或寄出信件给他，著名的共和党人都给他发了赞扬的函电，从邮局汇来的小额捐款达 6 万美元。

尼克松之所以能够赢得千百万同情者，使自己从被抨击的窘境中解脱出来，完全归功于他在演讲中表现出的真诚，正是他的真诚感染了国民的心灵，使他们通过闻其声、观其情、见其心而达到了与之心心相撞的共振效应。尼克松的真诚感动了美国人民，使他多年后最终当选了总统。真情的流露，能够产生无与伦比的征服力。

多个朋友多一条路

社会是由不同的人组成的，人活在社会上，不管日常生活、工作，还是经营自己的事业，都会和别人产生一种互动关系。换句话说，人是靠彼此互助才得以生存的，即便是流落荒岛的鲁滨孙也要有一位名叫“星期五”的伙伴，更何况身处这一竞争激烈、人际往来频繁时代的我们？因此，“得罪人”是一种剥夺自己生存空间的行为。同时也可能变成一种习惯。为何不趁早改改？我们之所以不能轻易得罪人，至少有以下几个道理。

首先，得罪一个人，就为自己堵住了一条去路。当然，你也许会想，还不至于得罪了几个人就无法生存下去吧。但你要知道，世界虽然很大，但有时就显得很小，连走在路上都会仇人相见，更何况同行？同行有同行的交往圈子，得罪同行，彼此碰面的机会更大，那多尴尬！而且多么不利！本来你可以和他合作获利，却因得罪他而失去机会，这多可惜！

其次，得罪一个小人，就为自己埋下了一颗不定时的炸弹。得罪君子了不起大家不讲话，各干各的；但要是得罪小人可没完没了，他不采取报复手段，也要在背后对你造谣中伤，让你有理也说不清，多不值得！

这里之所以强调“不轻易”得罪人，当然也是有道理的。当事情不可忍时，当正义公理不能伸张时，还是要有雷霆之怒的，否则就是非不分，黑白不明了。这种雷霆之怒有时会得罪人，固然有可能为自己堵住一条去路，但也有可能开出更多的康庄大道。除了这一点，还是不得罪人为好。

所以，当你感到自己的利益被侵害时，得不到他人的尊重时，请想想，勿轻易动气。此外，也切记不要盛气凌人，这种只有自己而没有别人的态度也很容易得罪人，而且常不自知。

最重要的一点是，得罪人会变成一种习惯，老是压不下怒气，改不了个性，便会说“反正我就是这样”，那就会条条是路，条条不通了。

俗话说，多一个朋友多一条道。反过来说，多得罪一个人就少一条路！

让别人改变对自己的态度

敢于说“不!”它摒弃了那种支支吾吾的态度。这种态度容易给人造成误解，和隐瞒自己真实感受的绕圈子的话相比，人们更尊重那种不含糊的回绝。

人们是怎样对待你的？你是不是三番五次地被人利用和欺负？你是否觉得别人总占你的便宜或者不尊重你的人格？人们在制订计划的时候是否不征求你的意见，而觉得你会百依百顺？你是否发现自己常常在扮演违心的角色，而仅仅因为在你的生活中人人都希望你如此？

美国心理学家戴尔以他接触到的生动的事实回答了这些问题。

戴尔从诉讼人和朋友们那儿最常听到的悲叹所反映的就是这些问题，即他们从各种各样的角度感到自己是受害者。戴尔的反应总是同样的：“是你自己教给别人这样对待你的。”

戴尔讲述说：盖伊尔来找我，因为她感到自己受到专横的丈夫冷酷无情的控制。她抱怨自己对丈夫的辱骂和操纵逆来顺受。她的 3 个孩子也没有一个对她表示尊重。她已经是走投无路了。

她对我讲述了她的身世。我听到的是一个从小就容忍别人欺负的人的典型例子。从她性格形成的时期开始，直到结婚为止，她的行动一直受到她的极端霸道的父亲的监视。没想到她的丈夫“碰巧”也和她的父亲非常相像，因此婚姻又一次把她推入深渊。

我对盖伊尔指出，是她自己无意之中教会人们这样对待她的。这根本不是“他们的过错”。她不久就理解了那么多年她一直忍气吞声，实际上是自己害了自己。她的任务应当是从自己身上而不是从周围环境来寻找解决问题的方法。这次咨询帮助她学会了怎样教育别人改变对自己的态度。

盖伊尔的新态度就是设法向她的丈夫及孩子们表明，她不再是任人摆布的了。她丈夫最拿手的一个伎俩就是向她发脾气，对她表示嫌弃，特别是当孩子们或者其他的成年人在场的时候。过去她不愿意当众大吵，因此对丈夫的挑衅总是毫无办法。现在，她要完成的第一个任务，是理直气壮地和她的丈夫抗争，然后拂袖而去；当孩子们对她表现出不尊重的时候，她坚决地要求他们要有礼貌。

在采取这种有效的态度几个月之后，盖伊尔高兴地向我汇报说，她的家庭对她的态度发生了很大的变化。盖伊尔通过切身经历了解到，的的确确是自己教会别人怎样对待自己的。3年之后的今天，她已经很少再被别人欺负、被人不尊重了。

盖伊尔还懂得了，自己解救自己的关键是，用行动而不是用语言去教育人。如果你打算通过一次冗长的讨论来让人理解你不愿再受侵犯的重要信息，那么你得到的好处将仅仅局限在你和欺负你的人之间的谈话过程中。也许你还会和欺负你的每一个人进行多次“交流”，但是必须等到你学会了有效的行动方式，否则你仍然会受到烦扰。这就证明，你的表明决心的行动胜过千百万句深思熟虑的言辞。

许多人以为斩钉截铁地说话意味着令人不快或者蓄意冒犯，其实不然。它意味着大胆而自信地表明你的权利，或者声明你不容侵害的立场。

托尼在和售货员打交道时总是缺乏胆量。由于害怕售货员不高兴，他常常买回自己不想要的东西。他正在努力使自己变得更果断一些。一次，去商店买鞋，看到一双自己喜爱的鞋，就告诉售货员，他要买下这一双。但是，正当售货员把鞋装进鞋盒的时候，托尼注意到其中一只的鞋面上有道擦痕。他抑制住自己当即萌生的不去计较的念头，说道："请给我换一双，这只鞋上有擦痕。"

售货员回答道："行，先生，这就给您换一双。"

这个时刻，对于托尼一生来说是一个转折点，他开始锻炼自己果断行事；新的处世方法的报偿远远超过了买到一双没有擦痕的鞋子。他的上司、他的妻子，以及孩子和朋友们都感觉到，他变成了一个新的托尼。他不再是一味应承了，托尼不仅经常得到自己所欲求的东西，而且还获得了不可估量的尊敬。

下面就是一些策略，你可以运用这些策略来告诉别人如何尊重你。

(1) 拒绝去做你最厌恶的也未必是你的职责的事。两个星期不去洗衣服，看看会发生什么情况。如果你能付得起钱，就雇个人帮你做，或是让家里其他的成员自己动手照料自己。一般来说，家里一切活都由你干，仅仅是说明，你已经向别人表明你会毫无怨言地干这些活。

(2) 斩钉截铁地说话。即使是在可能会显得有些唐突的场所，毫不拘束地对服务员、售货员、秘书、出租汽车司机说话，对蛮横无理的人以牙还牙：你必须在一段时期内克服你的胆怯和习惯心理；你必须心甘情愿地迈出这第一步。记住：千里之行，始于足下。

(3) 不再说那些招引别人欺负你的话。"我是无所谓的"

“我可没什么能耐”，或者“我从来不懂那些法律方面的事”，诸如此类的推托之词就像是为其他人利用你的弱点开许可证。当服务员合计你的账单时，如果你告诉他你对计算一窍不通，那你就是暗示他，你不会挑什么“错儿”的。

(4) 当你碰到吹毛求疵的、好插嘴的、强词夺理的、夸夸其谈的、令人厌烦的，以及其他类似的欺人者，冷静地指明他们的行为。你可以用诸如此类的话声明：“你刚才打断了我的话”或者“你埋怨的事永远也变不了”。这种策略是非常有效的教育方式。它告诉人们，他们的举止是不合情理的。你表现得越平静，对那些试探你的人越是直言不讳，你处于软弱可欺的地位上的时间就越少。

(5) 告诉人们，你有权利支配自己的时间去做自己愿意做的事。从繁忙的工作中或是热烈的场合中脱身休息一下是理所当然的。把你支配自己休息和娱乐的时间视为是无可非议的，这是不容他人侵犯的正当权益。

(6) 不要为人所动，并因此对自己新采取的果断态度感到内疚。如果有人对你做出受了委屈的表情，向你说好话，许给你好处或者表示生气时，你不要感到不好受。

记住，是你教给人们怎样对待你的。如果你能把这一条当作指导你生活的原则时，你就能够解放自己了。

心平气和付出爱

在爱的路上，如果我们过于挑剔或者过分注重被爱的索求的话，往往到头来使爱疲倦、枯竭，留下遗憾的记忆。成熟的爱应该心平气和地付出，酸甜苦辣只求轻啜慢饮，重要的是，永远营造一个让爱驻足的空间。

“我凌晨5点下火车，到他的城市去看他。他说好来接我的，等了半个钟头还不见人。打他的电话，说还在那边睡觉。那时我的心比那刻寒冷的气温还要冷。想狠心去买返程的票，但终于还是忍了下来。这样一忍，他也就衣衫不整气喘吁吁地赶到，说是贪睡过了头。”

一位女士讲起她与男朋友的交往片段，当时在场的女孩忍不住发出一片啧啧声。快言快语者甚至厉声说：“这样的男朋友，我早就把他休了。”

但这位女士始终从她的角度出发，认为她和男友的关系是越来越好。她的一位女友虽然不反驳她，但心中一直将信将疑，甚至抱着怜悯她自欺欺人的心。直到五一假日时她告诉女友他们已经购置了自己的商品房，正准备共筑爱巢时，女友才大吃一惊。她的这位女友非常感慨，无论怎么样，他们有望成为毕业后最早走入婚姻的幸运儿，而那时被看好的一对对好得如胶似漆配合得天衣无缝的恋人，现在差不多都上演了“劳燕分飞各西东”的悲剧。

再细细品味一下这位女士的叙述，淡淡的交往中有着感人的真挚和宽容。一场可能会导致分手的疏忽，在她温和善良的处理下，回避了争执，也超越了原谅，竟成了一方付出令另一方感动的花絮。正是这种把埋怨转为付出的艺术，才使她的爱情日久弥坚。而很多恋情的破灭，多半是因为太习惯为一些鸡毛蒜皮的小事争执不休、不肯迁就的缘故。

著名主持人窦文涛曾说过这样的话，他说当一个成熟的男人回忆起曾在他身边出现过的女人，最大的感受往往是当初对她们不够好。其实，这句话也适用于现代女性，适用于任何一个恋爱过的人。

不为“脸色”所左右

随着各种事的变化及心理经历的酸甜苦辣，人的容颜上会有喜怒哀乐的表现。对此。你看到也罢，看不到也罢，别人的脸色依然是别人自己的脸色，就像别人的呼吸一样，并非是你决定得了的。

高中生晓田认为自己是个善良的男孩，但他又总为自己的“善良”而苦恼。

晓田最怕别人向他借东西，这绝不是因为他自私，自己的东西舍不得借人；相反，他内心是非常想把自己的东西借给别人用的。但是，当别人向他借东西时，他总担心别人从自己的表情、语言中看出一丝不悦——尽管他绝没这种意思。

借东西这种事不是天天发生，晓田的烦恼还能够忍受。晓田最怕的事情还是自己日常的言行举止出错。在表情上，他老担心自己脸上会露出清高、骄纵的神色；走路时，他老怕头抬高、腰挺直，会让人觉得盛气凌人；说话时，他怕自己言语不当，伤害了别人，甚至他遇到什么高兴的事，也不敢表露在脸上，怕别人认为自己是洋洋自得。晓田曾这样感叹道：“我最在意别人的脸色，也最怕别人的脸色。我总是看别人的脸色行事，生怕引起别人一点儿反感和不快。”

晓田日日所怕的所谓“脸色”，其实就是他人内在情绪的外部表现。无论你的老师、同学、父母、亲友还是邻居，每人每天都要经历许多事，这当中，不仅要动脑动手动身，还要动容。

别人的脸色，多是别人的情绪外化表现，并非与晓田有什么关系。晓松今天一脸不高兴，那是因为他与父母发生了矛盾，在怄气，与晓田走路的姿势根本没有关系。晓田觉得人家的脸色不对，觉得是自己走路头抬得过高，可人家压根儿就没有注意到你。这不是在自寻烦恼吗?

有时有些人的脸色，可能确实与晓田有关，但也不必为此惊慌失措。晓田可以这样对自己说："你有不高兴的时候，我也有不快乐的时候；你能给我脸色，我也有脸色，人人都是平等的。"这样一来，就把自己完全摆在了与对方人格平等、身份平等、心理平等的位置上。于是，晓田便可稳定情绪，有利于理智地思考和行动。如果对方所给的"脸色"的确是自己言行失当所致，那就主动改正；如果对方的"脸色"部分有理，那就部分改正；如果对方毫无道理地给人"脸色"，那就应该毫不在意地不予理睬。这种傲然、坦然的人格立场，也是一种恒定的力量，久而久之，给人脸色看的人，也就自觉没趣，脸色也就悄然隐匿了。

所以，对于晓田和有晓田这类心理弱点的青年人，你们不必特别在意别人的"脸色"。别人的"脸色"其实是无所谓"有"，也无所谓"无"的。你若有心注意它，就有；你若无心注意它，就无。奉劝大家最好不要太在意别人的脸色，这就需要建立起一种内在的自信。爱看别人脸色的人，必定是一个很自卑的人，总怕自己因为言行不当，被人看不起，被人贬低或否定；也怕惹人不快，或伤害了对方，遭人拒绝和排斥。因为自己太脆弱，就觉得别人承受力差，进而再损伤自己。所以，建立起自信，才是不在乎别人脸色最可靠的保证。有自信的人，只把心思和精力用于自己该做的正确的事上，用在自己所追求的目标和向往的乐趣上，就能与人为善，和睦融洽相处，也就不怕出现矛盾，坦然面对非议了。这样的人，永远是快乐者、成功者。

第五章

在书香的气氛里成长

学习会给我们一份宁静的依托，学习是使人生命出现变化最便捷的渠道。一个人自已放弃学习的时候，就在这个意识出现的时候停止进步了。学习是让一个人成长最好的方式。

合理安排学习时间

很难想象，一个热爱学习的人，没有一个良好的学习习惯，能在不良的环境中坚持学习，那才是怪事。环境就是现实，要想改变它，全靠你自己。

不少抱负远大的男孩和女孩一直渴望提高自己的修养，然而却被家中其他人的不良习惯给耽误了。这类家庭中其他的人整晚整晚地闲聊说笑，不思进取，目光短浅，除了庸俗解闷的故事书之外不会读其他任何东西。这样，家里的有志之士经常被揶揄取笑，直到心灰意懒，失去努力的勇气。

如今，藏书已不再是高不可攀的奢侈品，而是一种必需品了。一个缺少书报杂志的家庭就如一所没有窗户的房屋。孩子通过置身书籍之中学着去阅读，他们在摆弄书籍的过程中不知不觉地汲取了知识。现在，一个没有良好阅读氛围的家庭是难以为继的。

那些读书条件好，那些有字典、百科全书、历史著作、参考书和其他好书可以读的孩子在不知不觉中能受到知识的熏陶，而且几乎不用额外的花费，既没有浪费时间，又学有所长；但如果要在学校里学习的话，将要花上 10 倍于买书所需的开销。另外，好书能为房间增色添彩，孩子乐意待在这类舒适的房间里；而那些被疏于教育的孩子则会急于离家而去，逃得远远的，这样就极易陷入各种陷阱和危险之中。

在书香的气氛里成长对孩子是大有裨益的，如果允许一个聪慧的孩子经常接触一些好书，摆弄它们，熟悉它们的封面和标题，那么他从这些书中吸取的知识会多得惊人！

很多人从不在书上做记号，从不折书页，也从不在经典段落下画线。他们的藏书非常新，就像刚买的一样，通常他们的头脑也一贫如洗。尽情在你的书上做记号吧，在书上做笔记吧。一个年轻时就会恰当使用图书的人会日益变得睿智，日益有所作为。

即使衣衫褴褛、鞋履破敝，必要时也不要吝于买书。如果你不能给孩子提供大学教育，你可以给他们准备些好书，以此来升华他们的情操，使他们卓尔不群。

家庭不正是对一个人进行教育的最重要的场所吗？正是在家里，形成了伴随我们一生并能决定我们事业成败的生活习惯。也正是在家里，持续不断的精神和心灵的教育会决定我们今后的人生道路。

只有家中形成了一种积极生活、努力学习的习惯，读书才会成为一种乐趣。年轻的家庭成员就会以一种渴望玩耍的心情盼望着学习时刻的到来。

有这样一个家庭，这个家庭的父母和所有孩子，一致同意每晚都腾出一些时间用来学习或是进行某种形式的自修。晚饭后，他们会尽情地娱乐放松。他们有规定的游戏时间，所有的玩闹持续一个小时。然后，当到学习的时间时，整个房子静得连落根针都能听得见。每个人都坐在自己的地方读书、写字、学习或者从事某种脑力工作，决不允许任何人说话或是干扰别人。如果有哪个家庭成员心不在焉，或是出于某种原因不想学习，他至少也得保持安静，不得打扰别人。任何让人三心二意、分散注意力的因素，所有会打断思考连贯性的干扰都被彻底杜绝。全神贯注地学习一个小时，比心猿意马地学习两三个小时要有更大的收获。

如果每个浪费时间的人能在这样的家庭过上一晚的话，将是一种巨大的激励。弥漫在这个家庭里的愉快、宁静、智慧、和谐的气氛使人不知不觉中感到振奋，使人抱着更美好的憧憬。有时候，一个家庭的习惯会受到一个果敢的年轻人的影响而发生彻底的变化。如果他立场坚定地宣称他不会成为一个失败者，他的前途会一片光明，他会抓住机会并付出坚忍不拔的努力，那么这个家庭的气氛也许会因此而扭转。

全力以赴、不断进取、脚踏实地的名声会吸引所有认识你的人的注意力。你将会获得多次晋升的机会，而这样的机会是不会光顾那些懒得费力往上爬的人的。

即使是最为忙碌的人，也有大量时间被浪费掉了，如果这些时间能好好安排的话，会派上很大的用场。

如果一个商人直到没有其他事情打扰才去处理重大事务，那么，他又能取得多大成就？一个优秀的商人早上一走进办公室就应该立刻投入到这一天的重要工作中去。他比谁都清楚，如果他先处理所有的琐碎事务——所有细枝末节的琐事，其中包括接待每一个想见他的人、回答人们想问的所有问题等。那么还没等他着手处理正事之前，下班时间就已经到了。

我们中的大多数人总是能设法找到时间做自己喜欢的事情。如果一个人求知若渴，如果一个人常思进取，如果一个人嗜好读书，他就会不断给自己创造机会。

心在哪里，哪里就有宝藏；志在哪里，哪里就有时间。

舍弃次要的东西而抓住最重要的东西，舍弃今天看来愉悦惬意之事而去抓住长远来说最利于我们之事，这不但需要勇气，还需要决心。人们总是为了当前的快乐而牺牲将来的利益，把读书计划一个劲儿往后推，同时却享受着无所事事的悠闲，或是浪费时间来耽于安乐。

世上最伟大的事业都是由那些工作起来有条不紊、时间安排得当的人完成的。能够在这个世界上留下印迹的人无不懂得时间的可贵，无不惜时如金。

通过阅读来发展心智

阅读堪称精神健身，它与一般意义上的健身只是形式不同而已。要最大限度地从阅读中有所收获，你就必须去读书。坐着躺着，懒散地读书。除了消磨时间外别无目的，这样只会使人懈怠。

如果你想发展一种怡人的享受形式，培养一种新的兴趣爱好，获得一种你从未体验过的全新激情，那么就开始阅读好书和好杂志吧！而且要每日不误。开始阅读时量不要太大，因为这样会使你感到疲惫，每天都要读一些，不管阅读量有多小，如果能持之以恒，你很快就会获得一种阅读的兴趣——读书习惯。渐渐地，这种习惯会带给你无穷的满足和纯真的快乐。

在一所健身房里，常常能见到一些懒洋洋的人，他们不是按照系统的训练课程去锻炼肌肉，而是漫无目的地在器械之间走来走去，时而练一两分钟举重，时而拿起哑铃又扔下，时而又在双杠上晃荡一两下，就这样一点点耗掉时间和体力。这些人与其这样，还不如离健身房远一点，因为他们意志薄弱，不够坚忍，这使得他们反而减弱了肌肉的活力。一个想从健身锻炼中获取力量的男人或女人必须要系统地训练，而这就需要意志力。他们必须全身心地投入，否则只会拥有松弛的肌肉。

当你精神疲惫时，千万别去看那些只有全神贯注才能把握的书，要尽量避免这种情况。如果你这样做，你将一无所获。读这类书，一定要做到精神饱满、全神贯注。这对防止走神是极为有效的。现在，由于很容易就能获得大量阅读的材料，很多人看书都不那么专心了。

有目的地看书，意识到自己的思想正在变得开阔，意识到我们正在摆脱无知、狭隘和一切蒙蔽心智、阻碍进步的东西，还有什么能比这带来更大的满足感呢？

卓有成效的阅读必定是全神贯注的阅读。一个人在看书时，应当全身心地投入到书的内容中去。

消极阅读在效果上要比随意阅读更有害。仅坐在健身房里并不能锻炼身体。同样，消极阅读也不能增长知识。当思想昏昏沉沉、精神东游西荡、散漫无际时，阅读只会虚耗精力，摧折意志，弱化智力，使大脑迟钝，使人无法把握重大问题和疑难问题。

你从书中获得的东西未必是作者的思想，而可能是你自己的体会。如果不能控制自己的思想，如果你读书的动力并不是来自于对知识和更为深广的文化的渴求，那么你必不能从书中获得最大的益处。但是，如果你那干渴的灵魂吸饮作者的思想就像焦土吸吮甘露一样，那么你的潜力，就会像土壤里延迟发育的幼芽和种子一样，终会勃发出新生命来。

你应当像卡莱尔、林肯——像所有从读书中获益的伟人那样读书——整个灵魂都浸润在所读的内容里，聚精会神，而对书外的一切都无动于衷。

约翰·洛克曾经说过，“阅读只是给我们提供一些知识素材，是思考把所读的内容变成我们自己的东西”。

要最大限度地从书中获益，我们还必须是一个思考者。仅仅熟悉一些事实并不等于获得了力量。用一无是处的知识来填充大脑无异于一个劲儿地把家具和摆设塞入我们的房子，直到我们自己没有立锥之地。

食物只有被充分消化吸收，变成血液、大脑和其他组织的一部分，才能化为体力、智力。同样，知识只有被大脑消化吸收，成为你自己思想的一部分后，才能化为力量。

如果你希望获得知识上的力量，除了看书要全神贯注外，还要形成这种习惯，即经常合上书，坐着想一想，或是站起来走一走，想一想——一定要思考，要沉思，要默想，要在脑海中反复思量你读到的东西。

书籍中的知识只有被你的思想吸收，被纳入你的生命，才能成为你的东西。只有当它成为你内在的一个部分时，它才是你的。

很多人认为只要他们持之以恒地读书，只要在任何闲暇时都一书在手，那么他们必然会变得富有教养、智慧通达，其实不然。与阅读相比，思考要重要得多，沉思默想我们读过的东西，就如消化吸收我们所吃的食物。

有一些人只知道一个劲儿地给自己灌输知识，不停地阅读，但是他们从不思考。当获得几分钟的闲暇时，他们就会拿起一本书来读。也就是说，他们总是在吞食精神食粮，却从不消化吸收。

有一个年轻人几乎阅读成癖。他手头无时无刻不拿着一本书、一本杂志或是一张报纸。他总是在阅读，家里、车上、火车站里，他获得了大量知识。他对知识有着极度的热情，然而他的思想却被永无休止的填鸭式阅读给僵化了。

让每个人都记住弥尔顿的话吧：

谁阅读不辍，阅读时无所用心不假思索，

谁就会心意茫然，满腹狐疑，

对书虽了如指掌，自己却肤浅直白，混沌未开，

只知为精细之物搜集琐碎的玩意，

像块只能吸水的海绵，

像孩子在沙滩上采集鹅卵石。

韦伯斯特小时候，书籍很少，也很珍贵，他从未想过书只会被读一次，而是认为它们应该被刻入记忆，被一读再读，直到成为他生命的一部分。

伊丽莎白·布朗宁说："书读得太多，如果与我们思考的不成比例，这就是错误的做法。我相信，如果我能少读一半的书，我会更聪明些，会有更出众的才能，会有更高的鉴赏力。"

生活宁静淡泊的人不容易分心，他们想得更深入，思考得更多。他们读书不多，但他们是更好的阅读者。

读书时、学习时你都应该全神贯注，就像你在磨刀石上磨斧子，为的不是你从石头上获得什么，而是使斧子变得更锋利。

注重学习能力的培养

学识能力的提高对你的成功之路有莫大的影响。没有见过见识短浅的人能成大事的。在这个“知识经济”时代，我们必须注重自己的学习能力，必须能够勤于学习，善于学习，并且终身学习，才能在竞争激烈的社会中立于不败之地。

成大事者，往往有渊博的学识，独特的见解，优雅的谈吐……而这些莫不是从学习而来。因此我们说，成大事，需要从学习开始。下面让我们看看曾国藩是怎样学习的。

曾国藩出生在一个耕读之家，他的父亲“竹亭老人”曾经长期苦学，但却为科举考试所困，43 岁时才成为县学生员。曾国藩的祖父“星冈公”没有读过多少书，但壮年悔过，因此对儿子极为严厉，往往在大庭广众之下，大声地呵斥他。至于“竹亭老人”，他的才能既然得不到施展，就发奋教育儿子们。曾国藩曾经在信中提到过这样的事：“先父……平生苦学，他教授学生，有 20 多年。国藩愚笨，从 8 岁起跟父亲在家中私塾学习，早晚讲授，十分精心，不懂就再讲一遍，还不行再讲一遍。有时带我在路上，有时把我从床上唤起，反复问我平常不懂之处，一定要我搞通为止。他对待其他的学童也是这样，后来他教我的弟弟们也是这样。他曾经说：‘我本来就很愚钝，教育你们当中愚笨的，也不觉得麻烦、艰难。’”

就是在这样的环境中，曾国藩受到了良好的家庭教育，曾国藩 9 岁时已经读完了“五经”，15 岁时，已能够背诵，同时他还读了《史记》和《文选》，这些恐怕就是曾国藩一生的学问基础。

曾国藩在 14 岁时因一首诗而得了一门亲事。他之所以少年能早早显达，推究其根源，实在是靠家学的传授。

对曾国藩来说，美服可以没有，佳肴可以没有，华宅乃至女人也可以没有，但是不能没有书，不能不读书，读书成了他生命中最重要的一部分。

曾国藩从小就特别喜爱读书，1836 年的那次会试落第后，他自知功力欠深，便立即收拾行装，搭乘运河的粮船南归。虽然会试落榜，但却使这个生长在深山的“寒门”士子大开眼界。

他决定利用这次回家的机会，做一次江南游，实现“行万里路，读万卷书”的宏愿。这时曾国藩身边所剩的盘缠已经无几。

路过唯宁时，遇到了唯宁知县易作梅。易作梅也是湖南人，与曾国藩家是世交，也认得曾国藩。他乡遇故人，易知县自然要留这位老乡在他所任的县上玩上几天。

在交谈中得知这位湘乡举人会试未中，但从其家教以及曾国藩的言谈举止中，便知这位老乡是个非凡之人，前程自然无量。他见曾国藩留京一年多，所带银两已所剩无几，有心帮助曾国藩。于是当曾国藩开口向易作梅借钱做路费时，易作梅立刻借给了他 100 两银子，在临别时还给了他几两散银。经过金陵时，曾国藩见金陵书肆十分发达，便流连忘返，十分喜爱这个地方。

在书肆中曾国藩看见一部精刻的《二十三史》，更是爱不释手，自己太需要这么一部史书了。一问价格，曾国藩大吃一惊，恰好需要他身上所有的钱。他下定决心，一定要把这部史书买下来，而那书商似乎猜透了这位年轻人的心理，开价 100 两银子，一点价都不肯让。曾国藩心中暗自盘算：好在金陵到湘乡全是水路，船票既已交钱定好，沿途就不再游玩了，省吃俭用，所费也很少。自己随身所带的冬季衣物在这初夏季节也用不着，不如拿去当了换点盘缠。

于是曾国藩把一时不穿的衣物，全部送进了当铺，毅然把那部心爱的《二十三史》买了回来，此时他如获至宝，心理上得到了极大的满足。他平生第一次花这么多钱购置的物品就是书籍。此一举动，足见曾国藩青年时代志趣的高雅。在曾国藩的一生中，他不爱钱，不聚财，但却爱书，爱聚书。

家中的老父得知他用上百两银子换回一大堆书的消息后，不怒反喜："尔借钱买书，吾不惜为汝弥缝（还债），但能悉心读之，斯不负耳。"父亲的话对曾国藩起了很大作用，从此他闭门不出，发愤读书，并立下誓言："嗣后每日点十页，间断就是不孝。"

曾国藩发愤攻读一年，这部《二十三史》全部阅读完毕，此后便形成了每天读史书十页的习惯，一生从未间断，一部《二十三史》烂熟于胸。

曾国藩不仅书读得多，而且研究得极深，他是这样看待"专"字的："凡事皆贵专。求师不专，则受益不久；求友不专，则博爱而不亲；心有所专宗，而博览他途，以扩其识，亦无不可。无所专宗，则见异思迁，此眩彼寺，则大不可。一句不通，不看下句；今日不通，明日再读；今年不精，明年再读。"

治学贵专，不专则广览而不精，博阔而不深，只能得其皮毛而失其本质，知其形而忽其实，懂其表而不识其内涵。专一是治学的标尺，越专则标度越深。比如数学，仅仅知道公式，而不加以运用，只要题目稍加变化，便会丈二和尚摸不着头脑，束手无策。

曾国藩还善做和记。他说：“大抵有一种学问，即有一种分类之法；有一人嗜之者，即有一人摘抄之法。”做和记的笔、纸要准备好，读书不动笔，等于白读；读书不做一记，读也白读。

曾国藩读书还讲究一个“恒”字，读书是他坚持了一辈子的事情，日日读书，日日写作，真正是活到老学到老，勤奋不息。

在翰林院，曾国藩已经是一个做了高官的人，许多人到了他这样的地位，早已觉得功成名就，可以放下书本了。可是他却把自己的书房命名为“求阙斋”，而且还非常认真地订下了一份详细的读书计划。

“读，书读熟十页。看，应看书十页。习字一百，数息百八，记过隙影（即日记），记茶余偶谈一则，每月课程，逢三日写回信，逢八日作诗，古文一艺。熟读书：《易经》《诗经》《史记》《明史》《屈子》《庄子》《杜诗》《韩文》应看书不具载。”（以上见道光二十四年三月初十日《曾国藩家书》卷二）

另外，他还为自己制定了12条读书规矩：

（1）主敬：整齐严肃，无时不惧。无事时，心在腔子里；应事时，专一不杂，如日之升；

（2）静坐：每日不拘何时，静坐半时，体念来复之仁心，正位凝命，如卵之镇；

（3）早起：黎明即起，醒后不沾恋；

（4）读书不二：一本书没看完时，绝不看其他的书；

（5）读史：丙申讲《二十三史》，每日读十页，间断不孝；

（6）谨言：刻刻留心，是工夫第一；

(7) 养气：气藏丹田，无不可对人言之事；

(8) 保身：节劳节欲节饮食，时时当作养病；

(9) 日知所亡：每日记茶余偶谈一则；

(10) 月无忘所能：每月作诗文数首，以验积理之多寡，养气之盛否，不可一味耽着，最易溺心丧志；

(11) 作字：早饭后作字半小时，凡笔、墨应酬，当做自己功课，不留待明日，愈积愈难清；

(12) 夜不出门：旷功疲神，切戒切戒！

1871 年，曾国藩的身体每况愈下，一天不如一天。但就是在这一时刻，他仍不忘写箴言以警示和鞭策自己。这几句话语是："禽里还人，静由敬出；死中求活，淡极乐生。"他认为"暮年疾病、事变，人人不免"，而读书则贵在坚持，并在读书中体味出乐趣。因此，在 2 月 17 日，他自己感到病甚不支，多睡则略愈，夜间偶探得右肾浮肿，大如鸡卵，这确实是一个危险的信号，但他却不为所动，依然如往日一般照读不误。疾病缠身，这已是难以摆脱的困扰，"前以目疾，用心则愈蒙；近以清气，用心则愈疼，遂全不敢用心，竟成一废人矣"。但药疗不如读书，他离开了书就是一个废人了。

1872 年 3 月 2 日，曾国藩的老病之躯已如风中残烛。这一天，他"病肝风，右足麻木，良久乃愈"。3 月 5 日，前河道总督苏廷魁过金陵，曾国藩出城迎候，出发之前阅《二程全书》，迎接途中，"舆中背诵'四书'……欲有所言，口噤不能出声"。身体已经虚弱至此，但他却还在每日苦读《二程全书》。他接连在日记中发出感叹："近年或作诗文，亦觉心中恍惚，不能自主。故眩晕、目疾、肝风等症皆心肝血虚之所致也。不能流先朝露，速归于尽；又不能振作精神，稍治应尽之职。苟活人间，惭惊何极!”他自知油尽灯枯，将不久于人世，便抓住生命的最后时光做自己最喜爱的事——读书。正是这样，他至生命最后一刻依然学习不止，在理学的探究与修养的提高上，可以说为自己画上的是一个圆满的句号。

所以，学习能力的培养对于一个人的成功和成长非常重要，而学习能力的提升来自于学习习惯的养成，这个过程要有耐心，不能时时刻刻想着走捷径，投机取巧，在学习能力的提升这件事上，时间的积累和刻意的练习无可取代。这不仅是那些治世能臣的需要，也是我们现代人自我成长与提升所必须养成的习惯。在漫长的学习过程中，我们的学习能力会获得潜移默化的提升，这会让我们的人生走在不断的自我实现的路上。

善于辨别选择书籍

聪明的人在学生时代就培养了一种重要的能力，那就是怎样从一个汗牛充栋的图书馆中，善于辨别选择书籍，以供阅读。这种能力将对他的一生产生很大的影响，因为掌握了如何在图书馆里寻找自己需要的书籍、资料，就等于掌握了怎样学习的方法。“工欲善其事，必先利其器。”这就像是一个工人善于选择工具一样。

高尔基曾说：“书籍是人类进步的阶梯。”对于这个“阶梯”的理解，应该是人们一生的精力有限，不可能每件事情都通过自己的行动来获得知识，那么就只能依靠书籍。书籍是人类知识的载体，它记录了人类千百年来的每一点进步。通过阅读不同的书籍，掌握各个时期、不同领域的知识，这就是读书的真理。一个没有书籍、杂志、报纸的家庭，是缺乏动力的。人们只有通过经常接触书籍，才能对学习产生兴趣，才能在不知不觉中增长各种各样的知识，才能不与社会脱节。

耶鲁大学的校长海德雷说：“在各界做事的人，无论是商界、交通界还是实业界，都这样对我说，他们最需要的人才是大学学院培养的、能善于选择书本、能活用书本知识的青年。而这种善用书本、活用书本能力的最初培养，最好是在家庭中，尤其是在那些具备各类书籍的家庭中。”可见，一个家庭的藏书对于自己、对于孩子的未来都是十分重要的。

一位原来只是补习班讲师的英文教师，后来成为一家著名英文杂志的发行人。他说他一共买了3套英文百科全书，一套缩写本随身携带、一套放在家里、一套放在工作岗位，随时阅读。他以随时随地提高自己为目的，也慢慢把自己带向成功之途。

“人，若是能养成每天读10分钟书的习惯，则20年后，必判若两人。”一位前任的哈佛大学校长这样告诫他的学生。但是，读书不能不求甚解，对书籍的钻研是一个人从书本中获取新知识的重要途径。

南宋朱熹开创了中国儒学的一个新篇章，他大半生的时间致力于学术研究和教育工作，成就斐然。

朱熹读书十分刻苦用心，与他同龄的孩子仅满足于读书、识字、背诵，他却更倾向于用心去体会圣人所讲的道理。他常常为一句话所含的意义而食不甘味，夜不安寝。一旦他领悟了各种道理，便又高兴得不能自已。朱熹不仅读书刻苦，而且非常善于总结学习方法。他喜欢博览群书，但从不贪多贪快。他认为，读书不明其中道理，就算读得再多也没有用。早年他在读《周礼》时，听人说《周礼》的每一句话都仿佛从圣人心中自然流出，但当时不甚理解。后经多年研读、揣摩，终于豁然开朗。他曾比喻说这就好像以前只听说糖是甜的，盐是咸的，今天亲自尝到了，才真正明白了何为糖甜、盐咸。他还形象地把读书比作射箭，刚刚练习时，只要射到箭靶上就行。但经反复训练，最终要射中靶心；否则，不能说学会了射箭。朱熹认为，读书的目的在于弄懂书中的义理，而后照着这些义理去做。

他说，七八岁时读《孟子》，到20岁，只能逐句去理会。以后才明白，书中很多长段是首尾相连的，不能割断了它们的联系，只有把大段的文字综合起来理解，才能得到其中的真谛。

朱熹读书还十分讲究循序渐进的方法。他认为，读书有一个由浅入深的过程，比如要先读《论语》，再读《孟子》；先读《论语》的“学而”篇，再读“为政”篇。读某一本书或某一篇时就要读到把它弄懂为止，再接着读下面的内容。这样，读到融会贯通的地步，就可以说把知识学到手了。

朱熹不仅爱读书，而且会读书。他早年兴趣广泛，禅、道、楚辞、诗、兵法样样涉猎。但后来，他又转向专攻儒家经典研究。这“一博”“一专”，为朱熹的学术研究打下了坚实的基础。

读书破万卷，下笔如有神。每天抽出一点时间来读书，将为你今后的工作、生活带来精神上的极大丰收。

公众演讲是锻炼人的有效手段

有些人总是很敏感，害怕被人注视，所以他们不敢张口说话，即使是在讨论一个非常感兴趣并有独到见解的问题时，他们也噤若寒蝉。在辩论俱乐部、文学社或任何集会上，他们都只是静静地坐着，渴望说话却不敢说。在集会上，如果他们站起来提一项建议或是发个言，他们的声音简直让他自己听了也会痉挛。他们不敢坚持自己的主见、不敢提出自己的观点。如果这么做，他们就会面红耳赤，心惊胆战。

公众演说家要面临着严峻的考验，因为他们要展示自己的内在能力，要冒暴露弱点、在别人面前丢脸献丑的风险。公众演讲——也就是站着思考——是锻炼一个人的有效手段。它能将一个人的思想局限、语言贫乏和词汇量的狭隘暴露无遗。公众演讲也是检验一个人的阅读状况和观察能力的最好试金石。

演讲训练能促使一个人通过阅读和查字典来巩固大量的词汇。公众演讲，表述必须要言简意赅，必须要学会在该结束的时候就打住。不要在阐述完观点之后还继续延宕你的讲话或是论证，否则你留下的良好印象就被一笔勾销了。人们就会对你缺乏分寸和良好判断力的表现大失所望。

成为一名优秀演说家的愿望能大大激发一个人身上的精神潜能。一个人的勇气、性格、学识、判断力——所有这些品质——像一幅全景图一样被展开。演讲者在演讲时智力变得更敏锐，思想变得更深邃，表达能力也大大提高。这时，思想急欲宣之于口，词语也迫不及待地等着被选择。演讲者调动起所有的经验、知识、先天和后天的能力，全力以赴地展现自我，以赢得观众的赞同和掌声。

这种努力使人凝神屏吸、眉头沁汗、眼光灼灼、双颊绯红、血脉贲张，隐伏的冲动被激起，褪色的记忆又鲜活，想象力倍加活跃，各种从未有过的妙喻层出不穷。

整个人被从沉睡中唤醒，它的意义已远远超出了演讲本身。你头脑清醒、有条不紊地展示着你的实力，调动着你的能量，这使你感到游刃有余、左右逢源。

辩论俱乐部是培养演说家的摇篮，不论你参加辩论俱乐部要走多远，不论有多大麻烦，不论多难抽出时间，你通过这一社团获得的训练将使你终身获益。它将成为你人生的转折点。林肯、威尔逊、韦伯斯特、克莱、帕特里克·亨利这些伟大人物都是老式辩论社团的受益者。

不要认为你不懂谈论规则就不能担当你所在的辩论社团的会长，或是在那里发挥不了积极作用。这是个学习的地方，当你获得了这个席位时，你就可以去熟悉这些规则。除非你被推上了这个位置并不得不发号施令，否则你永远也不会了解这些规则。应该尽量多地加入一些年轻人的组织——尤其是那些注重修身的组织——并要鼓励自己不失时机地发表演说。如果没有机会，就去创造机会。应该大胆地站起来，就正在讨论的每一个问题谈些看法。尽管大胆地站起来提一条建议，支持它，或是就它发表一些意见。不要等到你准备得更充分时再行动，因为你永远也不可能准备得更充分。

你每站起来一次都会多增加一份信心，不久以后你就会形成发言的习惯。它最终会变得和其他任何事情一样简单。辩论俱乐部和各类讨论最能迅速有效地锻炼年轻人的能力。许多社交方面的成功人士都把他们的成就归功于老式辩论社团。在那里他们学到了自信、自立，他们找到了真正的自己。正是在那里，他们学会了面对自己，学会了雄辩地阐发自己的观点。在辩论过程中，努力坚持自己的观点、为自己的观点提供充足的论据能给年轻人带来莫大的裨益。这是对思想的强有力锻炼，就像体格之于摔跤一样。

不要老是躲在后排，尽管坐上前来展示你自己。畏缩在角落里、不让人看见、逃避社会交往，这些做法对一个人树立自信是极端有害的。

对于中学生和大学生来说，逃避他们不够熟悉领域里的公开辩论和公众演讲，这是很平常的做法。他们想等到自己准备得更充分时，再去“抛头露面”。但是，要显得优雅、从容、熟练，要在大集会上不心慌意乱、镇定从容，就需要依靠以往的经验。那么，你必须持之以恒地训练这种能力，直到它成为你的第二天性为止。如果你接到发表演说的邀请，不管你是多么不情愿，多么胆小或害羞，你都应该下决心抓住这个自我提高的机会。

有一个很有演讲天赋的年轻人，但是他生性胆小，总是拒绝接受在公共场合演讲的邀请，因为他担心自己没有足够的经验，他缺乏自信，自尊心太强，害怕出现闪失会给自己丢脸。于是，他等啊等，一直等到他心灰意冷，觉得自己根本不适合在公共场合演说。如果他能够接受所有邀请的话，他就可以获得很多有益的经验。错误和失败并不足惧，可惜的是，他放弃了这么多好机会，如果他能抓住这些机会，他一定会成为一名出色的演说家。

“怯场”是演讲中司空见惯的现象。一个大学生在背一个题为《应征入伍的父亲》的发言时，他的教授问他：“这是恺撒大帝演讲的方式吗?”“是的，”他回答说，“如果恺撒大帝被吓得半死、紧张得像一只猫的话。”

当一个愣头愣脑的人意识到所有的眼睛都在注视着他，所有观众都在评价他、研究他、检查他、看他到底有多少能耐、持什么观点，并判断他是令大家满意还是失望时，他就会变得非常胆小。

然而，对观众的恐惧、对词不达意的担心才是最要命的怯场。

对于一个公众演说家而言，最难以克服的就是自我意识。那一双双衡量、批评他的苛刻的眼睛实在是难以从自我意识中挥去的。

一个演说者在演讲中如果总是考虑自己给人留下了什么印象，人们会怎么看待他，那么他的力量就会被损耗，他的演说也会索然无味。

即使这次在讲台上没有获得成功，那也是有很多益处的，因为它常常会激发你下次获取成功的决心。在这一方面，德摩斯梯尼的艰苦努力、狄斯累利的经历，都是历史上的明证。

第六章

播下行动，收获成功

改变自身的长久之计是行动，而不单单是思想。采取行动是最快速、最简单也最有效力的改变思想和感受的办法。我们花费了太多时间想着改变自己的生活，而不是采取实际行动，空想是没有多大意义的。

成功的秘诀是“行动”

许多人都有拖延的习惯。由于这种习惯，他们失去更好地改变他们整个生活进程的良机。有时，立即做出决定能使你最荒诞的梦想成为现实。

播下一个行动，你将收获一种习惯；播下一种习惯，你将收获一种性格；播下一种性格，你将收获一种成功。建功立业的秘诀就是立即行动！只要你活着，当“立即行动”这个暗示从你的下意识心理闪现到你的有意识心理，要你去做你所应当做的事时，你就该立即行动，并坚持到底，这可以使你成为一位卓越的成功人士。成功的秘诀就是“行动”。自我发动法则实际上就是一句自我激励警句：“立即行动!”就是对某些小事情做出有效的反应。一旦发生了紧急事件，或者当机会到来时，你需要做出强有力的反应，并立即行动起来。

立即行动的决定能使你最荒诞的梦想成为现实。

生活中，这种成功的例子不胜枚举。法国生理学家、外科医生亚历西斯·卡雷尔，第一个提出要研究血管的缝补，竟被当时的名流讥讽为“旷古未闻的痴想”“冒天下之大不韪”。但是卡雷尔矢志研究，埋头实践，终于获得成功，创造了前所未有的业绩，获得了诺贝尔奖。

美籍挪威探险家史蒂芬森，曾带着一支探险小分队在漫无边际的北冰洋上艰难行进。他克服了千难万险，终于到达了北极这个科学研究的最冷僻的地区，成为世界上第一个敢在没有粮食、燃料的困境中到达北极的探险家。

那么，你现在要做的事情就是立即行动，克服前进中的困难，用立即行动实现自己的目标，以下几种方式可供你参考。

(1) 努力去选择并尝试一些新事物，即使你仍留恋着熟悉的事物。即使是失败了，也要突破狭隘的思想，努力为自己打造出一片新天地。

英国有家叫巴金的公司，这家公司的董事长是一个 39 岁的年轻人。他白手起家，建立了年收入 240 亿英镑的公司，现在个人的资产约有 80 亿英镑。

看了上面这段话，多数人会说：

"哦！这个人很特殊。"

但是，会这么想的人实在太可怜了，可怜得令人悲伤。

同样是人，为何要将这位董事长和自己之间画上隔离的线？画线就表示终了，也就表示不能越过此线到达彼方的世界，只能在这边的世界过着小心翼翼的生活。

这位董事长所率领的巴金公司是以唱片公司或节目制作公司为中心，但是年轻时的他，并没打算将来成为大财团的董事长，他只想当新闻记者。

所以，他首先报考报社，但不知是幸运还是不幸，他竟没有被录用。

报考失败的他，心中并未产生这样的想法："我这个人太没出息、太没用，没人会录用我，这表示我没有才能，我还是当公务员吧！"

他扩大了自己的愿望。他的想法是——

“啊！既然不被录用，也无所谓，我就自己创立出版社吧！”

于是他开始自己创业。

其后，当然遭受百般苦难，也付出许多努力，也许也曾因人际关系而苦恼过。但是，最初有此决心，他才能克服一切障碍。

做任何事开头最重要，如果最初的方向有偏差，结果差距会变大。即使最初的出发点相同，随着时间的推移，距离也会愈来愈大。

倘若你最初想当播音员，但是不被录用，应该想：“好，我自己创立广播公司。”要有这样的愿望才行。

其实，这也就是克服挫折的能力，它可变成踏板，能将产生克服挫折的决心化为行动。

(2) 不要费心去为你做的事找借口，当别人问你为什么要这样做时，你不用过多去解释各种各样的因果关系，只说一句：“我就是喜欢这样做”，就可以了。

战国时期的大政治家苏秦，就是一个如此行事的人。

苏秦年轻的时候，是一个很有雄心壮志的人，他一心想学以致用，效忠朝廷。可是因为出身贫寒，屡屡不被重用，被人瞧不起。他并不放心上，决心回家发愤读书。他苦心研究兵法，经常彻夜不眠，有时实在太困了，就一边骂自己没出息，一边用锥子刺疼自己的大腿，以此驱逐睡意，振作精神，继续读书。

经过一年多的苦熬，他终于熟读兵法，掌握了各国的地形、政治、军事知识，成为一名伟大的政治家。

(3) 你不必设想绝对完满的结局。因为开创一项新事业，失败的原因常常是很多的，任何事情都有可以改进的地方，人就其本性来说，是无法达到尽善尽美的。你不必以不知是否能做好为借口而裹足不前，要记住，即使是做了一件你喜欢却没有达到预期结果的事，你也已满足了自己的好奇心，并且从中获得了经验和教训，这就足够了。

《思考致富》的作者拿破仑·希尔曾在爱迪生的实验室中访问过爱迪生。爱迪生做了一万次实验才发明了电灯。希尔问他："如果第一万次实验也失败了，你会怎么办?"

爱迪生回答："我就不会在这儿与你谈话了，此刻我会把自己锁在实验室中，做第一万零一次实验。"

这个小故事被大多数谈到"进取"的演说家用作坚韧不拔的典型例证。他们会说："每次你打开电灯的时候，都可以感受到爱迪生是一个毅力非凡的人。"其实这是无稽之谈，我们应该感受到的是，爱迪生是用科学的方法进行发明创造的科学家。

希尔没有表达出来的，也许他认为人们可以自己领悟出来的是：爱迪生不是把同一个实验做了一万次，而是做了一万次不同的实验。也就是他做了一万次假设，而且一发现不对就马上放弃，他做了一万次的半途而废。而同时，这些失败，也让爱迪生获益良多，起码，他已知道此路不通。

(4) 常常提醒自己，惧怕失败往往只是惧怕别人对自己的不理解。只要你抛弃这一困扰，"走自己的路，让别人去说吧"，你便能够用自己的标准来衡量行动的真正得失，你得到的结果并不证明你的能力高于或低于别人，而是你的能力不同于别人。所以，也就没有比不上别人的自卑感了。

弗郎西斯·奇切斯特以驾驶帆船周游世界而闻名于世。但你可知道，弗郎西斯·奇切斯特出发时已经 64 岁。他从军队退伍回来后长时间失业、酗酒、打架成性。由于患有心脏病而长时间无法工作，后来与人合作开了一家麦子加工作坊，却因经营不善而破产，身体的打击加上事业上的不如意，使他灰心丧气，便终日以酒度日，30多岁时还因打架斗殴而遭警方逮捕。一直到了50岁，弗郎西斯·奇切斯特才步入正轨，生活渐渐好转起来，但并没有十分发达。经过长时间的思想斗争之后，弗郎西斯做了一个惊人的决定：他要驾驶飞机周游世界。此时他58岁，但由于经济等原因他被迫放弃了。

62岁那年，弗郎西斯·奇切斯特心脏病发作，经抢救活了下来，从医院出来后，他不顾医生的警告和家人、朋友的苦苦哀求，决定驾驶帆船周游世界，实现自己的梦想。经过两年的准备，他出发了。他驾着那艘小帆船下海了！来看看他的描写吧！

“马上就要到好望角了，这里是海洋最狂暴的地方。几米高的海浪把小帆船拍得无法控制，从浪尖到浪底，感觉真是妙极了，桌子被掀翻了，酒瓶被打碎了，船桅被折断了，世界末日已经来临！我喝了口酒，安然地睡去了。一觉醒来，海水已经平静，我没死！

“快要看到悉尼港了。成千上万的人在欢呼，在挥手。亲朋好友们纷纷祝贺我。他们劝我别再下海了，可我还没完成使命呢！”

经过226天的航行，当弗郎西斯·奇切斯特绕行世界一周后返回英国，女王伊丽莎白二世亲自接见他，并授予他皇家一级勋章！

弗郎西斯走错了几步？他半辈子都走错了，可他创下了人类历史上的奇迹。

一个人在成功之前，一定会遭遇很多挫折，甚至遭遇某种程度的失败。在失败重重打击一个人时，最简单和最合逻辑的方法就是放手不干，大多数人都是这样想的。

但美国有史以来最成功的500多位人士告诉记者，他们都是在经历失败的打击之后获得成功的，立即采取行动是接近成功的重要的一步。

多投入一点耐心

当你觉得自己已经尽了最大努力并做得很好时，无论是整理厨房，还是写一封重要的信，或是布置一次商品展销会等，最好再多投入1/10的时间，以确保那是你最完美的作品。一般人最常犯的错误是重量不重质。让我们来看看斯考沃茨博士讲的故事。

东尼是我的一个学生。他有很强的学习能力，是个好学生，就是过于性急，做事总是只有3分钟热度，缺乏恒心。

毕业后，他找到一份工作是做管理顾问。我对他的事业进展如何不太了解，因为我们从事的是不同的行业，难得有互通音信的机会。大约3年前，一次偶然的机会，我在凤凰城一个会议上遇到了他。互相问候之后，东尼问我："您能为我提供一些忠告吗?"

"当然，"我回答，"只要你认为我可以帮忙的话。"

"哦!"东尼开始说，"我那辆代步的汽车，还有我的精装的房子、名牌服装都只是为了装门面罢了，实际上我做得不太好。也可以说，我有点不胜任这份工作。您是知道的，我的专长是为高级经理提供训练计划，然而那些高级经理很少有人接受我的计划。他们常对我说：这个计划很好，但不很符合我们的需要。"

“另外我还写了两本关于管理的书，然而这两本书卖得都不好，搞得出版社都不肯再冒险了。”东尼又说。

“您能否帮我看看那个被拒绝的计划？我做它花了 40 个小时，自信它一定能卖得出去，没想到落得这样的下场。”

我将那份计划浏览了一遍，然后说：“东尼，它看起来是不错，可你尽最大努力去做了吗？你说你花了 40 个小时的时间，如果你再多花上 4 个小时，情况会不会更好些？”

“我可以再修改一下，但我不能花更多的时间了。”东尼回答。

我对他说：“既然你已经投入了 40 个小时，为什么不能再投入 10%的时间——仅仅 4 个小时，去修改一个计划，使它更完善呢？”

“我给你提个建议，”我接着说，“给那家公司再打一次电话，问他们有没有兴趣看一看修改过的计划。如果他们愿意的话，你就再花 4 个小时将它修改得更完善，不要向你的客户提供不尽完善的东西。”

我向东尼解释说，如果他的训练计划能比原来好上 1/10，那么，他的回报率将是 100%。我特别向他介绍了一个方法，当你认为一件事情已经做得无可挑剔的时候，你应该再投入原来时间的 1/10，以求更臻完善。

我提醒东尼，柏拉图的《理想国》曾修改了 7 遍。我还半开玩笑地对他说：“如果你以前上课时专心听我讲持之以恒去获得成功的道理，现在已经成顾问界的第一人了。”

上个月东尼打电话给我，告诉我他最近一段时间非常顺利，一些很重要的客户再度上门。总之，他的业绩提高了1倍。

我祝贺他："很高兴听到你的事业有发展。"

东尼回答说："多亏了您教我恒心获益的道理，我觉得自己已找准方向了。"

要知道，有些废弃的油井，如果深挖1/10，原油往往就会汩汩而出。要知道，优秀的运动员在比赛场上所花的时间，不过是练习时间的千万分之一。

丢掉拖拉的坏习惯

有很多人有办事拖拉的坏习惯，结果让很多机会从身边溜走。树立一定要完成任务的信心，不要给自己寻找完不成事情的借口。

看一看你有没有拖拉的习惯？如果你有个电话应该打，可是你却拖拖拉拉，一直未打。或者，你把闹钟定在早上6点，可是当闹钟响起时，你却睡意正浓，于是干脆把闹钟关掉，倒头再睡。这就说明你有拖拉的习惯。许多人都有拖拉的习惯，因为拖拖拉拉而耽误了火车，或者是上班迟到，甚至更严重——错过可以改变自己一生、使自己变得更好的良机。

做事最大的敌人就是拖拉，拖拉是每一个人必须切实征服的公敌。

办事拖拉的人把不愉快或成为负担的事情推迟到将来做，特别是习惯性这样做。他们花了很多时间思考要做的事，担心这个担心那个，找借口推迟行动，最后又因为没有完成任务而悔恨。在这段时间里，其实他们本来能完成任务而且应转入下一个工作了。

希尔就因为学到做事的窍门，而成为一个多产作家。他绝不让灵感白白溜走，想到一个新想法时，他会立刻记下。这种事有时候在半夜里发生，这时希尔会立刻开灯，拿起放在床边的纸笔飞快地记下来，然后继续睡觉。

千万不要让拖拉的坏习惯毁掉自己的一生。

1. 定出最后期限

当发现自己又有拖拉的倾向时，静下心来想一想当初确定的行动方向，然后问一问自己："我最快能在什么时候完成这个任务?"定出最后期限，然后努力遵守。

2. 多做决断

练习做出敏捷、坚毅的决断，并使它坚定、稳固得像山岳一样。情感意气的波浪不能震荡它，别人的反对意见以及种种外界的干扰，都不能打动它，使它成为一种习惯，你会受益无穷。这时，你不但对自己充满了自信，而且也能得到别人的信任。

3. 取消不必要的事情

当感到一件事情不重要时，做起来就容易拖拖拉拉。如果这件事情真的不重要，就把它取消好了；不要拖延然后又后悔。有效分配时间的重要一环，是把可有可无的事情取消。因为，当你想到做这件事情时，付出的代价似乎高于做完之后得到的好处，你的干劲儿自然就不足了。所以，应从目标与理想的角度分析这个任务。如果确信这件事完成后能够带来很多好处，那么就有动力去做这件事情了。

跑在时间的前头

办事拖拉是很多人的毛病，“明日复明日，明日何其多”。因为年轻，时间多多，拖拉也就习以为常。

1. 提高效率，干出一番事业

要提高工作效率，干出一番事业，就要尽早克服拖拉的坏习惯，因为拖拉使人：

(1) 陷入焦虑。拖拖拉拉，自以为“临时突击是完成任务的妙法”，结果，时间压力给人带来一个又一个焦虑，让人天天在着急上火中生活。

(2) 计划失败。一些人表面上看像个实干家，为自己确立目标、订立计划，但很少去落实，最后毫无作为。

(3) 问题成堆。明日复明日，本来是举手之劳，可总是拖延，最终会酿成一个紧迫的问题，在你最紧张的时候来抢夺你宝贵的时间。

2. 我们为什么会拖拉呢？

(1) 逃避。每个人常常有逃避困难的想法，只不过一些人能够克服，另一些人则是想尽量逃避。拖拖拉拉，先办简单的事情，让它们占满分分秒秒，而把困难问题拖到最后再说，抱有“车到山前必有路”的侥幸心理。可是，这种想躲避的心理，到头来只会让你更费力。

(2) 让缺点合理化。拖拉者的一个最大退路，就是找借口为自己开脱。经常听到一些人这样说：“看，我本来就不适合做这个，不是吗?”

(3) 求得同情。“看看，我多么辛苦。”自我欣赏，当然也希望别人欣赏这没有功劳的“苦劳”。

(4) 维护软弱的自我想象，患得患失。其实害怕成功道路上荆棘的人，所回避的正是成功。

(5) 拖拉有时也有一些非情绪方面的原因，比如目标不合理，缺乏信息交流，无法正确决策，没有确定期限，应承过多，时间安排过于紧张，没有余地等。

3. 拖拉的人应该如何改变呢?

(1) 把大块的任务分割成小块。善于化大为小，难题就好解决了。常出成绩的人大都懂得这种方法的价值。你想写200页的书稿吗?每天写一页，不到7个月就可完成。如果想一下子搞定，只会被目标吓倒。有了艰巨的任务，首先分解它，化成一系列小任务，再一个接一个地完成就容易搞定了。

(2) 正视不合心意的工作。找一段时间专做不合心意的事情，是磨炼意志的好方法。

(3) 立即动手。你的房间该打扫了吗?现在就去找工具。该交报告了吧?马上拿出纸列上几个要点。要勒令自己，决不拖延，有事情及早做。

(4) 利用兴致。无意写报告，却可能有兴趣翻阅有关资料;不想修电器，却可能愿意先搜集所需元件;在该办的事情中先拣有兴趣的办，让良好的精神状态为你服务。

(5) 分析利弊。对目标有意识地加以分析，看看尽快实践有哪些好处，拖拉有哪些坏处，这对下定决心立即着手很有督促作用。

(6) 向别人保证。请别人来督促你，会使你产生一种有益的焦虑感和时间紧迫感，这会有效地克服拖拉。

（7）每天做结算。“明天就在眼前，学会把每一天当作礼品来对待。”把时间看作财富，你就不会再拖拉了。

（8）要有实施的勇气。勇气是克服懦弱、付诸实施的能力。潜力之所以没发挥出来，是因为自己限制了自己，缺乏突破的勇气。突破了胆怯的限制，就能充分发挥潜力。

最后，最好每天早上问自己：“我面临的最大问题是什么？今天打算把它解决到什么程度？该做哪些事情？”克服了拖拉的习惯，你，就会跑在时间的前头。

眼是懒蛋，手是好汉

万事开头难，迈出第一步便是行动的开始。有的人总是不主动迈出第一步，一有困难，他们就犹豫了，就会停下脚步。眼是懒蛋，手是好汉，一些看似很难的事，真正做起来就不那么难了。因此，迈出第一步很重要。

不久以前，在街上偶遇一高中时的同学，一别多年，只知道他毕业以后去了香港，以后就再也没有联系过，没有想到今天他已经成了香港一家服装公司的总经理。他给我讲述了他在香港的奋斗经历。

那时，他怀着一腔热忱来到香港，孤身一人开始在香港寻找发展的机会，希望能够在这里找到自己的栖身之地。然而在香港生活并不容易，吃得并不便宜，租房的价钱是内地房租的十几倍。他带去的钱很快就花得差不多了，他不得不找最简陋的地方居住，一个不大的房间中有十几个人住在一起。我们在电视剧里看到的居住条件非常好的房子只有收入丰厚的人才住得起，而大部分的人只能住在很简陋的地方。但是他下定决心，自己以后也要住像样的房子。

经过艰难的找工作的历程，他终于找到了一份在制衣厂当杂工的工作。他非常珍惜这个来之不易的工作机会，决心就在这里开始奋斗，走上他的成功之路。他在这家工厂当杂工非常努力，每天他都要比别人干多一倍的工作。他的努力引起了老板的注意，老板觉得他踏实肯干，就把他调到了生产部工作。

因为这是有一些技术性的工作，所以他在下班后就开始学习，研究怎样能够把衣服做得更好。他的技术很快就成了生产部最好的，于是他被提升为领班。他又开始学习管理方面的知识，使制衣厂的效益得到了进一步提高。

几年之后，他不仅掌握了制衣的技术，懂得了工厂的管理，还摸清了服装的销售渠道。于是，他就自己开了一个小厂。他决心把这个小厂发展成为一个大厂。他开设的制衣厂，虽然规模并不大，但是他讲究质量，注重信誉，所以客户只要与他做上第一笔生意，以后都会不断增加订货。后来，有一个大客商向他订购了一批服装。他按时把这些货交给对方，并做好各种售后服务工作，服装的质量也非常好，客商十分满意。此后大量订单接连而来，他的生意越做越好。后来，他在香港买了属于自己的房子。

他对我说，在香港一定要有钱，否则就会被别人瞧不起。他为了能够在香港出人头地，付出了太多的艰辛与努力。虽然他今天已经衣食不愁了，但是他还要继续奋斗下去，希望能够让自己的企业尽快进入到香港的大企业行列。听到他的诉说，我认识到，成功是属于踏实肯干的人的。如果你想成就一番伟业，在确立你远大的目标之后，就要静下心来，认认真真、脚踏实地地做你该做的事情。在通往成功的路上，你不要梦想一步登天，如果基础不扎实，那么你的奋斗目标则无异于空中楼阁。所以，真正聪明的人，就是一步一个脚印，用自己的行动构筑成功的基石。

有的人也知道为目标去行动，可是怀有“等”“靠”的心理，有拖拉的习惯，总是不着急、不着慌，今天完不成，还有明天、后天，缺乏“一万年太久，只争朝夕”的精神，结果是

“明日复明日，明日何其多；我生待明日，万事成蹉跎”。为了克服这种惰性，做事情就应该雷厉风行，看准了的事就要立即行动。有些人的行动还容易受主客观因素的干扰，使得他们中断或放弃了计划，结果前功尽弃。目标要能得以实现，必须确保自己的行动不受任何干扰。

激情是一种永远的品质

一些人认为，生命中去做某件事的冲动和激情是一种永恒的品质，它将一直伴随在他们左右，但实际上并非如此。它就像《圣经》中所述的以色列人经过荒野时所得的天赐食物和甘露一样，人须在当天食用，必须要即刻用上它。如果当信心衰退、意志消沉时，再想方设法把它储存起来，他们将发觉这是根本无法办到的。

当你感觉到内心深处有一股不可抑制的激情在汹涌奔流时，当你发现你是那么强烈地渴望去做某件事时，当你的理智和自我意识发出无声的呐喊时，实际上这意味着你完全有能力做某件事，并且必须是立即着手去做。

我们去做某件事的最佳时机就是我们精神饱满、斗志昂扬、目标明确的时候。而每一次拖延和迟缓都会磨蚀我们的决心，削弱我们的意志。当我们激情勃发、满怀热情和干劲时，任何事都将变得轻而易举；相反，如果一次又一次地拖延自己的行动，我们将发现自己越来越不情愿付出必要的努力或牺牲来达到目标，因为这一目标现在看起来并不像当初那样具有吸引力了。

不要让你的热情冷却，不要让理想的火焰熄灭。下定决心告诉自己，你不愿也不能在浑浑噩噩中虚度人生，不愿也不能屈服于生活的不理想状态。振奋起精神，朝着值得为之奋斗的目标大踏步前进吧！

生活中最令人头疼的难题之一就是如何去帮助那些胸无大志、故步自封的人。他们对天性中积极向上的一面尽量给予压制，他们也缺乏足够的进取心去开创全新的事业，即便是开了一个头，也只是三天打鱼，两天晒网，缺乏持之以恒的精神。

我们不可能指望一个放任自己随波逐流，甘于平淡安逸生活的年轻人会有什么不凡的业绩。这样的人安于现状，明明知道自己只不过是发挥了自身潜能中很小的一部分，知道自己的能量正在以各种各样的方式白白浪费损耗，但他们却可以安之若素、不为所动。同样的，我们也不可能指望一个缺乏雄心抱负、精神萎靡不振、情绪低落消沉的年轻人会有什么了不起的成就——他们只想顺着既定的生活轨道按部就班地走下去，他们甘于平凡、回避责任，尽可能得过且过、消极避世。他们的生活犹如无根的浮萍一样漫无目的，犹如飘零的柳絮一样毫无寄托。他们人生的步履也没有坚实的根基。即便是最初隐藏在他们身上的那些潜质，也因为长久地被弃置不用而逐渐荒废消亡。

只有那些不满足于现状、渴望着点点滴滴地改进自己、时刻希望攀登上更高层次的人生境界，并愿意为此挖掘自身全部潜能的年轻人，才有希望达到成功的巅峰。

许多人身上的一个大问题就是他们的理想过于平庸，过于单调乏味，因而没有任何挑战性。他们没有为自己确定一个适当的目标，或者说，跟他们的能力相比，他们的目标定得过于低调、过于消极了。如果我们想要轰轰烈烈，就必须目光远大、志向高远。你不可能指望一个一直回头看的人能攀登上顶峰。我们的抱负必须略高于我们的能力。一般来说，文明的程度越高，抱负也就越远大；而抱负越远大，我们前进的步伐也就越有力。

试想一下，如果生活中每个人都能轻而易举地达到自己的目标，实现自己的抱负，那么我们人类将变成什么样子？还会有人保持如此高的工作热忱吗？还会有人心甘情愿地苦苦拼搏吗？又应当由谁来从事那些辛苦的差事呢？

假定我们每个人都出身豪门，有优厚的物质生活条件，每日里锦衣玉食、高枕无忧，唯一的目标就是尽情地享受生活，尽情地嬉戏玩乐，并逃避所有的工作和不愉快的经历，那么，一个由这样一群人组成的世界在彻底倒退回野蛮的原始社会之前又能支撑多久呢？

正是由于人类有着那么多的欲望和追求，渴望着晋升到更高的职位，渴望着生活更加舒适幸福，渴望着接受更加高深的教育，渴望着家庭更加温馨美好，渴望着使自己变得更加学识渊博、优雅迷人，渴望着进一步拓宽自己的视野，渴望着获得更多的财富以及与之伴随的社会影响力，我们的潜质才能得以充分挖掘，我们的能力才能得以全面开发，我们才有可能进化和发展到现在的高级阶段。这种积极向上的生活态度使得他人对我们抱之以充分的信任。

远大的抱负就像是《圣经》中的摩西一样，带领着人类走出蛮荒的沙漠而进入充满希望、生机勃勃的大陆，进入太平盛世。的确，还有相当多的人仍然远远地落在后面，仍然在无尽的荒野中跌跌撞撞地苦苦摸索，他们心力交瘁、疲惫不堪，他们似乎是不可能看到充满希望的大陆了，前途和光明对他们来说仿佛遥不可及。然而，我们必须承认，即便是在这种状态中，他们仍然是有着点点滴滴的进步和改善的。

在任何时候，一个民族所具备的理想和抱负的性质都决定着其在文明阶梯上所处的位置。根据个体的理想或民族的理想的性质，我们可以衡量出他们的实际状况以及未来的发展潜力。在我们现今的文明中，最有希望、最振奋人心的迹象之一就是理想的不断提升。

在生活的各个领域，我们的理想或抱负正变得越来越崇高、越来越积极、越来越纯净。我们行进的节奏是那样地迅捷快速，社会的发展更是日新月异，所以，与历史相比，我们需要树立更远大的目标，需要拥有更崇高的理想，需要具备更高级的智慧，并需要付出更艰苦的努力。

这种新的理想正在逐渐对所有个人发生潜移默化的影响，并将最终使得每一个人成为他应该成为的那种样子，使得每一个人都达到那种至善的幸福状态，毫无疑问，这是他生来就有的权利。

只有那些停止了进步的人才会对现有的成就感到满足。对于那些永不停止前进步伐的人来说，他们永远都觉得自己身上还存在某些不完美的因素，因而总是渴望着进一步的改善和提高。他们之所以会觉得任何东西都有改进的余地，最重要的原因就在于他们身上洋溢着蓬勃旺盛的生命力，一切都在生长着、发展着、前进着。这些从不墨守成规，永远都渴望着新的挑战、新的尝试的人是不会陶醉于已有的成就的，他们总是想方设法要达到某种更美好、更充实、更理想的境界。

在这个世界上，没有任何东西能够比下面这些因素更有助于我们在生活中获得成功，即形成对任何事物精益求精的习惯；渴望今天比昨天做得好一点、现在比过去做得好一点的态度，并愿意为此付出不懈的努力。

在生活中，要努力和那些比我们更优秀、接受过更好的教育、有着更深的素养、更加优雅迷人、魅力四射，并在我们所知甚少的领域有着渊博学识和经验的人结交，这将大大有助于我们个性的完善和事业的拓展。我们都有过这样的经验，那就是一旦一个人意志颓废、斗志消沉，只想混迹于那些水平比他低下的平庸之辈中，并追寻一种低级庸俗的趣味时，他的退化和堕落就会变得很迅速。而一旦他幡然悔悟、痛改前非、洗心革面时，他的进步又会是极其惊人。

崇高的理想和抱负是任何人生活中一股强大的推动力，它提升着我们的人格，促使我们奋发前进；它扩展了我们的视野，开发了我们的能力，并唤醒了我们的潜能，我们会感到有一种全新的力量在血液里回旋激荡，有一种蓬勃的激情在周身汹涌澎湃，而这正是那些狭隘的抱负或肮脏的动机所无法达到的。只有高远的理想才能使我们的心灵豁然开朗，才能使我们的自我意识全面复苏，才能使我们战胜所有的懦弱与自卑，并焕发出无尽的力量和勇气。

如果一个人缺乏远大的志向和抱负，他是不可能有太大作为的，因为只有远大的志向和抱负才能鞭策激励我们前进，才能令我们拥有坚忍不拔的意志和誓不退避的决心，才能使我们焕发蓬勃的力量，通过翻越无穷无尽的障碍最后奔向既定的目标。相反，如果一个人把工作当成劳役和折磨，就像一个囚犯被戴上沉重的枷锁，一匹疲惫的老马被套上无力胜任的重负，那它是永远不会有大的成就的。只有理想的太阳高高照耀，只有心中存有不可抗拒的召唤，只有满怀热忱和希望，我们才有可能达到成功的彼岸；否则，我们或者是沦落为平庸，或者是走向失败。

正所谓逆境成材，而要想在非常优越舒适的条件下获得成功是极其困难的。无疑，对工作的热爱将是一种巨大的帮助，是一个非常重要的有利因素。对工作的高度热忱仿佛可以使我们无视面前的重重危险和障碍而奋勇向前。如果你发现自己的雄心壮志正在日渐萎缩，如果你再也感觉不到以往对工作的激情，如果你感到百无聊赖、无所事事，那么肯定是某个环节出了问题。可能是你没有找到合适的位置，失望和沮丧消磨了你的热情，挫败了你的斗志。但是，不管造成你情绪低落的真正原因是什么，一旦你发觉热情在下降，一旦你感觉工作成了令你头痛的苦差，一旦你觉察到对工作厌烦的情绪在加倍增长，你就必须竭尽全力来对之进行补救。如果你把某项工作当成是你必须矢志不渝达成的目标，并立即着手进行，你将发现，激起自己的热忱并全力以赴地投身其中并不是一件困难的事。正如友谊之花必须依靠精心持久的培育和呵护一样，我们的抱负也是如此，抱负唯有植根于现实的土壤并不断地得到滋养，它才能茁壮成长。

第七章

良好的习惯是风度美的条件

每一个影响我们更好生活的潜意识，都对应着偏离正确方向的习惯——思维习惯、行为习惯。当我们通过觉察，发现那些阻止我们变得更好的潜意识——习惯，然后，通过践行一个更好的行为习惯代替它，慢慢地，一条全新的自我蜕变之路展现出来。

养成优雅的风度

美好的风度，靠盲目模仿是不行的，如留长发、叼烟卷、戴歪帽、斜着眼，装出一副潇洒样子给别人看，矫揉造作，反而弄巧成拙，显得轻浮粗俗，更没什么风度可言。

只有从提高自身素质，养成各种良好习惯开始，优雅的风度才会慢慢养成。

良好的习惯是风度美的条件。保持站、坐、走优美的姿势和良好的生活习惯是必要的。

一些人认为，只要有美的相貌，就具备美的形象，殊不知，这种美是不完全的从审美角度看，“在美方面，相貌美高于色泽美；而秀雅合适的动作的美又高于相貌的美。”

一个人长得再漂亮，如果行为低俗，他（她）那漂亮的脸蛋也会黯然失色。

在日常生活中，我们经常可以看到一些人的不良习惯，如屁股坐在椅子上，脚却蹬在桌子上，走起路来没精打采，不讲卫生，随地吐痰等，极不雅观，更谈不上有什么风度了。要想拥有优美的风度，就要下功夫培养自己各方面的良好习惯。言谈举止、动静坐行都要符合规范。例如，走路要昂首挺胸，步履轻捷，体态端庄，欣欣而来飘然而去，给人留下健康向上的风度美的印象。在培养风度的过程中，锻炼身体，注重体形的健美，也是很重要的。

做到内心世界与外部神态的有机统一，才能构成一个人真正独特的风度。风度是一种内在气质的天然流露。言为心声，行为神使。难以想象一个心灵龌龊的人会有优美的风度。精神面貌直接影响到人的外观表现。所以，单一的外形体态是决定不了风度美的。只有具有美德，风度美才有价值。

展现自信和必胜的精神

一些人往往给我们留下这种印象，即他们绝不可能获胜。他们所有的期待便是希望侥幸能过上一种相当舒适的生活。在他们的眼中工作全是单调艰苦的。他们一开始就认为，生活充其量不过是一件苦差事罢了，而事实上，很多人的生活常常是快乐常伴，并享有荣誉和尊严的。

我们无时无刻不在展现我们的心态，无时无刻不在表现希望或担忧。我们的声望以及他人对我们的评价，与我们的成功有很大的关联。

如果别人不相信我们，如果别人因为我们的思想经常表现出消极软弱而认为我们无能和胆小，那么，我们将不可能被提升到一些责任重大的高级职位上去。

如果我们展示给人们的是一种自信、坚毅和无所畏惧的印象，如果我们具有那种震慑人心的自信，那么，我们的事业必定会获得巨大的成功。

如果我们养成了一种必胜信心的习惯，那么人们就会认为，我们比那些丧失信心或那些给人以软弱无能、自卑胆怯印象的人更有可能赢得未来。

换句话说，自信和他信几乎同等重要，而要使他人相信我们，我们自身首先必须展现自信和必胜的精神。

以胜利者心态生活的人，以征服者心态生活的人，与那种以卑躬屈膝、唯命是从的被征服者心态生活的人相比，与那种仿佛在人类生存竞赛中遭到惨败的人相比，是有很大区别的。

将西奥多·罗斯福那种每个毛孔都热力四射的人，那种总给人以朝气蓬勃、能力超凡印象的人，与那种胆小怕事、自卑怯懦、软弱无能、缺乏勇气与活力的人比较一下吧！他们的影响有多么大的不同啊！世人都珍爱那种具有胜利者气度的人，那种给人以必胜信心的人和那种总是在期待成功的人。

令人信服和给人以充满活力印象的正是我们身上那种神奇的自我肯定的力量。如果你的心态不能给你提供精神动力，那么，你就不可能在世上留下一个积极者、建设者的美名。一些人总是奇怪自己为什么在社会中如此卑微，如此不值一提，如此无足轻重。其中的原因就在于他们不能像征服者那样去思考，去行动。他们没有建设者、胜利者或征服者的心态，他们总给人以软弱无力的印象。要知道，思想积极的人才富有魅力，思想消极的人则使人反感，而胜利者总是在精神上先胜一筹。

正常的生活应该是不断发展、进步的，应该是一个知识不断扩展、深化的过程，应当是将我们心头渐露端倪的良知更深入地推向前进的过程。

正常的生活应当给人们一种极大的满足感。没有任何东西能替代这种胜利感，没有任何东西能替代这种胜利常伴常依的意识。

应当把这样一个观念灌输进孩子的骨髓和血液中，那就是他生来就是为着胜利，他生来就要胜利，他是由胜利材料而非由失败材料构成的，就像许多人所认为的那样，没有人生来就是要失败的。

如果总是谆谆教导孩子们要拥有胜利的心态，要极度地自尊和绝对地相信自己有着美好的前途，如果能这样做的话，真会失败那才怪呢！未来的子女教育将进入这样的时代：我们教导孩子们要展示力量，要显得充满活力，并教导孩子们要有胜利的心态。这种教育将被视为儿童教育和家庭抚养的一个极其重要的内容。

人的身体要和谐，其前提是他的精神首先必须是健康的。你必须和你的同龄人保持一种健康的关系，你要想安身立命，你要想不为难自己，或者说，你要想真正拥有健康和幸福，你就首先必须和你的同龄人相处得好。

如果我们想拥有胜利的心态，那么我们必须要拒绝妒忌、仇恨等思想，我们就必须养成一种平静、安详的心理境界，这种平静和安详才真正是伟大的个性。成功和幸福的全部奥秘就在于坚信我们会成为理想中的人物，就在于坚信我们能使我们努力从事的事业获得成功。

刚刚开始独立生活的年轻人往往都渴望成功，但是绝对不可以这样对自己说："我很想获得成功，但我不相信我真的会成为心中渴望的理想角色。我所从事的职业、我所工作的行业已人满为患，在这一领域，许多人都无法过上体面的生活，许多人都找不到工作。因此，我相信我已经犯了错误。但是如果运气特别好的话，也许我会在某个地方出人头地。"持有这种想法并以这种想法去行动的年轻人也许真能在某个地方"出人头地"。但这种"出人头地"最后很可能是不名一文，或是失业。

实际上，别人是根据我们的实际状况而不是根据我们夸下的海口来评判我们的。我们必须在他人面前展现实实在在的东西，而这种实实在在的印象就是我们的现实情况。无论你的话语怎样动听，无论你的话语多么悦耳，你都无法阻止他人了解你的底细和你内心的真实想法。如果你心中不满，如果你心生妒忌或艳羡，如果你并不友好或充满敌意，他人都能感觉得到。我们的言辞也许能蒙蔽于人一时，但是我们不可能改变我们作用于他人的人际磁场，除非我们改变对他人的整个心态。想象一下这样一个心态极其糟糕而又一心想获得财富的人的可笑模样吧！他的那副“尊容”似乎在说：“财富，离我远远的吧！不要靠近我。我很想拥有你，但你显然不会属于我。我对人生的要求并不高，虽然我希望自己身上能发生那些更幸运的人们拥有的那些好事，但我实际上并不奢望它们会发生。”

财富绝不可能去接近一个有这种心态的人。恐惧和怀疑的心态使财富望而却步。

当然，没有谁想赶跑机会、成功和财富，但是由于他们充满怀疑和担忧，缺乏信心和勇气，所以就赶跑了财富、机会和成功，然而他们自己还蒙在鼓里。

许多人过着既说不上成功又说不上失败，既说不上富裕也说不上贫穷的生活。他们生命中的大部分时间都介于贫困和富足之间，因为一部分时间他们的心态是积极的、建设性的，而另一部分时间他们的心态则是消极的、非建设性的。因此，这种人就像钟摆一样摇摆不定。

这种人一旦获得一点儿勇气、希望和激情，他们就能创造一些财富。因为有时候他们的思想是积极的、富于创造力的；而一旦他们丧失信心，变得沮丧气馁时，一旦他们的思想充满怀疑和忧虑时，他们的心态就变得消极起来，因而也就没有了创造力，也就不能创造财富，他们就会重新滑落到贫困的生活中去。

我们始终如一地以一种建设性的、创造性的心态来生活的时代将会到来。届时，我们的生活中将充满累累硕果。

紧守自己的思想之门

不管你做什么或是不做什么，都不要让龌龊、混乱、病态的思想进入你的头脑：保持头脑的清醒和纯洁意义重大。让你的头脑成为圣殿，让它一尘不染，不要让思想之敌乘虚而入。

与其让成功和幸福的大敌——混乱的思想、病态的思想、龌龊的思想、嫉妒的思想——进入你的头脑，窃走你的舒心，抢走你的平和与宁静，使你的生活变成一个活的坟墓，还不如让小偷进入你的房子，盗走你最值钱的财宝，抢走你的金钱或财产。

混乱的情绪一旦生根，就会滋养出更多混乱、龌龊的思想和情绪。当你心怀一两个这样的思想时，它们就会成千倍地繁衍，而且会迅速蔓延。决不要滋生混乱、错误、龌龊的思想。这些思想无论碰到什么，都会加以破坏，它们留下的只是残破的印迹；它们会钻入一个人的希望、幸福和能力之中，并败坏这些东西。撕下你头脑中所有阴暗的画面、所有黑色的形象吧！要坚决地抛弃它们。它们只意味着瘫痪和失败，雄心的丧失和希望的毁灭。

我们必须紧守自己的思想之门，把一切幸福和成功之敌阻止在门外。我们的冲动、偏见和自私心理所产生的那些居住在我们头脑中的不良思想才是我们真正的敌人。

我们必须光明磊落、心地纯洁、公正无私、宽厚仁爱，只有这样我们才能真正拥有健康、成功、幸福。身心的完美和谐意味着一种圣洁的精神和高贵的灵魂。

如果在孩提时代就有人教导我们警惕破坏性的思想，同时存留催人奋进、使人欢跃、给人希望与力量的思想，那么我们能避免许多不必要的消耗！据我所知，很多时候，一阵骤发的“忧郁症”和沮丧的情绪在几个小时内就会令人元气大伤，简直比数周的劳作带来的损耗更厉害。

我们常常能见识到思想的威力：巨大的痛苦、失望或严重的经济损失能在短时间内把一个人变得面目全非，让一个人迅即变得苍老憔悴。

嫉妒心在几天或几周之内会在一个人的生活中制造一场可怕的浩劫！它会破坏人的心情、消耗人的活力、使生命之源枯竭、使人丧失判断力，它还会毒害生命中最本质的东西。

冲动的飓风刮过精神王国之后，希望、幸福和理想都荡然无存，真是让人痛心。如果孩子接受过关于思考艺术的正确教育，那么他长大后就会很容易避免这一切——他会把美好、镇定和宁静带入头脑中，他会阻止思想之敌盗走他的快乐、幸福和满足感。

我们都知道，热东西烫人，尖东西扎人，擦伤使人疼痛，所以我们会竭力去避开令人痛苦的东西。而在精神王国中，我们不断地烫着自己，害了自己，用致命的破坏性思想毒害我们的大脑和血液。这又是何苦呢？我们深受这些思想裂口、精神创伤和冲动煎熬的折磨。然而，我们却没有学会排除导致这些痛苦的根源。

人不应该痛苦，应该快乐，应该永远幸福、活泼、满足。是错误的思想习惯导致了人类的堕落。每个人都应该比我们当中最幸福的人更幸福，比我们当中最快乐的人更快乐。

衣着朴素同样具有魅力

多数大公司都规定不雇用衣衫褴褛、邋里邋遢，或是应聘时衣冠不整的人。芝加哥最大一家零售商店的招聘主管说：“招聘的原则必须严格遵守，对于一个应聘者来说，经受住考验的最重要条件就是他的仪表。”

对于那些在社会上谋生的人来说，关于衣着的最佳建议可以概括为一句话：“让你的衣着得体，但不需要昂贵。”衣着朴素具有最大的魅力，现在市面上有大量物美价廉的衣物可供选择。大部分人能买到好衣服穿。但是如果条件所限，不能买到更好的衣物，也不必为一套寒酸的衣服害羞。穿一件花钱买的旧外套比穿一件不花钱的新外套更能赢得别人的尊敬。不可避免的寒酸不会让人产生反感，但是邋遢却使人一见之下顿生厌恶。只要你量入为出地打扮自己，你都可以穿得很得体。应该有意识地尽量拿出最好的仪表，注意干净整洁，竭力保持自尊和真诚，这样才能帮助你渡过重重难关，带给你尊严、力量和魅力，使你赢得别人的尊敬和钦佩。

赫伯特·乌里兰很快就从长岛铁路一个普通路段工人提升为纽约市铁路局的董事。在一次在关于如何获取成功的演说中，他说：“衣服不能造就一个人，但好衣服能使人找到一份好工作。如果你有 25 美元，又需要一份工作的话，最好花 20 美元买一套衣服，花 4 美元买双鞋，剩下的钱买一个刮胡刀、一个发剪、一个干净的领圈，然后去找工作。千万不要带着钱，穿着一身破旧西装去应聘。”

这条通行全美的招聘原则在英国同样适用，《伦敦布商》杂志就这样说道：“越是注意个人清洁卫生和衣着整洁的人，就越能仔细地完成工作。”个人生活邋遢的人工作也会马马虎虎。而关注仪表的人也同样在意工作的效果。柜台后面是什么样，车间里很可能也就是什么样。时髦的女售货员一定很讲究穿着，她会厌恶肮脏的衣领、磨破的袖口和皱巴巴的领带，难道不是这样吗？事实上，关注个人习惯和整体仪表，就会对邋遢散漫的习惯产生警觉。

享受独处的乐趣

这可能是最令人惊讶，也最有用的建议。但它真的让人这么惊讶吗？想想看：如果你和自己都不能好好独处的话，还能期望别人什么呢？换句话说，如果你知道怎么为自己分配时间的话，别人一定会意识到你这种强劲的力量。

很多人都害怕孤独。他们不知道自我创造的后果，所以犯了极大的错误——认定自己绝对不能孤单。他们每一次尽量让自己避免孤单的时候，都让自己再度感受到恐惧的侵袭。恐惧什么呢？就像有人说的："我单独一个人的时候，简直觉得自己一无可取。"

许多人都有同样的恐惧。也许你喜欢和一些朋友聚在一起，或抱着电话聊上半天，或偶尔去关心人家的私事，或在别人忙的时候坚持要去看他，或在团体里太注意自己，好像怕别人会看漏了你或忘记了你似的。你可能会要求别人帮你做一点小事，以确定别人真的喜欢你。很多人都这么做，结果却愈来愈不喜欢自己，别人也觉得你不成熟。无法自处，往往使自己显得有点幼稚。

如果你能享受独处的时刻，那么你找朋友的意图将完全出于真心，而非软弱。你打电话给朋友约他吃晚饭，只因为你想看他，而不是因为你无法忍受一个人单独吃饭。你的朋友会觉得你真心地喜欢他、看重他，而不是只想依赖他。你将变得更可爱——对那些想找个真心朋友，而不是找个比他更脆弱的朋友的人而言。

练习一个人独处。如果你已经习惯和别人一起的话，刚开始练习一个人独处时可能会觉得不舒服。如果你觉得不愉快的话，就探测自己的感觉。你为什么一直盼望电话铃响呢？你是否担心自己和某人的关系？你是不是厌烦自己？如果这样的话，你可以找点事做做——以克服独处时的恐惧。但不要觉得独处的时候，一定得做点有“建设性”的事情，才能掩饰单独一人的怪异行为。如果你愿意给自己一点机会——譬如一个月里找一两个下午独处，你将更能享受独处的乐趣。

形象是直接又潜在的语言

衣着本身就是一种无声语言，不但能给对方留下一定的美感，而且它还能反映出你个人的气质、性格、内心世界。

一个人的形象在求职应聘中起着举足轻重的作用。无论你的求职信写得如何优秀，主试人还是在见到你的那一刻，才对你产生真正的第一印象。而你的形象是一种直接又潜在的语言，悄悄地替你展示了自己。特别是对于刚出校门的学生，高雅的气质能助你拉近校园与社会的距离。下面是你求职面试时需要注意的一些细节。

面试时，头发不要遮住整个前额，除非为了掩饰某种生理缺陷，否则刘海最好上翻或不留刘海；另外，靠近发际部位的头发造型应朝斜后方微微隆起，以便露出整个面部的轮廓。尤其是男性求职者，切不可低眉挤眼，长发过耳，这种形象容易给人以精神萎靡的印象，但也不可理成近似和尚的小平头，这同样会使魅力大减；女性或长发披肩，或短发齐耳。总之，要给人以端庄、典雅的自然美感。

此外，衣着对一个人的外表影响很大，大多数人对另一个人的认识，可以说是从其衣着开始的。衣着本身就是一种无声的语言，不但能给对方留下一定的美感，而且它还能反映出个人的气质、性格、内心世界。

穿合体的衣服是让别人认真对待你的一种方法。穿着与众不同，但一定要和你所从事的工作和所求职的单位相协调。不同的公司与公司之间，正确的职业服装标准是不一样的，要根据该公司经营的种类、产品或服务的性质、公司位置、公司历史与传统等来确定。以往，我们对正确的职业服装的概念来自于以男性占主导的中上层职业——银行家、律师、医生和军官，有时也包括商人。而现在，一种源于工业革命后维多利亚时期的男性服装，经过女性化修改，已作为职业服装被广为接受。这种传统的职业服装代表着一种正式而保守的形象，男女皆宜，但有些单位却不鼓励这种被人接受了的传统城市化着装，认为太过正式，而希望其职员穿着更随意一点。想清楚什么样的服装容易被人接受，最好的方法便是直接问这样一个问题，即"这儿有什么着装规定吗?"或者自己观察一下，当回侦探。还有一个方法，就是站在电梯或什么出口处，比较一下进进出出的人们的衣着，这比任何参考书都管用。

总之，在我们求职面试时，一定要注意细节，养成这种习惯才能进入你理想的职场。

把人们吸引到你身边

有许多人可能身具高贵典雅的品性，但是，如果这些品质为粗俗不堪的外表所掩盖的话，那么，其内在的价值也会大打折扣。只有那些感觉敏锐、独具慧眼的饱学之士才能真正发掘他们的可贵之处。精心的雕琢之于粗糙的璞玉的意义，正如后天的教养和优雅的社会习惯之于一个可造之材的意义。高深的素养、迷人的个性，还有优雅的行为举止，将令你的价值增进千倍。

把人们吸引到你身边的最好办法，就是让他们感觉到你对他们感兴趣。你这样做的时候绝对不可以矫揉造作、惺惺作态。你必须是从心灵深处真正地对他们感兴趣；否则，他们肯定会察觉到你的虚伪做作。

在世上，对一个年轻人来说，要迅速地让他人的心灵靠近你，向你敞开心灵，最好的方式莫过于你能够让他感到，你对他本身、对他的所作所为，尤其是对他未来的规划是真正感兴趣的。

如果你拒绝别人的话，你就得做好被他们拒绝的准备；如果你总是喋喋不休地谈论自己，谈论以往的宏伟业绩，你将会发现人们会离你而去，因为你没有令他们感到愉快。他们希望的是你能够谈论他们，能够对与他们相关的事物感兴趣。

如果你的脸上是一副凶神恶煞的表情，如果你总是显得忧心忡忡、愁眉苦脸，那么，你在雇员中间或其他人心目中不受欢迎就不足为奇了。任何人都喜欢看到和善愉悦的面孔。我们在生活中总是想方设法追寻阳光，远离愁云和沮丧。

有许多人这样认为，所谓优雅的修养和举止只不过是一种肤浅的做作。他们相信，唯有粗糙的未经雕琢的钻石才是真正的钻石。在他们看来，如果一个人是真诚的，如果他具备直来直去的特点，如果他忠实于真理，那么无论他的外表是多么笨拙粗俗、不修边幅，他照样能赢得人们的尊敬，照样能成为成功者。

这种看法仅仅在某种程度上是对的。事实上，一个外表粗俗的人就像一块未经雕琢的璞玉或钻石一样，不管其在本质上是多么价值连城，但是，没有人会想到要佩戴它们。一个人可能会拥有这样的稀世珍宝，然而，如果他拒绝雕琢它们，从而使之焕发出璀璨耀眼的光芒的话，照样没有人能意识到它们的价值。那些平凡的眼睛是无法将它们和普通的石块区分开来的。它们的价值是和精心雕琢之后熠熠闪光的程度成正比的。

在这个世界上，要改变我们对某个人的第一印象真是异乎寻常地困难，不管这种印象是好的还是坏的。我们常常意识不到当我们初次遇见任何人时，我们的大脑运转得有多么快。在那一瞬间，我们的感官和触觉是那样地全神贯注，我们根据自己的评判标准快速地衡量着对方。我们的每一个细胞和每一根神经都处于高度警觉的状态，迅捷地捕捉着对方所有的优点和缺陷。他的一举一动、一言一行，都被快速地反映到我们的大脑中，与此同时，我们也在相应地形成自己的判断，这种判断尽管是在一瞬间产生的，但会非常牢固地烙在我们的大脑中，以至于当我们想在以后把这种对某个人的最初观感彻底地清除掉时，会感到非常困难，甚至做不到。

那些漫不经心、疏忽大意的人经常被迫耗费大量的时间来弥补他们在别人心目中留下的恶劣的第一印象。他们不得不在书信中表示歉意和进行解释。但是，这一类道歉和解释所起的作用通常是微乎其微的，因为相较于强烈鲜明的第一印象，它们显得十分苍白无力。不管你事后如何想方设法地进行弥补，你在他人心目中的第一印象总是根深蒂固的。因此，对于一个正在努力建功立业的年轻人来说，努力给他人留下良好的第一印象是极其重要的。经常给人消极的第一印象很可能在你职业生涯的初期就令你出师不利，从而使你以后的职业生涯举步维艰。

如果你能给他人留下这样的印象，即你是一个真正的男子汉，高尚正直和光明磊落是你个性中最显著的特征，它们就如高耸明亮的灯塔一样照亮你的灵魂。如果人们能够从你大方得体的仪表和不卑不亢的举止后面看出你真正的格调和内涵，那么，你将赢得整个世界的信任。

有这样一位男士——像他这样的人在我们周围不计其数——他不理解为什么人们都对他敬而远之。当他出现在一个社交场合中时，其他人都显得对他退避三分。当别人在愉快地聊天、逗乐，尽情地享受美好时光时，他却只能默默地坐在无人的角落，郁郁寡欢。如果有时候他碰巧进入了谈话的中心，但似乎很快就会有某种无形的离心力作用在他身上，将他从人群中分离出来，重新回到向隅而坐、四顾茫然的状态。他在任何地方都很少接到邀请。他看起来就像是一根冷冰冰的柱子——浑身不散发一点温暖，没有任何魅力可言。

有位男士对于自己不受欢迎的原因百思不解。他是一个很具才干的人，对于工作也是孜孜不倦，当他结束白天的劳累之后，他也渴望着得到放松和休息，渴望着融入人群；但是，他却得不到他所向往的任何一点欢乐。当他发现自己到处碰壁，而那些才干不及他 1/10 的人却广受欢迎时，他感到万分苦恼。他压根儿没有意识到导致他不受欢迎的罪魁祸首却是他本身的过于自私。他总是在为自己打算，在他心中根本没有别人的位置，或者没有别人的哀乐。他所关注的只是自己的“小我”，而不是社会或他人的“大我”。不管你是多么频繁地与他谈话，他总是竭力把话题引到自己身上，引到自己的事业上。

另一个妨碍他社交成功的因素就是他不懂得焕发魅力的秘密。他不知道我们每个人都像是一块磁铁。我们所散发的磁性是与我们日常的思维习惯和动机密切相关的。那些总是为自己的蝇头小利投机钻营的人就变成了以自我为中心的磁铁，它们只能吸引自己，而无法对其他任何人产生磁性。现实生活中有许多人都变成了吸引金钱的磁铁。他们的全部注意力都集中在金钱方面，以至于除了金钱之外，他们的眼中别无其他。更有一些人变得低级堕落、品行不端，因为他们把自己变成了吸引邪恶的磁铁。

另一方面，生活中也有这样的一些人，他们的心灵和个性是如此地优美，以至于任何一个和他们打交道的人都能感受到一种强烈的亲和力。所有和他们接触过的人都热爱他们，尊崇他们。这些心胸广阔的人之所以受人爱戴，就是因为他们深深地爱着别人。他们像磁石一样吸引着各种各样的人们，因为他们的襟怀就像大海般博大广阔，可以容纳世间万物。他们对任何人都怀有善意。

如果一个人总是冷酷无情、性格乖戾、以自我为中心，那么他对其他人而言是谈不上有任何吸引力的。他将处处遭到排斥，处处惹人讨厌。没有人会甘愿接近他。这实际上涉及这样一个问题：他准备将自己塑造成什么样的人？一旦他幡然觉醒，转而对他人表示关注，并真正对他们产生兴趣，他身上马上会出现神奇的魔力，以前排斥他的人将对他夹道欢迎。他对别人的吸引力是和他对别人感兴趣的程度成正比的。一旦他置身于另外一个环境，真正对他人感兴趣，并在和别人交谈时不会总是把话题转移到自己身上或与自己相关的事情上，那么，别人同样会很快对他产生兴趣。赢得爱的唯一途径就是真诚地去爱别人。爱可以打碎自私自利的枷锁。抛弃只为自己着想的念头，试着去对他人发生兴趣；努力地培育对别人的尊重和热爱，并真正从内心深处去爱别人，你就肯定能够赢得他人的爱，并使自己广受欢迎。

许多人之所以讨人嫌恶，是因为他们总是局限在个人的小天地里，总是念念不忘一己之利。他们把自己封闭得如此长久，以致跟外部世界失去了联系，因而也丧失了天性中敏锐的触觉。他们长期过着一种完全主观的生活。他们意识不到，如果长期以一种离群索居、对外界毫不关注的方式来生活的话，他们将丧失吸引别人的磁力，并使得他们原本鲜活的心灵之泉逐渐地干涸枯竭，到最后，他们将不再散发任何活力和热力，他们将变成冷冰冰的冰柱，以致在他们露面时，人们情不自禁地瑟瑟发抖。

自助自立的精神

人们经常持有的一个最大谬见，就是以为他们永远会从别人不断的帮助中获益。

力量是每一个志存高远者的目标，而模仿和依靠他人只会导致懦弱；力量是自发的，不能够依赖他人。坐在健身房里让别人替自己练习，我们是无法增强自己肌肉的力量。没有什么比依靠他人的习惯更能破坏独立自主能力的了。如果你依靠他人，你将永远坚强不起来，也不会有独创力。要么独立自主，要么埋葬雄心壮志，一辈子老老实实做个普通人。

锻炼意志和力量，需要的是自助自立精神，而非靠来自他人的影响力，也不能依赖他人。

爱默生说："坐在舒适软垫上的人容易睡去。"

依靠他人，觉得总是会有人为我们做任何事，自己不必努力，这种想法对发挥自助自立和艰苦奋斗精神是致命的障碍！

一个身强体壮、背阔腰圆，重达一百三四十千克的年轻人竟然两手插在口袋里等着社会救助，这无疑是令人不可思议的。

你有没有想过，你认识的人中有多少人只是在等待？其中很多人在等某些东西。他们隐约觉得，会有什么东西降临，会有些好运气，或是会有什么机会发生，或是会有某个人帮他们，这样他们就可以在没受过教育、没有充分的准备和资金的情况下为自己获得一个开端，或是继续前进。

有些人在等着从父亲、富有的叔叔或是某个远亲那里弄到钱。有些人是在等那个被称为“运气”“奇迹”的神秘东西来帮他们一把，或者说，等着别人拉一把、等着别人的钱财、等着运气降临的人能够帮助他们成就大事。

只有抛弃每一根拐杖，破釜沉舟，依靠自己，才能赢得最后的胜利。自立是打开成功之门的钥匙，自立也是力量的源泉。

一家大公司的老板最近说，他准备让自己的儿子先到另一家企业工作，让他在那里锻炼锻炼，吃吃苦头。他不想让儿子一开始就和自己在一起，因为他担心儿子会总是依赖他，指望他的帮助。

在父亲的溺爱和庇护下，想什么时候来就什么时候来、想什么时候走就什么时候走的孩子很少会有出息。只有自立精神能给人以力量与自信，只有依靠自己才能培养成就感和做事能力。

把孩子放在可以依靠父亲或是可以指望帮助的地方是非常危险的做法。在一个可以触到底的浅水处是无法学会游泳的；而在一个很深的水域里，孩子才会学得更快更好。当他无后路可退时，他就会安全地抵达河岸。依赖性强、好逸恶劳是人的天性。而只有“迫不得已”的形势才能激发出人们身上最大的潜力。

待在家里、总是得到父亲帮助的孩子一般都没有太大的出息。而一旦当他们不得不依靠自己，不得不动手去做，或是在蒙受了失败之辱时，他们通常就能在很短的时间内发挥出惊人的能力来。

一旦你不再需要别人的援助，自强自立起来，你就踏上了成功之路。一旦你抛弃所有外来的帮助，你就会发挥出过去从未意识到的力量。

世上没有比自尊更有价值的东西了。如果你试图不断地从别人那里获得帮助，你就难以保有自尊。如果你决定依靠自己，独立自主，你就会变得日益坚强。

你有时候会觉得外部的帮助是一种幸运。但是，从不利的角度看，外部的帮助常常又是祸根，给你钱的人并不是你最好的朋友。你的朋友是鞭策你，迫使你自立、自助的那些人。

有很多年纪比你大的人，他们只有一条腿、一只手，却能自食其力，而你作为一个身体健全的人还要指望别人的帮助，这简直是荒谬透顶！

没有哪个寄人篱下的健全人会觉得他是个真正的男子汉。当一个人有了自己的工作、自己的职业，他就会力量倍增，充满活力，内心充实，这种感觉是别的什么都不能替代的。责任感往往带来能力。许多年轻人在第一次亲自经商后才发现了真正的自我。而在此之前，他或许已经为别人工作多年，但都没有找到真正的自我。

通常，为别人工作是无法发挥出一个人的所有潜力的。因为没有动力，没有雄心壮志，没有热情，不管他责任心多强，都难以激发出他的所有潜在能力。人身上最可贵的品质是独立、自强和独创力，而为人做嫁衣会使这些品质难以充分展现出来。

风平浪静时驾驶一艘船并不需要多少技巧和航海经验。只有当海上暴风骤起，波涛汹涌时；只有当轮船在波峰浪谷间艰难前进，随时有灭顶之灾时；只有当甲板上一片恐慌混乱，船员们都不知所措时，船长的航海经验才会得到考验。

只有当大脑受到最严峻的考验，只有当年轻人具有的每一点智慧才华都全部调动起来时，他才会发挥出最大的潜能。要没有风险地把一小笔钱变成一项大事业，这需要经年累月的努力，需要不断地想办法保持好形象，争取并稳住顾客。当资金短缺、生意清淡、开支高涨时，真正的男子汉就会大显身手，锋芒毕露。没有奋斗，就没有成长，也就没有个性。

知道用钱可以买“教育”，雇请家教临时抱佛脚应付考试的年轻人能有什么机会发挥学习的潜力呢？不努力学习、勤奋工作的年轻人能有什么出息呢？什么事都让别人替他完成的孩子怎么能培养出自立的品质呢？只有经过训练，人才能变得坚强；只有去争取、去奋斗，人才能变得有意志力。